U0077569

博碩文化

博碩文化

OCP

Java SE 11 Developer 認證指南・下

API剖析運用篇

Java SE 11 **認證最佳攻略**

- 解析原廠文件，切合認證範圍！
- 對照範例程式，迅速了解內容！
- 彙整教學經驗，重點一次掌握！
- 圖解複雜觀念，學習輕鬆上手！
- 演練擬真試題，掌握考試精髓！
- 適用 1Z0-819 認證考試

曾瑞君 著

作　　者：曾瑞君
責任編輯：曾婉玲

董 事 長：陳來勝
總 編 輯：陳錦輝

出　　版：博碩文化股份有限公司
地　　址：221 新北市汐止區新台五路一段 112 號 10 樓 A 棟
電話 (02) 2696-2869 傳真 (02) 2696-2867

郵撥帳號：17484299　戶名：博碩文化股份有限公司
博碩網站：http://www.drmaster.com.tw
讀者服務信箱：dr26962869@gmail.com
讀者服務專線：(02) 2696-2869 分機 238、519
（週一至週五 09:30 ～ 12:00；13:30 ～ 17:00）

版　　次：2022 年 8 月初版

建議零售價：新台幣 820 元
I S B N：978-626-333-220-1（平裝）
律師顧問：鳴權法律事務所 陳曉鳴 律師

本書如有破損或裝訂錯誤，請寄回本公司更換

國家圖書館出版品預行編目資料

OCP : Java SE 11 Developer 認證指南 . 下 , API 剖析運用篇 / 曾瑞君著 . -- 初版 . -- 新北市 : 博碩文化股份有限公司 , 2022.08
面；　公分

ISBN 978-626-333-220-1(平裝)

1.CST: Java(電腦程式語言)

312.32J3　　111012493

Printed in Taiwan

博 碩 粉 絲 團

序言

時光荏苒，距離上次出版 Java SE 8 認證書籍已經 3 年了！

適逢前年 Java SE 11 的考試科目由 1Z0-815 與 1Z0-816 合併爲 1Z0-819，市場上迄今沒有對應的輔助書籍；加上 Java SE 8 已經在 2022/03 停止主要支援，預期認證考試也將逐漸進入尾聲，因此順勢在今年推出兩冊：

- OCP：Java SE 11 Developer 認證指南（上）－ 物件導向設計篇
- OCP：Java SE 11 Developer 認證指南（下）－ API 剖析運用篇

上冊以基本語法入門，以至於了解封裝、繼承、多型等物件導向程式的撰寫方式與設計模式實作，也包含列舉型別、巢狀類別、lamdba 表示式等特殊語法講授。

下冊聚焦 Java API 應用，包含泛型、集合物件與 Map 族群、基礎 IO 與 NIO.2、執行緒與並行架構、JDBC 連線資料庫、多國語系、lamdba 進階與 Stream 類別族群、日期時間類別族群、標註型別、模組化應用、資訊安全等豐富主題。

相較於上一版認證書籍的撰寫風格，這次的編排將擬眞試題實戰放在書末，並且有逐題參考詳解；希望無論是有志於考取 OCP Java SE 11 Developer 證照，或是熟悉 Java SE 11 功能的讀者，都能有各自的收穫。

曾瑞君 謹識

目錄

泛型（Generics）和集合物件（Collections）

01

章節提要

1.1 泛型（Generics）

Java 有嚴格的型別限制，當成員或方法參數一旦決定型別，就只能使用該種型別的資料。Java 5 後加入了泛型的特性，使型別的使用可以具有不同於多型使用的另一種彈性。

Java 的集合物件用來裝填其他物件，搭配泛型後可以限制裝填物件的型別，因此和泛型有密不可分的關係，所以合併在本章介紹。

1.1.1 使用泛型設計的效益

Java 5 後加入了泛型的特性，主要目的是：

1. 提供更彈性的「型別安全（type safety）」檢查機制。過去執行時期才能知道的型別錯誤，使用泛型後，在編譯時期就可以預先發現。

2. 在集合物件（Collections）中大量使用，可限制內含物件的型別。

3. 減少轉型（casting）的需要，讓程式碼更簡潔。

1.1.2 使用泛型設計類別

以下有兩段相似的程式碼：

範例：/java11-ocp-2/src/course/c01/UseGeneric.java

```
01  class UseString {
02      private String message;
03      public void add(String message) {
04          this.message = message;
05      }
06      public String get() {
07          return this.message;
08      }
09  }
```

範例：/java11-ocp-2/src/course/c01/UseGeneric.java

```
01  class UseShirt {
02      private Shirt shirt;
03      public void add(Shirt shirt) {
04          this.shirt = shirt;
05      }
06      public Shirt get() {
07          return this.shirt;
08      }
09  }
```

仔細觀察，除了類別名稱和變數名稱不同之外，剩下的差別就是類別內使用的變數的型別，所以我們可以用以下的程式碼，表現上述兩類別：

範例：/java11-ocp-2/src/course/c01/UseGeneric.java

```
01  class UseAny<T> {
02      private T t;
03      public void add(T t) {
```

```
04            this.t = t;
05        }
06        public T get() {
07            return this.t;
08        }
09    }
```

如果將程式碼裡使用的符號「T」，置換爲「String」，就會是類別 UseString；同樣的作法，若置換爲「Shirt」，就會是類別 UseShirt。依此類推，符號「T」可以被各種參考型別取代，這就是泛型設計的概念：在類別裡用「一般化（generic）的符號」，表示未來該符號可以是任何參考型別。

建立泛型類別時，需要在宣告類別的地方加上 <T> 的註記。其中菱形符號 < > 表示使用泛型宣告，裡面的 T 則表示類別裡若使用符號 T，都代表一個可置換的型別。

常見的符號及表示方式有以下幾種：

1. T 常用於代表「型別（type）」。
2. E 常用於代表「成員（element）」。
3. K 常用於代表「鍵 - 值對裡的鍵（key）」。
4. V 常用於代表「鍵 - 值對裡的值（value）」。

後續會逐一介紹。

1.1.3 使用泛型設計的類別

完成泛型的類別設計 UseAny<T> 後，使用以下方式建立物件實例：

範例：/java11-ocp-2/src/course/c01/UseGeneric.java

```
01    public static void main(String args[]) {
02        // 使用一般類別：
03        UseShirt shirt1= new UseShirt();
04        UseString msg1 = new UseString();
05        msg1.add("test generic");
06        // 使用支援泛型的類別：
07        UseAny<Shirt> shirt2 = new UseAny<Shirt>();
08        UseAny<String> msg2 = new UseAny<String>();
```

```
09        msg2.add("test generic");
10    }
```

由 Java 7 開始，取消了「參考型別」和「建構子」都必須在 <> 符號內加上置換型別的規定，允許在等號右側直接使用空的菱形符號 <>，因爲後者其實可以由前者推斷（inference）而知，因此使用泛型的類別的程式碼可以再簡化爲：

```
07        UseAny<Shirt> shirt2 = new UseAny<>();
08        UseAny<String> msg2 = new UseAny<>();
```

1.2 集合物件（Collections）

1.2.1 集合物件的定義和種類

Java 使用「集合物件（Collection）」來裝載及管理群組物件，概念上類似陣列，但相較陣列具備更多管理功能。有幾個特點：

1. 以介面 Collection 爲代表。
2. 集合內的物件稱爲「elements」，簡寫爲「E」。
3. 集合內的物件不可以是基本型別，若有需要，則須改用基本型別的包裹類別（wrapper class）。
4. 有多種常見的資料結構，如 stack、queue、dynamic array 等。
5. 大量使用泛型（generic）。
6. 都屬於 java.util.* 套件。
7. 介面 Collection 繼承了介面 Iterable，因此所有集合物件都具備使用疊代器（Iterator）的能力。集合物件雖然種類很多，一旦取得集合物件的疊代器，就可以使用疊代器以相同的方式走訪所有成員，和集合物件種類無關。

由 Collection 家族類別圖可以了解集合物件的種類：

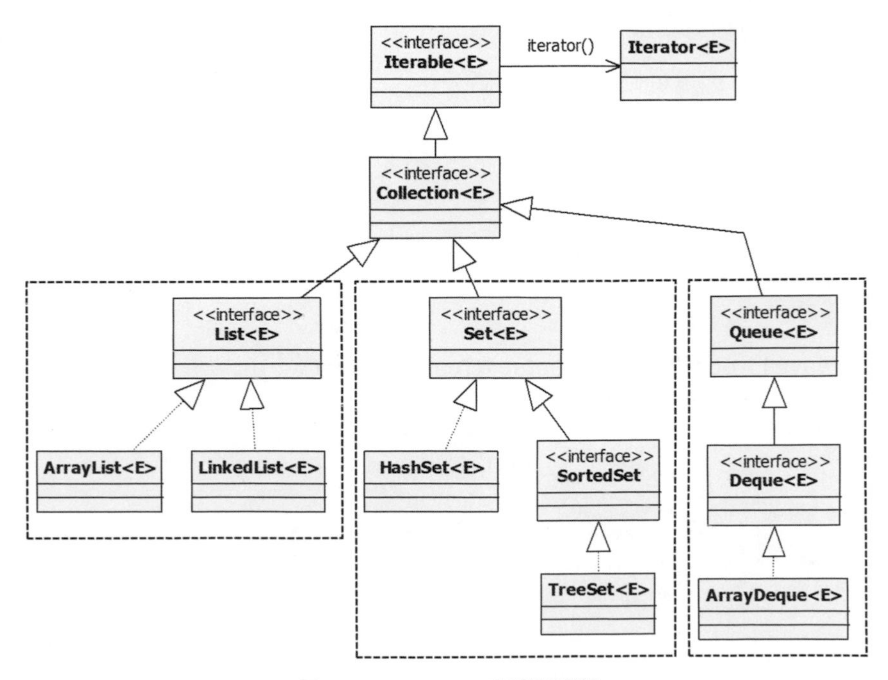

圖 1-1　Collection 家族類別圖

1.2.2 List

List 介面是集合物件裡最常使用的一種，因為具備 index，因此成員可以依照放入的先後來區分「順序（order）」。常用的方法有：

1. 新增成員時，使用 index 指定插入位置。
2. 新增成員時，直接加到尾端。
3. 取得成員的 index。
4. 使用 index 移除或覆寫成員。
5. 取得 List 長度。

ArrayList 類別是 List 裡最常使用的一種實作類別。依照多型的概念，使用 ArrayList 類別時，應該用 List 介面宣告，以方便未來抽換成其他實作類別。它的特色是：

1. 行為和陣列（array）相近，但因為長度可以自動成長，又稱為「動態陣列（dynamic array）」。

2. 使用 index 進行成員新增、存取、修改。

3. 允許重複成員，因爲可以使用 index 區分。

之前說過集合物件的特色之一是可以結合泛型設計，接下來會做一些這個主題的探討。

首先，必須了解若 List 沒有搭配泛型設計，如以下的 withoutGeneric() 方法，可能遇到哪些問題：

範例：/java11-ocp-2/src/course/c01/TestList.java

```
01  private static void withoutGeneric() {
02      List list = new ArrayList(2);
03      list.add( Integer.valueOf(1) );
04      list.add( Integer.valueOf(2) );
05      list.add( "I am a string!" );
06      Iterator elements = list.iterator();
07      while (elements.hasNext()) {
08          Integer partNumberObject = (Integer) (elements.next());
09          int partNumber = partNumberObject.intValue();
10          System.out.println("Part number: " + partNumber);
11      }
12  }
```

這個範例的要點是：

1. 在行 6、7、8 表現了疊代器（Iterator）的使用方式。分別是：
   - 行 6：集合物件 list 呼叫 iterator() 方法取得疊代器參考變數 elements。
   - 行 7：疊代器可以藉由 hasNext() 方法確認是否仍有下一個成員。
   - 行 8：疊代器可以藉由 next() 方法取得下一個成員。

2. List 在未使用泛型的時候，預設將所有成員都視爲 Object 類別，因此行 3、4 可以放入 Integer，行 5 可以放入 String 類別。

3. 承上，所以取出的物件都是 Object，都必須進行轉型，才能回復原先型別。

4. 承上，轉型時若發現型別不一致的成員，如行 5 放入 String，行 8 要轉型成 Integer，就會拋出 ClassCastException。

綜上所述，當集合物件沒有使用泛型時：

1. 取出的物件必須轉型。

2. 錯放成員時，執行時期才能知道。

接下來的 withGeneric() 方法使用泛型解決了上述難題：

範例：/java11-ocp-2/src/course/c01/TestList.java

```
01  private static void withGeneric() {
02      List<Integer> list = new ArrayList<>(2);
03      list.add( Integer.valueOf(1) );
04      list.add( Integer.valueOf(2) );
05      // list.add("I am a string!");    //Compile Error!!
06      Iterator<Integer> elements = list.iterator();
07      while (elements.hasNext()) {
08          Integer partNumberObject = elements.next();
09          int partNumber = partNumberObject.intValue();
10          System.out.println("Part number: " + partNumber);
11      }
12  }
```

說明

2	List 使用泛型 <Integer>，該 List 只能放 Integer 物件。
5	因為放入 String，無法通過編譯。
6	疊代器 Iterator 也支援使用泛型 <Integer>。
8	由疊代器中取出目前走訪成員。因為都是 Integer，不需要再轉型。

因此，集合物件使用泛型的好處是：

1. 放錯成員時，編譯時期就可以檢測到，更落實「型別安全（type safety）」的設計。

2. 取出成員時，不需要轉型。

1.2.3 自動裝箱（Boxing）和開箱（Unboxing）

Java 是物件導向的程式語言，以參考型別爲主。在 java.lang 的套件下，建立一套和 8 種基本型別對應的 8 個參考型別，提供了基本型別常見的加減乘除四則運算、比較等操作的替代方案。因爲特色在於將各自對應的基本型別視爲核心，將之以物件型態「包裹」，也稱爲基本型別的「包裹類別（wrapper class）」。對應關係爲：

表 1-1　基本型別和包裹類別對照表

基本型別	包裹類別	父類別
byte	Byte	Number
short	Short	
int	Integer	
long	Long	
float	Float	
double	Double	
char	Character	Object
boolean	Boolean	Object

其中，命名規則除了類別 Integer 和 Character 較特別外，其餘都是將基本型別的名稱，改第一個字母爲大寫，就成爲包裹類別的名稱。

爲了讓基本型別和包裹類別兩者更相容，Java 允許兩者可以互相自動轉換：

1. 基本型別→包裹類別，稱爲「裝箱（boxing）」，像是把基本型別裝進包裹類別的箱子裡。
2. 包裹類別→基本型別，稱爲「開箱（unboxing）」，像是把基本型別由包裹類別的箱子裡取出。

因爲自動發生，所以相當方便，但會有些微效能耗損，迴圈內使用會讓效能耗損增幅。

最後，若使用自動開箱的機制，還可以將前述範例的：

```
08          Integer partNumberObject = elements.next();
09          int partNumber = partNumberObject.intValue();
```

合併只剩一行程式碼：

```
08          int partNumber = elements.next();
```

1.2.4 Set

Set 介面也是 Collection 物件的一種，特色是：

1. 成員必須是獨一無二（unique），不能重複。
2. 沒有 index。
3. 試圖放入重複成員，不會出錯，但無效。
4. 常使用 HashSet 實作類別。TreeSet 類別會依物件特性自動排序。
5. 成員是否唯一，或是排序的先後，則取決於其方法 equals() 和 hashCode() 的覆寫結果。

以下示範 Set 物件的使用方式：

範例：/java11-ocp-2/src/course/c01/TestSet.java

```
01  public class TestSet {
02      public static void main(String[] args) {
03          Set<String> set = new HashSet<>();
04          set.add("one");
05          set.add("two");
06          set.add("three");
07          set.add("three");
08          for (String item : set) {
09              System.out.println("Item: " + item);
10          }
11      }
12  }
```

說明

6-7	加入重複的成員時無效，也不會執行時期錯誤。

結果

```
Item: two
Item: one
Item: three
```

若將行 3 改為：

```
03          Set<String> set = new TreeSet<>();
```

則結果會依字串內容排序：

結果

```
Item: one
Item: three
Item: two
```

1.2.5　Deque（Queue）

介面 Deque 繼承了介面 Queue，特色是：

1. 為「Double-Ended Queue」，亦即具備兩端點的 Queue，發音同「deck」。
2. 可同時用於「Stack」和「Queue」兩種資料結構，只要呼叫不同的方法：
   - 使用 add() 和 remove() 方法時，Deque 物件表現出 Queue 資料結構的行為模式，亦即成員是「先進先出」。
   - 使用 push() 和 pop() 方法時，Deque 物件表現出 Stack 資料結構的行為模式，亦即成員是「先進後出」。

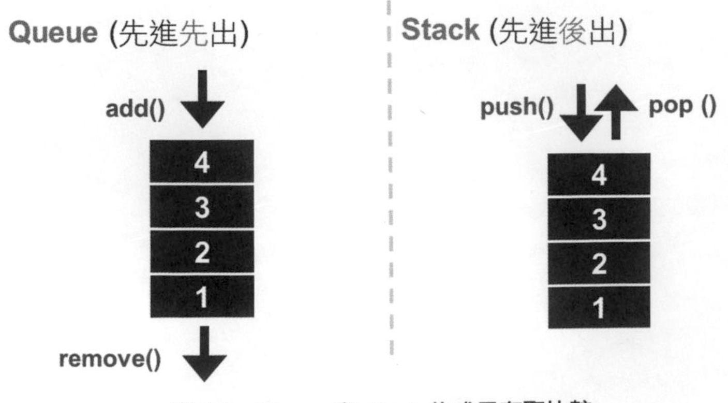

圖 1-2　Queue 和 Stack 的成員存取比較

如以下示範：

範例：/java11-ocp-2/src/course/c01/TestDeque.java

```
01  public class TestDeque {
02      public static void testStack(Deque<String> stack) {
03          stack.push("one");
04          stack.push("two");
05          stack.push("three");
06          System.out.println(stack.pop());
07          System.out.println(stack.pop());
08          System.out.println(stack.pop());
09      }
10      public static void testQueue(Deque<String> queue) {
11          queue.add("one");
12          queue.add("two");
13          queue.add("three");
14          int size = queue.size() - 1;
15          while (size >= 0) {
16              System.out.println(queue.remove());
17              size--;
18          }
19      }
20      public static void main(String[] args) {
21          Deque<String> deque = new ArrayDeque<>();
22          System.out.println("--- Stack Out ---");
23          testStack(deque);
24          System.out.println("--- Queue Out ---");
25          testQueue(deque);
26      }
27  }
```

結果

```
--- Stack Out ---
Three
Two
One
--- Queue Out ---
One
Two
Three
```

1.3 Map

Map 是「鍵（key）- 值（value）」的成對集合，但不屬於 Collection 集合物件家族。每一個成員都是 key 物件和 value 物件的配對組合，其中：

1. **key 物件**：用來尋找 value 物件，因此每一個 key 物件都是獨特（unique）而不重複的。
2. **value 物件**：和 key 物件有著關聯性（associative）。

例如某 Map 物件儲存 3 組成對的「key-value」，如下：

表 1-2　Map 資料成員示範

Key（身分證字號）	Value（人）
A333333333	張三
B444444444	李四
C555555555	王五

本例的 key 是身分證字號，value 則是對應的人。使用 Map 只要提供「key 物件」，就可以取得對應的「value 物件」，例如當 key 值為 C555555555 時，透過該 Map 就可以取得王五物件。

在其他語言，Map 或稱為「關聯性陣列（associative arrays）」。以上例而言，所有 key 物件可以構成一個陣列，所有的 value 物件構成另一個陣列，2 個陣列有著關聯性，故名。

回顧 List 物件，List 物件是由 index 來找出對應的值，概念上可以把 List 看作是將 index 當成 key 值的 Map。而實際上，除了 List 和 Map 都在定義 java.util.* 套件中外，兩者並沒有直接的關係。

Map 的泛型以「<K, V>」表達，K 表示 key，V 表示 value。

Map 沒有繼承於 Collection 介面，自立門戶成為 Map 家族：

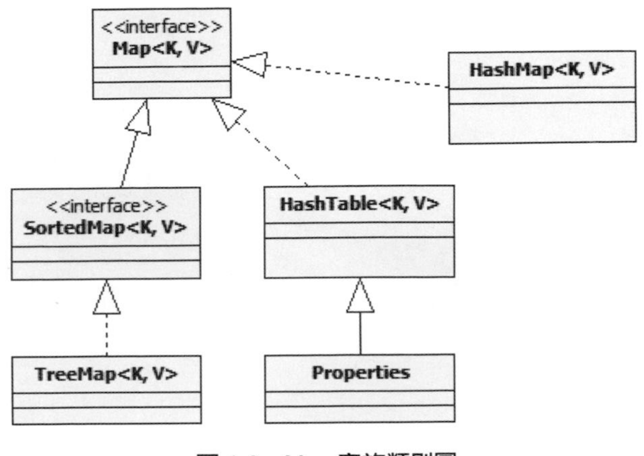

圖 1-3　Map 家族類別圖

簡介家族分支的常用類別如下：

1. TreeMap 特色是 keys 自動依順序排序。

2. HashTable 特色是「執行緒安全」且「keys 和 values 不允許為 null」。

3. HashMap 特色是「非執行緒安全」且「keys 和 values 可為 null」。

前述執行緒安全（thread safe）的概念，將在本書後段介紹。簡單地說，Java 的程式是由「執行緒」負責執行，而「執行緒安全」是指一個物件被一個執行緒使用和同時被多個執行緒使用時的行為或結果都一致，不會因為多個執行緒而產生不預期的結果。

以下示範 Map 的基本用法及注意事項：

範例：/java11-ocp-2/src/course/c01/TestMap.java

```
01  public class TestMap {
02      public static void main(String[] args) {
03          Map<String, String> map = new TreeMap<>();
04          map.put("A02", "Edwin");
05          map.put("A01", "Jason");
06          map.put("A03", "Sonic");
07          map.put("A03", "Howard"); // Overwrite value
08          // print all values
09          Collection<String> values = map.values();
10          for (String v : values) {
11              System.out.println(v);
```

```
12            }
13            // print all keys & values
14            Set<String> keys = map.keySet();
15            for (String key : keys) {
16                System.out.println("#" + key + ": " + map.get(key));
17            }
18        }
19    }
```

說明

3	Map 以泛型 <String, String> 表示 key 是字串，value 也是字串。 Map 的實作類別選用 TreeMap，所以可以針對 key 值做排序。
7	放入 Map 的 key-value 對，當 key 和已存在的 key 重複，將覆蓋原先內容。
9	Map 的 values() 方法回傳 Collection 物件，可以取得所有 values 的集合。
14	Map 的 keySet() 方法回傳 Set 物件，可以取得所有 keys 的集合。因為 key 不能重複，符合 Set 集合的要求，因此回傳 Set 而非 Collection。
16	Map 的 get(key) 方法需要傳入 key，可以取得 value。

結果

```
Jason
Edwin
Howard
#A01: Jason
#A02: Edwin
#A03: Howard
```

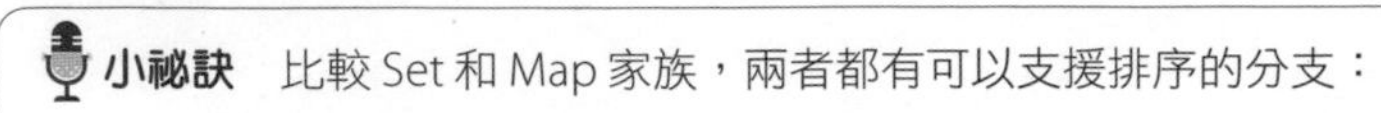

小祕訣 比較 Set 和 Map 家族，兩者都有可以支援排序的分支：

1. 分支起源都是以 Sorted 命名開頭的介面，如 **Sorted**Map 和 **Sorted**Set。
2. 實作類別都是以 Tree 命名開頭，如 **Tree**Map 和 **Tree**Set。

1.4 集合物件成員的排序

1.4.1 排序的作法

Set 和 Map 家族的成員，若使用 TreeSet 和 TreeMap 的實作類別，都具有排序的功能，但有 2 個問題值得我們思考：

1. 先前範例裡的成員，都是數字或字串，這類型的型別都有預設的順序，但若特殊物件，如類別 Shirt、Employee 等，該如何定義順序？有無可能一個類別，可以定義多種排序標準？
2. 若是 List 家族，該如何重新排序？

針對這些問題，Java 提供兩個介面，供我們選擇：

1. Comparable 介面，必須實作 compareTo() 方法。
2. Comparator 介面，必須實作 compare() 方法。

分別在稍後的兩個小節做介紹。

兩個介面要實作的方法，無論是 compareTo() 或 compare() 方法，都回傳一個「整數」表示比較結果：

1. 若回傳整數「= 0」，表示兩者相等。
2. 若回傳整數「< 0」，表示「自己（this）」**小於（數值上）或先於（順序上）**「方法參數物件」。
3. 若回傳整數「> 0」，表示「自己（this）」**大於（數值上）或後於（順序上）**「方法參數物件」。

參見以下範例：

範例：/java11-ocp-2/src/course/c01/compare/TestOrder.java

```
01  public class TestOrder {
02      public static void main(String[] args) {
03          Calendar today = Calendar.getInstance();
04          Calendar tomorrow = Calendar.getInstance();
```

```
05            tomorrow.add(Calendar.DATE, 1);
06            out.println(today.compareTo(tomorrow));
07            out.println("A".compareTo("B"));
08            out.println(Integer.valueOf(5).compareTo(Integer.
                                                    valueOf(6)));
09        }
10    }
```

結果

```
-1
-1
-1
```

說明

6	因為在時間順序上，today 先於 tomorrow，所以回傳 -1。
7	因為在字母順序上，字串 "A" 早於字串 "B"，所以回傳 -1。
8	基本型別無方法可使用，故先轉成包裹類別。 因為在數值大小上，數值 5 小於數值 6，所以回傳 -1。

1.4.2 使用 Comparable 介面排序

Comparable 介面內容主要為：

範例：java.lang.Comparable

```
public interface Comparable<T> {
    public int compareTo(T o);
}
```

其特色為：

1. 支援泛型設計。

2. 必須實作 compareTo() 方法，比較自己（this）和方法參數物件。

3. 單一 class 只能實作一次 Comparable 介面，所以只能提供單一方式的排序，可用於 TreeSet 和 TreeMap 等實作類別，或需要物件之間比較的地方。

後續以 Student 類別示範實作 Comparable 介面的前後變化。

最初的 Student 類別定義如下：

範例：/java11-ocp-2/src/course/c01/compare/Student.java

```
01  public class Student {
02      private String name;
03      private long id;
04      private double score;
05      public Student(String name, long id, double score) {
06          this.name = name;
07          this.id = id;
08          this.score = score;
09      }
10      public String getName() {
11          return this.name;
12      }
13      public double getScore() {
14          return this.score;
15      }
16      public String toString() {
17          return this.name + "\t" + this.id + "\t" + this.score;
18      }
19  }
```

在開始排序之前，要先問自己哪一個條件決定 Student 物件的排序先後？是 name？還是 id？還是 score？還是複合條件？決定之後，讓 Student 類別去實作 Comparable 介面：

1. 必須提供 compareTo() 方法的內容。

2. 只能提供一種排序選擇。

示範以類別 Student 實作 Comparable 介面：

範例：/java11-ocp-2/src/course/c01/compare/Student.java

```
01  public class Student implements Comparable<Student> {
02      private String name;
03      private long id;
04      private double score;
05      public Student(String name, long id, double score) {
06          this.name = name;
07          this.id = id;
08          this.score = score;
09      }
10      public String getName() {
11          return this.name;
12      }
13      public double getScore() {
14          return this.score;
15      }
16      public String toString() {
17          return this.name + "\t" + this.id + "\t" + this.score;
18      }
19      @Override
20      public int compareTo(Student s) {
21          // use method dedication
22          int sortById = Long.valueOf(this.id).compareTo(s.id);
23          int sortByName = this.name.compareTo(s.getName());
24          int sortByScore = Double.valueOf(this.score).compareTo(s.
                                                                  score);
25          return sortById;
26      }
27  }
```

實作 Comparable 介面，關鍵是提供的 compareTo() 方法內容。我們可以回傳結果是「= 0」、「< 0」或「> 0」來表現比較結果，也可以使用先前講授的「方法委派（method delegation）」或「方法轉交（method forwarding）」概念，直接以某欄位的比較結果作為物件比較結果，也是本範例採用的方式：

1. 行 22 的 sortById 是使用自己的 id 欄位，和傳入物件的 id 欄位的比較結果。

2. 行 23 的 sortByName 是兩者的 name 欄位的比較結果。

3. 行 24 的 sortByScore 是兩者的 score 欄位的比較結果。

4. 選擇使用行 22 的 id 欄位的比較結果作爲物件比較結果，也可以選用行 23 或 24 的結果。

下一個範例驗證以實作 Comparable 介面的 Student 類別集合的排序結果：

範例：/java11-ocp-2/src/course/c01/compare/TestComparable.java

```
01  public class TestComparable {
02      public static void main(String[] args) {
03          System.out.println("..... Before Sort .....");
04          Set<Student> studentList = new HashSet<>();
05          studentList.add(new Student("Thomas", 1, 3.8));
06          studentList.add(new Student("John", 2, 3.9));
07          studentList.add(new Student("George", 3, 3.4));
08          for (Student student : studentList) {
09              System.out.println(student);
10          }
11          System.out.println("..... After Sort .....");
12          Set<Student> sortedStudentList = new TreeSet<>();
13          sortedStudentList.add(new Student("Thomas", 1, 3.8));
14          sortedStudentList.add(new Student("John", 2, 3.9));
15          sortedStudentList.add(new Student("George", 3, 3.4));
16          for (Student student : sortedStudentList) {
17              System.out.println(student);
18          }
19      }
20  }
```

結果

```
----- Before Sort -----
George
Thomas
John
----- After Sort -----
Thomas
John
George
```

說明

4	使用 Set 介面的 HashSet 類別，沒有排序功能。
12	使用 Set 介面的 TreeSet 類別，有排序功能，依 Student 類別提供的 compareTo() 方法內容決定；本例將比較結果轉由欄位 id 的比較結果決定。

UML 圖示：

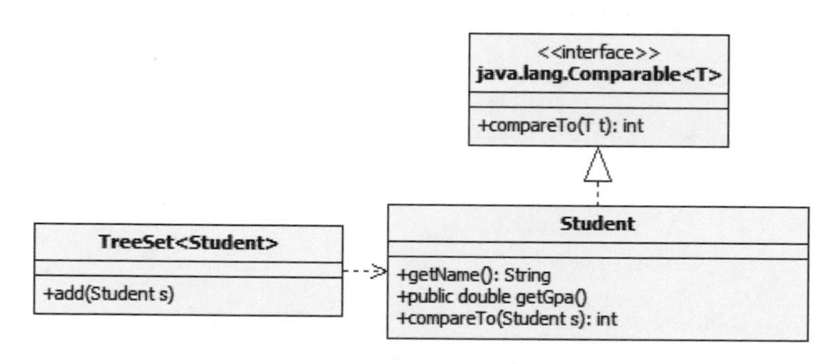

圖 1-4　Student 實作 Comparable 類別圖

1.4.3　使用 Comparator 介面排序

實作 Comparable 介面的 Student 類別只有提供一次 compareTo() 方法內容的機會，因此物件只有 1 種排序能力。使用 Comparator 介面則可以提供多種選擇：

範例：java.lang.Comparator

```
public interface Comparator<T> {
    int compare(T o1, T o2);
}
```

特色爲：

1. 支援泛型設計。
2. 必須實作 compare() 方法，用以比較「第 1 個參數物件」和「第 2 個參數物件」。
3. 可以藉由提供多種 Comparator 類別，達成多種排序方式。常用於搭配以下方法，可以幫助 List 成員排序：

範例：java.util.Collections

```
01    public static <T> void sort(List<T> list, Comparator<? super T> c) {
02        list.sort(c);
03    }
```

示範如下：

範例：/java11-ocp-2/src/course/c01/compare/TestComparator.java

```
01    class NameSorter implements Comparator<Student> {
02        public int compare(Student s1, Student s2) {
03            return s1.getName().compareTo(s2.getName());
04        }
05    }
06    class ScoreSorter implements Comparator<Student> {
07        public int compare(Student s1, Student s2) {
08            return Double.valueOf(s1.getScore()).compareTo(s2.
                                                          getScore());
09        }
10    }
11    public class TestComparator {
12        private static void showList(List<Student> studentList) {
13            for (int i=0; i<studentList.size(); i++) {
14                System.out.println("index#" + i + ": " + studentList.
                                                              get(i));
15            }
16        }
17        public static void main(String[] args) {
18            List<Student> studentList = new ArrayList<>(3);
19            studentList.add(new Student("Thomas", 1, 3.8));
20            studentList.add(new Student("John", 2, 3.9));
21            studentList.add(new Student("George", 3, 3.4));
22
23            System.out.println("\n--- Original ------------ ");
24            showList(studentList);
25
26            System.out.println("\n--- Sort by name ------------ ");
27            Comparator<Student> sortName = new NameSorter();
28            Collections.sort(studentList, sortName);
29            showList(studentList);
30
```

```
31            System.out.println("\n--- Sort by score ------------ ");
32            Comparator<Student> sortScore = new ScoreSorter();
33            Collections.sort(studentList, sortScore);
34            showList(studentList);
35        }
36    }
```

結果

```
--- Original ------------
index#0: Thomas
index#1: John
index#2: George

--- Sort by name ------------
index#0: George
index#1: John
index#2: Thomas

--- Sort by score ------------
index#0: George
index#1: Thomas
index#2: John
```

說明

1-5	建立以 Student 類別的 name 欄位作為排序條件的 NameSorter 類別。
6-10	建立以 Student 類別的 score 欄位作為排序條件的 ScoreSorter 類別。
28	Collections.sort() 方法傳入 List 物件和 NameSorter 物件。
33	Collections.sort() 方法傳入 List 物件和 ScoreSorter 物件。

由上例可以發現，List 物件經過方法 Collections.sort() 的排序後，原先的 index 和成員的對應關係也會被更改。

UML 圖示：

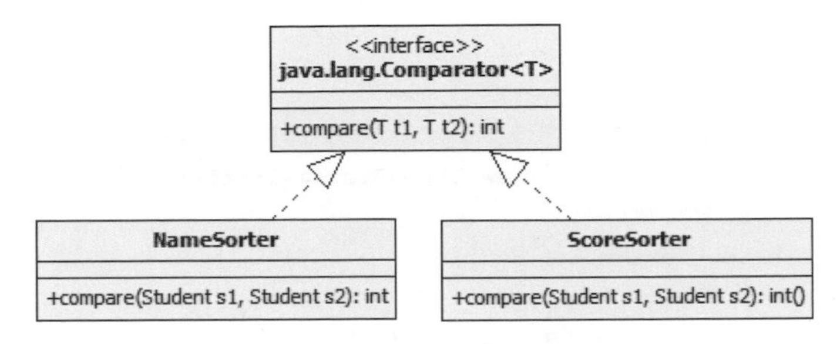

圖 1-5　實作 Comparator 介面的類別圖

1.5　使用 of() 與 copyOf() 方法建立 List、Set 與 Map 物件

1.5.1　使用 of() 方法建立 List、Set 與 Map 物件

由 Java 9 開始，除了傳統使用 new 呼叫子類別建構子以建立 List、Set 與 Map 物件外，導入了靜態工廠方法 of() 來建立不可改變（immutable）的物件，分別是 List.of()、Set.of() 和 Map.of()。語法為：

語法

```
01  List<T> list = List.of (t1, t2, …);
02  Set<T> set = Set.of (t1, t2, …);
03  Map<K, V> map = Map.of (key1, value1, key2, value2, …)
```

這些方法以「單個元素成員」作為參數，並建立由這些元素組成的 List、Set 與 Map 物件，如以下範例行 3、13、24：

範例：/java11-ocp-2/src/course/c01/CreateListSetMap.java

```
01  private static void createImmutablesByOf() {
02      // List.of()
03      List<String> list1 = List.of("i1", "i2", "i3");
04      try {
05          list1.add("i4");
```

```
06          } catch (Exception e) {
07              e.printStackTrace();
08          }
09          List<String> list2 = new ArrayList<>(list1);
10          list2.add("i4");
11          System.out.println(list2);
12          // Set.of()
13          Set<String> set1 = Set.of("i1", "i2", "i3");
14          try {
15              set1.add("i4");
16          } catch (Exception e) {
17              e.printStackTrace();
18          }
19          Set<String> set2 = new HashSet<>(set1);
20          set2.add("i4");
21          System.out.println(set2);
22          // Map.of()
23          Map<String, Employee> map1 =
24                  Map.of("jim", new Employee("jim"),
                            "duke", new Employee("duke"));
25          try {
26              map1.put("bill", new Employee("bill"));
27          } catch (Exception e) {
28              e.printStackTrace();
29          }
30          Map<String, Employee> map2 = new HashMap<>(map1);
31          map2.put("bill", new Employee("bill"));
32          System.out.println(map2);
33      }
```

因為建立的物件都是不可更改（immutable）的，因此在範例行 5、15、26 嘗試新增成員，都會拋出 java.lang.UnsupportedOperationException。

若要將不可更改的物件轉換為「可更改（mutable）」，可以如範例行 9、19、30，以這些不可更改物件作為 ArrayList、HashSet、HashMap 等建構子的參數，重新建立可更改物件。

1.5.2 使用 copyOf() 方法建立 List、Set 與 Map 物件

由 Java 10 開始，又導入另一個靜態工廠方法 copyOf()，可以由現有的 List、Set 與 Map 物件，分別藉由 List.copyOf()、Set.copyOf() 與 Map.copyOf() 方法，如範例行 4、12、22，建立「不可改變」的「副本物件」：

範例：/java11-ocp-2/src/course/c01/CreateListSetMap.java

```
01 private static void createImmu
02     // List.copyOf()
03     List<String> list1 = List.of("i1", "i2", "i3");
04     List<String> list2 = List.copyOf (list1);
05     try {
06         list2.add("i4");
07     } catch (Exception e) {
08         e.printStackTrace();
09     }
10     // Set.copyOf()
11     Set<String> set1 = Set.of("i1", "i2", "i3");
12     Set<String> set2 = Set.copyOf (set1);
13     try {
14         set2.add("i4");
15     } catch (Exception e) {
16         e.printStackTrace();
17     }
18     // Map.copyOf()
19     Map<String, Employee> map1 =
20             Map.of("jim", new Employee("jim"),
21                     "duke", new Employee("duke"));
22     Map<String, Employee> map2 = Map.copyOf (map1);
23     try {
24         map2.put("bill", new Employee("bill"));
25     } catch (Exception e) {
26         e.printStackTrace();
27     }
28 }
```

因為建立的物件都是不可更改的，因此在範例行 6、14、24 嘗試新增成員，都會拋出 java.lang.UnsupportedOperationException。

1.5.3 使用 Arrays.asList() 方法建立 List 物件

List 還有另一種以「單個元素成員」作爲參數建立 List 物件的方式，語法如下：

語法

```
01  List<T> list = Arrays.asList (t1, t2, …);
```

這不是新方法，但因爲和 of()、copyOf() 等靜態方法有些相似，因此經常被拿來做比較，範例如下：

範例：/java11-ocp-2/src/course/c01/CreateListSetMap.java

```
01  private static void createList() {
02      List<String> list1 = Arrays.asList("i1", "i2", "i3");
03      try {
04          list1.set(0, "ii1");
05          System.out.println(list1);
06          list1.remove(0);
07      } catch (Exception e) {
08          e.printStackTrace();
09      }
10      List<String> list2 = new ArrayList<>(list1);
11      list2.remove(0);
12      System.out.println(list2);
13  }
```

使用 Arrays.asList() 建立的 List 物件和陣列（Array）相似，特性爲：

1. 長度固定，不可以新增或刪除成員，因此範例行 6 會拋出 java.lang.UnsupportedOperationException。
2. 可以修改成員，所以範例行 4 不會出錯。

例外（Exceptions）與斷言（Assertions）

02

章節提要

2.1 例外（Exceptions）

程式執行多少會遇到問題，值得信賴（reliable）的程式會優雅（gracefully）的處理例外狀況：

1. 處理目標是「exception（例外）」，而非預期狀況。
2. 例外必須處理以建立可信賴的程式。
3. 發生原因可能是程式的 bugs。
4. 發生原因可能是程式無法處理的狀況，如：
   - 資料庫無法連線。
   - 硬碟毀損。

C 語言的錯誤發生，通常是以回傳負值表示，如「int x = printf("hi")」。Java 則在出現錯誤時，由 JVM 拋出例外物件（Exception），分類如下。不同種類的例外，有不同處理方式：

表 2-1　Exception 分類表

分類	Checked Exception	Unchecked Exception	
情境	已然預知風險，必須事先預防	無法預知風險，無法事先預防	
處理方式	1. 方法內部自己處理 2. 方法內部不處理但提醒呼叫者要處理	不需要事先處理	
代表類別	所有例外類別都是。除： 1. RuntimeException 2. Error 類別和其子類別	RuntimeException 類別和其子類別	Error 類別和其子類別
		歸類程式內部原因： 如資料輸入異常	歸類程式外部原因： 如硬體、網路等

依上表分類，認證考試常見的例外家族成員如下。絕大部分的類別都將在本書各章節分別說明。

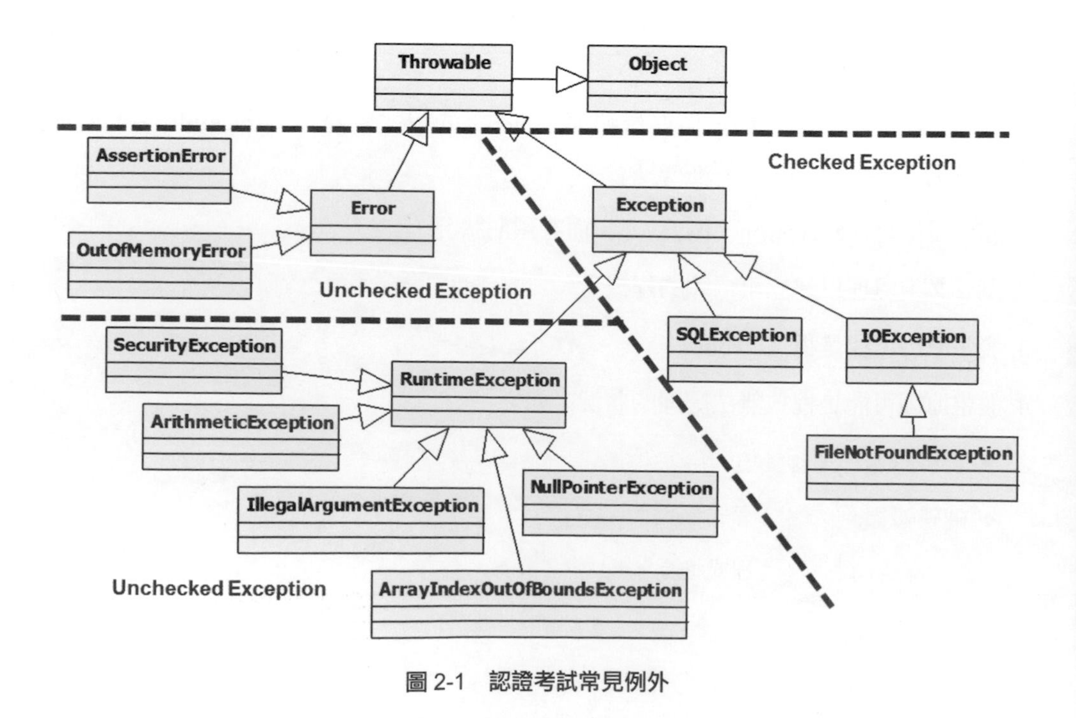

圖 2-1　認證考試常見例外

當類別的方法（method）呼叫其他類別的方法時，若被呼叫的方法已宣告有拋出 checked exception 的風險，編譯器會要求呼叫者方法必須「處理（handle）」或是也「宣告（declare）」可能發生的問題：

1. **Handling Exception**：表示必須有程式碼區塊來處理異常狀況，此時使用「try-catch」敘述。
2. **Declaring Exception**：在方法上註記執行可能出現的錯誤，提醒使用的方法必須處理，此時使用「throws」宣告。

2.1.1 使用 try-catch 程式碼區塊

一般例外狀況

以下示範使用 try-catch 敘述處理例外：

範例：/java11-ocp-2/src/course/c02/TryCatchDemo.java

```
01  public class TryCatchDemo {
02      public static void main(String[] args) {
03          try {
04              System.out.println("Opening a file...");
05              InputStream in = new FileInputStream("lostFile.txt");
06              System.out.println("File is opened");
07          } catch (Exception e) {
08              e.printStackTrace();
09          }
10      }
11  }
```

說明

5	程式碼可能在第 5 行出現錯誤。
6	一旦出現錯誤，程式將不會進入第 6 行。
8	一旦出現錯誤，程式將進入第 8 行。

catch 程式碼區塊必須傳入 java.lang.Exception 或 java.lang.Throwable 的子類別參考。其中 java.lang.Throwable 是例外始祖。如：

```
try {
    //…
} catch (Exception e) {
    e.printStackTrace();
}
```

若把 catch 當成是一種方法（method），則後面的 ( ) 代表要傳入的參數。傳入大分類的型別（父類別或介面）是多型的一種應用，但此處並不合適，因為例外狀況的處理應該對症下藥。catch 方法只讓 Java 在程式遇到錯誤時呼叫，並傳入例外物件。

一般來說，程式在捕捉到例外之後，通常會：

1. 記錄錯誤訊息。
2. 再試一次。
3. 嘗試其他替代方案。
4. 優雅地離開（return）或結束程式（exit）。

複雜例外狀況

一個程式碼區塊或一個方法，有時必須同時處理多種可能的例外狀況：

1. 單一「try」，可以搭配多個「catch」程式碼區塊。此時例外子類別排序應在父類別上面，避免所有例外在一開始就被例外父類別，如 Exception 或 Throwable 所攔截。
2. 捕捉（catch）物件 Exception 時，應該盡可能捕捉最特定（specific type）的例外子類別，因為不同的例外，應該有不同的處理方式。
3. Java Persistence API （JPA）的例外大部分均繼承 RuntimeException，屬於 unchecked exception，慣例上屬於不用處理的例外，但在正式環境裡，還是應該處理。

如以下示範：

範例：/java11-ocp-2/src/course/c02/TryCatchDemo2.java

```
01  public class TryCatchDemo2 {
02      public static void main(String[] args) {
03          try {
04              System.out.println("Opening a file...");
05              InputStream in = new FileInputStream("lostFile.txt");
06              System.out.println("File is opened");
07              int data = in.read();
08              in.close();
09          } catch (FileNotFoundException e) {
10              e.printStackTrace();
11          } catch (IOException e) {
12              e.printStackTrace();
13          } catch (Exception e) {
14              e.printStackTrace();
15          }
16      }
17  }
```

記錄（Logging）錯誤內容

正式環境中，應該要移除 printStackTrace() 或 System.out.println(e.getMessage()) 這類程式碼，因為它們只是將當下錯誤訊息呈現在螢幕（screen）上。當程式碼執行錯誤時，應該要寫入紀錄 / 日誌檔（log file），讓程式設計師可以在事後檢視問題。Java 有多種相關函式庫可以選擇，如：

1. Apache's Log4j。
2. 內建 java.util logging 框架。

都是不錯的選項。

使用 finally 敘述

當使用外部資源（resource），如開啓檔案或連線資料庫時，應該在不使用時關閉（close）資源。若在 try 的程式碼區塊中關閉資源，有可能因為執行錯誤而導致資源有開啓，但來不及關閉，程式就已經結束，此時可以使用 finally 敘述：

1. Java 保證在 finally 程式碼區塊中，不管是 try 或 catch 執行結束，都一定會進入執行。
2. 有時在 finally 程式碼區塊的程式碼也可能出錯，因此需要巢狀的 try-catch 區塊去處理。

以下範例行 16-23 使用 finally 程式碼區塊，行 19 關閉資源：

範例：/java11-ocp-2/src/course/c02/TryCatchFinallyDemo.java

```
01  public class TryCatchFinallyDemo {
02      public static void main(String[] args) {
03          InputStream in = null;
04          try {
05              System.out.println("Opening a file...");
06              in = new FileInputStream("lostFile.txt");
07              System.out.println("File is opened");
08              int data = in.read();
09              in.close();
10          } catch (FileNotFoundException e) {
11              e.printStackTrace();
12          } catch (IOException e) {
13              e.printStackTrace();
14          } catch (Exception e) {
15              e.printStackTrace();
16          } finally {
17              try {
18                  if (in != null)
19                      in.close();     // try to close file
20              } catch (IOException e) {
21                  System.out.println("Failed to close file");
22              }
23          }
24      }
25  }
```

2.1.2 使用 try-with-resources 程式碼區塊和 AutoCloseable 介面

使用 try-with-resources 敘述

因為 finally 區塊中的程式碼冗長且具備可預測性，Java 7 時提供新的「try-with-resources」敘述，可以自動關閉被開啓的「資源（resource）」。

語法

```
try ( 宣告並開啟資源 [;宣告並開啟其他資源…] ) {
    //...
}
//在try程式碼區塊之後，資源將自動關閉
```

1. 這裡定義的資源，必須是實作 java.lang.AutoCloseable 介面的類別。
2. 若要開啓多個資源，可使用「;」做區隔。
3. 自動關閉的順序將和使用資源的開啓順序相反。

如以下範例行 4：

範例：/java11-ocp-2/src/course/c02/TryWithResourceDemo.java

```
01  public class TryWithResourceDemo {
02      public static void main(String[] args) {
03          System.out.println("Opening a file...");
04          try (InputStream in = new FileInputStream("lostFile.txt")) {
05              System.out.println("File is opened");
06              int data = in.read();
07              in.close();
08          } catch (FileNotFoundException e) {
09              e.printStackTrace();
10          } catch (IOException e) {
11              e.printStackTrace();
12          } catch (Exception e) {
13              e.printStackTrace();
14          }
15      }
16  }
```

比較範例類別 TryCatchFinallyDemo 與 TryWithResourceDemo，可以發現：

1. 移除 finally 程式碼區塊，如前範例行 16-23。
2. 使用 try-with-resource 宣告要開啓的資源，如本範例行 4。

認識 AutoCloseable 介面

範例中使用的類別 InputStream，檢查原始碼可以發現實作了 java.io.Closeable 介面：

範例：java.io.InputStream

```
public abstract class InputStream implements Closeable {
```

介面 java.io.Closeable 又繼承了介面 java.lang.AutoCloseable：

範例：java.io.Closeable

```
public interface Closeable extends AutoCloseable {
```

資源（resource）要藉由 try-with-resources 敘述開啓和自動關閉，必須實作以下兩者任一：

1. 介面 java.lang.AutoCloseable：
   - Java 7 新增。
   - 唯一的抽象方法 close() 會拋出 Exception 物件。

範例：java.lang.AutoCloseable

```
01  public interface AutoCloseable {
02      void close() throws Exception;
03  }
```

2. 介面 java.io.Closeable：
   - 早期的 Java 版本就存在，在 Java 7 中修改使其繼承介面 AutoCloseable。
   - 唯一的抽象方法 close() 會拋出 IOException 物件。

範例：java.io.Closeable

```
public interface Closeable extends AutoCloseable {
    public void close() throws IOException;
}
```

程式語言裡有一種方法的實作方式稱為「Idempotent method」，表示即使重複執行多次，也不會有副作用（side effects）產生。

Java 要求實作 java.io.Closeable 的 close() 方法時，必須滿足 idempotent 的要求，但並未一致要求實作 java.lang.AutoCloseable 的 close() 方法必須比照辦理。

即便如此，我們在實作 java.lang.AutoCloseable 時，應該也要做到反覆執行多次，都沒有副作用產生，以下是參考作法，亦即關閉資源前先檢查資源是否尚未關閉：

```
01  // 若資源未關閉（以 resource == null 判定）
02  If (resource != null) {
03      // 關閉資源，並使 resource = null
04  }
```

2.1.3 Suppressed Exceptions

使用 try-with-resource 敘述雖然可以由 Java 自動關閉資源，但也延伸出新的例外（exception）處理問題必須注意：

1. 若 Java 在開啓資源時拋出例外，因此資源未成功開啓，則程式碼將直接跳到「catch 區塊」。這和一般情況一樣，只拋出 1 個例外。
2. 若 Java 成功開啓資源，但在「try 區塊」內拋出例外，於是 Java 準備在背景關閉資源；不幸的是在關閉資源時又拋出例外，此時共產生 2 個例外。雖然例外有出現順序，但對於接收例外的「catch 區塊」而言，卻是等於必須同時接收 2 個例外物件。這種情況是使用 try-with-resource 敘述而延伸的問題，必須重新定義處理流程。
3. 若 Java 成功開啓資源，在「try 區塊」內的任務成功執行完畢，但在關閉資源時出錯；和一般情況一樣，此時只拋出 1 個例外。

由以上討論，傳統的 try-catch 敘述一次只能處理一個例外；當前述狀況二，也就是有 2 個例外類別被先後拋出時，Java 的解決方案是將「後發生，同時也是和關閉資源有關」的例外物件，隱匿或擠壓（suppressed）到「先發生、同時也是在 try 區塊造成」的例外物件裡，使之可以被保留。

承上，Java 會負責將資源相關的例外隱匿或擠壓進程式碼發生的例外裡，我們只要知道如何將該「suppressed 例外物件」取出來即可，如以下程式碼行 3-5：

```
01    } catch(Exception e) {
02        System.out.println(e.getMessage());
03        for(Throwable t : e.getSuppressed() ) {
04            System.out.println(t.getMessage());
05        }
06    }
```

當對例外物件呼叫其 getSuppressed() 方法時，將可以回傳一個 Throwable 的陣列。如此，在背景被擠壓 / 隱匿的例外，即便再多，都能被妥善保存並取出。

以下示範擠壓 Exceptions 的設計流程：

範例：/java11-ocp-2/src/course/c02/SuppressedExceptions.java

```
01  class TryException extends Exception {
02  }
03  class FinallyException extends Exception {
04  }
05  public class SuppressedExceptions {
06      public static void main(String[] args) throws Exception {
07          before7();
08          after7();
09      }
10      private static void before7() {
11          try {
12              try {
13                  throw new TryException();    // This is lost
14              } finally {
15                  throw new FinallyException();
16              }
17          } catch (Exception e) {
18              System.out.println("before7: " + e.getClass());
19          }
20      }
21      private static void after7() {
```

```
22            try {
23                Throwable t = null;
24                try {
25                    throw new TryException();
26                } catch (Exception e) {
27                    t = e;
28                } finally {
29                    FinallyException fe = new FinallyException();
30                    if (t != null) {
31                        t.addSuppressed(fe);
32                        throw t;
33                    } else {
34                        throw fe;
35                    }
36                }
37            } catch (Throwable e) {
38                System.out.println("after7: " + e.getClass());
39                for (Throwable t : e.getSuppressed() ) {
40                    System.out.println("after7: " + t.getClass());
41                }
42            }
43        }
44    }
```

結果

```
before7: class course.c02.FinallyException
after7: class course.c02.TryException
after7: class course.c02.FinallyException
```

說明

10-20	在方法 before7() 的示範中，可以知道若 try-catch 敘述同時拋出 2 個例外物件，本例中為 TryException（模擬因程式問題拋出的例外）和 FinallyException（模擬因關閉資源所拋出的例外），則 catch 區塊中只會捕捉到最後一個，亦即 FinallyException。

21-43	在方法 after7() 的示範中： ● 利用行 23 和 27 的設計，保留了第一個拋出的例外物件 TryException。 ● 在行 29-35 的 finally 區塊中，若又拋出 FinallyException，則將 FinallyException 隱匿至 TryException 中，再拋出 TryException。 ● 若沒有 TryException 物件，也可以選擇單獨拋出 FinallyException。

2.1.4 使用 multi-catch 敘述

在本書上冊的範例中，我們曾經示範過一個程式區塊可能拋出多個例外，如下作法。此時例外的父類別必須往後置，避免一開始就被父類別例外所捕捉，導致後面的子類別例外無用武之地。

```
01  try {
02      createTempFile();  // method to create temporary file in file system
03  } catch (IOException ioe) {
04      System.out.println("Known Exception: " + ioe.getClass());
05  } catch (IllegalArgumentException iae) {
06      System.out.println("Known Exception: " + iae.getClass());
07  } catch (ArrayIndexOutOfBoundsException aiobe) {
08      System.out.println("Known Exception: " + aiobe.getClass());
09  } catch (SecurityException se) {
10      System.out.println("Known Exception: " + se.getClass());
11  } catch (Exception e) {
12      System.out.println(
          "Unexpected Execption: " + e.getClass() + " is caught! ");
13  } catch (IOException ioe) {
```

在這裡，不建議直接捕捉例外的父類別如 Exception 或 Throwable 是因為：

1. 每種例外的處理方式應該不同。

2. 要清楚知道究竟有多少例外可能產生。

但若每種例外處理方式確實相同，可以使用 Java 7 時推出的「multi-catch」敘述，如以下範例行 9-12。它的好處是：

1. 依然可以清楚知道究竟有多少例外可能拋出。

2. 多種例外可以用同一種方式處理，程式碼更簡潔，可以比較以下範例方法 after7() 和 before7()。

必須注意的是，**不同例外以「|」區隔時，前後例外必須「沒有繼承關係」**。

範例：/java11-ocp-2/src/course/c02/MultiCatchDemo.java

```
01  public class MultiCatchDemo {
02    public static void main(String args[]) {
03      before7();
04      after7();
05    }
06    private static void after7() {
07      try {
08        createTempFile();
09      } catch (IOException
10              | IllegalArgumentException
11              | ArrayIndexOutOfBoundsException
12              | SecurityException e) {
13        System.out.println("Known Exception: " + e.getClass());
14      } catch (Exception e) {
15        System.out.println(
        "Unexpected Execption: " + e.getClass() + " is caught! ");
16      }
17    }
18    private static void before7() {
19      try {
20        createTempFile();
21      } catch (IOException ioe) {
22        System.out.println("Known Exception: " + ioe.getClass());
23      } catch (IllegalArgumentException iae) {
24        System.out.println("Known Exception: " + iae.getClass());
25      } catch (ArrayIndexOutOfBoundsException aiobe) {
26        System.out.println("Known Exception: " + aiobe.getClass());
27      } catch (SecurityException se) {
28        System.out.println("Known Exception: " + se.getClass());
29      } catch (Exception e) {
30        System.out.println(
        "Unexpected Execption: " + e.getClass() + " is caught! ");
31      }
32    }
33    private static void createTempFile() throws IOException {
```

```
34        String path = System.getProperty("user.dir") +
                                              "/src/course/c08/temp";
35        System.out.println(path);
36        File f = new File(path);
37        File tf = File.createTempFile("ji", null, f);
38        System.out.println("Temp file name: " + tf.getPath());
39        int arr[] = new int[5];
40        arr[5] = 25;
41     }
42   }
```

說明

9-12	使用 Java 7 開始的新 multi-catch 作法，無繼承關係的例外類別可以擺在一起，並以「|」區隔時。
13	因為行 22、24、26、28 的例外處理方式都相同，故使用 multi-catch 敘述。
14	Exception 類別是例外父類別，不能和以 multi-catch 敘述而聚集的例外類別放一起。

2.1.5 使用 throws 宣告

除了直接處理例外，也可以在類別的方法上宣告「throws ExceptionTypes」，讓呼叫該方法的呼叫者處理，如下：

範例：/java11-ocp-2/src/course/c02/ThrowsExDemo.java

```
01  public class ThrowsExDemo {
02    public static void readFromFile1() throws FileNotFoundException,
                                         IOException,
                                         Exception {
03      try (InputStream in = new FileInputStream("a.txt")) {
04        // codes go here
05      }
06    }
07    public static void readFromFile2() throws Exception,
                                         IOException,
                                         FileNotFoundException {
```

```
08      try (InputStream in = new FileInputStream("a.txt")) {
09        // codes go here
10      }
11    }
12    public static void main(String[] args) {
13      try {
14        readFromFile1();
15      } catch (Exception e) {
16        System.out.println(e.getMessage());
17      }
18    }
19  }
```

說明

2, 7	列出所有例外，順序沒關係。
3, 8	使用 try-with-resource 敘述，不需要 finally 區塊關閉資源。
15	當呼叫者使用了宣告 throws ExceptionTypes 的方法時，呼叫者有義務要處理。
12	main() 方法也可以宣告 throws Exception，將例外再往外拋，但等同不處理，不建議這樣做。

覆寫子類別方法時，若父類別方法有宣告拋出例外，則：

1. 若例外為 checked exception，則子類別覆寫方法時，拋出的例外必須：
   - 例外型別必須相同或為子類別，表示覆寫後有精進。
   - 數量若相同或更少，表示問題已被處理，也是一種進步。
2. 若例外為 unchecked exception，如 RuntimeException，則子類別覆寫方法時可不予理會。

範例如下：

範例：/java11-ocp-2/src/course/c02/ExeptionOverrideDemo.java

```
01  abstract class Father {
02      abstract void fatherMethod1() throws IOException;
03      abstract void fatherMethod2() throws RuntimeException;
04      abstract void fatherMethod3() throws SQLException;
```

```
05   }
06   class Child extends Father {
07       @Override
08       void fatherMethod1() throws IOException, FileNotFoundException {
09       }
10       @Override
11       void fatherMethod2() {
12       }
13       @Override
14       void fatherMethod3() {
15       }
16   }
```

說明

2,8	父類別宣告拋出 IOException。子類別除拋出 IOException，又拋出 FileNotFound Exception，因為 FileNotFoundException 是 IOException 的子類別，並未超出父類別的 IOException 範圍，所以沒問題。
3,11	父類別宣告拋出 RuntimeException，屬於 unchecked exception，子類別可以不處理。
4,14	父類別宣告拋出 SQLException，子類別可以在覆寫的方法內使用 try-catch 敘述，將之妥慎處理，故可以不再拋出例外。

2.1.6 建立客製的 Exception 類別

建立客製化的例外類別

我們也可以繼承 Exception 類別，建立客製化的例外子類別 DAOException，如下：

範例：/java11-ocp-2/src/course/c02/DAOException.java

```
01   public class DAOException extends Exception {
02       public DAOException() {
03           super();
04       }
05       public DAOException(String message) {
06           super(message);
```

```
07         }
08     }
```

標準 Java 不會主動抛出客製化的例外子類別，必須如以下範例行 3 先捕捉標準的例外類別，於行 5 再抛出客製化的例外子類別：

```
01     try {
02         //some codes might error!
03     } catch (Exception e) {
04         e.printStackTrace();
05         throw new DAOException();
06     }
```

建立客製化的包裹例外類別（Wrapper Exception）

如果希望再抛出的客製化例外子類別，也能保留最初被捕捉的例外類別的訊息，則可以使用包裹（wrapper）例外類別的程式技巧，將最初的例外類別包裹在客製例外類別中。

以下先設計客製例外類別：

範例：/java11-ocp-2/src/course/c02/DAOException.java

```
01     public class DAOException extends Exception {
02         public DAOException(Throwable cause) {
03             super(cause);
04         }
05         public DAOException(String message, Throwable cause) {
06             super(message, cause);
07         }
08     }
```

將捕捉的眞實例外類別，作爲客製例外類別的建構子參數，如同「包裹」：

```
01     try {
02         //some codes might error!
03     } catch (Exception e) {
04         e.printStackTrace();
```

```
05        throw new DAOException(e);
06    }
```

要取出被包裹的原始例外物件，可使用 getCause() 方法：

```
01    try {
02        //some codes might error!
03    } catch (DAOException e) {
04        Throwable t = e.getCause();
05    }
```

這類技巧對於處理多型設計時，把「不同實作方法所拋出的不同例外類別」一致化有很大幫助。以 DAO 設計模式來說：

1. DAO 設計模式以介面定義資料儲存的方法，然後允許抽換實作為：
    - File-based 的實作類別，將資料儲存在檔案中。
    - JDBC-based 的實作類別，將資料儲存在資料庫中。
2. 因為 File-based 方法可能拋出 IOException，JDBC-based 方法可能拋出 SQLException，為求兩者一致，DAO 介面的抽象方法過去只能：
    - 不拋出例外物件，亦即實作方法必須處理掉例外，稱為「swallow exception」，亦即吞掉 Exception。
    - 宣告拋出例外的父類別，如 Exception 或 Throwable。

現在，使用「包裹例外類別」就可以提供另一種解決方案。

1. 先設計介面的抽象方法並宣告拋出 DAOException：

```
01    Employee findById(int id) throws DAOException;
```

2. File-based 的方法實作方式為：

```
01    public Employee findById(int id) throws DAOException {
02        try {
03            return getEmployeeFromFile(int id);
04        } catch (IOException e) {
05            throw new DAOException(e);
```

```
06        }
07    }
```

3. JDBC-based的方法實作方式為：

```
01  public Employee findById(int id) throws DAOException {
02      try {
03          return getEmployeeFromDatabase(int id);
04      } catch (SQLException e) {
05          throw new DAOException(e);
06      }
07  }
```

2.1.7 Exception 物件的捕捉再拋出

Java捕捉例外物件後，可以先進行某些處理，再使用「throw」（沒有s，非複數）的敘述拋出，如後續範例。

Java 7 之「前」捕捉例外再拋出的機制

只是，在Java 7之前，即便由行9與行11知道拋出的例外子類別物件分別是Exception1與Exception2，在行13以catch (Exception e)的形式捕捉後，拋出的例外參考e依然被視為Exception，因此行6方法rethrowExBeforeJ7()只能宣告throws Exception：

範例：/java11-ocp-2/src/course/c02/ReThrowsExDemo.java

```
01  class Exception1 extends Exception {
02  }
03  class Exception2 extends Exception {
04  }
05  public class ReThrowsExDemo {
06    public void rethrowExBeforeJ7() throws Exception {
07      try {
08        if (Math.random()> 0.5) {
09          throw new Exception1();
10        } else {
11          throw new Exception2();
```

```
12            }
13        } catch (Exception e) {
14            throw e;
15        }
16    }
17 }
```

Java 7 之「後」捕捉例外再拋出的機制

在 Java 7 之後，可以更聰明的判讀出捕捉的例外物件的真正實例，因此編譯時允許再拋出被捕捉的例外物件時，可以比宣告的例外型別更精準，如下。

行 4 與行 6 依然拋出例外子類別物件 Exception1 與 Exception2，在行 8 依然以 catch (Exception e) 的形式捕捉，但 Java 已經可以「精準」知道拋出的例外參考 e 實際上是 Exception1 與 Exception2，因此行 1 方法 rethrowExAfterJ7() 可以宣告 throws Exception1, Exception2：

範例：/java11-ocp-2/src/course/c02/ReThrowsExDemo.java

```
01    public void rethrowExAfterJ7() throws Exception1, Exception2 {
02      try {
03        if (Math.random()> 0.5) {
04          throw new Exception1();
05        } else {
06            throw new Exception2();
07        }
08      } catch (Exception e) {
09        throw e;
10      }
11    }
```

Java 對於全新拋出例外的處理機制

承前例，倘若以下範例行 12 不再拋出捕捉的例外物件 Exception1 與 Exception2，而是使用 new 建立，並轉拋出全新的 Exception3 例外物件，則行 4 方法 rethrowNewExAfterJ7() 必須宣告 throws Exception3，或是其父類別 Exception：

範例：/java11-ocp-2/src/course/c02/ReThrowsExDemo.java

```
01  class Exception3 extends Exception {
02  }
03  public class ReThrowsExDemo {
04      public void rethrowNewExAfterJ7() throws Exception3 {
05          try {
06              if (Math.random()> 0.5) {
07                  throw new Exception1();
08              } else {
09                  throw new Exception2();
10              }
11          } catch (Exception e) {
12              throw new Exception3();
13          }
14      }
15  }
```

2.2 斷言（Assertions）

2.2.1 Assertions 的簡介和語法

Assertions 的簡介

「assertions」中文翻譯為「斷言」，亦即我們常說的「鐵口直斷某件事的結果」。在 Java 裡我們用 Assertions 來斷言程式執行的某種結果；斷言可能成真，也可能失敗。斷言若失敗被認為是嚴重的問題，因為表示程式執行結果和預期有出入，因此將拋出 AssertionError 並中斷程式執行。類別 AssertionError 屬 Error 的子類別，為「unchecked exception」。

Assertions 的語法

使用語法為：

語法

```
assert <boolean_expression> ;
assert <boolean_expression> : <detail_expression> ;
```

1. 若 <boolean_expression> 爲 false，將拋出 AssertionError。
2. <detail_expression> 爲捕捉 AssertionError 後呼叫 getMessage() 方法回傳的字串。

Assertions 使用情境

我們使用 Assertions 來驗證假設和方法的不變量（invariant，指不會改變的數值或結果），通常有幾種情況：

1. 內部的不變量（internal invariants）。
2. 流程控管的不變量（control flow invariants）。
3. 事後的狀態和類別不變量（post-conditions & class invariants）。

將在後續逐一介紹。

Assertions 的使用注意事項

因爲 Assertions 的檢查預設關閉（disabled），使用前必須開啓；Assert 若失敗，程式將會中斷，並顯示 debug 訊息。因此要避免不當的使用方式：

1. 不可用於類別方法的參數輸入檢查。
2. 不可以影響程式正常流程。如以下程式碼，將物件的生成放在 assertion 的判斷敘述中：

```
01  SomeType s = null;
02  assert (s = new SomeType()) != null;
```

2.2.2 Assertions 的使用

內部的不變量（internal invariants）

使用情境爲：

```
01  if (x > 0) {
02      // do if x > 0
03  } else {
04      // do if x = 0 or x < 0
05  }
```

範例行 4 使用 Assertions。若能進入 else 區塊，表示 x <= 0；加上 Assertions 強調這裡必定 x = 0，因此 x 無負值的可能：

範例：/java11-ocp-2/src/course/c02/AssertTest.java

```
01  if (x > 0) {
02      // do if x > 0
03  } else {
04      assert ( x == 0 );
05  }
```

流程控管的不變量（control flow invariants）

可用於以下情境。本範例斷言絕不可能進入 default 區塊。直接使用 assert false，表示程式進到這裡，不用再以 boolean 表達式判斷，而是馬上拋出 AssertError。

因為列舉型別 Gender 只有 2 個列舉項目 MALE 與 FEMALE，絕不可能進入 default 區塊：

範例：/java11-ocp-2/src/course/c02/AssertTest.java

```
01  private static void controlFlowInvariants(Gender g) {
02      switch (g) {
03      case MALE: // do something
04          break;
05      case FEMALE: // do something
06          break;
07      default:
08          assert false : "Unknown gender!!";
09          break;
10      }
11  }
```

事後的狀態和類別不變量（post-conditions & class invariants）

以我們自己設計的 MyTime 類別為例。無論類別的欄位經過任何改變，都應該能通過方法 rule() 的檢驗：

範例：/java11-ocp-2/src/course/c02/AssertTest.java

```
01  class MyTime {
02      int hours;
03      int minutes;
04      int seconds;
05      void rule() {
06          assert(0 <= hours && hours < 24);
07          assert(0 <= minutes && minutes < 60);
08          assert(0 <= seconds && seconds < 60);
09      }
10  }
```

Assertions 的開啟與關閉

Assertions 可以關閉，且預設是關閉。關閉後，程式碼完全不會執行，和註解（comment）類似，因此不影響效能。以開啓類別 HelloWorld 的 Assertions 開關為例：

```
01  java -enableassertions HelloWorld
02  java -ea HelloWorld
```

「-ea」即是「- enableassertions」的縮寫。若在「-ea」後加上其他選項，可以控制 Assertions 的啓用只在某個 package 或 class，讀者可以參閱官方說明：http://docs.oracle.com/javase/7/docs/technotes/guides/language/assert.html#enable-disable。

在 Eclipse 執行時開啟 assertions

若要在 Eclipse 執行時開啓 Assertions，步驟為：

01 點選要執行的類別（需要有 main 方法），如點選「Run AssertTest」，再選擇選項「Run Configurations...」。

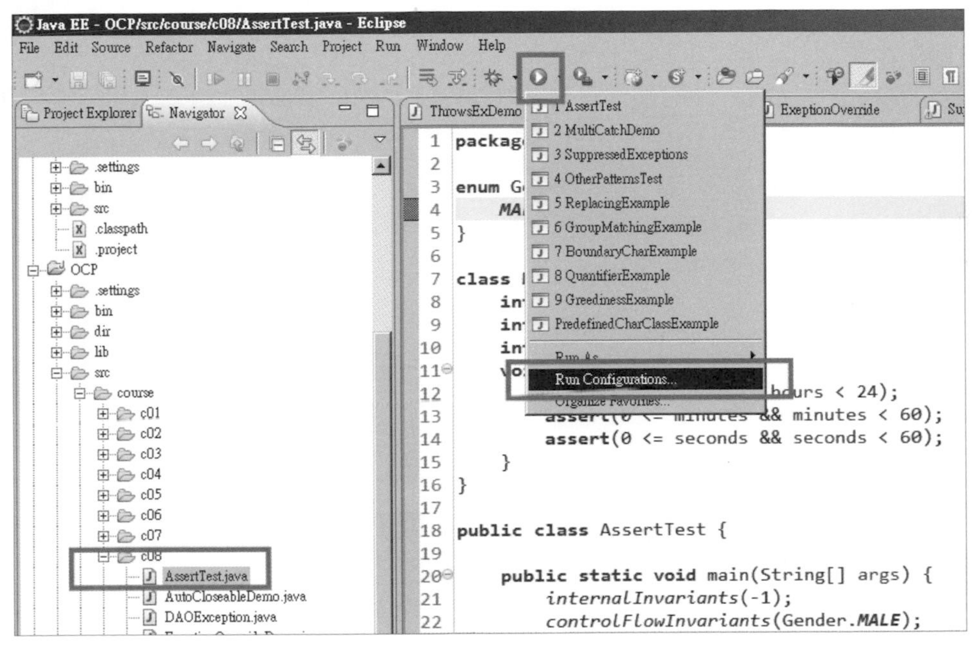

圖 2-2　設定 Run Configurations...

(02) 在第2個頁籤「Arguments」下，標題為「VM arguments:」的輸入框鍵入「-ea」，再點擊「Run」按鈕，即可在開啟 Assertions 的狀態下執行類別程式。

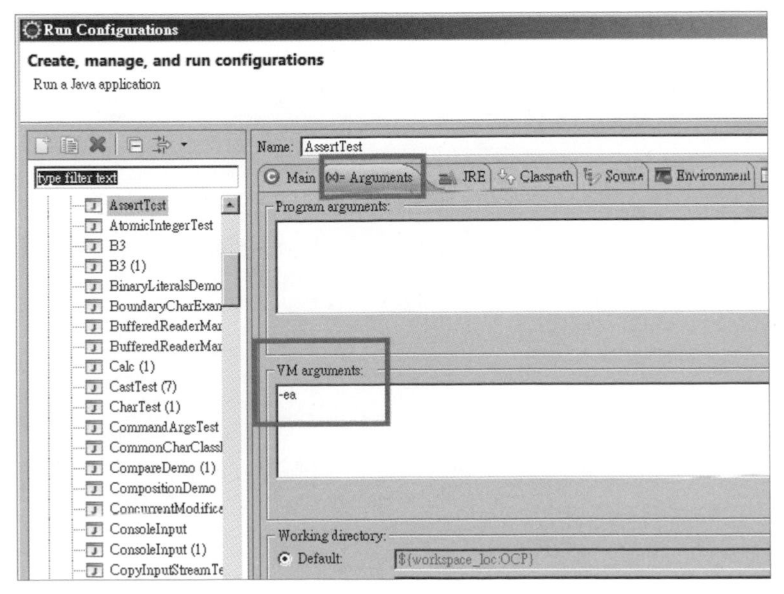

圖 2-3　輸入「-ea」

輸入與輸出（I/O）

03

章節提要

3.1 I/O 基礎

Java 將 I/O（input/output），亦即輸入 / 輸出的概念，以水流或串流（stream）的抽象概念表達，因爲當輸入 / 輸出的行爲發生時，就好比串流的流動，要流入（輸入）某個地方或流出（輸出）某個地方。串流需要有來源及目的，可以是主控台視窗、檔案、資料庫、網路或是其他程式，藉由建立來源端和目的端的串流物件，就可以串起資料的流動。

3.1.1 何謂 I/O？

Java 爲了讓資料在某些裝置中可以輸入 / 輸出，提供了一系列的類別。在開始使用這些類別之前，需要先有基本認知：

1. 資料的進出像是水流 / 串流：

   - 由來源流向目的，具有方向性，在 Java 中稱爲「stream（串流）」。來源端點或目的端點可以是作業系統檔案、其他輸出輸入裝置、應用程式或是記憶體陣列等。
   - 流動的內容主要分爲「位元（byte）」和「字元（character）」兩類。

2. 水流的流動，若提供管道，稱爲「channel」。在概念上若使用 channel 支援 I/O，會更有效率。在本章中有進一步說明。

Stream 如水流具有方向性，且以 Java 程式爲區分基準，可分 2 種：

1. 若方向是流入 Java 程式，則稱爲「輸入（input）串流」或「來源（source）串流」。

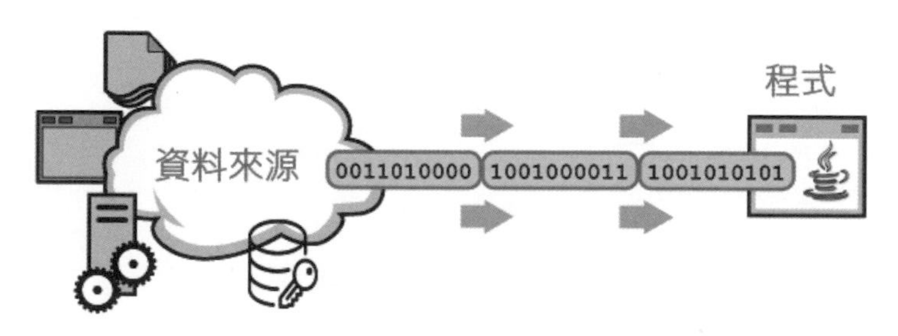

圖 3-1　Java Input Stream

2. 若方向是流出 Java 程式，則稱爲「輸出（output）串流」或「目的（sink）串流」。

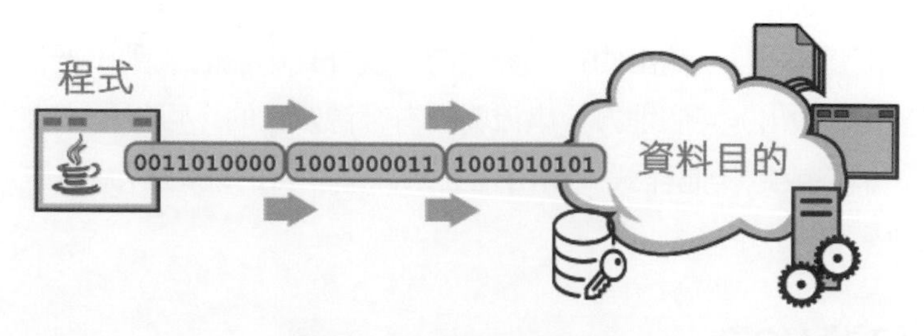

圖 3-2　Java Output Stream

依程式開發常用的 3 種端點來區隔，可以分成：

1. 檔案（files）和目錄（directories），在本章有範例。
2. 主控台（console），分成「標準輸入（standard-in）」和「標準輸出（standard-out）」，在本章有範例。
3. Socket 程式（連線遠端系統，需指定 port 通訊），在本書 6.2 節有範例。

3.1.2 處理串流的類別

根據串流內的資料分類，加上流動方向，處理類別可以區分爲 4 大類，這些都是抽象類別。

表 3-1　串流類別分類

方向＼串流內容	位元（byte）	字元（character）
輸入 Java	InputStream	Reader
輸出 Java	OutputStream	Writer

以下表列出這些抽象串流類別的主要方法與功能：

InputStream 類別

表 3-2　InputStream 類別主要方法

基本方法	• int read() 功能：每次讀取 1 個 byte。
	• int read(byte[] buffer) 功能：每次讀取 1 個 byte[]。
	• int read(byte[] buffer, int offset, int length) 功能：每次讀取 1 個 byte[]，且可以指定偏移量（offset）和讀取長度（length）。
其他方法	• void close() 功能：關閉 stream。
	• int available() 功能：有多少個 bytes 可供讀取。
	• long skip(long n) 功能：讀取時略過 n 個 bytes。
	• boolean markSupported() • void mark(int readlimit) • void reset() 功能：合併用於改變檔案中的讀取位置，特別是回到過去某個指定的讀取位置，又稱 push-back 操作。

OutputStream 類別

表 3-3　OutputStream 類別主要方法

基本方法	• void write(int c) 功能：將 int 寫入 OutputStream。
	• void write(byte[] buffer) 功能：將 byte[] 寫入 OutputStream。
	• void write(byte[] buffer, int offset, int length) 功能：寫入 byte[] 到 OutputStream，且指定長度（length）和偏移量（offset）。
其他方法	• void close() 功能：關閉 stream。
	• void flush() 功能：強制將 OutputStream 中的資料寫入目的地。

InputStream/OutputStream 範例

以下示範如何使用 InputStream/OutputStream 類別處理位元串流：

範例：/java11-ocp-2/src/course/c03/CopyByteStream.java

```
01  public class CopyByteStream {
02    public static void main(String[] args) {
03      String source = "";
04      String target = "";
05      byte[] b = new byte[128];
06      int bLen = b.length;
07      try (FileInputStream fis = new FileInputStream(source);
08          FileOutputStream fos = new FileOutputStream(target)) {
09        System.out.println("Will copy bytes: " + fis.available());
10        int read = 0;
11        while ((read = fis.read(b)) != -1) {
12          if (read < bLen) {
13            fos.write(b, 0, read);
14          } else {
15            fos.write(b);
16          }
17        }
```

```
18          } catch (FileNotFoundException fne) {
19              fne.printStackTrace();
20          } catch (IOException ioe) {
21              ioe.printStackTrace();
22          }
23      }
24  }
```

說明

11	每次都讀入一個 byte[128]，回傳 -1 表示讀完。
12	剩下不滿 byte[128] 時。
13	寫入的地方由偏移量為 0 的地方開始，寫入長度為變數 read 的值。

Reader 類別

表 3-4　Reader 類別主要方法

基本方法	• int read() 功能：每次讀取 1 個 char。
	• int read(char[] buffer) 功能：每次讀取 1 個 char[]。
	• int read(char[] buffer, int offset, int length) 功能：每次讀取 1 個 char[]，且指定偏移量（offset）和讀取長度（length）。
其他方法	• void close() 功能：關閉 stream。
	• boolean ready() 功能：確認 stream 是否已經準備好進行資料讀取。
	• long skip(long n) 功能：讀取時略過 n 個 chars。
	• boolean markSupported() • void mark(int readAheadLimit) • void resct() 功能：合併用於改變檔案中的讀取位置，特別是回到過去某個指定的讀取位置，又稱 push-back 操作。

Writer 類別

表 3-5　Writer 類別主要方法

基本方法	● void write(int c) 功能：將 int 寫入 Writer。
	● void write(char[] buffer) 功能：將整個 char[] 寫入 Writer。
	● void write(char[] buffer, int offset, int length) 功能：寫入 char[] 到 Writer，且指定長度（length）和偏移量（offset）。
其他方法	● void close() 功能：關閉 stream。
	● void flush() 功能：強制將 Writer 中的資料寫入目的地。

Reader/Writer 範例

以下示範如何使用 Reader/Writer 相關類別處理字元串流：

範例：/java11-ocp-2/src/course/c03/CopyCharStream.java

```
01  public class CopyCharStream {
02      public static void main(String[] args) {
03          String source = "";
04          String target = "";
05          char[] c = new char[128];
06          int cLen = c.length;
07          try (FileReader fr = new FileReader(source);
08              FileWriter fw = new FileWriter(target)) {
09              int read = 0;
10              while ((read = fr.read(c)) != -1) {
11                  if (read < cLen) {
12                      fw.write(c, 0, read);
13                  } else {
14                      fw.write(c);
15                  }
16              }
17          } catch (FileNotFoundException fne) {
18              fne.printStackTrace();
```

```
19            } catch (IOException ioe) {
20                ioe.printStackTrace();
21            }
22        }
23    }
```

說明

10	每次都讀入一個 char[128]，回傳 -1 表示讀完。
11	剩下不滿 char [128] 時。
12	寫入的地方由偏移量為 0 的地方開始，寫入長度為變數 read 的值。

3.1.3 串流類別的串接

處理 I/O 的程式，很少使用單一串流物件完成，經常將多個串流物件組成「串接（chain）」，藉由不同的串流物件提供不同的功能一起完成，此爲「裝飾者設計模式（decorator design pattern）」的應用。這些類別常見的有：

表 3-6　常見串接類別

功能＼串流內容	字元串流（Character Streams）	位元串流（Byte Streams）
Buffering（緩衝）	BufferedReader BufferedWriter	BufferedInputStream BufferedOutputStream
Filtering（過濾）	FilterReader FilterWriter	FilterInputStream FilterOutputStream
Conversion（位元轉換為字元）	InputStreamReader OutputStreamWriter	
Object serialization（物件序列化）		ObjectInputStream ObjectOutputStream
Data conversion（資料型態轉換）		DataInputStream DataOutputStream
Counting（計算行數）	LineNumberReader	LineNumberInputStream
Printing（列印）	PrintWriter	PrintStream

串接串流物件的使用概念如下圖：

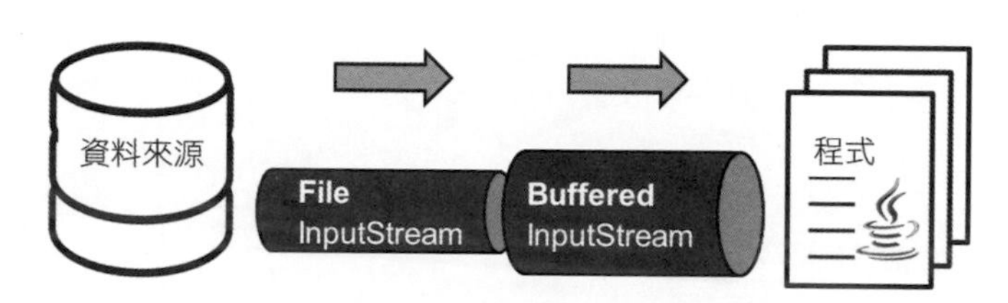

圖 3-3　使用 2 個串流類別組成輸入串流

一開始使用 FileInputStream 類別將資料由檔案中讀出，串接 BufferedInputStream 類別後，資料讀取就增加緩衝的功能，可以先把資料讀出後先放到記憶體裡，蓄積一定份量後再寫入目的地，避免 I/O 忙碌，提升讀取效率。

若再串接 DataInputStream 類別，則資料可以被轉換成不同型態（可以是 int、double 等），再進入 Java 程式，如圖 3-4 所示。

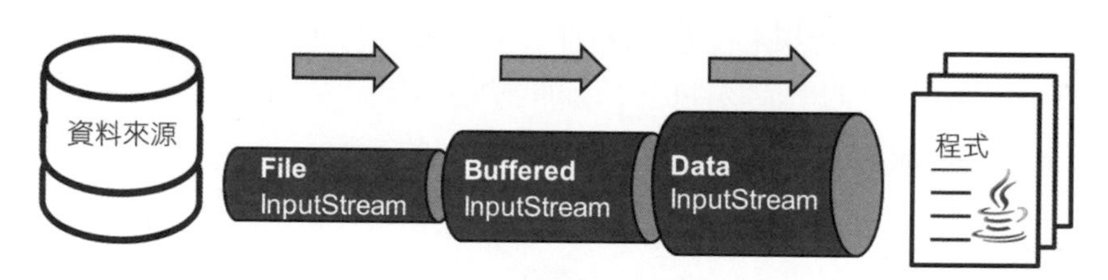

圖 3-4　使用 3 個串流類別組成輸入串流

由 Java 程式輸出到其他資料目的端的時候，自然也可以使用串接輸出串流，如圖 3-5 所示。

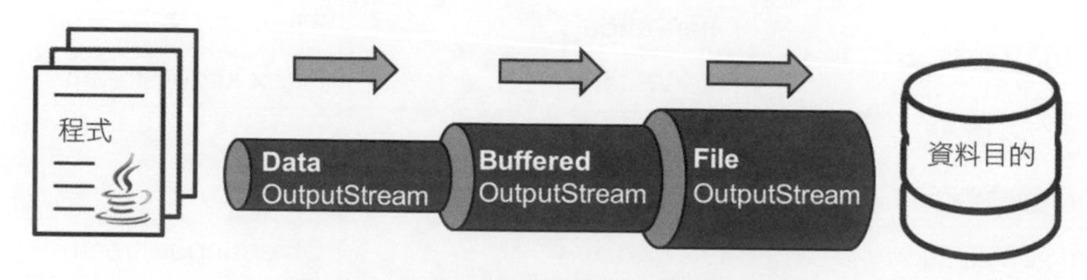

圖 3-5　使用 3 個串流類別組成輸出串流

以下範例將 FileReader/FileWriter 加上緩衝（buffered）的功能，讓讀寫更有效率：

範例：/java11-ocp-2/src/course/c03/CopyBufferedStream.java

```
01  public class CopyBufferedStream {
02      public static void main(String[] args) {
03          String source = "";
04          String target = "";
05          try (BufferedReader in =
                        new BufferedReader(new FileReader(source));
06               BufferedWriter out =
                        new BufferedWriter(new FileWriter(target))) {
07                  String line = "";
08                  while (( line = in.readLine() ) != null) {
09                      out.write(line);
10                      out.newLine();
11                  }
12          } catch (FileNotFoundException fne) {
13              fne.printStackTrace();
14          } catch (IOException ioe) {
15              ioe.printStackTrace();
16          }
17      }
18  }
```

說明

5	使用 BufferedReader 類別裝飾 FileReader 類別。
6	使用 BufferedWriter 類別裝飾 FileWriter 類別。
8	BufferReader 每次讀一行，包含內容與換行符號，但只有內容被保留在變數 line 裡。
9	BufferWriter 逐行寫出資料。
10	BufferWriter 必須自己每行加入新的換行符號，所以呼叫 newLine() 方法。

以下示範使用 BufferedReader 類別裝飾串流物件後，得到「返回檔案已經讀取的位置」的能力，又稱「push-back 操作」。

範例：/java11-ocp-2/src/course/c03/BufferedReaderMarkResetDemo.java

```
01  public static void main(String[] args) throws Exception {
02    InputStream is = null;
03    InputStreamReader isr = null;
04    BufferedReader br = null;
05    try {
06      String f = System.getProperty("user.dir") + "\\src\\course\\c03\\
                                                                 test.txt";
07      System.out.println("Is markSupported on... ");
08
09      // 確認 FileInputStream 是否支援 mark() 方法
10      is = new FileInputStream(f);
11      System.out.println("FileInputStream? " + is.markSupported());
12
13      // 確認 InputStreamReader 是否支援 mark() 方法
14      isr = new InputStreamReader(is);
15      System.out.println("InputStreamReader? " + isr.markSupported());
16
17      // 確認 BufferedReader 是否支援 mark() 方法
18      br = new BufferedReader(isr);
19      System.out.println("BufferedReader? " + br.markSupported());
20
21      System.out.println((char) br.read());  // 讀取字元 A
22      System.out.println((char) br.read());  // 讀取字元 B
23      br.mark(0);                            // 做記號
24      System.out.println((char) br.read());  // 讀取字元 C
25      System.out.println((char) br.read());  // 讀取字元 D
26      br.reset();                            // 回到做記號的地方
27      System.out.println((char) br.read());  // 讀取字元為 C, 非 E
28
29    } catch (Exception e) {
30      e.printStackTrace();
31    } finally {
32      if (is != null)
33          is.close();
34      if (isr != null)
35          isr.close();
36      if (br != null)
37          br.close();
38    }
39  }
```

結果

```
Is markSupported on...
FileInputStream? false
InputStreamReader? false
BufferedReader? true
----------------------------
A
B
C
D
C
```

說明

18	逐類別測試後發現，只有 BufferedReader 支援 mark 機制。
21-27	BufferedReader 使用 read() 方法逐字讀取檔案內容。讀取完 B 後，使用 mark() 方法做記號。在繼續往下讀取內容的過程中，若呼叫 reset() 方法，就會回到做記號的地方。

3.1.4 使用 java.io.File 類別

本節前面內容介紹了 InputStream、OutputStream、Reader、Writer 等 API 與其子類別，主要說明資料的串流種類有輸入與輸出，串流內容有位元與字元；套用在檔案系統最簡單的應用就是檔案複製或移動。

類別 java.io.File 則是 Java 處理檔案與目錄的關鍵 API。因爲檔案名稱和目錄名稱在不同的平台上有不同的格式，單純的字串不足以處理全部；加上以字串只能描述檔案和目錄的路徑，卻無法包含它們的屬性，更別說對檔案與目錄也有新增、修改、刪除、查詢等需求，於是需要有類別 java.io.File 的存在。

也因此，java.io.File 類別在一開始就存在，一路走來也經歷不少擴充，最大的改版當屬 Java 7 推出的 NIO.2，將在下一章的內容說明。

類別 java.io.File 有很多可用方法，下表列舉比較常見的項目：

表 3-7 類別 java.io.File 的常用方法

方法	回傳型態	說明
getName()	String	取得檔案或目錄的名稱。
getParent()	String	取得父目錄的名稱。
getParentFile()	File	取得代表父目錄的 File 物件。
getPath()	String	取得檔案或目錄的路徑。
isAbsolute()	boolean	是否為絕對路徑。
getAbsolutePath()	String	取得絕對路徑。
canRead()	boolean	是否可讀取。
canWrite()	boolean	是否可修改。
exists()	boolean	是否存在。
isDirectory()	boolean	是否為目錄。
isFile()	boolean	是否為檔案。
lastModified()	long	取得最後一次修改時間。
length()	long	取得檔案大小。
delete()	boolean	刪除檔案或目錄並回傳成功與否。
list()	String[]	列舉目錄下的檔案與子目錄。
listFiles()	File[]	列舉目錄下的檔案與子目錄的 File 物件。
mkdir()	boolean	建立目錄。
mkdirs()	boolean	建立目錄與不存在、但需要一併建立的父目錄。
renameTo(File)	boolean	重新命名。
createTempFile()	File	建立暫存檔案，有多載版本。
setLastModified(long)	boolean	設定最後一次修改時間。
setReadOnly()	boolean	設定成唯讀。

類別 java.io.File 的使用範例：

範例：/java11-ocp-2/src/course/c03/FileLab.java

```
01  public static void main(String[] args) {
02      String dirname = System.getProperty("user.dir") + "/src/course/
                                                                  c03/";
```

```
03      File root = new File(dirname);
04      if (root.isDirectory()) {
05          File[] fs = root.listFiles();
06          for (File f : fs) {
07              if (f.isDirectory()) {
08                  out.println(f.getAbsolutePath() + " is a directory");
09              } else {
10                  out.println(f.getName() + " is a file");
11              }
12          }
13      }
14      out.println();
15      try {
16          File temp = File.createTempFile("jim", null, root);
17          String n = temp.getName();
18          out.println(n + " is created? " + temp.exists());
19          out.println(n + " is created at " + new Date(temp.
                                                    lastModified()));
20          out.println(n + " can read? " + temp.canRead());
21          out.println(n + " can write? " + temp.canWrite());
22          out.println(n + " set read only? " + temp.setReadOnly());
23          out.println(n + " is deleted? " + temp.delete());
24          out.println(n + " is existed? " + temp.exists());
25      } catch (IOException e) {
26          e.printStackTrace();
27      }
28  }
```

結果

```
BufferedReaderMarkResetDemo.java is a file
ConsoleInput.java is a file
CopyBufferedStream.java is a file
CopyByteChannel.java is a file
CopyByteStream.java is a file
CopyCharStream.java is a file
FileLab.java is a file
KeyboardInput.java is a file
C:\java11\code\java11-ocp-2\src\course\c03\ser is a directory
test.txt is a file
```

```
jim1865807117056669800.tmp is created? true
jim1865807117056669800.tmp is created at Sat Jun 11 22:50:04 CST 2022
jim1865807117056669800.tmp can read? true
jim1865807117056669800.tmp can write? true
jim1865807117056669800.tmp set read only? true
jim1865807117056669800.tmp is deleted? true
jim1865807117056669800.tmp is existed? false
```

3.2 由主控台讀寫資料

3.2.1 主控台的 I/O

java.lang.System 類別裡有 3 個 static 欄位，分別爲：

表 3-8　使用主控台輸入輸出的 System 類別欄位

欄位	欄位型別	功能
System.out	PrintStream	將訊息輸出至主控台（console）上，又稱「標準輸出（standard output）」。 可以接受由主控台再經「>」或「>>」的「重新導向指令」，將輸出內容導向至另一個檔案。
System.in	InputStream	由主控台（console）接收來自鍵盤或其他來源的訊息輸入，又稱「標準輸入（standard input）」。
System.err	PrintStream	和 System.out 都是將訊息輸出至主控台（console），但因為主要用於輸出錯誤訊息，比較急迫，必須立即顯示，因此「重新導向指令」無效，依然顯示在主控台上。 若使用 Eclipse，則輸出顏色為紅色，以為警示。

3.2.2 使用標準輸出方法

標準輸出的 PrintStream 類別有 2 個膾炙人口的方法，方法 println() 最後會自動輸出換行符號「\n」，方法 print() 則無。

println()、print() 對於大部分基本型別如 boolean、char、int、long、float 和 double，以及參考型別如 char[]、Object、String 等，都有多載（overloading）的方法支援。傳入其他參考型別時，將呼叫該物件的 toString() 方法。

3.2.3 使用標準輸入由主控台取得輸入資料

以下示範如何使用「標準輸入」，由主控台取得使用者輸入的資料：

範例：/java11-ocp-2/src/course/c03/KeyboardInput.java

```
01  public class KeyboardInput {
02      public static void main(String[] args) {
03          try (BufferedReader in =
                 new BufferedReader(
                     new InputStreamReader(System.in))) {
04              String s = "";
05              while (s != null) {
06                  System.out.print("Type abc to quit:");
07                  s = in.readLine();
08                  if (s != null) {
09                      s = s.trim();
10                  }
11                  System.out.println("Read: " + s);
12                  if (s.equals("abc")) {
13                      System.out.println("=== Right answer! Quit! ===");
14                      System.exit(0);
15                  }
16              }
17          } catch (IOException e) {
18              e.printStackTrace();
19          }
20      }
21  }
```

本例可以使用 Eclipse 執行。執行過程中輸入字串，點擊 Enter 按鈕後，程式會比對輸入資料是否和字串 abc 相同；如此反覆進行，直到相同才結束程式。

```
Markers | Properties | Servers | Data Source Explorer | Snippets | Problems | Console
<terminated> KeyboardInput [Java Application] C:\Java\jdk1.7.0_79\bin\javaw.exe (2016年5月20日 下午4:54:13)
Type abc to quit:123
Read: 123
Type abc to quit:qwe
Read: qwe
Type abc to quit:asd
Read: asd
Type abc to quit:abc
Read: abc
=== Right answer! Quit! ===
```

圖 3-6　使用 Eclipse 支援標準輸入顯示

說明

3	將 System.in 以 InputStreamReader 和 BufferedReader 先後裝飾，這是裝飾者模式（decorator pattern）的應用，也讓 BufferedReader 具有一次讀取一行輸入的能力。
7	一旦使用者完成資料輸入後，點擊 Enter 按鈕，會觸發 readLine() 方法，Java 可以取得主控台（Console）輸入的資料。
14	滿足條件後，以 System.exit(0); 結束程式。

3.2.4　java.io.Console 類別介紹

除了使用前述 System.in 物件取得主控台的標準輸入外，也可以使用 java.io.Console 物件，可由 java.lang.System 取得，如以下範例：

範例：/java11-ocp-2/src/course/c03/ConsoleInput.java

```
01  public class ConsoleInput {
02    public static void main(String[] args) {
03      Console cons = System.console();
04      boolean userValid = false;
05      if (cons != null) {
06        String account;
07        String password;
```

```
08          do {
09            account = cons.readLine("%s", "Account: ");
10            password = new String(
                    cons.readPassword("%s", "Password: "));
11            if (account.equals("jim") && password.equals("password")) {
12                System.out.println("Correct! System quits!");
13                userValid = true;
14            } else {
15                System.out.println("Wrong! Try again!\n");
16            }
17          } while (!userValid);
18      }
19    }
20  }
```

本範例只能由作業系統的主控台的指令列輸入，無法比照前例使用 Eclipse 操作。指令輸入步驟可參考本書上冊的「8.3 使用指令列的 args 陣列參數」。

本書專案目錄爲「C:\java11\code\java11-ocp-2」，過程與結果如下：

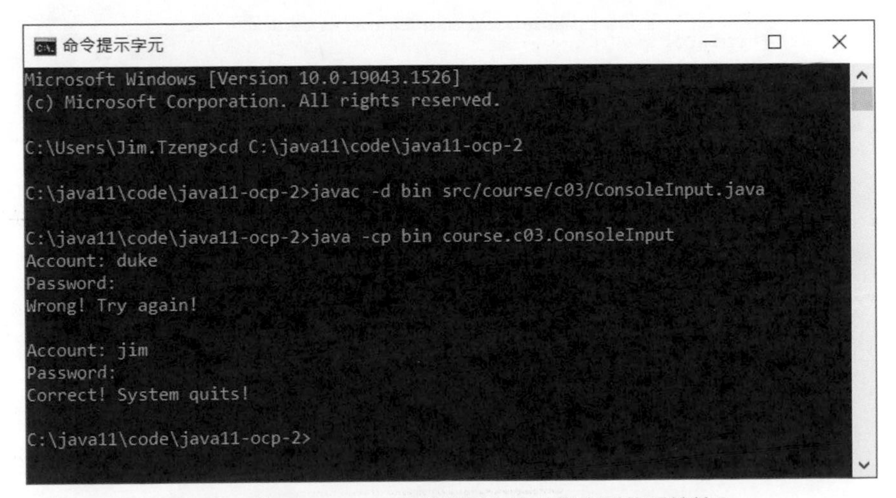

圖 3-7　使用 Console 物件取得主控台指令列的系統輸入

說明

3	使用 System.console() 方法取得 Console 物件。
9	Console 物件的 readLine() 方法可以取得指令列輸入的資料。

10	Console 物件的 readPassword() 方法除了可以取得指令列輸入的資料，還有隱藏使用者輸入內容的貼心設計。
8-17	使用後測式迴圈，使用者可以輸入帳號密碼後再驗證正確語法。失敗則繼續，成功就終止程式。

3.3 Channel I/O

Channel 有「通道、頻道」的意思，可以指兩個設備之間傳送資訊所經過的通路或連接。於 JDK 1.4 中導入，屬於 java.nio 套件（非 java.io）；功用是可以一次大量讀入位元和字元，不需要以迴圈每次讀取少量內容，因此程式更簡潔，程式效能也更好。如下：

範例：/java11-ocp-2/src/course/c03/CopyByteChannel.java

```
01  import java.io.*;
02  import java.nio.ByteBuffer;
03  import java.nio.channels.FileChannel;
04  public class CopyByteChannel {
05      public static void main(String[] args) {
06          String source = "", target = "";
07          try (FileChannel in =
                        new FileInputStream(source).getChannel();
08               FileChannel out =
                        new FileOutputStream(target).getChannel()) {
09              ByteBuffer buff = ByteBuffer.allocate( (int) in.size() );
10              in.read(buff);
11              buff.position(0);
12              out.write(buff);
13           catch (FileNotFoundException f) {
14              f.printStackTrace();
15          } catch (IOException i) {
16              i.printStackTrace();
17          }
18      }
19  }
```

說明

9	建立和檔案 size 大小相同的 ByteBuffer 物件。
10	將實體檔案一次全數讀入 ByteBuffer 物件中。
11	將 ByteBuffer 裡的標示位置移到最前面。
12	將 ByteBuffer 裡的資料全數輸出至 FileChannel out，再由其輸出為檔案。 因為 FileChannel 的 read() 和 write() 方法都是透過 ByteBuffer 物件一次搞定，所以不用迴圈（loop）分次處理。

小祕訣 我們將 Java 的 I/O 比喻成水流或串流（stream），因此概念上可以將 Channel I/O 想成讓 stream 流動在專屬的管道，或是加上水管，當然水流會更順暢。

3.4 使用序列化技術讀寫物件

3.4.1 Java 裡的資料保存（Persistence）

將資料儲存於永久性的儲存硬體中，稱爲「persistence」：

1. 支援 persistence 的 Java 物件可以儲存於本機硬體，或是經由網路到另一個硬體裝置；反之，只能存活於執行中的 JVM。
2. Java 將記憶體中的物件狀態儲存於硬體，成爲「實體檔案」的標準機制，稱爲「序列化（serialization）」，未來可用來建構物件的副本或是還原物件狀態。
3. 支援序列化的物件必須實作介面「java.io.Serializable」；該介面是一個「maker interface」，因此沒有任何方法需要實作。類別實作該介面，只是讓 Java 知道其物件有具備序列化的能力，具體序列化的步驟由 Java 掌控。

3.4.2 序列化和物件圖譜

當物件被序列化時，只有「欄位值」會被保留，因爲欄位的值包含資料，也代表物件的狀態。若欄位是參考型別，且被欄位參照的物件也支援序列化，則該欄位物件將一併被序列化。

物件的欄位可以參照其他物件，被參照的物件又可以再參照更多物件⋯，如此形成一個樹狀結構，稱爲「物件圖譜（object graphs）」。

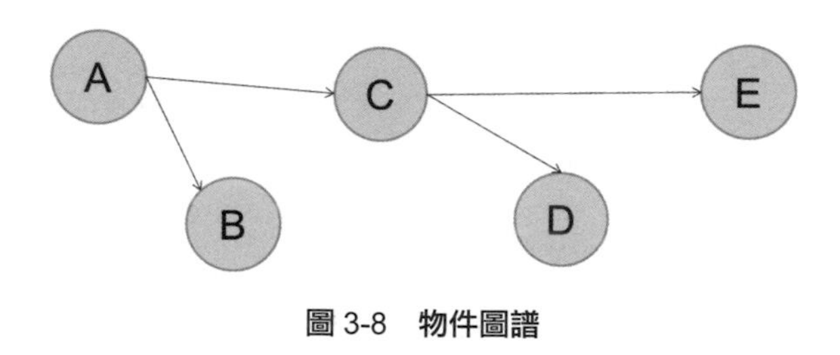

圖 3-8 物件圖譜

3.4.3 不需要參加序列化的欄位

物件進行序列化時，預設所有欄位都會一併進行序列化。若欄位所屬類別未實作 java.io.Serializable，將會丟出 NotSerializableException 例外，並中斷執行。

若物件的欄位只是記錄當下系統狀態的某些資訊，如目前時間，屬「短暫的（transient）」資訊，因此不需要在序列化過程中被保留，重建副本時亦不需要回復。這類欄位不需要參與序列化流程，可以加上「transient」宣告。

此外，宣告「static」的欄位和物件狀態無關，其值在物件序列化過程中也不會被保留。如下：

範例：/java11-ocp-2/src/course/c03/ser/Order.java

```
01  public class Order implements Serializable {
02      private Set<Shirt> shirts = new HashSet<>();
03      static int staticField = 100;
04      transient int transientField = 100;
05  }
```

宣告 transient 和 static 的欄位在「反序列化 / 還原」程序時：

1. static 欄位會得到類別內原本定義的宣告值。

2. transient 欄位會得到該型態的預設值。

3.4.4 定義物件保存的版本號碼

「序列化」僅將物件當下的狀態（欄位值）保留，並未保留類別架構，因此「反序列化」是將「過去物件某個狀態」，再搭配「目前類別架構」進行還原。若還原時，發現「過去物件狀態」和「目前類別架構」並未一致，如過去的某個欄位現在已經不存在，或類別後來新增必要欄位，但序列化時未有該欄位等的狀況，都可能產生不預期的問題或錯誤。

爲了物件序列化後的檔案可以順利以反序列化還原爲物件，必須：

1. 在可序列化的類別上先定義一個欄位「serialVersionUID」，作爲版本控管號碼。每次增減類別欄位時，都應該同步修改版本號碼，並且記錄。該欄位必須宣告爲 static 且 long，如下：

```
01  private static final long serialVersionUID = 1L;
```

2. 假設目前版本號爲 1，則序列化後得到的檔案內存版本號也會是 1；後來類別增減了欄位，修改版本號爲 2。若程式開發人員以「版本號爲 2 的最新類別定義」去還原「序列化時版本號爲 1 的檔案」，Java 就會丟出 InvalidClassException，阻止繼續還原。這是一種預先保護機制，避免檔案和類別不一致時，產生不預期的問題或錯誤。

3. 若類別實作介面 Serializable，但未主動宣告 serialVersionUID，則 Java 預設將主動宣告並提供欄位值。該值將考慮開發時的環境因素，如更換 IDE 工具或 Java 版本，而計算出一個複雜的長整數，可能如下。該值在每次類別程式碼異動後的編譯階段，即便只是某方法內的字串微調整，也可能因環境再改變而自動改變版本號，導致先前序列化的檔案均因版本號改變，而無法還原回物件，因此建議應該自己宣告 serialVersionUID 欄位。

```
01  private static final long serialVersionUID = 3696676879791539369L;
```

3.4.5 序列化和反序列化範例

在接下來的序列化和反序列化範例，Order 類別含數個 Shirt(s) 類別，我們將以 Order 物件進行序列化產出檔案，再將該檔案還原回物件。過程中設計了幾個特殊情境：

1. Shirt(s) 的價錢會因時因地改變，因此在序列化過程中，不需要特別保存，以 transient 宣告。
2. Java 賦予物件可以控制自身序列化和反序列化的流程，因此我們在序列化時，將額外寫入一個 java.util.Date 物件，並在反序列化時將它讀出，如此可以知道進行序列化時間點。
3. 在反序列化時，我們希望 Shirt(s) 的價錢可以參考成本價，再加上 50 元的管銷費用，在還原完時一併設定完成。

相關範例蒐錄在專案路徑 /java11-ocp-2/src/course/c03/ser 下。

1. 類別 Shirt

範例：/java11-ocp-2/src/course/c03/ser/Shirt.java

```
01  public class Shirt implements Serializable {
02  
03      private static final long serialVersionUID = 1L;
04      private String brand;
05      private int quantity;
06      private double cost;
07      private transient double price;
08  
09      public Shirt(String brand, int quantity, double cost) {
10          this.brand = brand;
11          this.quantity = quantity;
12          this.cost = cost;
13          this.price = 2 * cost;
14      }
15  
16      // This method is called post-serialization
17      private void readObject(ObjectInputStream ois)
            throws IOException, ClassNotFoundException {
```

```
18            ois.defaultReadObject();
19            // perform other initiliazation
20            this.price = this.cost + 50;
21        }
22
23        @Override
24        public String toString() {
25            return "Shirt: " + this.brand + "\n"
26                    + "Quantity: " + this.quantity + "\n"
27                    + "Cost: " + this.cost + "\n"
28                    + "Price: " + this.price + "\n"
29                    + "------------------\n";
30        }
31    }
```

說明

17	要修改 Java 反序列化（將物件自檔案中讀出）的流程，必須定義本方法。
18	ois.defaultReadObject() 為物件原本的反序列化流程，因此仍需呼叫。
20	自檔案中讀出 / 還原物件後，將 price 欄位加上 50 元。

2. 類別 Order

範例：/java11-ocp-2/src/course/c03/ser/Order.java

```
01    public class Order implements Serializable {
02
03        private static final long serialVersionUID = 1L;
04        private List<Shirt> shirts = new ArrayList<>();
05        static int staticField = 100;
06        transient int transientField = 100;
07
08        public Order(Shirt... shirts) {
09            for (Shirt s : shirts) {
10                this.shirts.add(s);
11            }
12            staticField = 99;
13            transientField = 99;
14            System.out.println("--- Constructor is launched ---");
```

```
15      }
16
17      private void writeObject(ObjectOutputStream oos)
                                                    throws IOException {
18          oos.defaultWriteObject();
19          // keep the serialization date
20          Date now = new Date();
21          oos.writeObject(now);
22          System.out.println("\nSerialized at: " + now + "\n");
23      }
24
25      private void readObject(ObjectInputStream ois)
                             throws IOException, ClassNotFoundException {
26          ois.defaultReadObject();
27          System.out.println("\nRestored from date: " + (Date) ois.
                                                          readObject());
28          System.out.println("Restored at: " + new Date()+ "\n");
29      }
30
31      public String toString() {
32          StringBuilder sb = new StringBuilder("Order Summary ===\n");
33          for (Shirt s : shirts) {
34              sb.append(s);
35          }
36          sb.append("staticField = " + staticField);
37          sb.append("\ntransientField = " + transientField);
38          sb.append("\n-----------------");
39          return sb.toString();
40      }
41  }
```

說明

17	要修改 Java 序列化（將物件寫入檔案）的流程，必須使用本方法。
18	第一行就呼叫 oos.defaultWriteObject()，進行物件原本的序列化流程。
20	建立日期物件。
21	將日期物件寫入檔案。
25	要修改 Java 反序列化（將檔案還原物件）的流程，必須定義本方法。
26	第一行就呼叫 ois.defaultReadObject()，進行物件原本的反序列化流程。

27	將序列化時的日期物件讀出。讀出時為 Object 型態，必須再轉型回 Date 型態。
28	印出還原時的日期。

3. 序列化與反序列程式

範例：/java11-ocp-2/src/course/c03/ser/SerializeOrder.java

```
01  public class SerializeOrder {
02  
03      public static void main(String[] args) {
04  
05          String output = System.getProperty("user.dir") +
                    "\\src\\course\\c09\\ser\\file\\Order.ser";
06  
07          serialization(output);
08  
09          System.out.println("\n-----------------------------------\n");
10  
11          deSerialization(output);
12      }
13  
14      private static void serialization(String output) {
15          // Create a shirts Order
16          Shirt s1 = new Shirt("Brand1", 100, 100);
17          Shirt s2 = new Shirt("Brand2", 100, 200);
18          Shirt s3 = new Shirt("Brand3", 100, 300);
19          Order o = new Order(s1, s2, s3);
20  
21          Order.staticField = 22;
22          // Write out the Order
23          try (FileOutputStream fos = new FileOutputStream(output);
24             ObjectOutputStream out = new ObjectOutputStream(fos)) {
25               out.writeObject(o);
26          } catch (IOException i) {
27               i.printStackTrace();
28          }
29          System.out.println("=== Before Serialized, " + o);
30      }
31  
32      private static void deSerialization(String output) {
33          // Read the Order back in
```

```
34            try (FileInputStream fis = new FileInputStream(output);
              ObjectInputStream in = new ObjectInputStream(fis)) {
35                Order restoredOrder = (Order) in.readObject();
36                System.out.println("=== After Serialized, "+
                                                          restoredOrder);
37            } catch (ClassNotFoundException | IOException i) {
38                i.printStackTrace();
39            }
40        }
41
42    }
```

結果

```
--- Constructor is launched ---

Serialized at: Fri May 27 08:13:08 CST 2016

=== Before Serialization, Order Summary ===
Shirt: Brand1
Quantity: 100
Cost: 100.0
Price: 200.0
------------------
Shirt: Brand2
Quantity: 100
Cost: 200.0
Price: 400.0
------------------
Shirt: Brand3
Quantity: 100
Cost: 300.0
Price: 600.0
------------------
staticField = 22
transientField = 99
------------------


-----------------------------------------
```

```
Restored from date: Fri May 27 08:13:08 CST 2016
Restored at:        Fri May 27 09:08:50 CST 2016

=== After Serialization, Order Summary ===
Shirt: Brand1
Quantity: 100
Cost: 100.0
Price: 150.0
------------------
Shirt: Brand2
Quantity: 100
Cost: 200.0
Price: 250.0
------------------
Shirt: Brand3
Quantity: 100
Cost: 300.0
Price: 350.0
------------------
staticField = 100
transientField = 0
------------------
```

執行方法 serialization() 與方法 deSerialization() 時要分開。亦即執行 serialization() 時，先註解 deSerialization()，同理執行 deSerialization() 時，也先註解 serialization()。

程式執行的觀察重點：

1. Shirt 物件生成時的 price 都是 cost 的 2 倍，還原時在 readObject() 方法被改成 price=cost+50。
2. Order 物件序列化時，在 writeObject() 方法被特別寫入的日期，還原時在 readObject() 方法可以一併輸出。
3. static 欄位會得到類別內原本定義的宣告值。
4. transient 欄位會得到該型態的預設值。

NIO.2

04

章節提要

4.1 NIO.2 基礎

4.1.1 java.io.File 的限制

前一章節已經對 Java 的基礎 I/O 有了認識，讓我們更進一步了解基礎 I/O 存在那些不方便的地方：

1. 很多方法遇到錯誤時是回傳 false，而非丟出例外。
2. 缺少很多存取檔案常用功能，如複製（copy）、移動（move）。
3. 不是每一個作業系統都支援重新命名。
4. 對「symbolic link」類型的檔案沒有支援。
5. 對於檔案「metadata（描述檔案的資料）」的取得很有限，如檔案權限、檔案擁有者、安全性設定等都沒有。

6. 存取檔案的「metadata（描述檔案的資料）」時沒有效率，一次只能一個；每次呼叫都會轉呼叫系統指令（system call）。
7. 很多方法遇到檔案較大時，會呈現卡住（hang）的狀態，久久沒有回應，甚至當掉。
8. 遞迴目錄結構時，遇到 symbolic link 類型的檔案無法適當處理。
9. 遇到新型態的作業系統，或新檔案型態時，API 不易擴充。

4.1.2 Java I/O 套件發展歷史

為了處理這些基礎 I/O 為人詬病的地方，Java 陸續進行改善方案。歷史如下：

表 4-1 Java I/O 演進

功能（Feature）	JSR	版本	套件（Package）
I/O		Java 2	java.io.*
New I/O（NIO）	51	Java 4	java.nio.*
New I/O 2（NIO.2）	203	Java 7	java.nio.file.*

我們已經在上一章節討論過基礎 I/O，「Channel I/O」就屬於 NIO 的一環，而本章重頭戲就是 NIO.2 版本介紹。

4.1.3 檔案系統、路徑和檔案

檔案系統（file system）是樹狀結構；根目錄（root directories）可以有多個，如 Windows 的「C:」與「D:」。

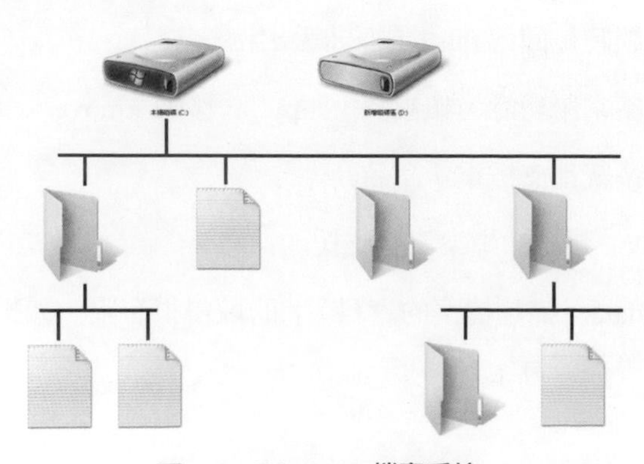

圖 4-1 Windows 檔案系統

在 NIO.2 中，檔案 / 目錄都以「路徑（path）」來表達，可區分「絕對路徑（absolute path）」和「相對路徑（relative path）」。

1. **絕對路徑**：
    - 包含根目錄，如 Linux 的「/」或 Windows 的「C:」。
    - 定位檔案位置所必需。
    - 如 /opt/jboss-eap-6.2/domain/servers/server-8080/log/server.log 或 C:\Program Files\Java\jre1.8.0_77\bin。

2. **相對路徑**：
    - 必須再結合絕對路徑才有可能找到檔案眞正位置。
    - 如 jboss-eap-6.2/domain/servers/server-8080/log/server.log 或 jre1.8.0_77\bin

4.1.4 Symbolic Link 檔案

又稱爲「symlink」或「soft link」。以微軟公司的 Windows 作業系統而言，並「非」我們熟悉的「捷徑（short cut）」。

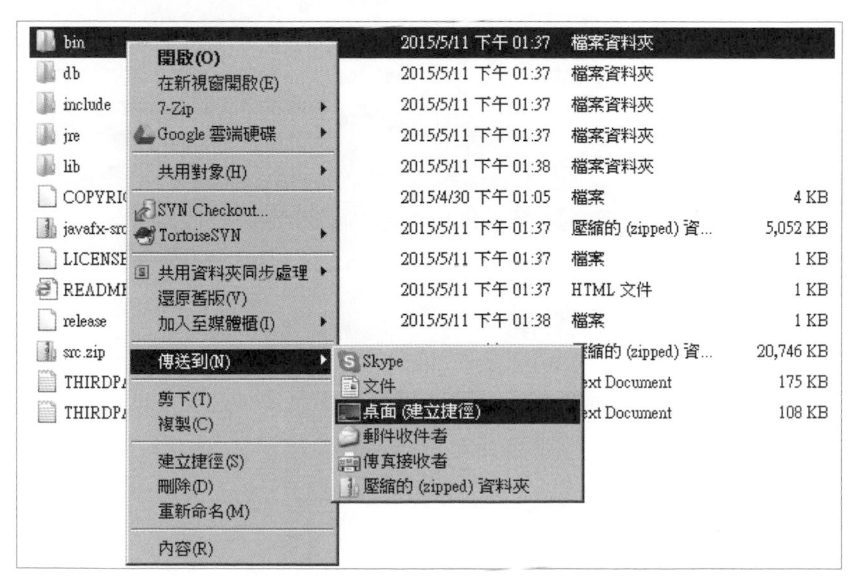

圖 4-2 Windows 作業系統中建立捷徑

指令如下。執行時以「系統管理員」身分開啓「命令提示字元」視窗：

```
01    mklink 連結檔案 連結來源檔案
```

建立之後，乍看和捷徑很像，但詳細比較，以 Windows 爲例，有諸多不同的地方：

1. 檔案類型不同，如下圖。
2. 檔案大小不同，捷徑占有大小 2 KB，symlink 則是 0 KB，如下圖。
3. 分別複製兩者時，捷徑本身會被複製，symlink 則是複製「連結來源檔案」，並非 symlink 本身，如下圖。

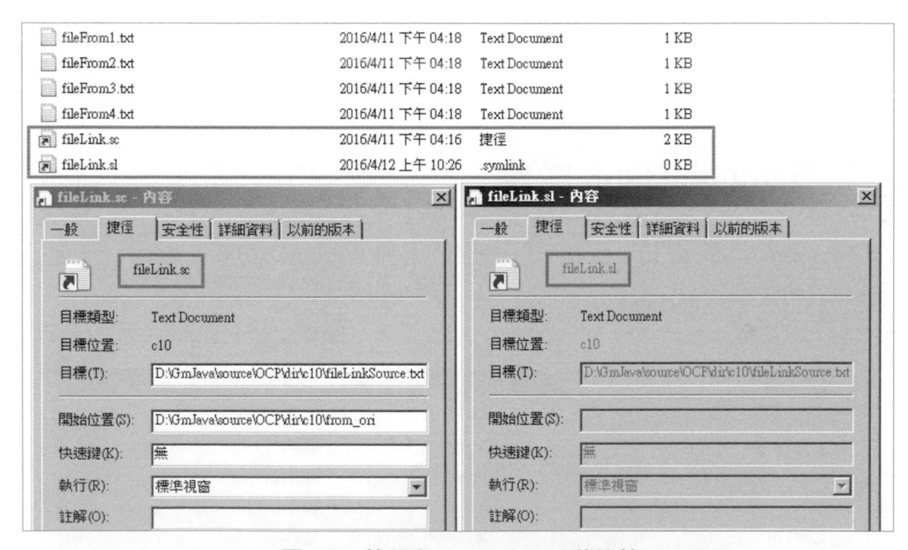

圖 4-3　捷徑和 symbolic link 的比較

4.1.5 NIO.2 的基本架構

在 JDK 7 之前，java.io.File 是所有檔案 / 目錄的操作基礎，JDK 7 推出 NIO.2 後，則改爲 3 個基礎：

1. **java.nio.file.Path**：用來找出檔案 / 目錄。
2. **java.nio.file.Files**：用來操作檔案 / 目錄。
3. **java.nio.file.FileSystem**：用來建立 Path 或其他存取檔案系統的物件。

NIO.2 所有方法都丟出 IOException，或其子類別。

4.2 使用 Path 介面操作檔案 / 目錄

4.2.1 Path 介面

java.nio.file.Path 是介面，也是 NIO.2 架構的進入點。取得 Path 物件的作法有 2 種，物件建立後爲 immutable，亦即狀態不能修改。

1. 藉由 FileSystem 物件的 getPath() 方法：

```
01    FileSystem fs = FileSystems.getDefault();
02    Path p1 = fs.getPath ("D:\\labs\\resources\\myFile.txt");
```

2. 藉由 java.nio.file.Paths 類別的靜態 get() 方法：

```
01    Path p0 = Paths.get ("D:\\labs\\resources\\myFile.txt");
02    Path p1 = Paths.get ("D:/labs/resources/myFile.txt");
03    Path p2 = Paths.get ("D:", "labs", "resources", "myFile.txt");
04    Path p3 = Paths.get ("/temp/foo");
05    Path p4 = Paths.get (URI.create ("file:///~/somefile");
```

值得注意的是，Windows 的檔案路徑接受 2 種方向的斜線，如行 1 和 2。使用「\」必須再加上跳脫符號「\」，使用「/」則不必。

4.2.2 Path 介面主要功能

Path 介面用來找出檔案 / 目錄。常用方法分 3 類：

1. **分解路徑**：取得構成路徑的所有檔案 / 目錄。主要分成「root（根目錄）」和「name」2 種路徑成員，root 路徑成員只有一個，name 路徑成員則可以有多個，相關方法如：

   - getFileName()
   - getParent()
   - getRoot()
   - getNameCount()，不含 root

2. **操作路徑**：

- normalize()
- toUri()
- toAbsolutePath()
- subpath()
- resolve()
- relativize()

3. **比較路徑**：

- startsWith()
- endsWith()
- equals()

範例 PathTest.java 內有多個方法，分別對 Path 介面的不同方法進行展示：

範例：/java11-ocp-2/src/course/c04/PathTest.java

```
01  private static void testSplit() {
02    Path p1 = Paths.get("D:/Temp/Foo/file1.txt");
03    System.out.format("getFileName: %s%n", p1.getFileName());
04    System.out.format("getParent: %s%n", p1.getParent());
05    System.out.format("getNameCount: %d%n", p1.getNameCount());
06    System.out.format("getRoot: %s%n", p1.getRoot());
07    System.out.format("isAbsolute: %b%n", p1.isAbsolute());
08    System.out.format("toAbsolutePath: %s%n", p1.toAbsolutePath());
09    System.out.format("toURI: %s%n", p1.toUri());
10  }
```

結果

```
getFileName: file1.txt
getParent: D:\Temp\Foo
getNameCount: 3
getRoot: D:\
isAbsolute: true
```

```
toAbsolutePath: D:\Temp\Foo\file1.txt
toURI: file:///D:/Temp/Foo/file1.txt
```

注意路徑成員 root 和路徑成員 name 不同。方法 getNameCount() 只計算 name 路徑成員個數，索引由 0 到 2，所以長度是 3，並不包含 root，如下：

表 4-2　路徑組成分析

路徑組成	D:	Temp	Foo	file1.txt
成員分類	root	name		
		0	1	2

4.2.3　移除路徑裡的多餘組成

許多檔案系統使用：

1. 「.」代表目前目錄。
2. 「..」代表上一層目錄。

以下的 path 表示方式，path 內有多餘的組成：

```
01  /home/./clarence/foo
02  /home/peter/../clarence/foo
```

使用 normalize() 方法可以移除多餘的部分，如「./」和「directory/../」。該方法只是語法上處理，不檢查實際檔案狀況，如下：

範例：/java11-ocp-2/src/course/c04/PathTest.java

```
01  private static void testNormalize() {
02      Path p1 = Paths.get("/home/./clarence/foo");
03      p1 = p1.normalize();
04      System.out.println(p1);
05      Path p2 = Paths.get("/home/peter/../clarence/foo");
06      p2 = p1.normalize();
07      System.out.println(p2);
08  }
```

結果

```
\home\clarence\foo
\home\clarence\foo
```

4.2.4 建立子路徑

使用 subpath() 方法可以取得路徑裡的部分路徑，如下：

範例：/java11-ocp-2/src/course/c04/PathTest.java

```
01  private static void testSubPath() {
02      Path p1 = Paths.get("D:/Temp/foo/bar");
03      p1.subpath(1, 3);        // immutable test
04      System.out.println(p1);
05      p1 = p1.subpath(1, 3);
06      System.out.println(p1);
07  }
```

結果

```
D:\Temp\foo\bar
foo\bar
```

方法 subpath (1, 3) 表示 name 路徑成員中，由 index=1 開始取，不含 index=3 的成員，亦即取出成員 1 和 2。下表說明 index 的位置表示：

表 4-3　路徑組成分析

D:	Temp	foo	bar
root	0	1	2

所以結果為 foo\bar。

4.2.5 結合 2 個路徑

使用 resolve() 方法結合 2 個路徑：

1. 若傳入「相對路徑」，將該「相對路徑」連接在「原路徑」之後。

2. 若傳入「絕對路徑」，則方法回傳該「絕對路徑」，忽略「原路徑」。

範例如下：

範例：/java11-ocp-2/src/course/c04/PathTest.java

```
01  private static void testResolve() {
02      String p = "/home/clarence/foo";
03      Path p1 = Paths.get(p).resolve("bar");
04      System.out.println(p1);
05      Path p2 = Paths.get(p).resolve("/home/clarence");
06      System.out.println(p2);
07  }
```

結果

```
\home\clarence\foo\bar
\home\clarence
```

4.2.6 建立連接 2 個路徑的路徑

使用 relativize() 方法建構 2 個路徑間的路徑，由原路徑到 relativize() 方法所傳入的路徑，範例如下：

範例：/java11-ocp-2/src/course/c04/PathTest.java

```
01  private static void testRelativize() {
02      Path p1 = Paths.get("peter");
03      Path p2 = Paths.get("jim");
04      Path p1Top2 = p1.relativize(p2);   // 由p1到p2的走法
05      System.out.println(p1Top2);
06      Path p2Top1 = p2.relativize(p1);   // 由p2到p1的走法
07      System.out.println(p2Top1);
08  }
```

結果

```
..\jim
..\peter
```

說明

4, 6	因為 p1 與 p2 都是相對路徑，視為同一層，因此都是先回到上一層，再走下來。以行 4 為例，目前在 peter 目錄內，必須先回到上一層目錄，才能下來到 jim 目錄。

4.2.7 Hard Link

部分檔案系統支援「hard link」類型的檔案，相對於「soft link」或「symbolic link」，有更多限制：

1. 目標檔案一定要存在。
2. 目標不可以是目錄，只能是檔案。
3. 目標不可以跨磁碟，如不可以在 D 磁碟建立 C 磁碟的檔案的 hard links。
4. 行爲、外觀、屬性等和一般檔案相似，不易判斷。

4.2.8 處理 Symbolic Link

NIO.2 的類別可以感知 link 類型檔案的存在，稱爲「link aware」。相關方法具備以下能力：

1. 偵測是否遇到 symbolic link 檔案。
2. 設定遇到 symbolic link 檔案時的處理方式。

相關方法略舉如下：

```
01    Files.createSymbolicLink(Path p1, Path p2, FileAttribute<?>);
02    Files.createLink(Path p1, Path p2);    // 建立hard link
03    Files.isSymbolicLink(Path p1);
04    Files.readSymbolicLink(Path p1);       // 找出symbolic link的target
```

4.3 使用 Files 類別對檔案 / 目錄進行檢查、刪除、複製、移動

4.3.1 處理檔案

先使用 Path 物件定位檔案 / 目錄。再使用 Files 類別操作 Path 物件，以達成：

1. 檔案與目錄的：
   - 檢查（check）。
   - 刪除（delete）。
   - 複製（copy）。
   - 移動（move）。
2. 管理屬性資料（metadata）。
3. 讀 / 寫和建立檔案。
4. 隨機存取檔案。
5. 讀取目錄（directory）內的檔案。

4.3.2 檢查檔案 / 目錄是否存在

Path 代表檔案 / 目錄的位置。在存取之前，應該要先使用 Files 類別檢查是否存在（symbolic link 也算檔案）。使用方法為：

```
01    Files.exists(Path p, LinkOption... option);
02    Files.notExists(Path p, LinkOption... option);
```

若兩個方法的測試結果若都是 false，表示狀態「無法確認（unknown）」。可能原因很多，常見如：

1. 沒有權限。
2. 離線磁碟機（Off-line Drive），像 CD-ROM。

如以下的 testExists() 方法：

範例：/java11-ocp-2/src/course/c04/FilesTest.java

```
01  private static void testExists() {
02      String thisJava = System.getProperty("user.dir") +
                        "\\src\\course\\c04\\FilesTest.java";
03      Path p = Paths.get(thisJava);
04      boolean b = Files.exists(p, LinkOption.NOFOLLOW_LINKS);
05      System.out.format("%s exists: %b%n", p, b);
06      b = Files.notExists(p, LinkOption.NOFOLLOW_LINKS);
07      System.out.format("%s does not exists: %b%n", p, b);
08  }
```

結果

```
C:\java11\code\java11-ocp-2\src\course\c04\FilesTest.java exists: true
C:\java11\code\java11-ocp-2\src\course\c04\FilesTest.java does not exists:
false
```

說明

4	檔案若是 link，預設來源檔案也必須同時存在，才算存在。 使用 LinkOption.NOFOLLOW_LINKS，表示不檢查來源檔案是否存在。

4.3.3 檢查檔案 / 目錄屬性

檢查權限的使用方法為：

```
01  Files.isReadable (Path p);
02  Files.isWritable (Path p);
03  Files.isExecutable (Path p);
```

檢查是否為同一檔案的方法（常用於 symbolic link）：

```
01  Files.isSameFile(Path p1, Path p2);
```

以上檢查一旦結束，就不再保證結果，因為檔案可能馬上被其他系統指令更改。

4.3.4 建立檔案 / 目錄

建立檔案的方法為：

```
01    Files.createFile (Path file);
```

建立單一目錄的方法為：

```
01    Files.createDirectory (Path dir);
```

建立多重目錄的方法如下。通常用於將路徑裡缺少的 name 成員一次全部建立：

```
01    Files.createDirectories (Path dir);
```

假設只有 D:/Temp 目錄存在。使用：

```
01    Files.createDirectories (Paths.get("D:/Temp/foo/bar/example"));
```

可以將缺少的目錄一次建立完成。

Files 類別還有更多建立各式檔案 / 目錄的 static 方法，如下圖所示。

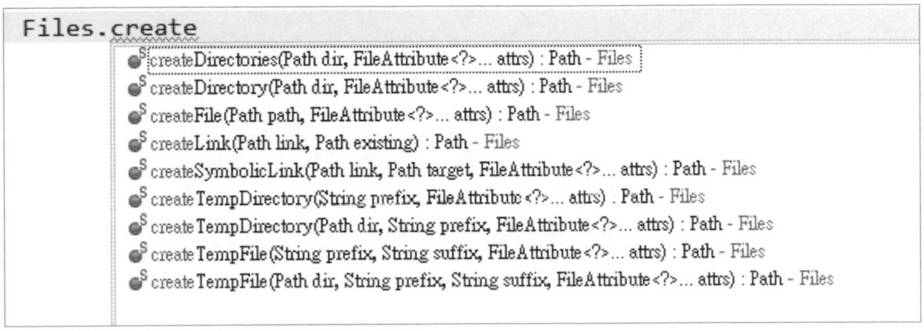

```
Files.create
    createDirectories(Path dir, FileAttribute<?>... attrs) : Path - Files
    createDirectory(Path dir, FileAttribute<?>... attrs) : Path - Files
    createFile(Path path, FileAttribute<?>... attrs) : Path - Files
    createLink(Path link, Path existing) : Path - Files
    createSymbolicLink(Path link, Path target, FileAttribute<?>... attrs) : Path - Files
    createTempDirectory(String prefix, FileAttribute<?>... attrs) : Path - Files
    createTempDirectory(Path dir, String prefix, FileAttribute<?>... attrs) : Path - Files
    createTempFile(String prefix, String suffix, FileAttribute<?>... attrs) : Path - Files
    createTempFile(Path dir, String prefix, String suffix, FileAttribute<?>... attrs) : Path - Files
```

圖 4-4　Files 類別下的 create 方法

4.3.5 刪除檔案 / 目錄

刪除檔案 / 日錄使用的方法為：

```
01    Files.delete(Path p);
```

失敗時可能丟出以下例外：

1. **java.nio.file.NoSuchFileException**：要刪除的檔案不存在。
2. **java.nio.file.DirectotyNotEmptyException**：要刪除的目錄不爲空。
3. **java.io.IOException**：其他錯誤。

也可以刪除檔案 / 目錄前先確認是否存在，方法爲：

```
01  Files.deleteIfExists (Path p);
```

則檔案不存在就不會刪除，因此不會有 NoSuchFileException，但其他錯誤還是可能發生。

4.3.6 複製和移動檔案 / 目錄

複製和移動檔案 / 目錄的方法爲：

```
01  Files.copy (Path source, Path target, CopyOption...);
02  Files.move (Path source, Path target, CopyOption...);
03  // source：來源路徑，可以是目錄 / 檔案
04  // target：目標路徑，可以是目錄 / 檔案
```

其中，傳入的 CopyOption 是介面，允許同時多個；有 2 個列舉型別實作它，將在後續說明。

表 4-4 CopyOption 常用列舉型別與項目

介面	列舉型別（enum）	列舉項目（types）
CopyOption	LinkOption	NOFOLLOW_LINKS
	StandardCopyOption	REPLACE_EXISTING
		COPY_ATTRIBUTES
		ATOMIC_MOVE

複製和移動的操作經常一起比較。比如說無論複製或移動，都需要指定「來源路徑」和「目標路徑」。兩者相同點是：

1. 若目標路徑已經存在，但操作前未使用 StandardCopyOption.EPLACE_EXISTING 指定可以覆蓋，將失敗。
2. 若目標路徑不存在，則操作後將自動建立。
3. 在操作**前**來源和目標「非一致」是檔案 / 目錄，將不影響結果。因爲在操作成功**後**，「目標路徑」會和「來源路徑」相同。因此：
   - 可以指定來源是**檔案**，但目標是**目錄**。成功複製 / 移動後**目標目錄**將被取代爲**檔案**，而非檔案放到目錄下。
   - 可以指定來源是**目錄**，但目標是**檔案**。成功複製 / 移動後**目標路徑**將被取代爲**目錄**。

定義「目標路徑」時，需要注意：

1. 若目標路徑是存在的「檔案」或「空目錄」，使用 REPLACE_EXISTING 或 ATOMIC_MOVE，可避免拋出 java.nio.file.FileAlreadyExistsException。
2. 若目標路徑是存在的「非空目錄」，用 REPLACE_EXISTING 還不夠，還是會拋出 java.nio.file.DirectoryNotEmptyException。

定義「來源路徑」時，需要注意：

1. 必須存在，否則拋出 java.nio.file.NoSuchFileException。
2. 來源路徑是「目錄」時，即便「複製」成功，也無法複製內含檔案，只會產生新目錄，且過程不會出錯。
3. 來源路徑是「目錄」時，若「移動」成功，內含的檔案 / 目錄將一併搬家。

複製或移動路徑時，可以在第 3 個參數開始傳入有實作介面 CopyOption 的列舉型態。注意事項爲：

1. 「複製」檔案 / 目錄時的注意事項：
   - 來源路徑是 symbolic link 時，預設將複製「link 指向的檔案」。若要複製「link 本身」，必須加上列舉型態「LinkOption.NOFOLLOW_LINKS」。
   - 列舉型態「StandardCopyOption.COPY_ATTRIBUTES」用於將檔案屬性一併複製。大部分屬性將依檔案系統不同而可能不被複製，但檔案最後修改時間（last-modified time）將被支援。

2. 「移動」檔案 / 目錄時的注意事項：

- 使用列舉型態「StandardCopyOption.ATOMIC_MOVE」，若檔案系統不支援將丟出例外；若支援，則可避免移動過程中有其他系統程序存取該檔案。如用於耗時較久的大檔案移動，可以保證接下來要存取該檔案的系統程序都可存取到完整的檔案。
- 若移動 symbolic link 檔案，不需要使用列舉型態「LinkOption.NOFOLLOW_LINKS」。

以上說明的原則可以使用範例「/java11-ocp-2/src/course/c04/FilesCopyTest.java」和「/java11-ocp-2/src/course/c04/FilesMoveTest.java」進行驗證。範例所需要的檔案與目錄都建置在「/java11-ocp-2/dir/c04」內，因爲程式碼內容較長，不在本文內提供。

4.3.7 Stream 和 Path 互相複製

檔案複製的來源或目標除了 Path 之外，也可以是基礎 I/O 裡提到的串流（Stream）物件。方法爲：

```
01  Files.copy(InputStream source, Path target, CopyOption... options);
02  Files.copy(Path source, OutputStream target);
03  // source：檔案複製來源，使用 InputStream
04  // target：檔案複製後的輸出，使用 OutputStream
```

以下示範如何將遠端的網頁轉換成 InputStream 物件後，再複製爲本機的檔案：

範例：/java11-ocp-2/src/course/c04/CopyInputStreamTest.java

```
01  public class CopyInputStreamTest {
02      public static void main(String[] args) throws IOException {
03          Path to = Paths.get("dir/c04/oracle.html/").toAbsolutePath();
04          URL url = URI.create("http://www.oracle.com/").toURL();
05          try ( InputStream from = url.openStream() ) {
06              Files.copy(from, to, StandardCopyOption.REPLACE_
                                                            EXISTING);
07              System.out.println("Copy finished...");
08          }
09      }
10  }
```

4.3.8 列出目錄內容

介面 DirectoryStream 可以找出目錄下的所有檔案 / 目錄，但只能限制在目錄下的第一層，可支援大目錄。如以下將印出 D 磁碟下的所有檔案 / 目錄名稱，但只限於第一層：

範例：/java11-ocp-2/src/course/c04/DirectoryStreamTest.java

```
01  public static void main(String[] args) {
02    Path dir = Paths.get("D:/");
03    try (DirectoryStream<Path> stream = Files.newDirectoryStream(dir,
                                                                  "*")) {
04      for (Path file : stream) {
05          System.out.println(file.getFileName());
06      }
07    } catch (PatternSyntaxException | DirectoryIteratorException |
                                                    IOException x) {
08      System.err.println(x);
09    }
10  }
```

4.3.9 讀取和寫入檔案

Files 類別的 readAllBytes() 和 readAllLines() 方法可以一次讀取檔案全部內容，但檔案不建議太大。write() 則提供寫入檔案的功能：

範例：/java11-ocp-2/src/course/c04/FileReadWriteAllLineTest.java

```
01  public static void main(String[] args) throws IOException {
02      Path source = Paths.get("dir/c04/file.txt").toAbsolutePath();
03      Charset cs = Charset.defaultCharset();
04      List<String> lines = Files.readAllLines(source, cs);
05      Path target = Paths.get("dir/c04/file2.txt").toAbsolutePath();
06      Files.write(target, lines, cs,
07                  StandardOpenOption.CREATE,
08                  StandardOpenOption.TRUNCATE_EXISTING,
09                  StandardOpenOption.WRITE);
10      System.out.println("done...");
11  }
```

4.4 使用 Files 類別操作 Channel I/O 和 Stream I/O 讀寫檔案

4.4.1 介面 Channel 和類別 ByteBuffer

介面 Channel 和類別 ByteBuffer 搭配使用，可以提高 I/O 效率：

1. Stream I/O 每次讀取一個位元或字元；Channel I/O 則每次讀取一塊記憶體（buffer）。
2. java.nio.channels.ByteChannel 介面繼承 Channel 介面，提供基本讀寫功能。
3. java.nio.channels.SeekableByteChannel 介面繼承 ByteChannel，提供在 channel 中讀寫時記錄目前位置，並且改變讀寫位置的能力，讓「隨機存取（random access）檔案」變得可能。
4. 使用 Files.newByteChannel(Path, OpenOption...) 方法回傳 SeekableByteChannel 實例後，也可以再轉型爲 java.nio.channels.FileChannel 類別，該類別曾經在 Java I/O 基礎中介紹。

以下將逐節介紹使用方式。

4.4.2 隨機存取檔案

使用 SeekableByteChannel 介面，可以進行檔案內容的「隨機存取」。步驟爲：

1. 打開檔案。
2. 找到存取位置。
3. 開始讀寫。

常用方法有：

1. **position()**：回傳在 channel 中的位置。
2. **position(long)**：設定在 channel 中的位置。
3. **read(ByteBuffer)**：由 channel 中將資料讀入 buffer。
4. **write(ByteBuffer)**：將資料由 buffer 中寫入 channel。

以上 channel 代表檔案。

以下示範如何使用 SeekableByteChannel 介面，將新增字串放在檔案的指定位置，本例爲最尾端：

範例：/java11-ocp-2/src/course/c04/SeekableByteChannelTest.java

```
01  public class SeekableByteChannelTest {
02    public static void main(String[] args) throws IOException {
03      Path path = Paths.get("dir/c04/file.txt").toAbsolutePath();
04      try (SeekableByteChannel sbc =
        Files.newByteChannel(path, StandardOpenOption.WRITE)) {
05          long channelSize = sbc.size();
06          sbc.position(channelSize);
07          System.out.println("position: " + sbc.position());
08          ByteBuffer buffer = ByteBuffer.wrap(("\n" + "0").getBytes());
09          sbc.write(buffer);
10          System.out.println("position: " + sbc.position());
11      }
12    }
13  }
```

說明

4	由 Files.newByteChannel() 方法取得 SeekableByteChannel 介面的實作物件。該物件指向 path 所在的檔案，且指定屬性為 StandardOpenOption.WRITE，所以可以寫入。
5	取得行 4 檔案物件的大小。
6	將檔案的讀取位置移到最尾端。
7	印出目前檔案最尾端的位置。
8	建立 ByteBuffer 物件，內容為字串："\n" + "0"。
9	將行 8 的 ByteBuffer 物件的內容，寫入檔案裡。
10	印出目前檔案最尾端的位置。

4.4.3 對文字檔提供 Buffered I/O 方法

NIO. 2 一樣可以使用 BufferedReader/ BufferedWriter 物件來提高檔案讀寫效率。

1. 使用 Files.newBufferedReader() 方法取得 java.io.BufferedReader 物件：

```
01  BufferedReader reader = Files.newBufferedReader(path, charset);
02  line = reader.readLine();
```

2. 使用 Files.newBufferedWriter() 方法取得 java.io.BufferedWriter 物件：

```
01  BufferedWriter writer = Files.newBufferedWriter(path, charset);
02  writer.write(s, 0, s.length());
```

4.4.4 取得位元串流物件的方法

NIO. 2 也可以取得 InputStream 與 OutputStream 物件。

1. 使用 Files.newInputStream() 方法取得 java.io.InputStream 物件：

```
01  InputStream in = Files.newInputStream(path);
02  BufferedReader r = new BufferedReader(new InputStreamReader(in));
03  String line = r.readLine();
```

2. 使用 Files.newOutputStream() 方法取得 java.io.OutputStream 物件：

```
01  Path path = Paths.get("dir/c04/logFile.txt").toAbsolutePath();
02  String s = "Hi, Jim...";
03  byte data[] = s.getBytes();
04  try (OutputStream out = Files.newOutputStream(path, CREATE, APPEND);
05      BufferedOutputStream bot = new BufferedOutputStream(out);) {
06      out.write(data, 0, data.length);
07  }
```

4.5 讀寫檔案 / 目錄的屬性

4.5.1 使用 Files 管理檔案的屬性資料

Files 類別提供了若干管理檔案 / 目錄屬性的方法，如下：

表 4-5 Files 類別常用檔案屬性資料的管理方法

Method	Explanation
size	回傳檔案大小（bytes）。
isDirectory	判斷是否為目錄。
isRegularFile	判斷是否為檔案。
isSymbolicLink	判斷是否為 symbolic link。
isHidden	是否為隱藏檔。
getLastModifiedTime	取得最後修改時間。
setLastModifiedTime	設定最後修改時間。
getAttribute	取得屬性。
setAttribute	設定屬性。

以下示範如何使用 Files 類別取得檔案 / 目錄屬性：

範例：/java11-ocp-2/src/course/c04/MetadataTest.java

```
01  public static void main(String[] args) throws IOException {
02      Path basic = Paths.get("dir/c04/metadata").toAbsolutePath();
03      out.println("basic path: " + basic);
04
05      Path common = basic.resolve("file.txt");
06      Path shortcut = basic.resolve("dir.shortcut");
07      Path hidden = basic.resolve("hiddenFile");
08      Path symlink = basic.resolve("dir.sl");
09
10      out.println("size: " + Files.size(common));
11      out.println("isDirectory: " + Files.isDirectory(common));
12      out.println("isRegularFile: " + Files.isRegularFile(common));
```

```
13        out.println("isSymbolicLink(dir.sl): " + Files.isSymbolicLink(
                                                              symlink));
14        out.println("isSymbolicLink(dir.shortcut): " + Files.isSymbolicLink
                                                              (shortcut));
15        out.println("isHidden: " + Files.isHidden(hidden));
16
17        //取得並修改 LastModifiedTime
18        out.println("getLastModifiedTime: " + Files.getLastModifiedTime(
                                                              common));
19        FileTime t = FileTime.fromMillis(new Date().getTime());
20        Files.setLastModifiedTime(common, t);
21        out.println("getLastModifiedTime: " + Files.getLastModifiedTime(
                                                              common));
22        //設定 hidden 屬性
23        Files.setAttribute (hidden, "dos:hidden", Boolean.valueOf(false) );
24        out.println("isHidden: " + Files.getAttribute(hidden, "dos:
                                                              hidden"));
25    }
```

說明

2	在相對路徑「dir/c04/metadata」下，事先建立所有測試檔案。
18	要設定檔案的時間屬性，必須使用類別 FileTime。
22	使用 setAttribute() 方法設定 hidden 屬性。
23	除了使用 isHidden() 方法測試屬性是否為 hidden 外，也可以使用 getAttribute() 方法搭配字串 "dos:hidden"。

4.5.2 讀取檔案屬性

過去 Java I/O 存取檔案屬性比較沒有效率，一次只能一個，每次呼叫都必須轉呼叫系統指令（system call）。NIO.2 改進了這個問題，可以使用 DosFileAttributes 介面「一次」取回檔案 / 目錄的所有屬性。

以 Windows 的 DOS 爲例，使用 Files 類別取得其物件實例：

```
01    DosFileAttributes attrs = Files.readAttributes (path, DosFileAttributes.
                                                              class);
```

如以下範例。需要注意的是，在 Java 7 中 DosFileAttributes 介面只能讀取屬性，不能修改：

範例：/java11-ocp-2/src/course/c04/DosFileAttributesReadDemo.java

```
01  public static void main(String[] args) throws IOException {
02    Path p = Paths.get("dir/c04/attributeTest.txt").toAbsolutePath();
03    DosFileAttributes attrs = Files.readAttributes(p, DosFileAttributes.
                                                                  class);
04
05    // basic
06    FileTime creation = attrs.creationTime();
07    FileTime modified = attrs.lastModifiedTime();
08    FileTime lastAccess = attrs.lastAccessTime();
09    if (!attrs.isDirectory()) {
10        long size = attrs.size();
11    }
12    boolean isDirectory = attrs.isDirectory();
13    boolean isRegularFile = attrs.isRegularFile();
14    boolean isSymbolicLink = attrs.isSymbolicLink();
15    boolean isOther = attrs.isOther();
16
17    // only for DOS
18    boolean archive = attrs.isArchive();
19    boolean hidden = attrs.isHidden();
20    boolean readOnly = attrs.isReadOnly();
21    boolean systemFile = attrs.isSystem();
22  }
```

相關類別的 UML 架構爲：

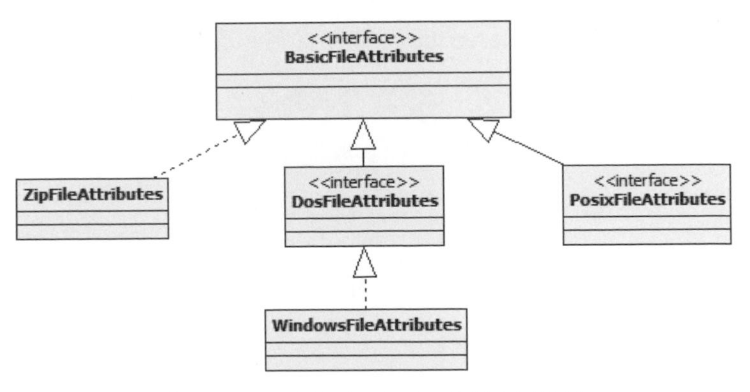

圖 4-5　BasicFileAttributes 家族類別架構

4.5.3 修改檔案屬性

檔案建立後，可以使用類別 Files 更改屬性：

```
01  Files.createFile (path);
02  Files.setAttribute (path, "dos:hidden", true);
```

setAttribute() 方法可以設定 4 種 DOS 屬性，必須指定屬性字串：

1. dos:hidden
2. dos:readonly
3. dos:system
4. dos:archive

介面 DosFileAttributeView 也提供了設定屬性的相關方法：

1. setHidden()
2. setReadOnly()
3. setSystem()
4. setArchive()

可以使用 Files 類別取得該介面的物件實例：

```
01  DosFileAttributeView view =
                Files.getFileAttributeView(p,DosFileAttributeView.class);
```

DosFileAttributeView 有直接的方法可以設定檔案屬性；若要讀取屬性，需先使用 readAttributes() 方法取得 DosFileAttributes 物件實例。基本的分工是：

1. 介面 DosFileAttributeView 負責「改變」檔案屬性。
2. 介面 DosFileAttributes 負責「讀取」檔案屬性。

如下：

範例：/java11-ocp-2/src/course/c04/DosFileAttributesWriteDemo.java

```
01  public static void main(String[] args) throws IOException {
02    Path p = Paths.get("dir/c04/attributeTest.txt").toAbsolutePath();
```

```
03
04      DosFileAttributeView view =
          Files.getFileAttributeView(p, DosFileAttributeView.class);
05      view.setArchive(true);
06      view.setReadOnly(true);
07      view.setHidden(true);
08      view.setSystem(true);
09
10      FileTime lastModifiedTime = FileTime.fromMillis(new Date().getTime());
11      FileTime lastAccessTime = FileTime.fromMillis(new Date().getTime());
12      FileTime createTime = FileTime.fromMillis(new Date().getTime());
13      view.setTimes(lastModifiedTime, lastAccessTime, createTime);
14
15      DosFileAttributes attrs = view.readAttributes();
16  }
```

說明

4	取得 DosFileAttributeView 的方法。
10-13	設定檔案的相關時間。以 Windows 作業系統為例，每個檔案屬性都有 3 個時間：建立日期（createTime）、最後修改日期（lastModifiedTime）、最後存取日期（lastAccessTime）。
15	取得 DosFileAttributes 的方法。

4.5.4 DOS 之外的 File Attribute Views

除了 DOS 之外，NIO.2 裡其他可支援的 attribute views 還包含：

1. **BasicFileAttributeView**：提供所有檔案系統都支援的基本屬性。
2. **PosixFileAttributeView**：支援 POSIX 家族，如 UNIX。
3. **FileOwnerAttributeView**：支援所有具備「檔案擁有者（file owner）」概念的檔案系統。
4. **AclFileAttributeView**：支援讀寫檔案的「存取控制清單（access control list）」。
5. **UserDefinedFileAttributeView**：讓使用者自行定義。

類別家族的 UML 架構為：

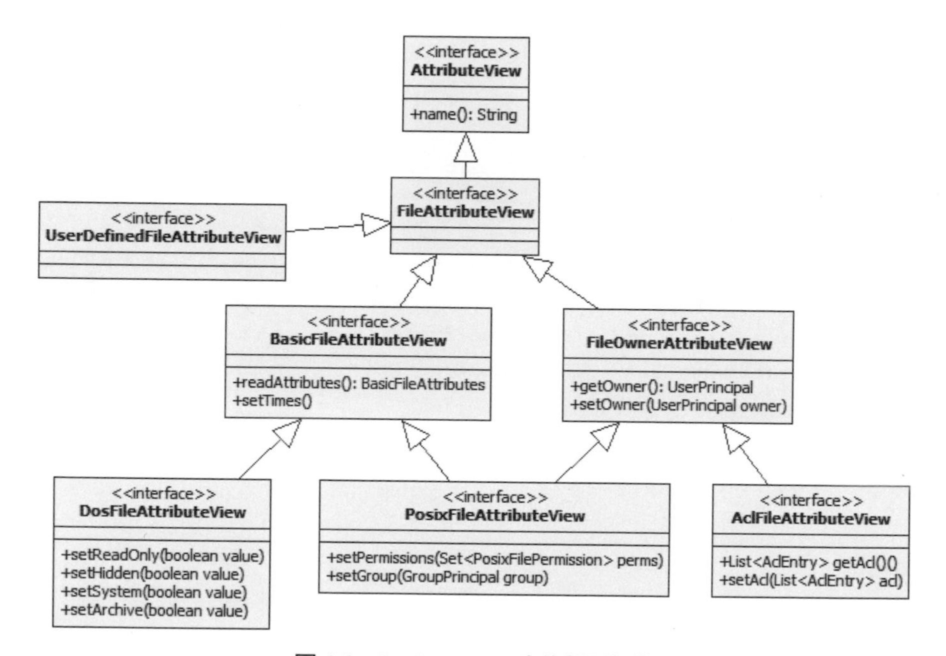

圖 4-6　AttributeView 家族類別架構

4.5.5　POSIX 檔案系統的權限

NIO.2 可以在如 MacOS、Linux 和 Solaris 等 POSIX（Portable Operating System Interface）檔案系統中建立檔案 / 目錄，Windows 則非 POSIX 相容的作業系統。以下程式碼示範如何取得目前作業系統支援的所有 AttributeView：

```
01    FileSystems.getDefault().supportedFileAttributeViews();
```

POSIX 檔案系統中，使用 ACL 來進行檔案 / 目錄的權限控管。ACL 是 Access Control List（存取控制清單）的縮寫，主要的目的在提供對檔案 / 目錄擁有權相關的 3 種使用者群組：

1. owner（檔案擁有者）。

2. group（檔案擁有者所在群組）。

3. other（非 owner 和 group 的其他人）。

對檔案/目錄的 read（讀）、write（寫）、execute（執行）權限的設定。

ACL 權限設定格式如下：

表 4-6　ACL 權限設定格式表

user			group			other		
r	w	x	r	w	x	r	w	x

其中 r 表示「read」，w 表示「write」，e 表示「execute」。如下：

範例：/java11-ocp-2/src/course/c04/POSIXpermissionTest.java

```
01  public static void main(String[] args) {
02    boolean isPOSIX = false;
03    Set<String> views = FileSystems.getDefault().
                                          supportedFileAttributeViews();
04    for (String s : views) {
05      System.out.println(s);
06      if (s.equals("posix"))
07          isPOSIX = true;
08    }
09    if (isPOSIX) {
10      Path p = Paths.get(args[0]);
11      Set<PosixFilePermission> perms =
          PosixFilePermissions.fromString("rwxr-x---");
12      FileAttribute<Set<PosixFilePermission>> attrs =
          PosixFilePermissions.asFileAttribute(perms);
13      try {
14          Files.createFile(p, attrs);
15      } catch (FileAlreadyExistsException f) {
16          f.printStackTrace();
17      } catch (IOException i) {
18          i.printStackTrace();
19      }
20    }
21  }
```

說明

3	取得目前作業系統支援的所有檔案系統，若是 Windows，則不支援 POSIX。

行號	說明
4-8	判斷是否有 "posix" 關鍵字。若有，表示屬於 POSIX 家族。
11	設定預備建立的檔案權限： ● owner：r、w、e。 ● group：r、e。 ● 不具備的權限以「-」表示。
12	將檔案權限轉換為檔案屬性。
14	以檔案屬性物件 attrs 建立檔案。

4.6 遞迴存取目錄結構

4.6.1 對檔案目錄進行遞迴操作

DirectoryStream 物件可以拜訪目錄下的所有檔案 / 目錄，但被限制在以下一層。使用 Files.walkFileTree(Path start, FileVisitor<T> visitor)，則可以遞迴拜訪所有層級的所有檔案 / 目錄，並對拜訪過的所有檔案 / 目錄採取「特定動作」，將由覆寫 FileVisitor 介面的方法來提供：

1. **preVisitDirectory()**：拜訪目錄**前**要做的事。
2. **visitFile()**：拜訪檔案時要做的事。
3. **postVisitDirectory()**：拜訪目錄**後**要做的事。
4. **visitFileFailed()**：拜訪檔案若**失敗**要做的事。

藉由每次拜訪檔案 / 目錄後的回傳值（列舉型別 FileVisitResult 的列舉項目）來決定是否繼續拜訪其他檔案 / 目錄：

1. **CONTINUE**：繼續。
2. **SKIP_SIBLINGS**：略過同一層的檔案 / 目錄。
3. **SKIP_SUBTREE**：略過下一層檔案樹。
4. **TERMINATE**：結束。

FileVisitor 是介面，因此實作的類別必須覆寫所有抽象方法，比較麻煩，可以考慮改繼承 SimpleFileVisitor 類別。該類別已經實作 FileVisitor 介面的所有抽象方法，且都回傳 CONTINUE，因此只要覆寫真正需要的方法即可，較簡單。

以下示範如何使用 Files. walkFileTree()，並搭配 FileVisitor 介面遞迴所有目錄。準備拜訪的目錄結構是：

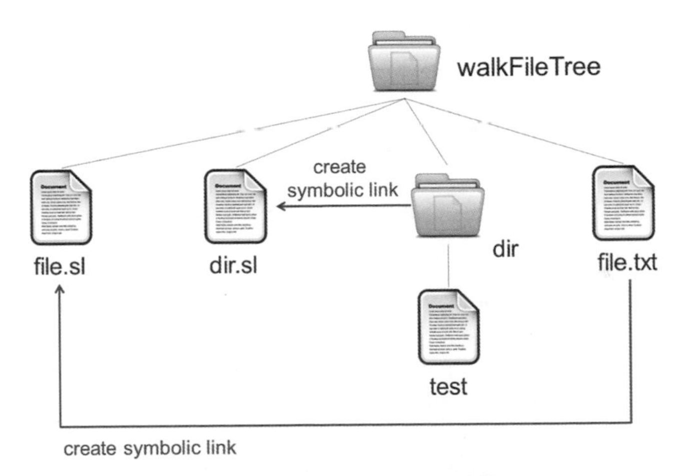

圖 4-7　walkFileTree 路徑結構

執行前，先以「系統管理員」身分開啟「命令提示字元」視窗，再使用 mklink 指令建立 symbolic link 檔案與目錄。指令與執行結果如下圖：

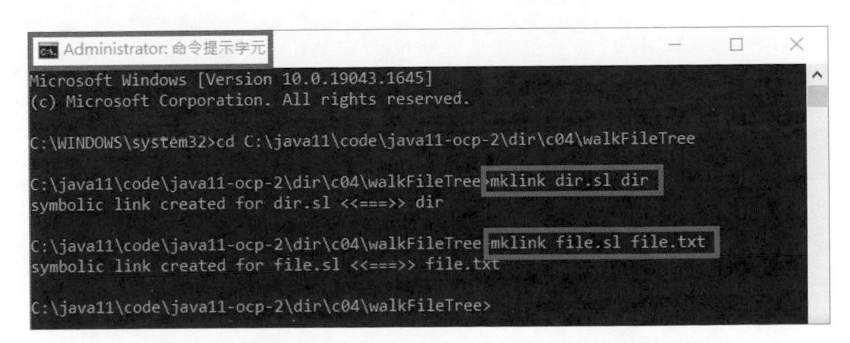

圖 4-8　使用 mklink 指令建立 symbolic link 檔案與目錄

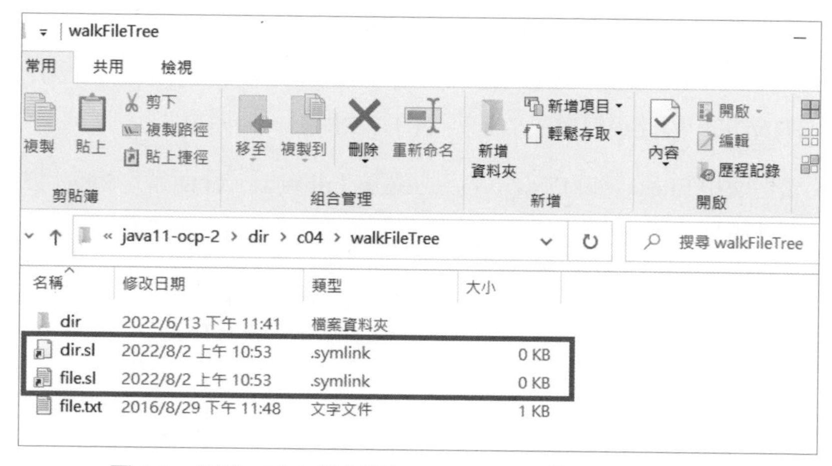

圖 4-8　使用 mklink 指令建立 symbolic link 檔案與目錄（續）

範例：/java11-ocp-2/src/course/c04/WalkFileTreeExample.java

```
01  class SimplePrintTree extends SimpleFileVisitor<Path> {
02  }
03
04  class PrintTree implements FileVisitor<Path> {
05    private int i;
06    public FileVisitResult preVisitDirectory(Path dir,
                        BasicFileAttributes attrs) throws IOException {
07      System.out.println(++i + ". preVisitDirectory: " + dir);
08      return FileVisitResult.CONTINUE;
09    }
10    public FileVisitResult visitFile(Path file, BasicFileAttributes attrs)
                                              throws IOException {
11      System.out.println(++i + ". visitFile: " + file);
12      if (attrs.isSymbolicLink()) {
13        System.out.println("\t --> " + file.getFileName() + " is
                                                     SymbolicLink");
14      }
15      return FileVisitResult.CONTINUE;
16    }
17    public FileVisitResult visitFileFailed(Path file, IOException exc)
                                              throws IOException {
18      System.out.println(++i + ". visitFileFailed: " + file);
19      return FileVisitResult.CONTINUE;
20    }
```

```
21    public FileVisitResult postVisitDirectory(Path dir, IOException exc)
                                                    throws IOException {
22      System.out.println(++i + ". postVisitDirectory: " + dir);
23      return FileVisitResult.CONTINUE;
24    }
25  }
26
27  public class WalkFileTreeExample {
28    public static void main(String[] args) {
29      Path path = Paths.get("dir/c04/walkFileTree").toAbsolutePath();
30      try {
31          Files.walkFileTree(path, new PrintTree());
      //Files.walkFileTree(path, new SimplePrintTree ());
32      } catch (IOException e) {
33          System.out.println("Exception: " + e);
34      }
35    }
36  }
```

結果

```
1. preVisitDirectory: C:\java11\code\java11-ocp-2\dir\c04\walkFileTree
2. preVisitDirectory: C:\java11\code\java11-ocp-2\dir\c04\walkFileTree\dir
3. visitFile: C:\java11\code\java11-ocp-2\dir\c04\walkFileTree\dir\test
4. postVisitDirectory: C:\java11\code\java11-ocp-2\dir\c04\walkFileTree\dir
5. visitFile: C:\java11\code\java11-ocp-2\dir\c04\walkFileTree\dir.sl
    --> dir.sl is SymbolicLink
6. visitFile: C:\java11\code\java11-ocp-2\dir\c04\walkFileTree\file.sl
    --> file.sl is SymbolicLink
7. visitFile: C:\java11\code\java11-ocp-2\dir\c04\walkFileTree\file.txt
8. postVisitDirectory: C:\java11\code\java11-ocp-2\dir\c04\walkFileTree
```

執行順序示意圖：

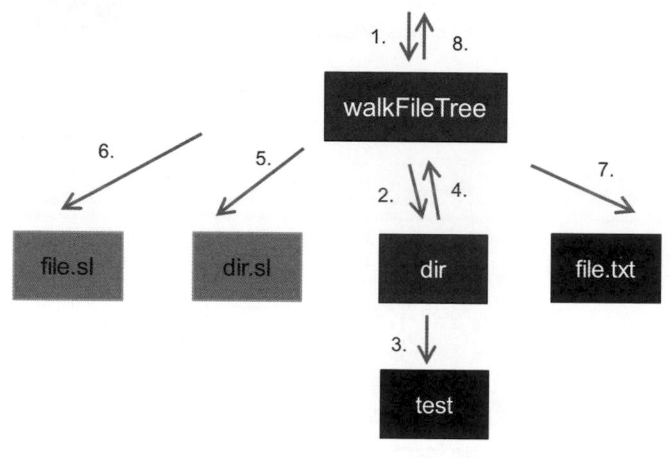

圖 4-9　walkFileTree 路徑走訪順序

4.7　使用 PathMatcher 類別找尋符合的檔案

4.7.1　搜尋檔案

在某個路徑下，若想找出所有 java 的程式碼檔案，含搜尋子目錄，在 Windows 下可以使用指令「dir /s *.java」。

在 Java 裡，則使用 java.nio.file.PathMatcher 介面，用來搜尋符合特定字串的路徑：

```
01  PathMatcher matcher =
    FileSystems.getDefault().getPathMatcher(String syntaxAndPattern);
```

其中，參數 syntaxAndPattern 語法為：「syntax:pattern」，且有 2 種 syntax：

1. glob 樣式，即 global command 的簡寫。

2. regex 樣式，即 regular expression 的簡寫。

「glob」相較「regex」簡單許多，且廣泛應用於檔案系統中的檔案搜尋，是本節重點。而「regex」為正規表示式，不在本書介紹範圍。

4.7.2 glob 樣式語法介紹

下表爲 glob 樣式內常見的字元或符號的代表意義：

表 4-7 glob 樣式使用說明

字元	使用方式
*	任何個數的萬用字元，不跨目錄。
**	任何個數的萬用字元，跨目錄。
?	代表 1 個字元。
\	跳脫（Escape）符號。
[ ]	找出符合的單一字元，如： ● [abc] 表示 a 或 b 或 c。 ● [a-z] 表示可以是 a~z 的任一字元。 ● [abce-g] 表示 a 或 b 或 c 或 e 或 f 或 g。 ● [!a-c] 表示非（a 或 b 或 c）。 [ ] 裡面的「*」和「?」和「\」失去特殊意義。 符號「-」若排第一個，或是僅次於「!」，也只代表符號本身。
{ }	{ } 內可以有多個 sub-pattern，用「,」區隔，滿足一個就成立。
.	檔名前面以「.」開頭，如「.login」，比較方式和一般檔案相同。另這類檔案通常都是 hidden，可以使用 Files.isHidden 測試。

下表爲 glob pattern 的使用範例：

表 4-8 glob pattern 使用範例

樣式內容	比對符合
*.java	檔名以「.java」結尾。
.	檔名中間有「.」。
*.{java,class}	檔名以「.java」或「.class」結尾。
foo.?	檔名以「foo.」開頭，後面接 1 個字元。
C:*	C:\foo 或 C:\bar 均符合，在 Java 中，樣式為 C:*。
/home/*	滿足 /home/gus（未跨路徑）。
/home/*/*	滿足 /home/gus/data（未跨路徑）。
/home/**	滿足 /home/gus 和 /home/gus/data（跨路徑）。

以下示範如何使用相關 API：

範例：/java11-ocp-2/src/course/c04/PathMatcherTest1.java

```
01  public static void main(String[] args) {
02    FileSystem fs = FileSystems.getDefault();
03
04    Path path = Paths.get("D:/1/2/3/Test.java");
05    System.out.println(path);
06
07    PathMatcher pathMatcher1 = fs.getPathMatcher("glob:D:/*.java");
08    System.out.println(pathMatcher1.matches(path));
09
10    PathMatcher pathMatcher2 = fs.getPathMatcher("glob:D:/*/*.java");
11    System.out.println(pathMatcher2.matches(path));
12
13    PathMatcher pathMatcher3 = fs.getPathMatcher("glob:D:/**/*.java");
14    System.out.println(pathMatcher3.matches(path));
15  }
```

說明

7	滿足 D 磁碟下的 java 程式檔（未跨目錄），結果 true。
10	滿足 D 磁碟下且第 1 層目錄裡的 java 程式檔（未跨目錄），結果 false。
13	滿足 D 磁碟下且跨目錄（需有目錄）的 java 程式檔，結果 false。

以下是延伸案例：

表 4-9　延伸前範例的測試結果列表

樣式內容 glob		D:/*.java	D:/*/*.java	D:/**/*.java
Path	D:/Test.java	TRUE	false	false
	D:/1/Test.java	false	TRUE	TRUE
	D:/1/2/Test.java	false	false	TRUE
	D:/1/2/3/Test.java	false	false	TRUE

也可以用 Files.walkFileTree() 架構走訪所有檔案，過程中搭配使用 PathMatcher 物件的 FileVisitor 介面實作類別，以判斷檔名是否符合 glob 樣式：

範例：/java11-ocp-2/src/course/c04/PathMatcherTest2.java

```
01  class Finder extends SimpleFileVisitor<Path> {
02      PathMatcher matcher =
03           FileSystems.getDefault().getPathMatcher("glob:*.java");
04      int numMatches;
05
06      private void find(Path file) {
07          Path name = file.getFileName();
08          if (name != null && matcher.matches(name)) {
09              numMatches++;
10              System.out.println(file);
11          }
12      }
13      public FileVisitResult visitFile(Path file, BasicFileAttributes
                                                                attrs) {
14          find(file);
15          return CONTINUE;
16      }
17  }
18
19  public class PathMatcherTest2 {
20      public static void main(String[] args) {
21          Path root = Paths.get("").toAbsolutePath();
22          System.out.println("root: " +  root);
23          Finder finder = new Finder();
24          try {
25              Files.walkFileTree(root, finder);
26          } catch (IOException e) {
27              System.out.println("Exception: " + e);
28          }
29          System.out.println("----\n" + finder.numMatches + " found!!");
30      }
31  }
```

4.8 其他

4.8.1 使用 FileStore 類別

類別 FileStore 用來提供檔案系統的使用狀況，如同 Windows 作業系統裡的磁碟、磁區，或是 Linux 作業系統的掛載點（mount point），都可以取得總容量、已用空間、未用空間等數據。

範例：/java11-ocp-2/src/course/c04/DiskUsage.java

```
01  static void printFileStore(FileStore store) throws IOException {
02    long toGB = 1024 * 1024 * 1024;
03    long total = store.getTotalSpace() / toGB;
04    long used = store.getTotalSpace() / toGB - store.getUnallocatedSpace()
                                                                 / toGB;
05    long avail = store.getUsableSpace() / toGB;
06    System.out.format("%-20s %12d(GB) %12d(GB) %12d(GB)\n",
                  store.toString(), total, used, avail);
07  }
08  public static void main(String[] args) throws IOException {
09    System.out.format("%-20s %12s %12s %12s\n",
                  "Filesystem", "total", "used", "avail");
10    if (args.length == 0) {
11      for (FileStore store : FileSystems.getDefault().getFileStores()) {
12        printFileStore(store);
13      }
14    } else {
15      for (String file : args) {
16        FileStore store = Files.getFileStore(Paths.get(file));
17        printFileStore(store);
18      }
19    }
20  }
```

結果

```
Filesystem              total           used          avail
(C:)                    100(GB)         88(GB)        12(GB)
新增磁碟區 (D:)          138(GB)         51(GB)        87(GB)
```

說明

11	取得檔案系統裡所有 FileStore 物件。
16	根據 Path 取得 FileStore 物件。

4.8.2 使用 WatchService

介面 WatchService 可以用來監控目錄 Path 內的檔案何時被新增、刪除、修改。

範例：/java11-ocp-2/src/course/c04/WatchServiceTest.java

```
01  class MyWatchService implements Runnable {
02      private WatchService ws;
03      public MyWatchService(WatchService ws) {
04          this.ws = ws;
05      }
06
07      @Override
08      public void run() {
09          try {
10              WatchKey key = ws.take();
11              while (key != null) {
12                  for (WatchEvent event : key.pollEvents()) {
13                      System.out.printf("Received event: %s for file:
                                  %s\n", event.kind(), event.context());
14                  }
15                  key.reset();
16                  key = ws.take();
17              }
18          } catch (InterruptedException e) {
19              e.printStackTrace();
20          }
21      }
```

```
22  }
23  public class WatchServiceTest {
24    final static String DIRECTORY_TO_WATCH = "D://WatchServiceTest";
25    public static void main(String[] args) throws Exception {
26
27      Path watchPath = Paths.get(DIRECTORY_TO_WATCH);
28      if (Files.exists(watchPath) == false) {
29          Files.createDirectories(watchPath);
30      }
31
32      WatchService ws = watchPath.getFileSystem().newWatchService();
33      MyWatchService fileWatcher = new MyWatchService(ws);
34      Thread thread = new Thread(fileWatcher);
35      thread.start();
36
37      // register a file
38      watchPath.register(ws, ENTRY_CREATE, ENTRY_MODIFY, ENTRY_DELETE);
39      thread.join();
40    }
41  }
```

4.8.3 由基礎 I/O 轉換至 NIO.2

在 JDK.7，在傳統的 java.io.File 類別中新增方法，使其可以轉換至 NIO.2：

```
01  Path path = file.toPath();
02  Files.delete (path);
```

Path 也可以轉換至傳統的 java.io.File 物件：

```
01  File file = path.toFile();
```

方便我們由基礎 I/O 升級 NIO.2。

05 執行緒（Threads）

章節提要

5.1 執行緒介紹

5.1.1 名詞說明

先占式多工（Preemptive Multitasking）

現代電腦要執行的程式個數，經常遠多於CPU核數，爲了讓程式都可以有機會執行，每個要執行的任務會被分配到一小段CPU時間（time slice），讓每個任務都可以分享到CPU資源來完成工作。

CPU時間通常都是以毫秒（milliseconds）來計算，一旦使用完畢，該任務就暫停執行，等待下一次分配。

小祕訣 「先占式多工」的作法就和我們上餐館用餐的情境相似。當餐廳生意很好，但廚師人力不足，有多桌客人在等待上菜的時候，通常會輪桌上菜，避免客人等待過久。

任務排程（Task Scheduling）

大部分的作業系統都支援多工（multitasking），把 CPU 時間分配給所有「執行程式」。程式的 2 個重要組成是：

1. **程序（Process）**：
   - 擁有記憶體來儲存資料（data）和程式碼（code）。
   - 使用執行緒接受分配 CPU 時間以執行程式。
2. **執行緒（Thread）**：程序可同時擁有多個執行緒各司其職；這些執行緒共享程序的記憶體裡的資料。

5.1.2 多執行緒的重要性

要讓程式快速執行，必須避免「效能瓶頸（performance bottlenecks）」，而常見的瓶頸有：

1. **資源競爭（Resource Contention）**：多個任務搶奪同一獨占資源，未搶到必須等待。
2. **輸出/輸入操作阻礙（I/O Operations Blocking）**：通常是等待硬碟或網路傳輸資料。
3. **CPU 資源未充分使用（Underutilization of CPUs）**：程式只用到單核 CPU。

5.1.3 執行緒類別

Java 裡使用類別 Thread 來啟動多執行緒。有 2 種建立方式：

1. 直接繼承 Thread 類別，好處是較簡單。
2. 實作 Runnable 介面，好處是較有彈性，可以再繼承其他類別。

以下程式碼顯示如何以「直接繼承 Thread 類別」來建立執行緒類別：

1. 繼承 java.lang.Thread 類別。
2. 覆寫 run() 方法。

範例：/java11-ocp-2/src/course/c05/ExampleThread.java

```
01  class ExampleThread extends Thread {
02      @Override
03      public void run() {
04          for (int i = 0; i < 100; i++) {
05              System.out.println("i:" + i);
06          }
07      }
08  }
```

若要啓用執行緒，要呼叫 start() 方法，Java 會啓動獨立執行緒執行 run() 方法內容。若直接呼叫 run() 方法，將和一般方法無異。

範例：/java11-ocp-2/src/course/c05/ExampleThread.java

```
01  public static void main(String[] args) {
02      Thread t1 = new ExampleThread();
03      t1.start();
04  }
```

若要以「實作 Runnable 介面」的方式來建立執行緒類別，步驟為：

1. 實作 java.lang.Runnable 介面。
2. 覆寫 run() 方法。

範例：/java11-ocp-2/src/course/c05/ExampleRunnable.java

```
01  class ExampleRunnable implements Runnable {
02      @Override
03      public void run() {
04          for (int i = 0; i < 100; i++) {
05              System.out.println("i:" + i);
06          }
07      }
08  }
```

若要以實作 Runnable 的類別啓動執行緒，可以將其物件放入 Thread 類別的建構子，並使用 start() 啓動：

範例：/java11-ocp-2/src/course/c05/ExampleRunnable.java

```
01  public static void main(String[] args) {
02      Runnable r1 = new ExampleRunnable();
03      Thread t1 = new Thread(r1);
04      t1.start();
05  }
```

5.2 執行緒常見的問題

執行緒常遇到的問題有三類原因，分別是：

1. 使用分享的資料（shared data）。
2. 使用可分段的方法（non-atomic function）。
3. 使用快取的資料（cached data）。

將分別介紹如後。

5.2.1 使用 Shared Data 可能造成的問題

執行緒會潛在共用 static 和 instance 欄位，必須注意可能造成的問題：

1. 執行緒物件目的在執行其 run() 方法。若多個執行緒都要執行 run()，就要注意該方法共用的部分，如物件實例欄位，會被同時（concurrently）存取。
2. static 欄位原本就是分享的資料，也無法避免同時被存取的情況。

如下：

範例：/java11-ocp-2/src/course/c05/ExampleRunnable.java

```
01  public class ExampleRunnable implements Runnable {
02      private int i;    // 將被共用!!
03  
04      @Override
05      public void run() {
```

```
06          for (i = 0; i < 10; i++) {
07              System.out.print("i:" + i + ", ");
08          }
09      }
10
11      public static void main(String[] args) {
12          ExampleRunnable r1 = new ExampleRunnable();
13          Thread t1 = new Thread(r1);
14          t1.start();
15          Thread t2 = new Thread(r1);
16          t2.start();
17      }
18  }
```

執行前述範例，「可能」得到以下結果：

結果

```
i:0, i:0, i:1, i:2, i:3, i:4, i:5, i:6, i:7, i:8, i:9,
```

這和我們預期的結果（如下）有落差，將在下一小節探究原因。

結果

```
i:0, i:1, i:2, i:3, i:4, i:5, i:6, i:7, i:8, i:9,
```

前述類別（static）和物件實例（instance）欄位資料被多個執行緒共用而出現執行異常時，IDE 如 Eclipse 等是無法警告的，因此安全地（safely）處理被分享的資料，就成爲程式設計師的義務。

此外，資料若因爲多個執行緒同時存取而產生錯誤，一般而言不好處理：

1. Thread 的分配由作業系統決定，程式設計師無法干預。

2. 每台機器的 CPU 效能、個數不盡相同。

3. 其他程式也會占用 CPU 時間。

因此，有可能在測試環境時沒有異常，但部署到正式環境後卻經常發生奇怪狀況。這類問題不易處理，因此應盡可能使用「執行緒安全（thread-safe）」的設計，減少「shared data」的使用。

類別內有些資料不會被多執行緒分享，因此永遠都是「thread-safe」，如：

1. 區域變數（local variables）。
2. 方法參數（method parameters）。
3. 例外處理參數（exception handler parameters）。

5.2.2 使用 Non-Atomic Functions 可能造成的問題

「atomic function」用原子的概念來描述一個功能。因爲「原子」是極小的粒子，無法再分割，所以代表「single function」，亦即該功能只有一個步驟。

在 Java 裡，即便程式碼只有一句敘述，也不表示就是 atomic function。以整數 i 使用遞增運算子的「i ++」爲例，其實 Java 以 3 個步驟去執行：

1. 對整數「i」建立暫時副本。
2. 暫時副本增加 1。
3. 將暫時副本的結果回寫「i」。

此外，有些 64 bit 變數的存取，也可以使用 2 個 32 bit 的操作完成。

已知使用遞增運算子並非「atomic function」，現在使用兩執行緒來進行「i ++」，並用下圖表示可能的執行結果。

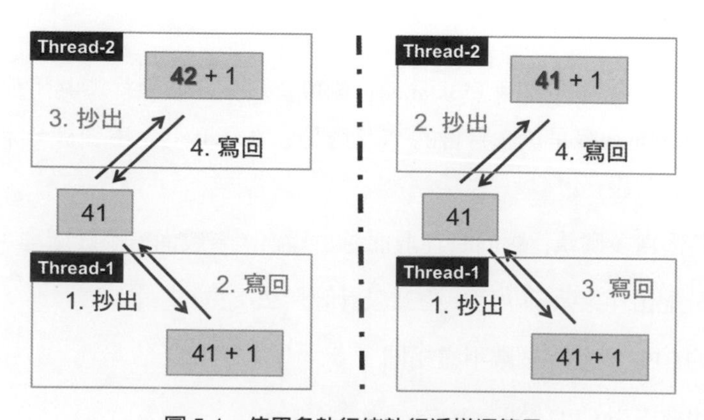

圖 5-1　使用多執行緒執行遞增運算子

假設 i 爲 41，經過 2 個執行緒呼叫 i++ 後，理想情況爲 i 變爲 43，如上圖左半側：

1. Thread-1 先抄出 41 的值建立副本，加 1 成爲 42，再將副本寫回，因此 i 值變爲 42。

2. Thread-2 再抄出 42 的值建立副本，加 1 成爲 43，再將副本寫回，因此 i 值變爲 43。

但是，必須了解 Thread-1 和 Thread-2 是並行的執行緒，因此 Thread-2 不必等待 Thread-1 執行結束，才去抄出值建立副本，也有可能 2 個執行緒同時去抄值，都取得 41 建立副本，然後都加 1 後寫回 42，結果就是 42，如上圖右半側示意。

5.2.3 使用 Cached Data 可能造成的問題

執行緒（thread）因程序（process）需要同時執行不同工作而產生。爲求執行效能，執行緒在啓動時，會將程序裡的「main memory」內的分享資料複製一份，放在自己的「working memory」內作爲快取複製（cached copies），工作結束後寫回，如此可以避免程式進行過程中，執行緒必須不斷向程序要求資料所造成的效率問題。

這樣的設計，讓執行過程中的每一個執行緒各自努力，無法「即時」和其他執行緒分享自己的工作成果，必須等到工作結束。

只有以下情況發生，才能讓執行緒將各自「working memory」的異動結果寫回「main memory」：

1. 使用到「volatile」宣告的變數。
2. 使用到「synchronized」宣告的方法，亦即準備鎖定和解鎖物件 monitor。
3. 執行緒執行時的第一個動作或最後一個動作。
4. 執行緒啓動或執行緒結束時。

因此，若程式的設計是需要多執行緒在工作的過程中，仍能互相溝通訊息，就必須善用上述 4 條件，特別是使用「volatile」關鍵字宣告。我們來了解它的由來和使用方式：

1. 在程式設計的領域裡，若資料經常維持不變，可以將之固定在記憶體裡，或複製出來使用，稱爲「快取複製（cached copies）」。
2. 單字「volatile」解釋爲「易變的，反覆無常的」。加上這個宣告，等於告訴 java 該欄位經常有變化，不適合產生快取複製，因此所有執行緒將皆存取同一份資料，如：

```
01  volatile int i;
```

3. 必須了解宣告 volatile 只是不產生快取複製，和執行緒安全是兩回事，還是必須利用前兩節的作法來保證執行緒安全。volatile 宣告可以應用在「精準終止執行緒的執行」，如下：

範例：/java11-ocp-2/src/course/c05/StopThreadExample.java

```
01  class MyRunnable implements Runnable {
02      public volatile boolean running = true;
03      @Override
04      public void run() {
05          System.out.println("Thread started");
06          while (running) {
07              // ...
08          }
09          System.out.println("Thread finishing");
10      }
11  }
12
13  public class StopThreadExample {
14      public static void main(String[] args) {
15          MyRunnable r1 = new MyRunnable();
16          Thread t1 = new Thread(r1);
17          t1.start();
18          // ...
19          r1.running = false;       //馬上停止執行緒執行！
20      }
21  }
```

執行緒 t1 在啓動前**預設**會自己複製一份變數 running（値為 true）作為快取複製，所以若沒宣告變數 running 是 volatile，即便在 main 執行緒將 running 改為 false，執行緒 t1 不一定會馬上知道，必須等到有事件觸發，讓 working memory 和 main memory 同步，執行緒 t1 才會收到通知而停止。

5.3 執行緒的 synchronized 與等待

5.3.1 使用 synchronized 關鍵字

要建立執行緒安全的程式，除了盡量使用執行緒安全的變數外，就是使用「synchronized」關鍵字宣告方法或是更小的程式碼區塊：

1. 和 volatile 宣告有類似的功用。執行緒在執行該區塊的最初和最後時，會將變數值寫回 main memory。
2. 該區塊爲獨占執行（exclusive execution），亦即同一時間只允許一個執行緒使用，可解決 non-atomic 的問題，所以區塊內爲執行緒安全。

執行緒取得獨占執行權的機制是：

1. 每個 Java 物件都有 1 個「object monitor」，執行緒可以對它進行鎖定（lock）和解鎖（unlock）。若鎖定成功，表示取得該物件的獨占執行權，此時其他執行緒無法使用該物件的 synchronized 程式區塊，等同單一執行緒的環境。
2. 要使用宣告 synchronized 的方法，就必須取得「this」的 object monitor。
3. 要使用宣告 static 的 synchronized 方法，同理也必須取得類別的「class monitor」。
4. 要使用宣告 synchronized 區塊，必須指定要使用哪一個物件的 monitor。如：

```
01  synchronized ( this ) {
02      // …
03  }
```

5. 使用 synchronized 區塊可以有巢狀（nested）結構，且可以使用不同的 object monitor。

以下範例展示以 synchronized 宣告的方法特性：

範例：/java11-ocp-2/src/course/c05/SynchronizedTest.java

```
01  class SynchronizedAll {
02      private void sleep() {
03          try {
04              Thread.sleep(5000);
```

```
05            } catch (InterruptedException e) {}
06        }
07        public synchronized void m1() {
08            sleep();
09            System.out.println("-- Run m1() at: " + new Date());
10        }
11        public synchronized void m2() {
12            sleep();
13            System.out.println("-- Run m2() at: " + new Date());
14        }
15    }
16
17    class M1Runner extends Thread {
18        SynchronizedAll o;
19        M1Runner(SynchronizedAll o) {
20            this.o = o;
21        }
22        public void run() {
23            o.m1();
24        }
25    }
26
27    class M2Runner extends Thread {
28        SynchronizedAll o;
29        M2Runner(SynchronizedAll o) {
30            this.o = o;
31        }
32        public void run() {
33            o.m2();
34        }
35    }
36
37    public class SynchronizedTest {
38        public static void main(String[] args) {
39            SynchronizedAll o = new SynchronizedAll();
40            System.out.println("Start main at: " + new Date());
41            Thread m1 = new M1Runner(o);
42            m1.start();
43            Thread m2 = new M2Runner(o);
44            m2.start();
45            System.out.println("End main at: " + new Date());
```

```
46         }
47     }
```

說明

1-15	建立 SynchronizedAll 類別，將 2 個 public 的方法都宣告為 synchronize，如此建立出來的物件，m1() 和 m2() 方法將同時只能有一個被呼叫執行。
17	建立執行緒類別 M1Runner，在建構子傳入一個 SynchronizedAll 物件後，呼叫 m1() 方法。
27	建立執行緒類別 M2Runner，在建構子傳入一個 SynchronizedAll 物件後，呼叫 m2() 方法。
39	建立 1 個 SynchronizedAll 物件。
41-42	建立 M1Runner 執行緒物件，並傳入之前建立的 SynchronizedAll 物件。
43-44	建立 M2Runner 執行緒物件，並傳入和 M1Runner 所傳入的相同的 SynchronizedAll 物件。

結果

```
Start main at: Mon May 30 15:35:50 CST 2016
End main at: Mon May 30 15:35:50 CST 2016
-- Run m1() at: Mon May 30 15:35:55 CST 2016
-- Run m2() at: Mon May 30 15:36:00 CST 2016
```

因為 SynchronizedAll 內 m1() 及 m2() 方法都是 synchronized，要執行都要取得 this 的 object monitor，故同時間只能有一個方法被呼叫。

5.3.2 使用 synchronized 的時機

以下簡化版的購物車範例，可讓我們思考使用 synchronized 方法的時機：

範例：/java11-ocp-2/src/course/c05/ShopingCart.java

```
01  class Item {
02      String desc() {
03          return "...";
```

```
04         }
05     }
06 
07     public class ShopingCart {
08         private List<Item> cart = new ArrayList<>();
09         public void addItem(Item item) {
10             cart.add(item);
11         }
12         public void removeItem(int index) {
13             cart.remove(index);
14         }
15         public String getSummary() {
16             StringBuilder note = new StringBuilder();
17             Iterator<Item> iter = cart.iterator();
18             while (iter.hasNext()) {
19                 Item i = iter.next();
20                 note.append("Item:" + i.desc() + "\n");
21             }
22             return note.toString();
23         }
24     }
```

假如某個執行緒呼叫購物車的 getSummary() 方法時，正好另一個執行緒在使用 addItem() 或 removeItem() 方法，會有甚麼情況？這就好比有一組人正在清點庫存，卻同時有另一組人進出貨物。

或許有人主張 getSummary() 的結果應該要納入 addItem() 和 removeItem() 的影響，但有些人不這樣認為。Java 對於這類模稜兩可的情況，處理的方式是直接拋出 Exception，亦即一旦啓動集合物件的 iteration，若 Java 偵測到集合物件的內容將被同時修改（不限定是否多執行緒所為），就會馬上拋出 java.util.ConcurrentModification Exception，此為「fail-fast」行為模式，亦即對於錯誤或是可能造成錯誤的情況，馬上作出反應。

為了避免這類「fail-fast」的狀況發生，就應該避免在執行 getSummary() 方法時，其他 2 個方法被同時呼叫，所以可以將這 3 個方法都宣告為 synchronized，如此要呼叫方法前，必須取得 ShopingCart 物件的唯一 object monitor，就不會有被同時執行的可能性。

另外，ConcurrentModificationException 並非只有在多執行緒的情況下才會發生，以下示範另一種拋出例外的情境：

範例：/java11-ocp-2/src/course/c05/ConcurrentModificationExceptionTest.java

```
01  public class ConcurrentModificationExceptionTest {
02      public static void main(String[] args) {
03          Map<Integer, String> map = new HashMap<>();
04          map.put(1, "a");
05          map.put(2, "b");
06          map.put(3, "c");
07  
08          // fail-fast 1
09          try {
10              Iterator<Integer> iter = map.keySet().iterator();
11              while (iter.hasNext()) {
12                  Integer key = iter.next();
13                  if (key >= 2) {
14                      map.remove(key);
15                  }
16              }
17          } catch (java.util.ConcurrentModificationException e) {
18              e.printStackTrace();
19          }
20  
21          // fail-fast 2
22          try {
23              for (Integer key : map.keySet()) {
24                  if (key >= 0) {
25                      map.remove(key);
26                  }
27              }
28          } catch (java.util.ConcurrentModificationException e) {
29              e.printStackTrace();
30          }
31      }
32  }
```

範例中的 fail-fast 1 或 fail-fast 2 會拋出 ConcurrentModificationException，是因為在走訪 map 物件的成員時（使用 iterator 或進階 for 迴圈），同時去刪除 map 成員所導

致。要避免這類問題，可以複製一個 map，讓新複製的 map 物件用於走訪成員，再用取得的 key 去刪除另一個 map 物件的成員。

5.3.3 縮小 synchronized 的程式區塊

物件裡所有 synchronized 方法在執行前，都必須取得 object monitor，因此愈多的方法使用 synchronized，或是被 synchronized 的方法內容愈長，都會造成「執行等待」。

所以，應該盡可能使用 synchronized 程式區塊，而非直接 synchronized 整個方法，這樣可以減少被 synchronized 的程式碼，有助減少「執行等待」的情況。

修改範例 ShopingCart.java 的 getSummary() 方法如下：

範例：/java11-ocp-2/src/course/c05/ShopingCart.java

```
15      public String getSummary() {
16          StringBuilder note = new StringBuilder();
17          synchronized (this) {
18              Iterator<Item> iter = cart.iterator();
19              while (iter.hasNext()) {
20                  Item i = iter.next();
21                  note.append("Item:" + i.desc() + "\n");
22              }
23          }
24          return note.toString();
25      }
26  }
```

本例可以在行 15 的方法上直接宣告 synchronized 方法，但較好的作法是檢討方法內眞正影響執行緒安全的程式碼，再加上行 17 和行 23 的 synchronized 程式區塊，可以將影響區域縮小。根據行 17 的宣告，要執行本區塊必須取得 this 的 object monitor，和執行方法時需要取得的 object monitor 相同。

5.3.4 其他執行等待的情況

除了 synchronized 程式區塊造成的執行等待外，還有幾種情形必須知道，並設法預防：

1. Starvation：因搶不到資源而排隊

指當兩個執行緒共搶一個資源時，某一個執行緒經常可以取得資源（稱爲 greedy thread，貪心執行緒），導致另一個經常無法取得資源（稱爲 starved thread，飢餓執行緒）。如同 2 個學生分開掃地，但因爲掃把只有一支，導致必須搶奪；又某身強力壯的同學經常可以搶到掃把，另一個同學只能常常排隊等待。

2. Live Lock：因太忙碌而排隊

當多個執行緒後因等待資源而排隊，如執行緒 B 等待執行緒 A，執行緒 C 等待執行緒 B，執行緒 D 等待執行緒 C…，等 A 完成可以輪到 B，B 完成可以輪到 C，C 完成可以輪到 D…，等待陸續忙完，排隊等待的情況自動解開。好比 10 個學生排隊等待一支掃把掃地，掃完的給下一個。

3. Dead Lock：2 個執行緒互相絆住對方，導致永遠等待

如執行緒 A 要完成工作，必須先後取得「資源 1」和「資源 2」；而執行緒 B 要完成工作，必須先後取得「資源 2」和「資源 1」。當執行緒 A 取得「資源 1」，準備要取「資源 2」時，發現「資源 2」在執行緒 B 手上，而執行緒 B 正缺「資源 1」，於是兩個執行緒就陷入進退兩難的情況，永遠無法結束，除非有一方讓出資源或被終止。Deadlock 示意圖如下：

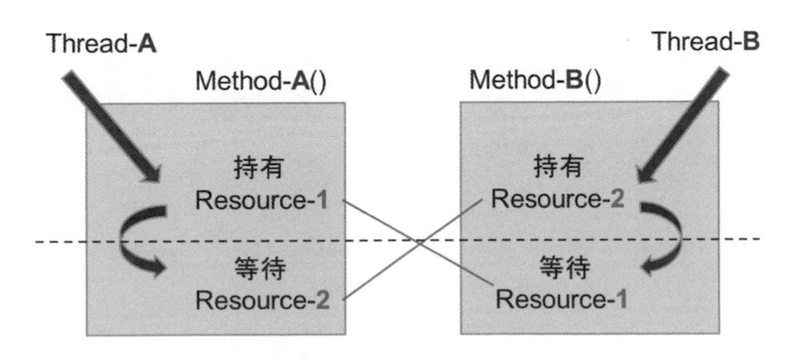

圖 5-2　Deadlock 示意圖

以下範例模擬 dead lock 產生過程。兩個執行緒都刻意在方法中休眠 1 秒鐘，以確定可以先各自取得 resource1 和 resource2：

範例：/java11-ocp-2/src/course/c05/DeadLockDemo.java

```
01  public class DeadLockDemo {
02      private static void _sleep() {
03          try {
04              Thread.sleep(1000);
05          } catch (Exception e) {
06          }
07      }
08      public static void main(String[] args) {
09          final String resource1 = "jim1";
10          final String resource2 = "jim2";
11  
12          Thread t1 = new Thread() {
13              public void run() {
14                  synchronized (resource1) {
15                      out.println("Thread 1: locked resource 1");
16                      _sleep();
17                      out.println("Thread 1: locking resource 2 ...");
18                      synchronized (resource2) {
19                          out.println("Thread 1: locked resource 2");
20                      }
21                  }
22              }
23          };
24  
25          Thread t2 = new Thread() {
26              public void run() {
27                  synchronized (resource2) {
28                      out.println("Thread 2: locked resource 2");
29                      _sleep();
30                      out.println("Thread 2: locking resource 1 ...");
31                      synchronized (resource1) {
32                          out.println("Thread 2: locked resource 1");
33                      }
34                  }
35              }
36          };
37  
38          t1.start();
39          t2.start();
40      }
41  }
```

結果

```
Thread 1: locked resource 1
Thread 2: locked resource 2
Thread 1: locking resource 2 ...
Thread 2: locking resource 1 ...
```

小祕訣 要產生 dead lock，如先前描述，會需要 2 個執行緒和 2 個被搶奪的資源物件。資源可以是任何物件，使用 new Object() 都可以。以本例來說，在行 9 和行 10 使用 2 個字串物件作為被搶奪的資源：

```
09          final String resource1 = "jim1";
10          final String resource2 = "jim2";
```

必須注意的是，因為字串池有重複使用相同內容字串的機制，所以若改為如下，則 2 個變數實際指向同一字串物件：

```
09          final String resource1 = "jim";
10          final String resource2 = "jim";
```

因為被搶奪的資源只有 1 個，就無法構成 dead lock。

5.4 其他執行緒方法介紹

5.4.1 使用 interrupt() 方法

除了利用「volatile」宣告的變數來停止執行中的執行緒外，也可以使用 interrupt() 方法：

範例：/java11-ocp-2/src/course/c05/InterruptThreadExample.java

```
01  class InterruptedRunnable implements Runnable {
02      @Override
03      public void run() {
```

```
04            System.out.println("Thread started");
05            while (!Thread.interrupted()) {
06                System.out.println("I am running...");
07            }
08            System.out.println("Thread finishing");
09        }
10    }
11    public class InterruptThreadExample {
12        public static void main(String[] args) {
13            InterruptedRunnable r1 = new InterruptedRunnable();
14            Thread t1 = new Thread(r1);
15            t1.start();
16            try {
17                Thread.sleep(1);
18            } catch (InterruptedException e) {}
19            t1.interrupt();
20        }
21    }
```

說明

19	對執行中的執行緒下達 t1.interrupt() 的指令。
5-7	執行中的執行緒可以藉由 Thread.interrupted() 方法不斷確認是否收到中斷指令。若是，就中斷目前執行工作。

5.4.2 使用 sleep() 方法

若要使執行緒暫停一段時間，可以呼叫 Thread 類別的靜態 sleep() 方法：

```
01    public static native void sleep(long millis) throws
                                                InterruptedException;
```

如呼叫 Thread.sleep(4000) 指暫停執行 4 秒鐘。4 秒之後再等待 CPU 分配時間，拿到才能繼續執行任務，因此停止時間為「至少」4 秒鐘。

又休眠中的執行緒隨時有被叫醒而中斷休眠的可能，所以被要求必須處理 InterruptedException，並在 catch block 中決定被終止休眠後要做的事。

```
01    long start = System.currentTimeMillis();
02    try {
03        Thread.sleep(4000);
04    } catch (InterruptedException ex) {
05        // What to do?
06    }
07    long time = System.currentTimeMillis() - start;
08    System.out.println("Slept for " + time + " ms");
```

5.4.3 使用其他方法

類別 Thread 上還有其他常用方法：

1. **setName(String), getName(), getId()**：和執行緒的識別有關。
2. **isAlive()**：判斷執行緒是否已經結束。
3. **isDaemon() & setDaemon(boolean)**：可以將執行緒設爲 daemon 和判斷是否爲 daemon。執行緒預設是「non-daemon」，JVM 會等執行中的 non-daemon 執行緒都結束，才會結束；此時若還有其他 daemon 的執行緒正在執行，一樣會結束 JVM。
4. **join()**：插隊到目前執行緒的前面，執行完後才輪到目前執行緒。
5. **Thread.currentThread()**：取得執行中的執行緒。

至於以下 3 個方法繼承自 Object 類別：

1. **wait()**：不限時間的等待，等候 notify() 方法被呼叫後醒過來。
2. **notify() 和 notifyAll()**：通知 wait() 中的執行緒。

小祕訣　「daemon」的中文翻譯是「惡魔、魔鬼」的意思，或是民間常說的「魔神仔」。這些對我們而言是一種抽象、虛無的表徵，很難證明其實質影響力，因此在多執行緒的情形下，無法影響 JVM 的結束。

以下示範方法 join() 和 setDaemon() 的使用方式及影響：

範例：/java11-ocp-2/src/course/c05/ThreadMethodTest.java

```
01    class ThreadTest extends Thread {
02        public void run() {
```

```
03            try {
04                System.out.println("Thread T is starting...");
05                for (int i = 0; i < 3; i++) {
06                    Thread.sleep(1000);
07                    System.out.println("Thread T is running...");
08                }
09                System.out.println("Thread T is ending...");
10            } catch (InterruptedException e) {
11                e.printStackTrace();
12            }
13        }
14    }
15
16    public class ThreadMethodTest {
17        public static void main(String[] args) {
18            System.out.println("Thread main is starting...");
19            testNormal();
20            //testJoin();
21            //testDaemon();
22            System.out.println("Thread main is ending...");
23        }
24
25        private static void testNormal() {
26            Thread t = new ThreadTest();
27            t.start();
28        }
29
30        private static void testJoin() {
31            Thread t = new ThreadTest();
32            t.start();
33            try {
34                t.join();
35            } catch (InterruptedException e) {
36                e.printStackTrace();
37            }
38        }
39
40        private static void testDaemon() {
41            Thread t = new ThreadTest();
42            t.setDaemon(true);
43            t.start();
```

```
44            //t.setDaemon(true);  //java.lang.IllegalThreadStateException
45        }
46    }
```

將行 19、20、21 的三個方法依此順序進行測試，每次只測試 1 個方法，關閉其他 2 個方法。結果分別爲：

1. **只測試 testNormal() 方法**：在一般的情況下，執行緒 main 和 t 在啓動後各走各的，互不影響。兩者都結束後，程式結束，JVM 關閉。

結果

```
Thread main is starting...
Thread main is ending...
Thread T is starting...
Thread T is running...
Thread T is running...
Thread T is running...
Thread T is ending...
```

2. **只測試 testJoin() 方法**：因爲執行緒 main 啓動執行緒 t，在執行 t.join() 時，執行緒 t 會插隊到 main 前面。只有執行緒 t 結束後，才會執行執行緒 main。

結果

```
Thread main is starting...
Thread T is starting...
Thread T is running...
Thread T is running...
Thread T is running...
Thread T is ending...
Thread main is ending...
```

3. **測試 testDaemon() 方法**：將執行緒 t 設爲 daemon 後，一旦 non-daemon 的執行緒 main 結束，JVM 就關閉。所以執行緒 main 結束後，即便執行緒 t 尚未結束，JVM 也會關閉，和先前的 2 種測試過程明顯不同。

結果

```
Thread main is starting...
Thread main is ending...
Thread T is starting...
```

5.4.4 不建議使用的方法

類別 Thread 有一些方法不建議使用，如：

1. 可能造成問題，避免使用：
   - setPriority(int)
   - getPriority()
2. 已經 deprecated，不該使用：
   - destroy()
   - resume()
   - suspend()
   - stop()

使用 deprecated 的描述表示方法可能寫法不好，或命名不合傳統，不建議再使用，且未來可能移除。註記方式是在方法的宣告上加上 @Deprecated，如：

```
@Deprecated
public final void stop() {
    SecurityManager security = System.getSecurityManager();
    if (security != null) {
        checkAccess();
        if (this != Thread.currentThread()) {
            security.checkPermission(SecurityConstants.STOP_THREAD_PERMISSION);
        }
    }
    // A zero status value corresponds to "NEW", it can't change to
    // not-NEW because we hold the lock.
    if (threadStatus != 0) {
        resume(); // Wake up thread if it was suspended; no-op otherwise
    }

    // The VM can handle all thread states
    stop0(new ThreadDeath());
}
```

圖 5-3 使用 @Deprecated 註記

執行緒與並行 API（Concurrency API）

06

章節提要

6.1 使用並行 API

6.1.1 並行 API 介紹

並行 API（Concurrency API）是指在套件 java.util.concurrent 下的相關類別和介面。這些 API 在 Java 5 時導入，後續陸續擴充，用於支援多執行緒執行，亦即 concurrent programming 的領域，包含：

1. 執行緒安全（thread-safe）的集合物件。

2. 取代傳統 synchronization 和 locking 的替代方案。

3. 執行緒池（thread pools），又分成：

- 執行緒數量「固定」或「浮動」的執行緒池。
- 分進合擊的 Fork-Join Framework。

6.1.2 AtomicInteger 類別

類別 AtomicInteger 屬於 java.util.concurrent.atomic 套件，提供執行緒安全又不需要使用 synchronization 和 locking 機制來控管的物件。類別裡的方法都是 atomic function，如以下使用方法 compareAndSet() 與 getAndIncrement()：

範例：/java11-ocp-2/src/course/c06/AtomicIntegerTest.java

```
01  public class AtomicIntegerTest {
02      public static void main(String[] args) {
03          AtomicInteger ai = new AtomicInteger(5);
04          if (ai.compareAndSet(5, 42)) {
05              System.out.println("after compareAndSet(): " + ai);
06          }
07          ai.getAndIncrement();
08          System.out.println("after getAndIncrement(): " + ai);
09      }
10  }
```

結果

```
after compareAndSet(): 42
after getAndIncrement(): 43
```

說明

4	compareAndSet(a,b)：判斷數值是否為 a，若是則設定為 b，亦即將 a 取代為 b。
7	getAndIncrement()：取得數值後加 1。 作用和遞增運算子相同，但為 atomic function，不須使用 synchronized 區塊。

6.1.3 ReentrantReadWriteLock 類別

有別於過去的 synchronization 和 monitor 機制，ReentrantReadWriteLock 提供另一種鎖定（locking），並可以根據不同情況（conditions）調整執行緒等待（wait）的架構：

1. 過去的 monitor 並未分類，一個執行緒取得 monitor 後，其他執行緒必須等待鎖定該 monitor。

2. 使用 ReentrantReadWriteLock 類別，將原本由每個物件唯一的 object monitor，改提供 read lock 和 write lock 兩種鎖定機制：
   - 有執行緒先取得 read lock 時，其他執行緒可以同時再取得 read lock，亦即允許多個執行緒同時 read；但此時沒有執行緒可以取得 write lock。
   - 一旦有執行緒取得 write lock，將排擠其他執行緒取得 read lock 和 write lock。
3. 「Reentrant」是指若有執行緒已經使用某個 synchronized 方法，亦即取得某個物件的 object monitor，則該執行緒可以繼續進入其他使用相同 object monitor 的任一個 synchronized 方法。白話說，就是申請一把鑰匙後，可以繼續打開每一個使用相同的鑰匙的門，不用每次開門都繳回，也不用為了公平再重新申請排隊。

範例如下：

範例：/java11-ocp-2/src/course/c06/ReadWriteLockTest.java

```
01  class TableData {
02      private final ReentrantReadWriteLock rwl
                                  = new ReentrantReadWriteLock();
03      static void sleep(int secs) {
04          try {
05              Thread.sleep(1000 * secs);
06          } catch (Exception e) {}
07      }
08      public void update() {
09          rwl.writeLock().lock();
10          System.out.println("holding write lock");
11          sleep(3);
12          rwl.writeLock().unlock();
13          System.out.println("released write lock");
14      }
15      public void delete() {
16          rwl.writeLock().lock();
17          System.out.println("holding write lock");
18          sleep(3);
19          rwl.writeLock().unlock();
20          System.out.println("released write lock");
21      }
22      public void query() {
23          rwl.readLock().lock();
```

```
24            System.out.println("holding read lock");
25            sleep(3);
26            rwl.readLock().unlock();
27            System.out.println("released read lock");
28        }
29    }
30
31    public class ReadWriteLockTest {
32        static void query(final TableData d) {
33            new Thread() {
34                public void run() {
35                    d.query();
36                }
37            }.start();
38        }
39        static void delete(final TableData d) {
40            new Thread() {
41                public void run() {
42                    d.delete();
43                }
44            }.start();
45        }
46        static void update(final TableData d) {
47            new Thread() {
48                public void run() {
49                    d.update();
50                }
51            }.start();
52        }
53        static void counting() {
54            new Thread() {
55                public void run() {
56                    int i = 0;
57                    while (true) {
58                        TableData.sleep(1);
59                        System.out.println(i++);
60                    }
61                }
62            }.start();
63        }
64
65        public static void main(String[] args) {
```

```
66          counting();
67          final TableData table = new TableData();
68          query(table);
69          query(table);
70          update(table);
71          delete(table);
72          query(table);
73          query(table);
74          update(table);
75      }
76  }
```

結果

```
holding read lock
holding read lock
0
1
2
released read lock
released read lock
holding write lock
3
4
5
released write lock
holding write lock
6
7
8
released write lock
holding read lock
holding read lock
9
10
11
released read lock
released read lock
```

```
holding write lock
12
13
14
released write lock
```

因爲是多執行緒程式，每次結果不一定相同，但可以看出固定的規則是：

1. 允許多執行緒同時「holding read lock」。
2. 同一時間一旦有一個執行緒「holding write lock」，就不會再有其他執行緒「holding read lock」或「holding write lock」。

6.1.4 執行緒安全的集合物件

套件 java.util 下的集合物件預設「非」執行緒安全，若想要執行緒安全就必須特別處理：

1. 對所有修改集合物件的程式碼，都必須放在 synchronize 區塊。
2. 使用特定類別及方法建立 synchronized wrapper 類別，如：java.util.Collections.synchronizedList(List<T>)。
3. 改用套件「java.util.concurrent」下的集合物件，但需注意即便是執行緒安全的集合物件，不表示成員也是。

常用的執行緒安全的集合物件如下：

表 6-1 執行緒安全集合物件與一般集合物件對照表

java.util.concurrent.*	java.util.*
CopyOnWriteArraySet	
CopyOnWriteArrayList	ArrayList
ConcurrentHashMap	HashMap
ConcurrentSkipListMap	TreeMap

Queue 家族的執行緒安全的集合物件如下：

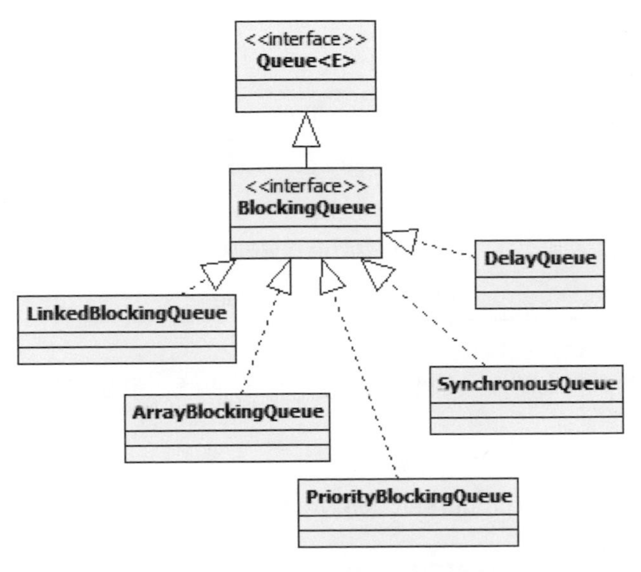

圖 6-1　執行緒安全的 Queue 家族

小祕訣　在支援執行緒安全的集合物件裡，常常可以看到「CopyOnWrite」的命名方式，這暗示該集合物件是如何支援執行緒安全：

1. 當集合物件內要增加成員時，不直接添加，而是先將當前集合物件複製出一個新的集合物件，然後在新的集合物件裡添加成員。
2. 添加完成員之後，再將原集合物件的物件參考指向新的集合物件。
3. 這個作法的好處是集合物件可以讀寫並行，而不需要在修改的時候排除其他行為，因為當前集合物件不會添加任何元素，所以 CopyOnWrite 集合物件是一種讀寫分離的思想實踐，對不同的集合物件讀和寫。

6.1.5　常用的同步器工具類別

套件 java.util.concurrent 下，也提供數種支援特殊情境的同步器（synchronizers）類別：

表 6-2　常見的同步器類別

Class	Description
Semaphore	傳統的 concurrency（平行執行）工具。
CountDownLatch	暫停 thread 直到某種情境達成，如信號數量、事件、預設條件。
CyclicBarrier（循環路障）	於平行執行時提供同步點，可以循環使用。
Phaser	更有彈性的 CyclicBarrier。

下面範例以「搭乘纜車時，人數滿了才發車」的情境，示範如何使用 CyclicBarrier 類別：

範例：/java11-ocp-2/src/course/c06/CyclicBarrierTest.java

```
01  public class CyclicBarrierTest {
02      public static void main(String[] args) {
03          int stopUntil = 2;
04          int totalThreadCnt = 3;
05          final CyclicBarrier barrier = new CyclicBarrier(stopUntil);
06          for (int i=1; i<=totalThreadCnt; i++) {
07              new Thread() {
08                  public void run() {
09                      try {
10                          System.out.println("before await");
11                          barrier.await();
12                          System.out.println("after await");
13                      } catch (BrokenBarrierException |
                                            InterruptedException ex) {
14                      }
15                  }
16              }.start();
17          }
18      }
19  }
```

結果

```
before await
before await
```

```
before await
after await
after await
```

說明

3	設定多少個 thread 抵達才放行的條件。
4	可任意調整啟動的 thread 個數，測試 CyclicBarrier 類別的效果。
5	宣告並初始化 CyclicBarrier 類別。
11	await() 方法像是一個柵欄，平時放下；只有滿足 CyclicBarrier 的建構子設定的 stopUntil 個數的 thread 抵達後，才會放行。以本例而言，一共啟動 3 個執行緒，但只有 2 個 thread 可以通過 await() 方法，因此印出 before await 計 3 次，after await 計 2 次，亦即有 1 個 thread 在等待放行而無法通過，而 JVM 也因此無法終止。

6.2 使用 ExecutorService 介面同時執行多樣工作

6.2.1 使用更高階的多執行緒執行方案

使用多執行緒的程式架構可以同時執行工作，提升效率，但也容易延伸一些問題，因此必須小心操控。鑒於傳統 API 不容易被適當使用，可以考慮使用以下兩個更高階的替代方案：

1. **執行者服務（java.util.concurrent.ExecutorService）**：
    - 建立並重複使用多執行緒。
    - ExecutorService 介面除了可以使用過去的 Runnable 介面定義工作內容外，也可以使用新的 Callable 介面定義工作內容，此時允許在未來工作結束後，檢視結果。

2. **分進合擊程式框架（Fork-Join Framework）**：Java 7 推出的特殊「工作竊取（work-stealing）」平行運算架構，用於多執行緒執行，是一種特化的 ExecutorService。程式運行時，除不斷將整體工作進行切割外，也讓有能力、較有餘裕的執行緒在做完份內工作後，可以竊取（stealing）別人的工作來執行，是一個支援「能者多勞」理念的多執行緒執行架構。

6.2.2 ExecutorService 概觀

介面 ExecutorService 是執行緒池（thread pool）的概念，讓使用過的執行緒都可以回收池內繼續下一次使用；執行緒池也會負責管理所有執行緒的生命週期。當使用 ExecutorService 來執行多執行緒工作時：

1. 不需自己建立和管理多執行緒，且可以平行執行。
2. 任務可分成 2 種：
   - java.lang.Runnable。
   - java.util.concurrent.Callable。
3. 使用 Executors 類別可以取得 ExecutorService 介面的實作，常使用 2 種：
   - 快取式執行緒池（cached thread pool）。
   - 固定式執行緒池（fixed thread pool）。

快取式執行緒池（cached thread pool）

快取式執行緒池的特點為：

表 6-3　快取式執行緒池特點

特徵分類	描述
數量控制	執行緒數量由執行緒池自動調控。
是否重複使用	執行緒工作完成後，回收重複使用。
工作量大時	遇到需要大量 CPU 運算的工作，執行緒可能會一直增生。
生命週期	預設閒置超過 60 秒，就終止生命週期。

建立方式爲：

```
01    ExecutorService es = Executors.newCachedThreadPool();
```

固定式執行緒池（fixed thread pool）

固定式執行緒池的特點爲：

表 6-4　固定式執行緒池特點

特徵分類	描述
數量控制	執行緒數量固定。
是否重複使用	執行緒工作完成後，回收重複使用。
工作量大時	工作太多時，必須等待忙碌的執行緒釋出。
生命週期	因為數量固定，所以不會主動終止生命週期。

建立方式爲：

```
01    int cpuCount = Runtime.getRuntime().availableProcessors();
02    // 參考主機 CPU 數量建立執行緒數量
03    ExecutorService es = Executors.newFixedThreadPool(cpuCount);
```

6.2.3　使用 java.util.concurrent.Callable

使用高階的 ExecutorService，可以協助我們管理執行緒，但我們還是需要自己定義執行緒的工作內容。除了使用先前介紹過的 java.lang.Runnable 介面外，也可以使另一個 java.util.concurrent.Callable 介面的實作類別來定義要執行的工作。

比較兩者的定義：

範例：java.lang.Runnable

```
01    public interface Runnable {
02        void run();
03    }
```

範例：java.util.concurrent.Callable

```
01  public interface Callable<V> {
02      V call() throws Exception;
03  }
```

可以發現 Callable 和 Runnable 相似，主要不同的地方是：

1. 可以回傳結果（使用泛型）。

2. 可以拋出 Exception。

若使用傳統的 Runnable 介面的實作物件作爲 ExecutorService 的執行工作內容，可以用下例執行工作：

```
01  static void useRunnable(ExecutorService es, Runnable runnable) {
02      es.submit(runnable);
03  }
```

若使用 Callable 介面的實作物件作爲 ExecutorService 的執行工作內容，則改用下例執行工作：

```
01  static <V> void useCallable(ExecutorService es, Callable<V> callable) {
02      Future<V> future = es.submit(callable);
03      try {
04          V result = future.get();
05          System.out.println(result.toString());
06      } catch (Exception ex) {
07          ex.printStackTrace();
08      }
09  }
```

再比較兩者被執行的方式，可以發現最大的不同就是 ExecutorService 的 submit() 方法傳入 Callable 實作物件的時候，可以回傳 Future 類別的物件，這個 Future 物件就是下一小節的重點。

6.2.4 使用 java.util.concurrent.Future

介面 ExecutorService 執行 Callable 工作後的回傳結果屬於 Future<V> 類別：

```
01    Future<V> future = es.submit(callable);
```

但眞正的工作結果是隱藏在 Future 物件裡，所以必須再呼叫 get() 方法去取得結果。這裡的回傳型態 V，必須和 Callable<V> 裡定義的泛型物件型態一致：

```
01    V result = future.get();
```

會有這樣的要求，主要是因爲 main 執行緒在前景（foreground）執行工作，而不是 main 的執行緒都在背景（background）執行工作。要讓在背景的執行緒把工作成果交給在前景的 main 執行緒，需要一些轉折，以下小祕訣可讓您了解差別。

小祕訣 比如說您到外面的餐館去吃麵。通常可以有「內用」和「外帶」兩種選項。當選擇內用時，您就必須到餐館裡找位置坐下來，靜候老闆把麵煮好。但若外帶，老闆可以給您一個「號碼牌」，接下來您可以去其他地方做自己的事，最後再回來用號碼牌和老闆取麵即可。

這裡的「號碼牌」其實隱含著一種「未來交貨」的意思。假設煮一碗麵要 15 分鐘，取號之後您可以在餐館外等，就是需要 15 分鐘；您也可以選擇到其他地方逛逛，15 分鐘後再回來拿；如果回來的時候離 15 分鐘還早，就是再等到時間到為止；或者是半小時後再來拿，此時拿號碼牌給老闆，馬上就可以拿到自己點的麵。在這個日常生活的經驗裡：

1.「 號碼牌 」就是對比到 Java 裡的 Future 物件。
2. 要拿「 麵 」需要「 號碼牌 」，所以「 麵 」可以對比包含在 Future 裡的泛型物件，呼叫 Future 的 get() 方法可以取得該泛型物件。
3.「 煮麵 」就是 Callable 介面裡 call() 方法定義的內容。
4.「 煮麵的師傅 」就是 ExecutorService 裡的執行緒。
5.「 餐館 」就是 ExecutorService。
6.「 您 」就是 main 執行緒。

「號碼牌」這樣的作法相當常見，若買東西需要等待，大部分商家（Executor Service）都會給您一張號碼牌（Future），讓您先到其他地方消磨時間，差不多時再回來領取（get）購買的真正商品。

取號碼牌等同使用 Callable，不取號碼牌則是使用 Runnable。

所以，呼叫 Future 物件的 get() 方法時，若結果尚未出爐，就必須等待結果回傳，此時 main 執行緒就會進入等待的狀態。較好的作法是：

1. 在呼叫前 get() 方法前，應先丟出（submit）所有工作，因爲呼叫 get() 方法後，只能耐心等候結果。

2. 呼叫 get() 方法前，也可以先呼叫 isDone() 方法確認是否工作完成，就跟取貨前先打個電話問一下是否完成，以避免到了商家必須等候一樣，或是呼叫多載的另一版本 get(long timeout, TimeUnit unit) 方法，明確指定等待時間。

6.2.5 關閉 ExecutorService

因爲 ExecutorService 建立的執行緒都是 non-daemon，所以 JVM 會因爲這些執行緒存在，而導致永遠不會結束，所以若要結束程式，必須呼叫 ExecutorService 介面的 shutdown() 方法：

```
01  es.shutdown();
02  try {
03      es.awaitTermination(5, TimeUnit.SECONDS);
04  } catch (InterruptedException ex) {
05      System.out.println("Stopped waiting early");
06  }
```

說明

1	shutdown() 方法會在所有執行緒的工作都結束後，關閉 ExecutorService 並終止所有執行緒的生命週期，讓程式結束。
3	若已執行 shutdown() 指令，但執行緒工作結束後還是無法關閉，則可以使用 awaitTermination(5, TimeUnit.SECONDS) 方法傳入等待時間，時間到後會強制關閉。

6.2.6 ExecutorService 完整範例

本節重點在介紹 ExecutorService 的使用方式，也陸續帶入了 Callable 介面和 Future 類別。以下是完整應用範例：

範例：/java11-ocp-2/src/course/c06/ExecutorServiceTest.java

```
01  class CallableTask implements Callable<String> {
02      @Override
```

```
03      public String call() throws Exception {
04          Thread.sleep(20000);
05          System.out.println(new Date() + ": finish job");
06          return (new Date() + ": done");
07      }
08  }
09
10  public class ExecutorServiceTest {
11      public static void main(String[] args) {
12          ExecutorService es = Executors.newCachedThreadPool();
13          //ExecutorService es = Executors.newFixedThreadPool(5);
14
15          Callable<String> task = new CallableTask();
16          Future<String> future = es.submit(task);
17          try {
18              String result = future.get();
19              System.out.println(result);
20          } catch (Exception ex) {
21              ex.printStackTrace();
22          }
23
24          es.shutdown();
25          System.out.println(new Date() + ": service shutdown");
26
27          try {
28              es.awaitTermination(5, TimeUnit.SECONDS);
29          } catch (InterruptedException ex) {
30              System.out.println("Stopped waiting early");
31          }
32      }
33  }
```

說明

1-8	實作 Callable 介面。
12	以 cached thread pool 作為 ExecutorService 的實例。 若執行緒未接受派工，將於 60 秒後結束生命週期。
13	以 fixed thread pool 作為 ExecutorService 的實例。 因為數量固定，不會因為久未接受派工而結束生命週期。

13	與行 12 需二擇一。
15	建立 Callable 實作物件。
16	讓 ExecutorService 分派執行緒進行 Callable 實作物件定義的工作內容，並取得號碼牌 Future 物件。
17-22	拿號碼牌 Future 物件兌換執行緒工作成果。若呼叫 get() 方法時工作尚未結束，就會進入等待狀態。
24	ExecutorService 的 shutdown() 方法會在所有執行緒「工作結束」後，才關閉自己。
28	若已執行 shutdown() 指令，但所有執行緒工作結束後還是無法關閉，則可以使用 awaitTermination(5, TimeUnit.SECONDS) 方法傳入等待時間，時間到後會強制關閉。

6.2.7 ExecutorService 進階範例

如以下圖所示，若一台主機需要和 5 台電腦進行程式連線，且每台連線需要 5 秒鐘。左側示意圖採用單一執行緒逐一相連，右側示意圖則採用不同執行緒各與一台電腦相連線。

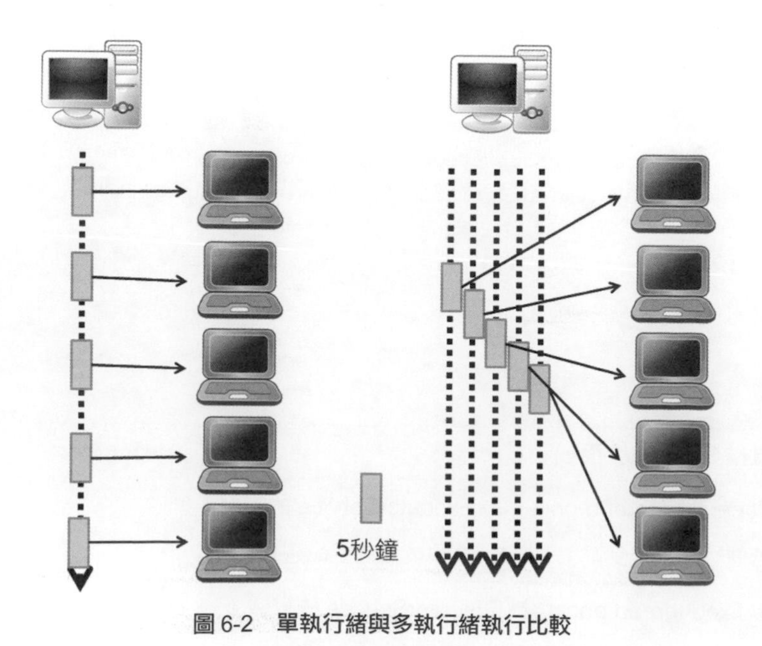

圖 6-2　單執行緒與多執行緒執行比較

使用單一執行緒和多執行緒進行工作，和請 1 個人做 1 件事，或請 5 個人同時做 1 件事所花的時間孰長孰短一樣容易判斷。

範例路徑「/java11-ocp-2/src/course/c06/testMulti/」下的類別實作前述圖示內容，不過實作之前，需要對 Java 的 Socket 網路程式架構有基本認識。

Java 的 Socket 程式架構提供了讓網路世界的 2 台獨立主機上的 Java 程式互相連線的機制。一般我們區分為：

1. **主機端**（**server**）：提供網路連線的程式。
2. **用戶端**（**client**）：要求網路連線的程式。

要成功建立連線需要了解：

1. 主機端必須提供一個固定位置（包含 IP 和 port 號），用戶端要連接就要先知道這位置：
   - IP 如同網路世界的住址，可以幫助用戶端在網際網路裡找到單一主機，但主機裡可能有諸多程式正在執行，必須有機制來辨認要溝通的程式，port 號像是住宅的門牌編號，用來識別電腦執行的程式。
   - Port 號可以是 0-65535 之間的任一整數，0-1024 的 port 號已經被作業系統保留，因此其他程式通常選擇 1024 之後的編號當成自己的程式 port 號。
2. Java 的 Socket 程式主要使用 ServerSocket 和 Socket 兩個類別：
   - 主機端用 ServerSocket 物件的 listen() 方法來監聽來自用戶端的連線請求。
   - 用戶端用 Socket 物件和主機端做連接。
   - 主機端用 ServerSocket 物件的 accept() 方法來串接用戶端的 Socket 物件。
3. 當主機端和用戶端連接之後，就可以用 Socket 物件的 getInputStream() 和 getOutputStream() 方法來傳輸資料。
4. 資料傳輸完成後，記得呼叫 Socket 物件的 close() 方法來結束相關資源。

本範例為了執行的簡單與便利，主機端程式或用戶端程式都在本機電腦「localhost」，port 號則使用 10000-10004 共計 5 個號碼。後續建立的範例類別為：

1. 範例類別 SocketServersStartup.java 扮演主機端程式的角色

範例：/java11-ocp-2/src/course/c06/testMulti/SocketServersStartup.java

```
01  public class SocketServersStartup {
02    public static void main(String[] args) {
03      for (int port = 10000; port < 10005; port++) {
04        new Thread(new MySocketServer(port)).start();
05      }
06    }
07  }
08  class MySocketServer implements Runnable {
09    int port;
10    MySocketServer(int port) {
11        this.port = port;
12    }
13    @Override
14    public void run() {
15      System.out.println("Server " + port + ": Listening...");
16      while (true) {
17        try {
18          // 聆聽port是否被呼叫
19          ServerSocket serverSock = new ServerSocket(port);
20          // 取得Socket連線
21          Socket clientSock = serverSock.accept();
22          // 暫停5秒
23          try {
24              Thread.sleep(5000);
25          } catch (InterruptedException e) {
26              e.printStackTrace();
27          }
28          // 輸出訊息給Socket的用戶端
29          PrintWriter pw =
              new PrintWriter(clientSock.getOutputStream(), true);
30          pw.println("feedback_from_" + port);
31          // 關閉 Socket 網路連線
32          serverSock.close();
33          clientSock.close();
34        } catch (Exception e) {
35            e.printStackTrace();
36        }
```

```
37        }
38      }
39    }
```

結果

```
Server 10001: Listening...
Server 10000: Listening...
Server 10002: Listening...
Server 10004: Listening...
Server 10003: Listening...
```

執行本程式時，會啓動 5 個執行緒，分別使用 port 號 10000-10004，扮演主機端的角色，並等待 / 傾聽（listening）用戶端連線的要求。

若用戶端連線成功，主機端在停頓 5 秒鐘後，將輸出「feedback_from_port 號」的訊息給用戶端。

2. 建立類別 SingleThreadTest 驗證使用單一執行緒依序訪問 5 個 Socket 主機的情況

範例：/java11-ocp-2/src/course/c06/testMulti/SingleThreadTest.java

```
01  public static void main(String[] args) {
02      out.println("SingleThread starts at: " + new Date());
03      String host = "localhost";
04      for (int port = 10000; port < 10005; port++) {
05          try (Socket sock = new Socket(host, port);
06                  Scanner scanner = new Scanner(sock.getInputStream());) {
07              String feedback = scanner.next();
08              out.println("Call " + host + ":" + port +
09                      ", and get: " + feedback + " at " + new Date());
10          } catch (NoSuchElementException | IOException ex) {
11              out.println("Error talking to " + host + ":" + port);
12          }
13      }
14  }
```

結果

```
SingleThread starts at: Sat Jul 02 11:40:29 CST 2022
Call localhost:10000,
    and get: feedback_from_10000 at Sat Jul 02 11:40:34 CST 2022
Call localhost:10001,
    and get: feedback_from_10001 at Sat Jul 02 11:40:40 CST 2022
Call localhost:10002,
    and get: feedback_from_10002 at Sat Jul 02 11:40:45 CST 2022
Call localhost:10003,
    and get: feedback_from_10003 at Sat Jul 02 11:40:50 CST 2022
Call localhost:10004,
    and get: feedback_from_10004 at Sat Jul 02 11:40:55 CST 2022
```

使用「單一執行緒」逐 port 連線主機的結果，必須使用「5（秒）＊5＝25（秒）」的時間。

3. 建立類別 SocketClientCallable 實作 Callable 介面，以定義多執行緒訪問 Socket 主機的工作內容

範例：/java11-ocp-2/src/course/c06/testMulti/SocketClientCallable.java

```
01  public class SocketClientCallable implements Callable<String> {
02    private String host;
03    private int port;
04    public SocketClientCallable(String host, int port) {
05      this.host = host;
06      this.port = port;
07    }
08    @Override
09    public String call() throws IOException {
10      try (Socket sock = new Socket(host, port);
11              Scanner scanner = new Scanner(sock.getInputStream()); ) {
12        String feedback = scanner.next();
13        return feedback;
14      }
15    }
16  }
```

4. 建立類別 MultiThreadTest 驗證使用多執行緒訪問 5 個 Socket 主機的情況

範例：/java11-ocp-2/src/course/c06/testMulti/MultiThreadTest.java

```
01  public class MultiThreadTest {
02    public static void main(String[] args) {
03      System.out.println("MultiThreadTest starts at: " + new Date());
04      ExecutorService es = Executors.newCachedThreadPool();
05      String host = "localhost";
06
07      Map<Integer, Future<String>> callables = new HashMap<>();
08      // 依不同port號送出工作
09      for (int port = 10000; port < 10005; port++) {
10        SocketClientCallable callable = new SocketClientCallable(host,
                                                                    port);
11        Future<String> future = es.submit(callable);
12        callables.put(port, future);
13      }
14
15      //關閉ExecutorService
16      es.shutdown();
17      try {
18          es.awaitTermination(5, TimeUnit.SECONDS);
19      } catch (InterruptedException ex) {
20          System.out.println("Stopped waiting early");
21      }
22
23      // 取回結果
24      for (Integer port : callables.keySet()) {
25          Future<String> future = callables.get(port);
26          try {
27              String feedback = future.get();
28              System.out.println("Call " + host + ":" + port + ",
                          and get: " + feedback + " at " + new Date());
29          } catch (ExecutionException | InterruptedException ex) {
30              System.out.println("Error talking to " + host + ":" +
                                                                    port);
31          }
32      }
```

```
33        }
34    }
```

說明

7	定義 Map<Integer, Future<String>> 型別的 callables 存放 Callable 的執行結果，以 Integer 型別的 port 作為鍵值，Future<String> 為鍵值對的值。
9-13	使用迴圈，讓 ExecutorService 可以依據 port 號送出 Callable 工作給執行緒池執行。
11	定義 Future 物件承接執行結果，但先不呼叫 get() 方法。
12	將 Future 物件先存在 callables 裡，並以 Integer 型別的 port 作為鍵值。
24-32	在 callables 中找出所有 Future 物件，並呼叫 get() 取回結果。

結果

```
MultiThreadTest starts at: Sat Jul 02 11:54:07 CST 2022
Call localhost:10000, and get:
    feedback_from_10000 at Sat Jul 02 11:54:12 CST 2022
Call localhost:10001, and get:
    feedback_from_10001 at Sat Jul 02 11:54:12 CST 2022
Call localhost:10002, and get:
    feedback_from_10002 at Sat Jul 02 11:54:12 CST 2022
Call localhost:10003, and get:
    feedback_from_10003 at Sat Jul 02 11:54:12 CST 2022
Call localhost:10004, and get:
    feedback_from_10004 at Sat Jul 02 11:54:12 CST 2022
```

雖然每一個執行緒還是要花 5 秒鐘，但因爲是同時執行，程式完成也只花 5 秒鐘時間，比單一執行緒完成的總時間快許多。

6.3 使用 Fork-Join 框架同時執行多樣工作

6.3.1 平行處理的策略

現在的電腦多含數個 CPU，爲了最佳用運算效能，可以讓程式同時執行工作，「平行處理（parallelism）」的策略很重要：

1. 將工作分切成小段，各自完成後工作就可以解決，稱爲「divide and conquer」處理策略，不過使用前需確認這些小段工作可以平行處理。
2. 分割時注意硬體效能問題，切割太細可能有反效果。若工作內容需要大量 CPU 計算而非 I/O 存取，需考慮 CPU 數量：

```
01    int count = Runtime.getRuntime().availableProcessors();
```

切割資料讓多執行緒可以平行執行，是平行處理策略的第一步，但資料該如何切割？最理想的情況是讓所有 CPU 可以充分被所有執行緒利用，直到工作結束。

使用「平均分配」方式發揮 CPU 計算量能

若是採取「平均分配」的作法，讓每一個執行緒各自占用不同的 CPU 處理相同份量的工作，容易因爲：

1. 每一個 CPU 可能效率不同。
2. 某些 CPU 可能也在執行其他程式。

而導致無法發揮硬體最高性能。就好比一塊空地平均切割爲 10 等分，請 10 位同學打掃，乍看之下最有利，但每一個同學掃地效率不同，不會同時完成。

使用「工作竊取」方式發揮 CPU 計算量能

另一種作法稱爲「工作竊取（work-stealing）」的平行運算架構，一樣將工作平均切割，但數量遠多於執行緒個數：

1. 工作不會馬上完成，所以每一個執行緒會有很多待辦工作在自己的佇列上。

2. 如果某個執行緒已經做完自己的工作，可以竊取（steal）別人的工作來處理。
3. 合適的切割分量不易達成。切割太多時，切割本身就是一個負擔；切割太少時，將無法充分利用 CPU 資源。

如此作法可以讓每一個執行緒都很忙，因此可以發揮硬體最高性能。這好比將一塊空地分成 100 塊，請 10 位同學打掃；掃完自己區域的同學，可以再去打掃其他區域，達到「能者多勞」的理念。

Java 7 時推出 Fork-Join 的框架，是實踐工作竊取的平行運算架構。

6.3.2 套用 Fork-Join 框架

本章節的需求是要在 1G 的 int 陣列裡找出最大的數字，以下分別示範使用單一執行緒，與多執行緒搭配 Fork-Join 的框架。

使用單一執行緒處理

使用單一執行緒的程式範例：

範例：/java11-ocp-2/src/course/c06/forkJoin/SingleThreadTest.java

```
01  public class SingleThreadTest {
02      public static void main(String[] args) {
03          int[] bigData = new int[1024 * 1024 * 256]; // 1G
04          for (int i = 0; i < bigData.length; i++) {
05              bigData [i] = ThreadLocalRandom.current().nextInt();
06          }
07          int max = Integer.MIN_VALUE;
08          for (int value : bigData) {
09              if (value > max) {
10                  max = value;
11              }
12          }
13          System.out.println("Found max value:" + max);
14      }
15  }
```

使用 Fork-Join 框架平行處理

先前我們的多執行緒架構使用 Executors 取得合適的 ExecutorService 實作物件，通常是 cached thread pool 或是 fixed thread pool，來執行介面 Callable 定義的工作內容。

若要使用 Fork-Join 框架，可以直接使用 ExecutorService 特化的子類別 java.util.concurrent.ForkJoinPool 執行抽象類別 java.util.concurrent.ForkJoinTask<V> 定義的工作內容：

1. ForkJoinTask 物件代表需要執行的工作，中文可以解釋爲「分進合擊」，亦即一開始大家分頭進行，逐漸會師合併成果。
2. ForkJoinTask 物件包含要處理的資料和處理方式，和 Runnable 及 Callable 相似。
3. 巨大量的工作可以由 Fork-Join pool 內少數執行緒處理，因此每個執行緒會工作滿檔，所以可以發揮硬體的極致效能。
4. 開發者通常繼承 ForkJoinTask 的子類別，再實作 compute() 方法。

   - 子類別 RecursiveAction 的 compute() 方法沒有回傳結果：

```
01  public abstract class RecursiveAction extends ForkJoinTask<Void> {
02      protected abstract void compute();
03  }
```

   - 子類別 RecursiveTask 的 compute() 方法需要回傳結果：

```
01  public abstract class RecursiveTask<V> extends ForkJoinTask<V> {
02      protected abstract V compute();
03  }
```

方法 compute() 的處理邏輯

後續建立類別 FindMaxTask 繼承 RecursiveTask，以使用 Fork-Join 框架在 1G 的 int 陣列裡找出最大的數字，其中方法 compute() 的實作方式顯示了分進合擊的主要精神。假設回傳的結果爲 RESULT，虛擬程式碼（pseudocode）的架構與概念如下：

範例：/java11-ocp-2/src/course/c06/forkJoin/FindMaxTask.java

```
01  protected RESULT compute () {
02      if (DATA_SMALL_ENOUGH) {
03          PROCESS_DATA
04          return RESULT;
05      } else {
06          SPLIT_DATA_INTO_LEFT_AND_RIGHT_PARTS
07          TASK t1 = new TASK (LEFT_DATA);
08          t1.fork();
09          TASK t2 = new TASK (RIGHT_DATA);
10          return COMBINE ( t2.compute(), t1.join() );
11      }
12  }
```

說明

2	DATA_SMALL_ENOUGH：工作量夠少時。
3	ROCESS_DATA：不再切割工作並開始處理資料，可以得到結果 RESULT。
4	回傳處理結果 RESULT。
5	若資料處理量還是太大，仍需再切割。
6	SPLIT_DATA_INTO_LEFT_AND_RIGHT_PARTS：將工作量切割為左、右兩部分。
7	建立一個稱為 t1 的 ForkJoinTask 處理左半部工作。
8	呼叫 t1.fork() 做非同步處理（分進、分頭行事）。
9	建立另一個稱為 t2 的 ForkJoinTask 處理右半部工作。
10	• 呼叫 t1.join()：可以等到 t1.fork() 結束後，合併得到結果（合擊）。 • 呼叫 t2.compute()：t2 使用遞迴結構持續進行分進合擊策略。若工作量夠少時，已經不須再切割，就會進行計算，如第 3 行，並得到結果。 • COMBINE：若 t1, t2 均有結果，則合併結果。

使用圖解方式，可更容易了解分進合擊的過程：

01 原始資料處理量太大，將其分成兩部分，分別派給 t1、t2 兩個 ForkJoinTask。

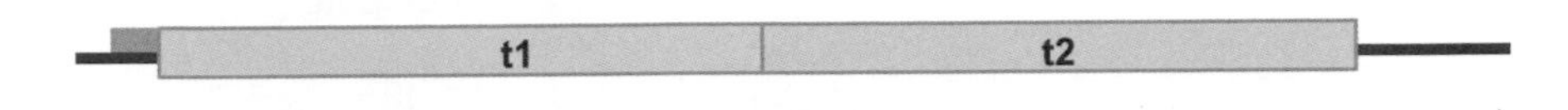

圖 6-3　分進合擊圖解步驟一

02 呼叫方法：

1. 呼叫 t1.fork() 方法時，將調用 1 個執行緒去處理資料，此為「分進」；呼叫 join() 時，將取回結果，即為「合擊」。目前累計 1 個計算結果未取回。
2. 呼叫 t2.compute() 時，若資料處理量依然太大，持續進行切割工作。

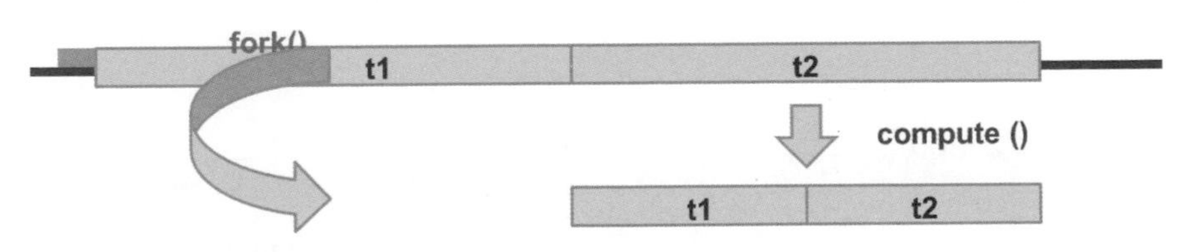

圖 6-4　分進合擊圖解步驟二

03 同前一步驟，目前累計 2 個計算結果未取回。

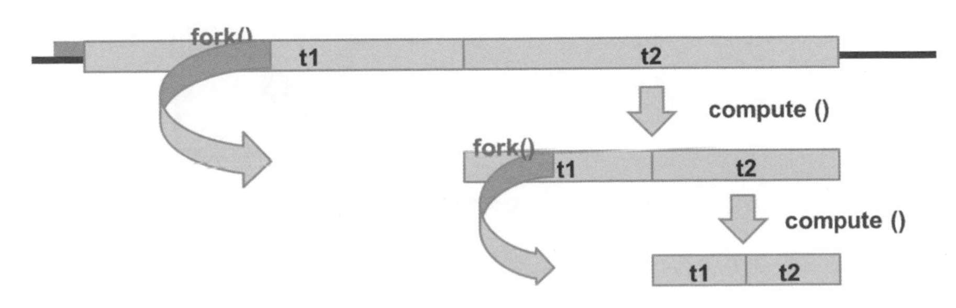

圖 6-5　分進合擊圖解步驟三

04 同前一步驟，每次切割出去的左半部資料的處理結果，已經累計 3 個未取回；且右側資料已經夠少，呼叫 t2.compute() 不再切割，將直接計算，並得到 1 個結果。

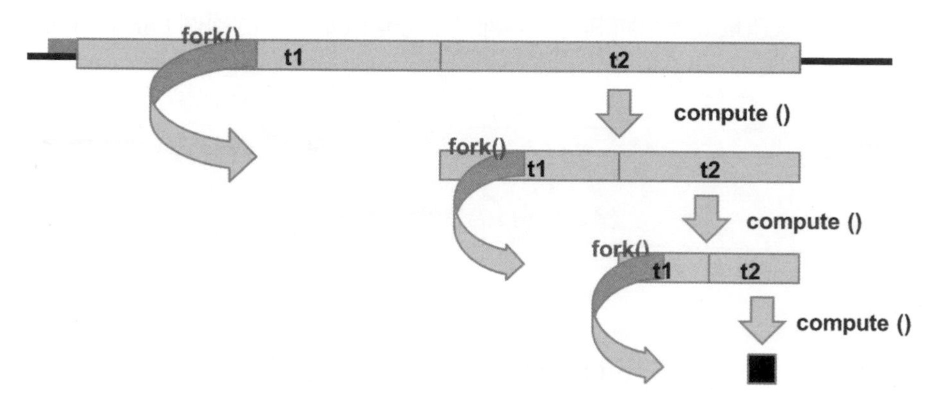

圖 6-6　分進合擊圖解步驟四

05 開始將處理結果進行合併。要取得左半部的資料的處理結果，需要呼叫 t1.join() 方法。

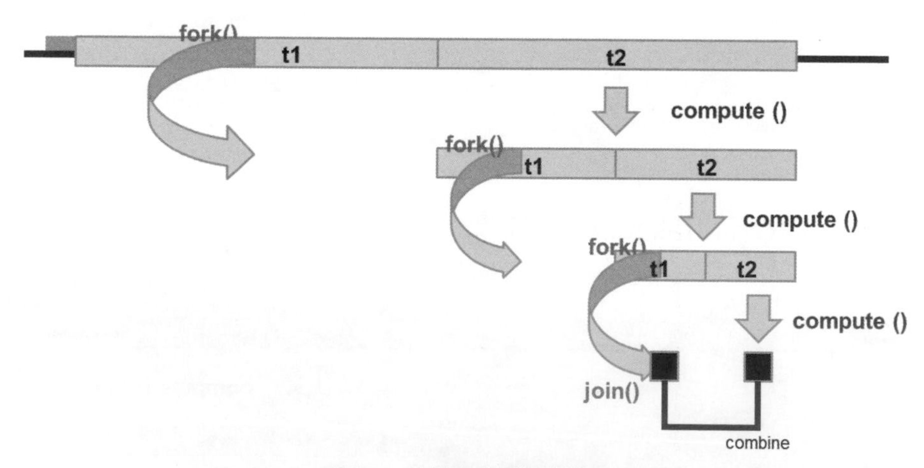

圖 6-7　分進合擊圖解步驟五

06 承上步驟，繼續合併結果。

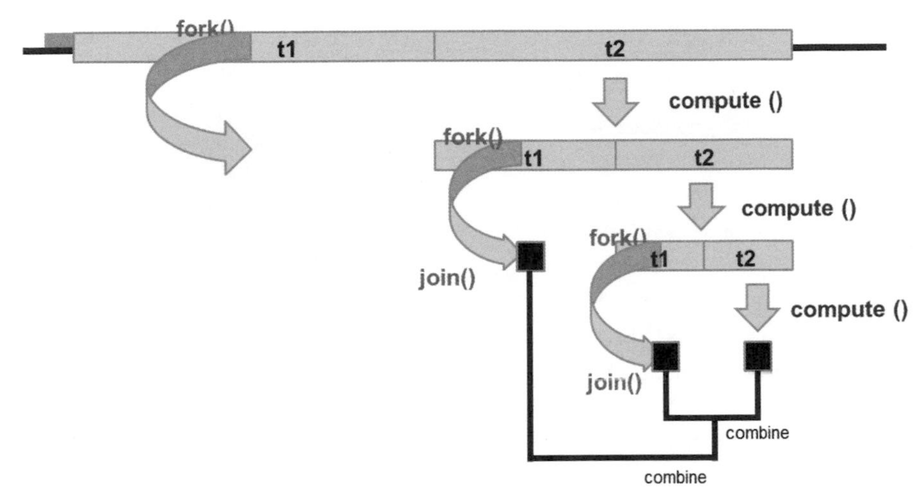

圖 6-8　分進合擊圖解步驟六

07 完全合併後，即得結果。

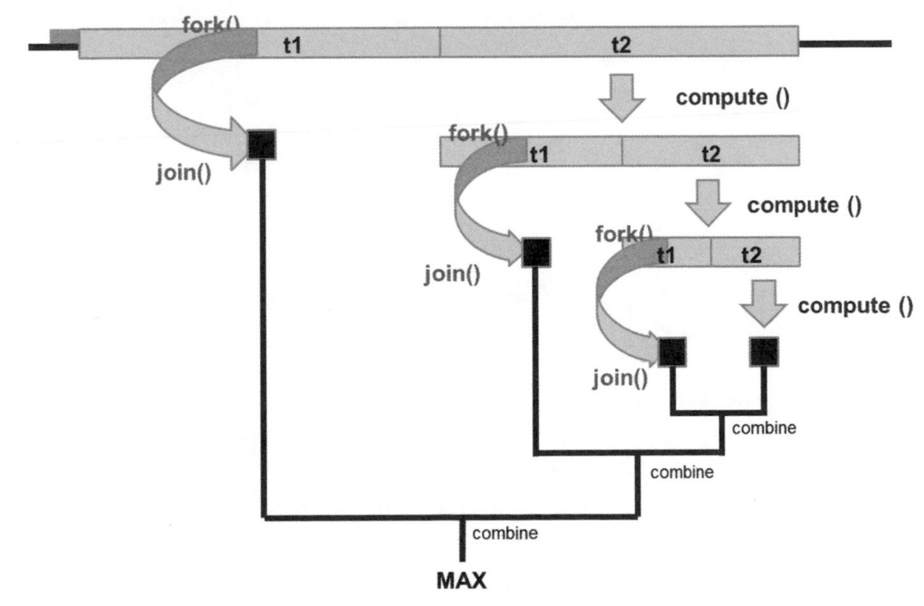

圖 6-9　分進合擊圖解步驟七

完整範例為：

範例：/java11-ocp-2/src/course/c06/forkJoin/ForkJoinMultiThreadTest.java

```
01  class FindMaxTask extends RecursiveTask<Integer> {
02    static int counter = 0;
03    private static final long serialVersionUID = 1L;
04    private final int threshold;
05    private final int[] data;
06    private int begin;
07    private int end;
08    public FindMaxTask(int[] data, int begin, int end, int threshold) {
09      this.data = data;
10      this.begin = begin;
11      this.end = end;
12      this.threshold = threshold;
13    }
14    @Override
15    protected Integer compute() {
16      if (end - begin < threshold) {
17        System.out.printf("%02d", ++counter);
18        System.out.print(": " + Thread.currentThread().getName());
19        System.out.println(" | " + begin + " ~ " + end );
20        int max = Integer.MIN_VALUE;
21        for (int i = begin; i <= end; i++) {
22          int n = data[i];
23          if (n > max) {
24            max = n;
25          }
26        }
27        return max;
28      } else {
29        int mid = (end - begin) / 2 + begin;
30        FindMaxTask a1 = new FindMaxTask(data, begin, mid, threshold);
31        a1.fork();
32        FindMaxTask a2 = new FindMaxTask(data, mid + 1, end, threshold);
33        return Math.max(a2.compute(), a1.join());
34      }
35    }
36  }
37  public class ForkJoinMultiThreadTest {
38    public static void main(String[] args) {
39      Date begin = new Date();
40      //製作資料
```

```
41        int[] bigData = new int[1024 * 1024 * 256]; // 1G
42        for (int i = 0; i < bigData.length; i++) {
43          bigData[i] = ThreadLocalRandom.current().nextInt();
44        }
45        //使用fork-join框架
46        FindMaxTask task = new FindMaxTask(bigData,
                                  0,
                                  bigData.length - 1,
                                  bigData.length / 16);
47        ForkJoinPool pool = new ForkJoinPool();
48        Integer max = pool.invoke(task);
49        System.out.println("\nMax value found:" + max);
50        //計時
51        long t = new Date().getTime() - begin.getTime();
52        System.out.println("Complete task within " + t + " illiseconds");
53    }
54  }
```

說明

17-19	顯示目前是第 N 個進行的運算，由哪個執行緒執行。因為本範例切割為 16 等分，所以 N<=16。
20-26	計算資料陣列裡的最大值。
29-33	不斷切割資料到門檻值。
41-44	製作資料陣列。
46	建立 Fork-Join 框架的工作內容物件 FindMaxTask，且資料陣列將會切割為 16 等分，才進行運算。
47	建立 ForkJoinPool。
48	使用 ForkJoinPool 類別的 invoke() 方法傳入要執行的工作，該方法會呼叫 FindMaxTask 的 compute() 方法。

結果

```
01: ForkJoinPool-1-worker-1 |Range: 251658240 ~ 268435455
02: ForkJoinPool-1-worker-3 |Range: 184549376 ~ 201326591
03: ForkJoinPool-1-worker-2 |Range: 117440512 ~ 134217727
05: ForkJoinPool-1-worker-1 |Range: 234881024 ~ 251658239
```

```
06: ForkJoinPool-1-worker-3 |Range: 167772160 ~ 184549375
07: ForkJoinPool-1-worker-1 |Range: 218103808 ~ 234881023
08: ForkJoinPool-1-worker-1 |Range: 201326592 ~ 218103807
09: ForkJoinPool-1-worker-3 |Range: 134217728 ~ 150994943
04: ForkJoinPool-1-worker-4 |Range: 150994944 ~ 167772159
10: ForkJoinPool-1-worker-4 |Range: 50331648 ~ 67108863
11: ForkJoinPool-1-worker-2 |Range: 100663296 ~ 117440511
13: ForkJoinPool-1-worker-4 |Range: 33554432 ~ 50331647
12: ForkJoinPool-1-worker-3 |Range: 16777216 ~ 33554431
14: ForkJoinPool-1-worker-2 |Range: 83886080 ~ 100663295
15: ForkJoinPool-1-worker-4 |Range: 0 ~ 16777215
16: ForkJoinPool-1-worker-1 |Range: 67108864 ~ 83886079

Max value found:2147483647
Complete task within 1527 milliseconds
```

由執行結果分析，可以理解：

1. 資料陣列平均切割爲 16 等分後，才進行運算。
2. Java 一共使用 4 個執行緒處理 16 份工作。

因爲數字比較大的關係，可能較不易看出；可以將行 1G 的長度改爲 32，結果就會很清楚。

6.3.3 Fork-Join 框架的使用建議

使用 Fork-Join 框架，有幾個需要知道並注意的地方：

1. 預設每核 CPU 會建立 1 個對應的執行緒執行工作。
2. 使用時應先排除 I/O 或是其他可能卡住執行緒工作的瓶頸。
3. 了解自己的硬體：
   - 單個 CPU 時，使用 Fork-Join 框架反而會比較慢。
   - 有些 CPU 只使用單核時，會比使用多核快，因此讓使用 Fork-Join 框架的成效感覺更少些。
4. 相較於單一執行緒的循序執行，平行執行會有先切割工作的額外負擔，延長執行時間。

使用 JDBC 建立資料庫連線

07

章節提要

7.1 了解 Database、DBMS 和 SQL

在 Java 裡要保存資料，除了使用物件序列化技術，或使用 I/O 將資料儲存於檔案中，也可以將之儲存於資料庫中，尤其在企業裡，因爲資料龐大，程式保存資料的首選就是資料庫。

本章簡單介紹資料庫的組成，及如何以特有的 SQL 查詢語法存取資料，最後說明如何由 Java 透過 JDBC 存取資料庫及再次檢視 DAO 設計模式。

7.1.1 基本名詞介紹

資料庫領域裡有幾個基本名詞必須先知道：

1. **Database**：資料庫，放置電子資料的地方。
2. **DBMS**（**Database Management System**）：爲管理資料庫而設計的電腦軟體系統，一般具有儲存、擷取、安全保障、備份等基礎功能。資料庫管理系統可以依據它所支援的資料庫模型來作分類，例如關聯式、XML 等。透過 DBMS 可以存取 Database。

3. **SQL（Structured Query Language）**：結構化查詢語言。一種特殊目的之程式語言，用於存取資料庫中的資料。
4. **JDBC（Java Database Connectivity）**：Java 資料庫連線。是 Java 規範用戶端程式如何來存取資料庫的應用程式介面，提供了諸如查詢和更新資料庫中資料的方法。
5. **Table**：資料表。是資料庫中呈現資料的邏輯性作法，類似 MS Excel 檔案裡的 sheet。

結合以上，可以繪出資料庫存取架構示意圖：

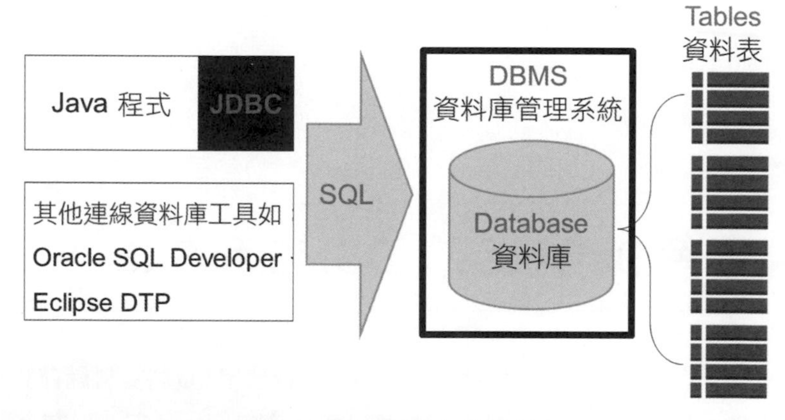

圖 7-1　資料庫存取架構示意圖

此外，資料庫裡眾多資料表之間通常都具備「關聯性」，一般可用以下方式表達，和 UML 的類別圖有些相似。

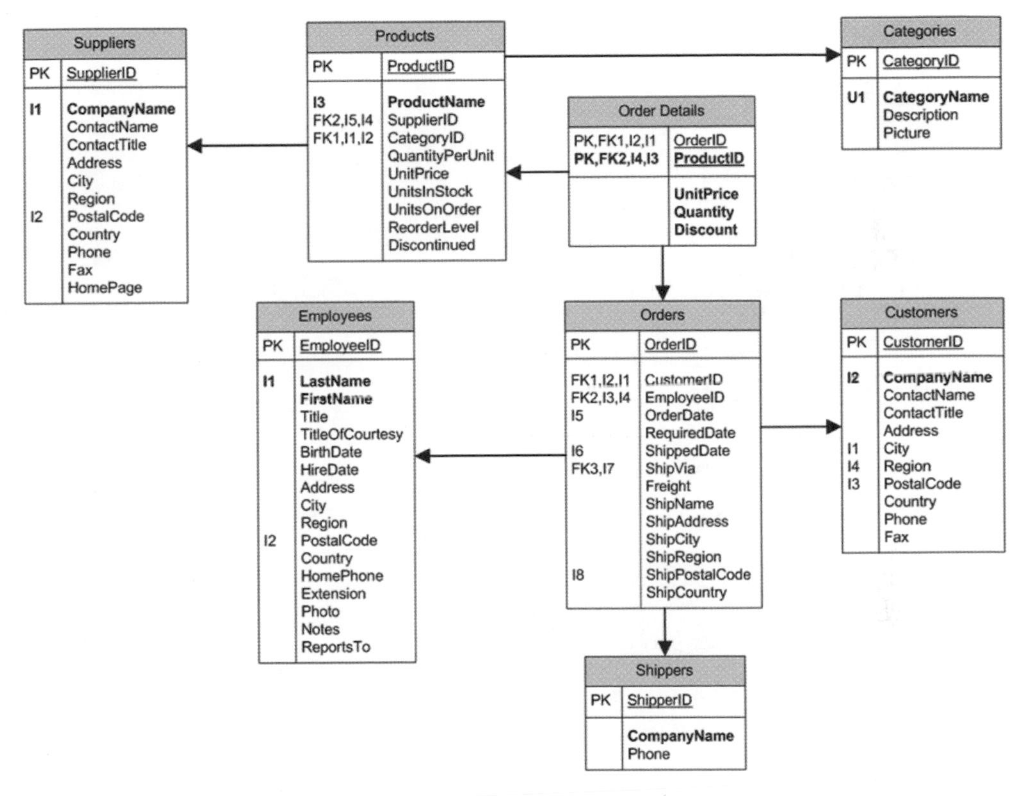

圖 7-2　資料表關聯示意圖

7.1.2　使用 SQL 存取資料庫

要存取資料庫必須使用 SQL（Structured Query Language），中文爲「結構化查詢語言」，常用的有兩大類：

1. DDL（Data Definition Language），常用於：
    - 建立、修改、刪除資料表。
    - 描述資料庫中的資料，包括欄位、型態和資料結構等。
2. DML（Data Manipulation Language），用於：
    - 操作資料表。
    - 允許使用者存取或是處理資料庫中的資料，而處理的內容包括：擷取資料庫中的資訊，以及新增、刪除、更新資料庫中的資料等。

DDL 有許多語法，以本章使用的表格 EMPLOYEE 爲例，刪除表格語法爲：

```
01  DROP TABLE EMPLOYEE;
```

建立表格語法爲：

```
01  CREATE TABLE EMPLOYEE (
02      ID INTEGER NOT NULL,
03      FIRSTNAME VARCHAR(40) NOT NULL,
04      LASTNAME VARCHAR(40) NOT NULL,
05      BIRTHDATE DATE,
06      SALARY REAL,
07      PRIMARY KEY (ID)
08  );
```

DML 經常分爲「CRUD」四類：

1. C（create\insert）。
2. R（read\query\select）。
3. U（update）。
4. D（delete）。

有時也稱爲「新刪改查」：

1. 新（新增）。
2. 刪（刪除）。
3. 改（修改）。
4. 查（查詢）。

新增資料至 EMPLOYEE 表格的 SQL 範例爲：

```
01  INSERT INTO EMPLOYEE
    VALUES (1, 'Troy', 'Hammer', '1966-03-31', 100000.00);
02  INSERT INTO EMPLOYEE
    VALUES (2, 'Michael', 'Walton', '1966-08-25', 90000.20);
```

查詢 EMPLOYEE 表格的資料的 SQL 範例為：

```
01  SELECT * FROM EMPLOYEE;
02  SELECT ID, SALARY FROM EMPLOYEE WHERE ID = 1;
```

修改 EMPLOYEE 表格的資料的 SQL 範例如下，可以將 ID = 1 的員工資料的 SALARY 欄位更改為 0：

```
01  UPDATE EMPLOYEE SET SALARY = 0 WHERE ID = 1;
```

刪除 EMPLOYEE 表格的資料的 SQL 範例如下，可以刪除 ID = 1 的員工資料：

```
01  DELETE FROM EMPLOYEE WHERE ID = 1;
```

7.1.3 Derby 資料庫介紹

Apache 軟體基金組織的 Derby 資料庫是一個純用 Java 開發的關聯式資料庫，最初稱為「Cloudscape」，為 IBM 所有，IBM 在 2004 年將它捐獻給了 Apache 軟體基金組織，目前是完全免費的。

Java 曾經將 Derby 納為內建資料庫，安裝 JDK 7 或 8 時都會一併安裝，位置在 JDK 安裝路徑的「db」目錄內，後來的 JDK 版本不再將 Derby 納入。要使用 Derby，可以到 Apache 的網址（URL https://db.apache.org/derby/derby_downloads.html）下載。本書選擇 Derby 版本「10.14.2.0」，下載包為「db-derby-10.14.2.0-bin.zip」，網址是 URL https://dlcdn.apache.org//db/derby/db-derby-10.14.2.0/db-derby-10.14.2.0-bin.zip。解壓縮後目錄內容如右：

圖 7-3 Derby 資料庫解壓縮目錄

Derby 資料庫的特色有：

1. 100% Java 開發。
2. 輕量級，大小約 35.3（MB）。

3. 支援 JDBC 4.0 以上版本。
4. 支援大部分 ANSI SQL 92 標準。
5. 有 Table 和 View 。
6. 支援 BLOB 和 CLOB 資料類型。
7. 支援「預存程序（stored procedure）」。

Derby 的運行模式：

1. **內嵌模式（embedded mode）**：
   - Derby 資料庫與應用程式共用 JVM，應用程式會在啓動和關閉時，分別自動啓動或停止資料庫。
   - 使用「derby.jar」支援 Derby 資料庫引擎和嵌入式 JDBC 驅動程式。
2. **網路伺服器模式（network server mode）**：
   - Derby 資料庫獨占一個 JVM，作爲伺服器上的一個獨立程序（process）運行。在這種模式下，允許有多個應用程式來連線同一個 Derby 資料庫。
   - 使用「derbyclient.jar」支援 Derby Network Server。

管理 Derby 資料庫的指令檔，都放在 bin 目錄下：

圖 7-4　Derby 資料庫指令目錄

主要指令檔案用途如下：

表 7-1 主要指令檔案用途表

指令	用途
startNetworkServer.bat	可啟動網路伺服器的批次檔。
stopNetworkServer.bat	可停止網路伺服器的批次檔。
ij.bat	互動式 JDBC 批次檔工具。
dblook.bat	可檢視資料庫全部或部分 DDL 的批次檔。
sysinfo.bat	可顯示有關環境版本資訊的批次檔。
NetworkServerControl.bat	可在 NetworkServerControl API 上執行指令的批次檔。

7.1.4 操作 Derby 資料庫

啟動 / 關閉 Network Server

要使用 Derby 資料庫，必須先啓動 Network Server：

1. **啓動**：點擊「startNetworkServer.bat」，以啓動 Network Server，出現如下視窗。

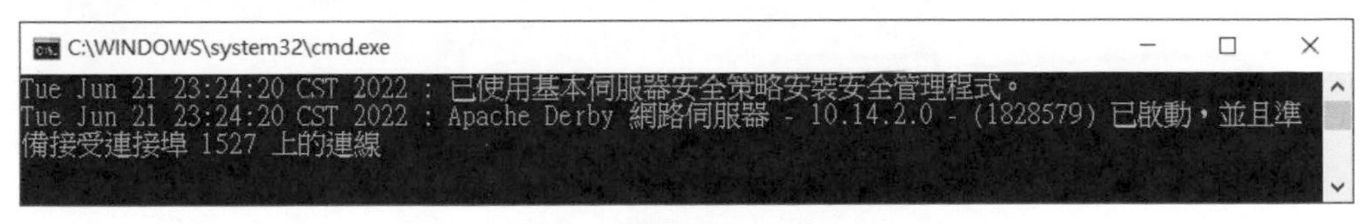

圖 7-5 啟動 Derby 資料庫

2. **關閉**：點擊 Ctrl 與 C 按鈕，或是直接關閉啓動時出現的視窗。

與 Network Server 互動

啓動 Network Server 之後，點擊「ij.bat」，會出現對話主控台（console），開始輸入指令來和 Network Server 互動，包含建立 Derby 資料庫以及執行 DDL、DML、查詢等指令。

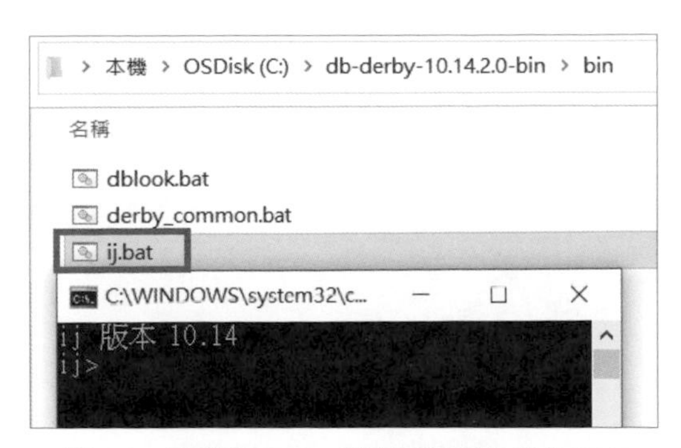

圖 7-6 開啟與 Derby 資料庫互動的指令視窗

點擊「ij.bat」後，出現對話主控台（console），可以輸入指令：

1. 連線 Derby 資料庫：

範例：連線 Derby 指令

```
01  connect
02  'jdbc:derby://localhost:1527/myDB;
03  create=true;
04  user=root;
05  password=sa';
```

說明

1	要求連線 Derby 資料庫。
2	表述資料庫連線位址，使用 JDBC URL，包含位址、port、資料庫名稱 myDB。
3	表示若資料庫不存在，將自動建立。將建立在 bin 目錄下： 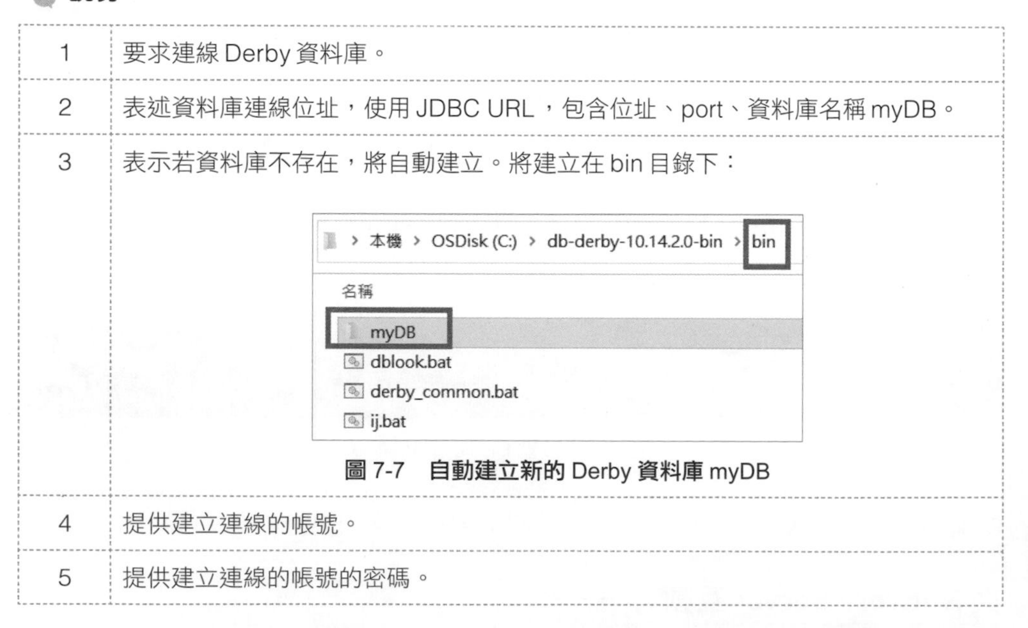 圖 7-7　自動建立新的 Derby 資料庫 myDB
4	提供建立連線的帳號。
5	提供建立連線的帳號的密碼。

2. 連線到目標資料庫 myDB 後，使用 DDL 建立表格，並使用 DML 進行資料的新刪改查。如下圖共包含指令：

- 建立連線（建立資料庫）。
- 建立資料表。
- 建立資料。
- 查詢資料表。

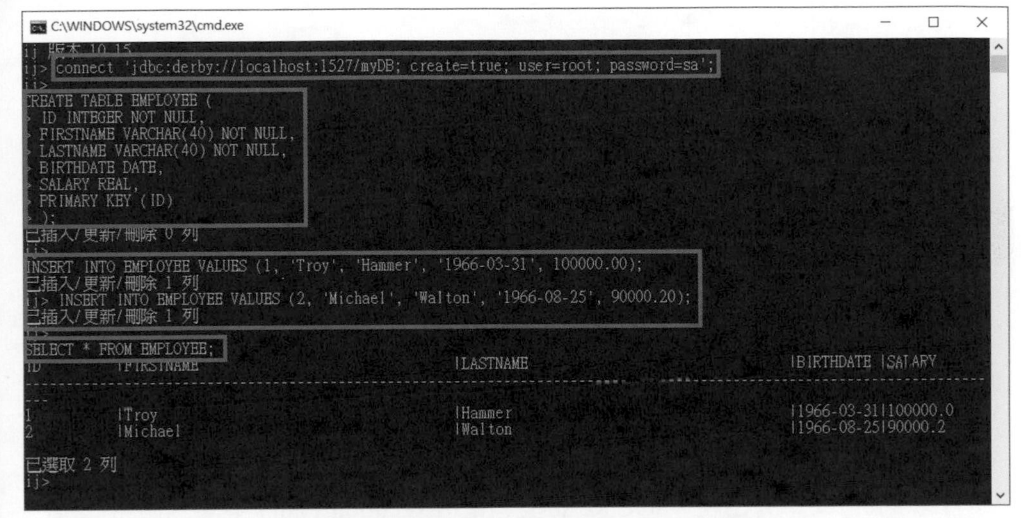

圖 7-8 使用指令與 Derby 資料庫 myDB 互動

7.2 使用 Eclipse 連線並存取資料庫

使用 ij.bat，雖然可以連線並操作資料庫，但畢竟不是視窗畫面，一般程式開發人員較不習慣。Eclipse 提供模組 DTP 連線各式資料庫，雖然和專業的資料庫操作軟體還有距離，但已經相當實用，以下的小節會簡述操作方式。

7.2.1 連線資料庫

使用 Eclipse 連線 Derby 資料庫步驟為：

01 要使用 Eclipse 作為連線資料庫的工具，必須先開啓「Database Development」的視景（perspectives）。點擊右上角的放大鏡圖標，於彈出的搜尋文字框中輸入「database」關鍵字，將列出符合的視景選項，此時點選「Database Development」。

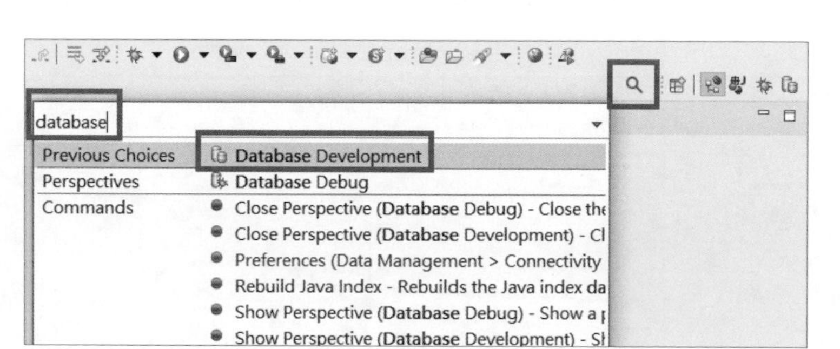

圖 7-9　**選擇** Database Development **視景**

02 出現「Database Development」視景取代原本視景。Eclipse的功能將由原先開發 Java 為主的相關視窗，切換主題為資料庫開發，如左側改為「Data Source Explorer」，下方出現「SQL Results」和「Execution Plan」頁籤。附帶一提，這樣的視景在不同的 Eclipse 版本可能支援不同，本書使用的版本為「eclipse-jee-2020-12-R-win32-x86_64」。

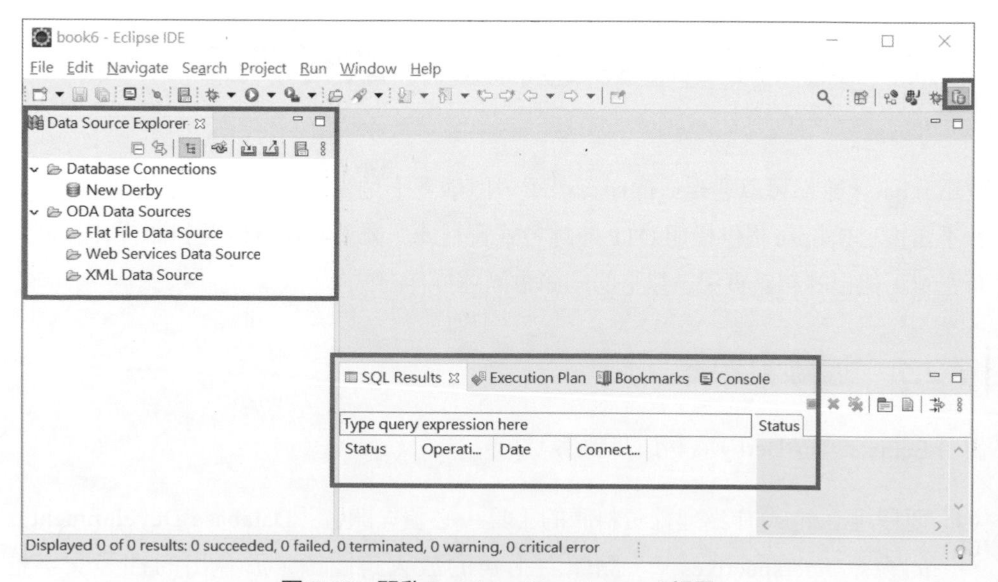

圖 7-10　**開啟** Database Development **視景**

03 由左側的「Data Source Explorer」，點選節點「Database Connections」，再點選滑鼠右鍵，選擇「New」。

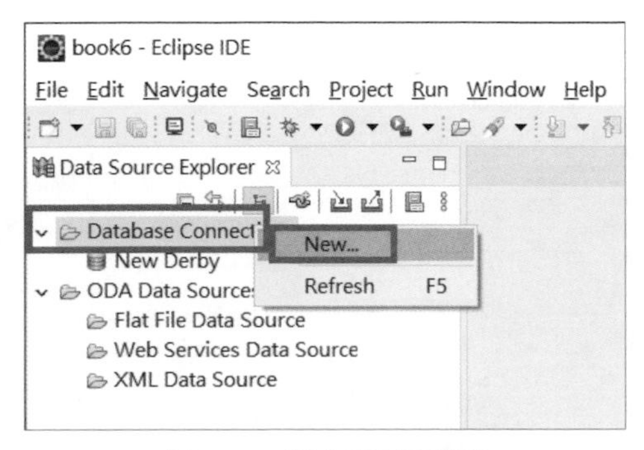

圖 7-11　建立資料庫連線

04 選擇要連線的資料庫種類「Derby」，再點選「Next」按鈕。

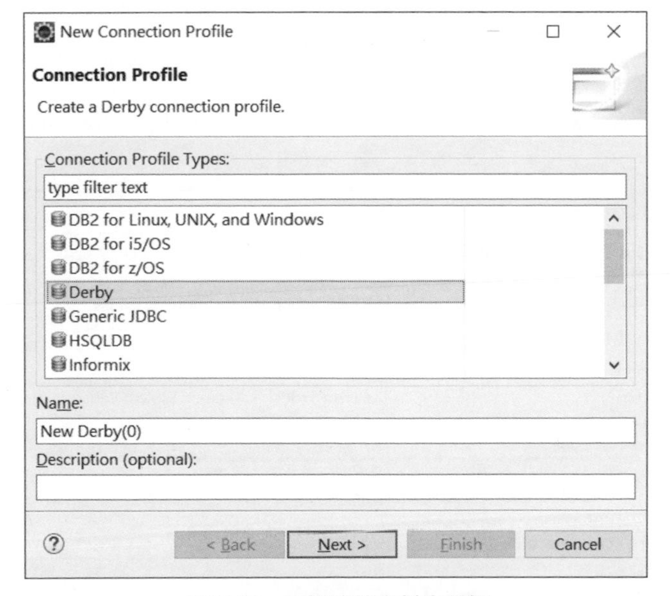

圖 7-12　選擇連線資料庫種類

05 出現視窗，選擇連線資料庫 Derby 的 Drivers（驅動程式）。因為是第一次使用，目前沒有任何可用 driver，必須自己建立，所以先點選右側的「New Driver Definition」。

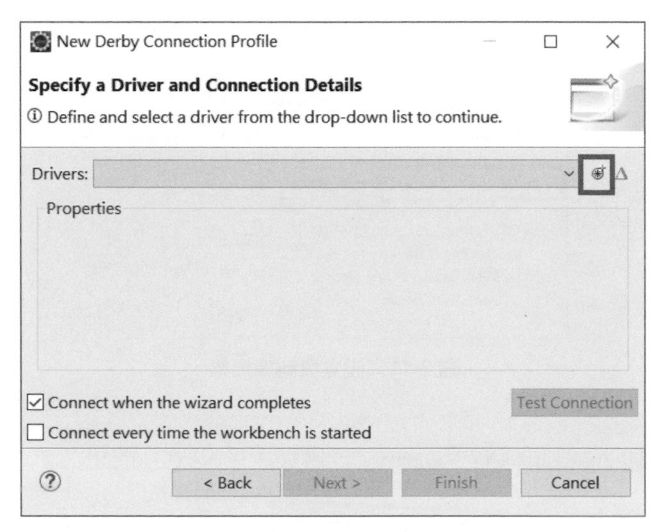

圖 7-13　選擇資料庫驅動程式

06 在第 1 個頁籤「Name/Type」裡，選擇第一筆「Derby Client JDBC Driver」。

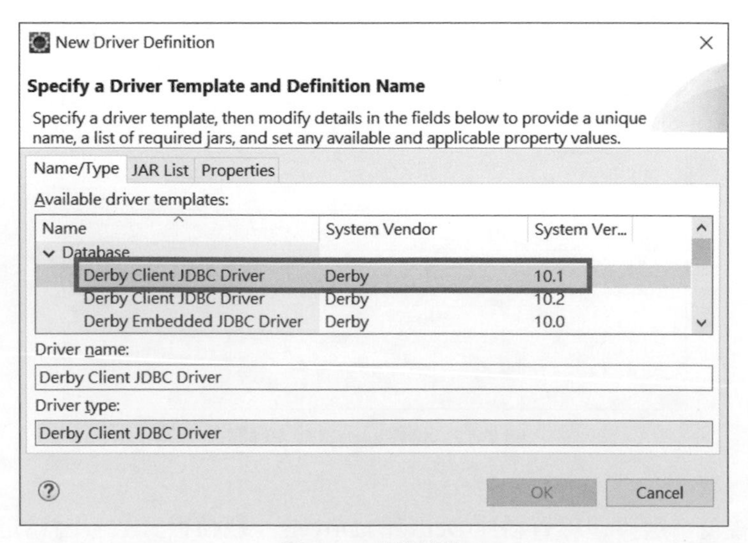

圖 7-14　選擇版本

07 切換第 2 個頁籤「JAR List」，點選預設的「derbyclient.jar」檔案，再點擊「Remove JAR/Zip」，來進行移除作業。

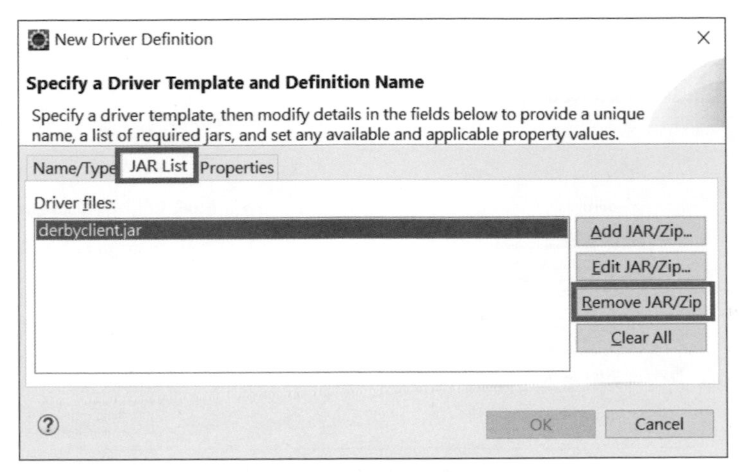

圖 7-15　移除預設驅動程式

08 持續在第 2 個頁籤「JAR List」，並點選「Add JAR/Zip」按鈕，將彈出選擇連線 Derby 資料庫 JAR 檔的視窗。

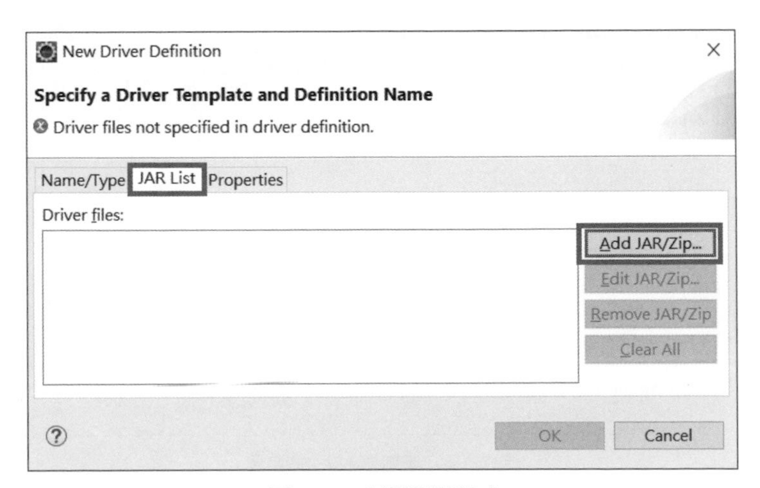

圖 7-16　新增驅動程式

09 在 Derby 解壓縮路徑的「db-derby-10.14.2.0-bin\lib」內，找到「derbyclient.jar」檔案，再點擊「開啓」按鈕。

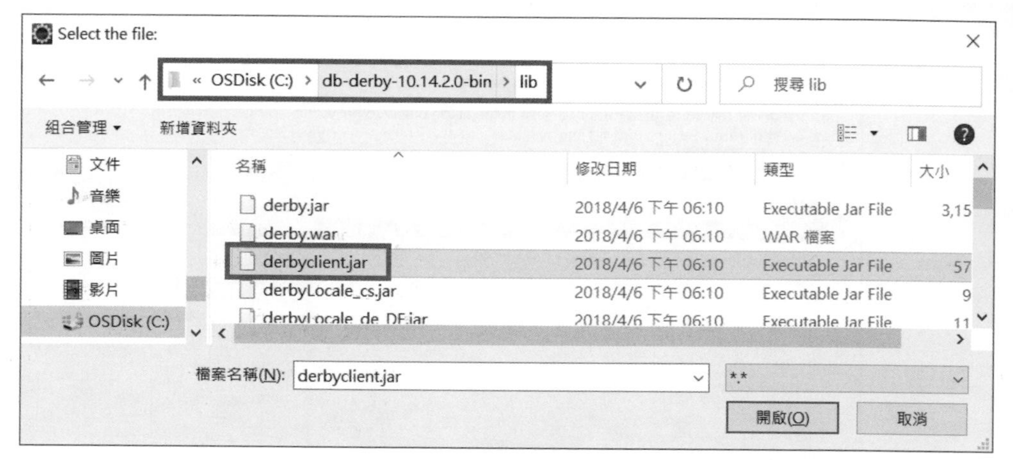

圖 7-17　選擇驅動程式 JAR

10 完成後如下圖，點選「OK」按鈕。

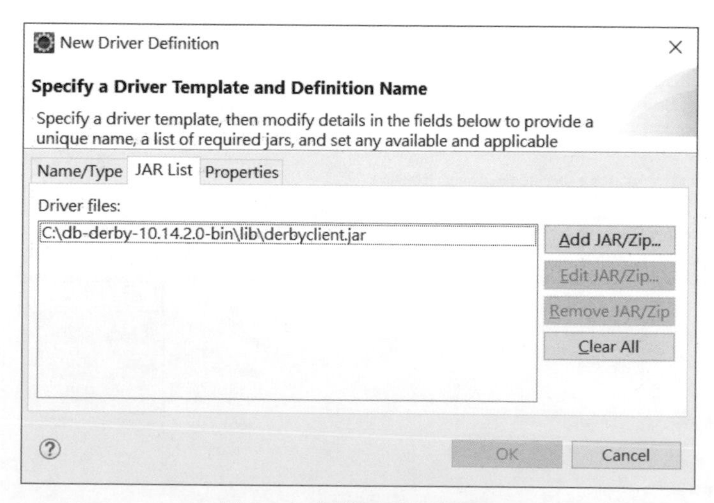

圖 7-18　新增驅動程式完畢

11 鍵入要連線的 Derby 資料庫的相關資訊後，點擊「Test Connection」測試與資料庫的連線。連線前，記得先以「startNetworkServer.bat」啓動 Derby 資料庫，正確後點擊「Finish」按鈕。

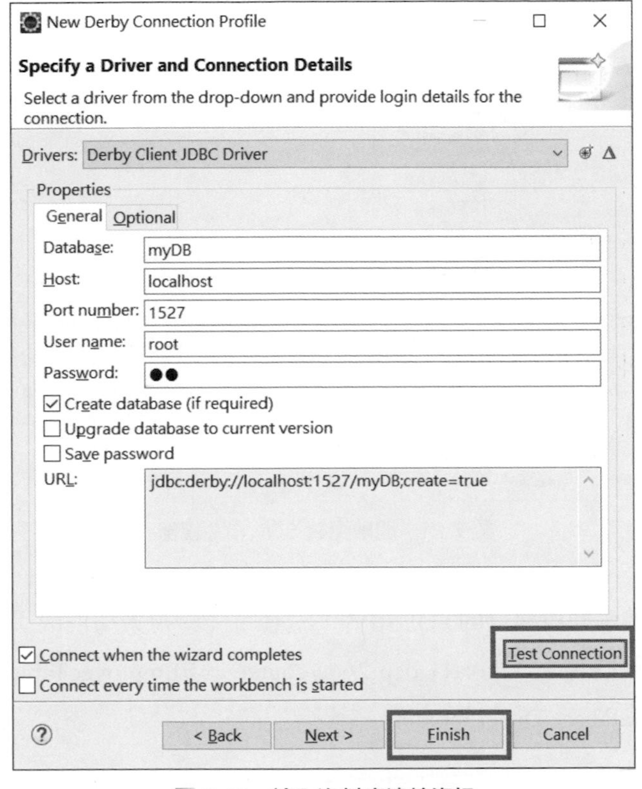

圖 7-19　輸入資料庫連線資訊

圖 7-20　測試連線正常

7.2.2　存取資料表

Derby 資料庫啓動且 Eclipse 已經建立連線後，可依以下步驟進行存取：

01 建立連線後，「Data Source Explorer」會出現目前連線的資料庫的狀態及架構。可以點選頁籤右上方的「Open scrapbook to edit SQL statements」按鈕來開啓新視窗，並進行 SQL 編輯及執行。

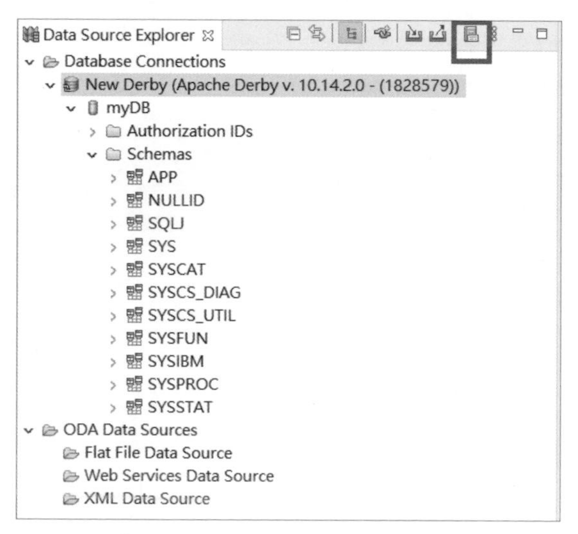

圖 7-21　開啟編輯 SQL 指令視窗

02 本書已經準備好要執行的 SQL 指令，讀者可先將視景切換成「Java」或「Java EE」，並開啟檔案「/java11-ocp-2/src/course/c07/EmployeeTable.sql」，完畢再切換回「Database Development」視景。

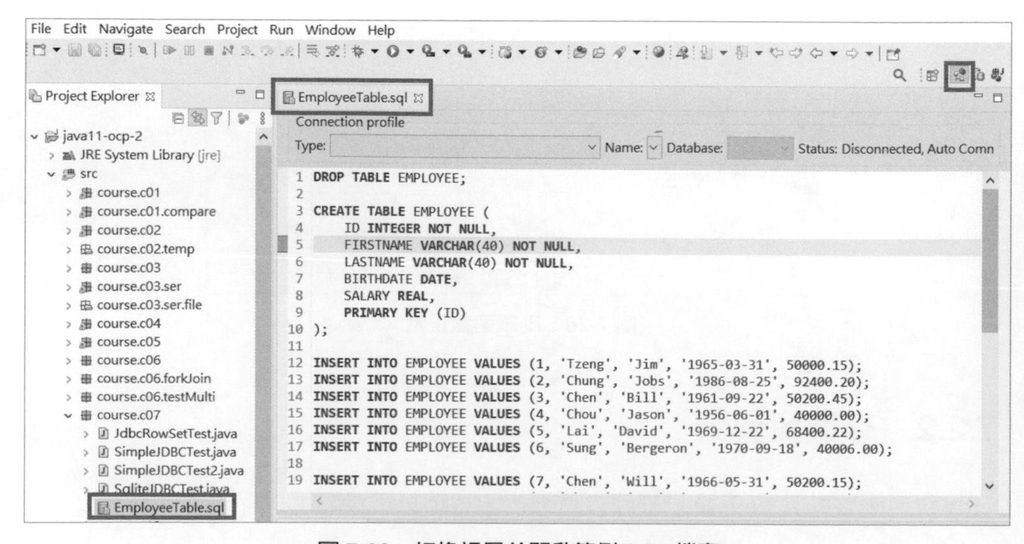

圖 7-22　切換視景並開啟範例 SQL 檔案

03 回到「Database Development」視景後，在已經開啓的 EmployeeTable.sql 檔案的上方 Connection Profile 設定列裡，先選擇要連線的資料庫名稱「myDB」，然後使用滑鼠右鍵選擇執行方式，即可執行 SQL 指令。下圖選擇執行全部的 SQL。

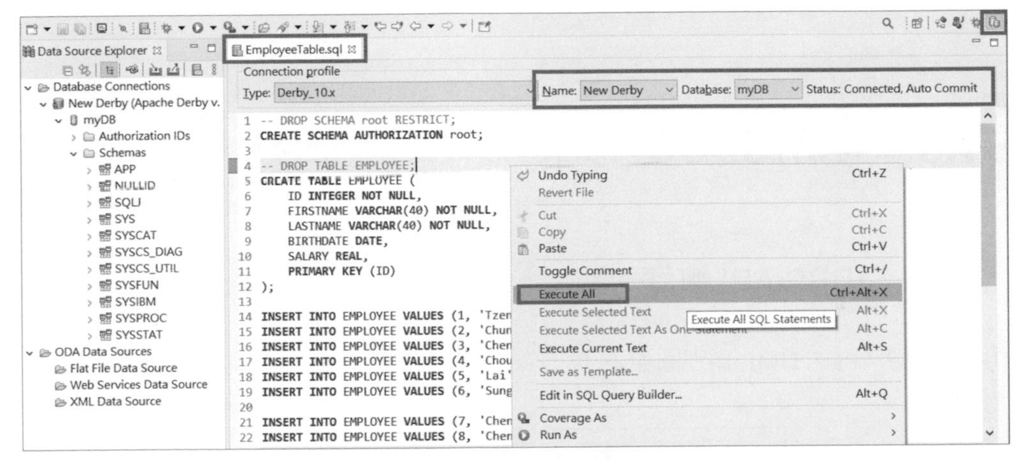

圖 7-23 執行 SQL 指令

04 因爲最後一個 SQL 敘述是查詢，所以點擊左下方的「SQL Results」頁籤的最後一筆 SQL 執行成功紀錄，就會在右方出現「Result1」頁籤，點選後可看到以框格的方式顯示查詢結果。

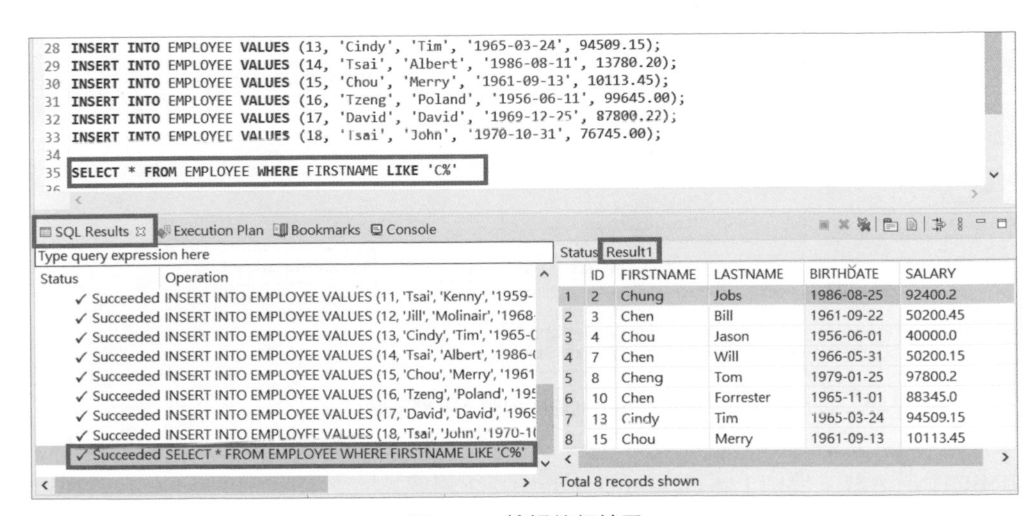

圖 7-24 檢視執行結果

限於篇幅的關係，本書對 SQL 的介紹不多，讀者可另找尋管道精進，但要提醒各位並非每一個 SQL 都能重複執行，特別是 DDL 和 DML。範例 EmployeeTable.sql 先以 CREATE SCHEMA 敘述建立 root 綱目（schema），然後才以 CREATE TABLE 敘述建立 EMPLOYEE 表格；如果要重複執行 EmployeeTable.sql，就必須先刪除表格，再刪除綱目。

7.3 使用 JDBC

7.3.1 JDBC API 概觀

JDBC 上層 API 的 UML 類別圖如下：

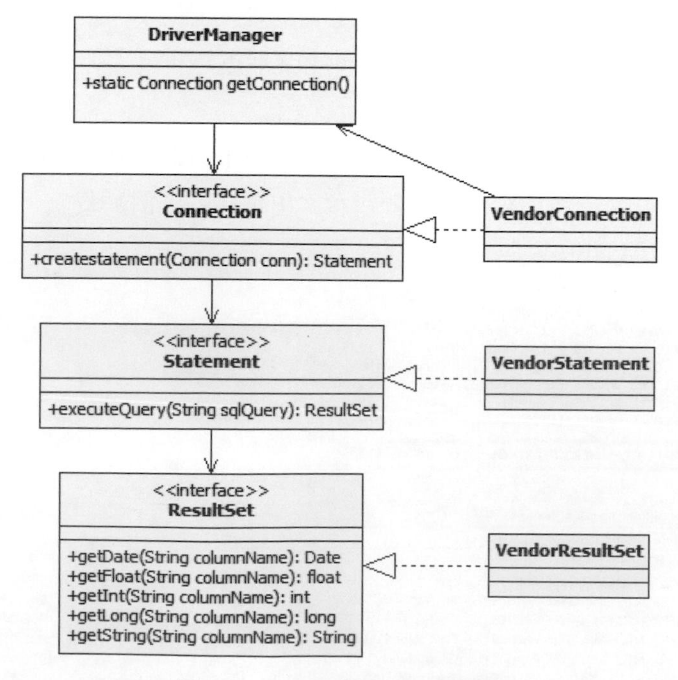

圖 7-25　JDBC 相關 API 類別圖

JDBC 上層 API 主要由 1 個 class 和 3 個 interface 組成，除了 DriverManager 之外都是介面。關係是：

1. 使用 DriverManager 取得 Connection。

2. 使用 Connection 取得 Statement。

3. 使用 Statement 取得 ResultSet。

因爲市場上有多種資料庫且各由不同廠商負責，因此 JDBC 只定義抽象介面，連線資料庫的機制與實作類別由各廠商提供。以 JDBC 連線 Derby 資料庫爲例，需要的 JAR 檔案，亦即驅動程式爲「derbyclient.jar」，檔案位置在 Derby 解壓縮路徑的「db-derby-10.14.2.0-bin\lib」內。

> 本機 > OSDisk (C:) > db-derby-10.14.2.0-bin > lib

名稱	修改日期	類型	大小
derby.jar	2018/4/6 下午 06:10	Executable Jar File	3,158 KB
derby.war	2018/4/6 下午 06:10	WAR 檔案	2 KB
derbyclient.jar	2018/4/6 下午 06:10	Executable Jar File	575 KB
derbyLocale_cs.jar	2018/4/6 下午 06:10	Executable Jar File	93 KB

圖 7-26　**驅動函式庫** derbyclient.jar

7.3.2　專案引用資料庫驅動函式庫

要使用 Java 的 JDBC 程式直接連線 Derby 資料庫，需要在 Eclipse 的專案裡引入該 JAR 檔，步驟爲：

01 在專案中新建 Folder。

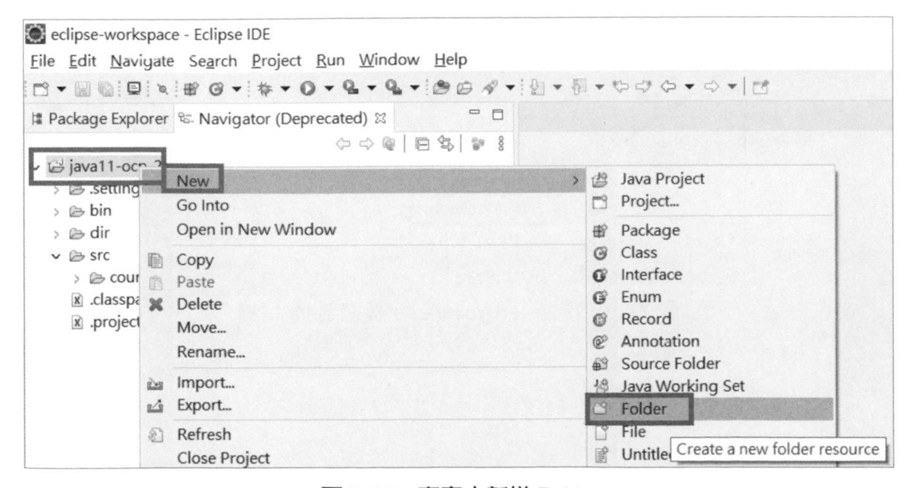

圖 7-27　**專案中新增** Folder

02 該 Folder 慣例上命名「lib」。

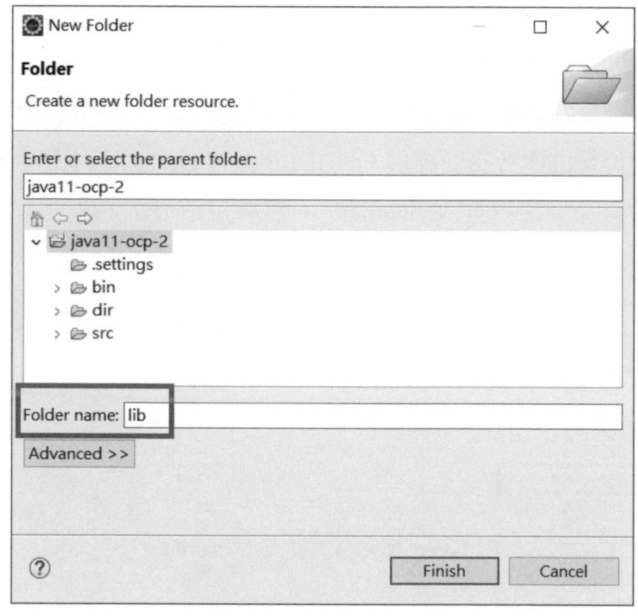

圖 7-28　命名 Folder

03 將 JAR 檔案「derbyclient.jar」以拖拉的方式複製到該新建的 lib 目錄中。

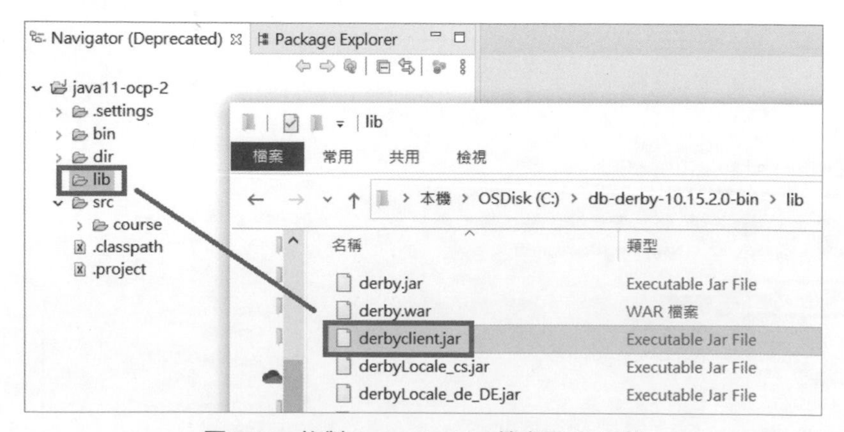

圖 7-29　複製 derbyclient.jar 檔案至 lib 目錄

04 點選「Copy files」，再點擊「OK」按鈕。

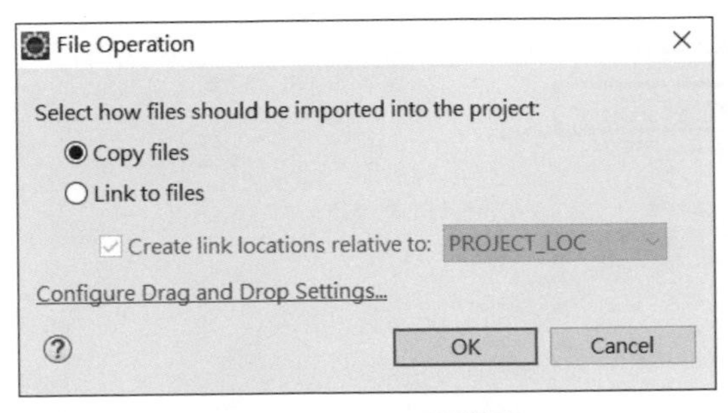

圖 7-30　同意複製檔案

05 複製 JAR 檔案至 Eclipse 專案的步驟完成。

圖 7-31　完成複製 JAR 檔案

06 點選專案節點，並開啓 Project 頁籤的「Properties」選項。

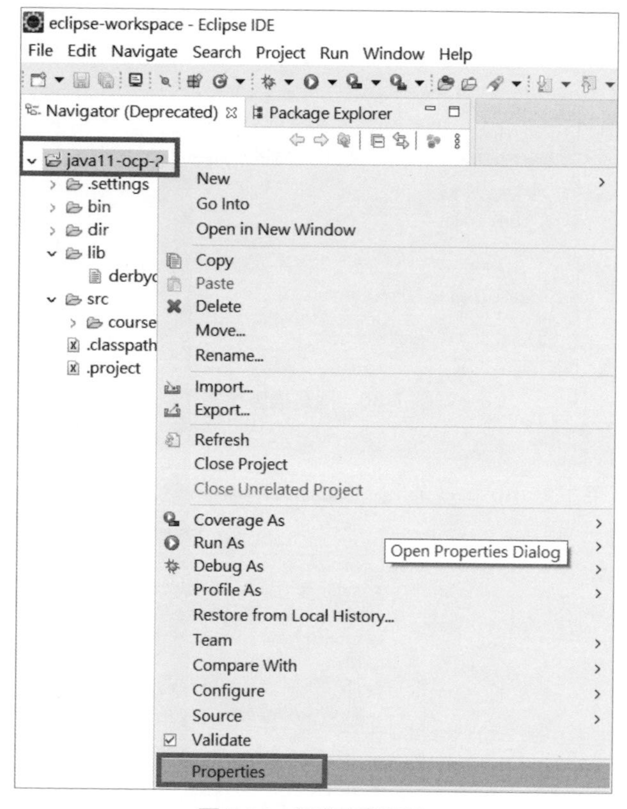

圖 7-32　設定專案屬性

07 在專案屬性視窗的左側，選擇「Java Build Path」，右側選擇「Libraries」頁籤，再點選「Classpath」節點，最後點擊「Add JARs」按鈕。

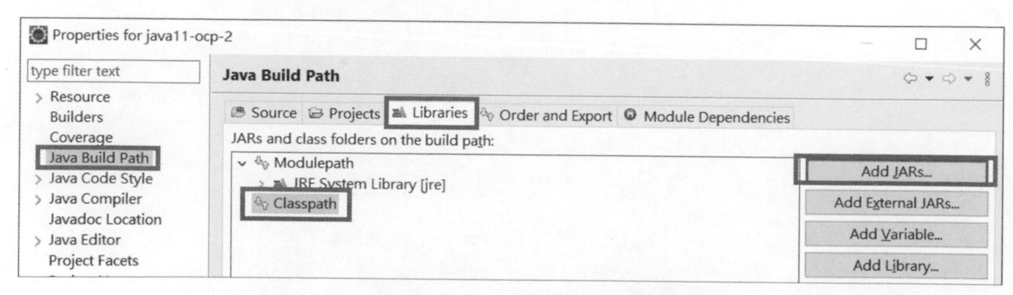

圖 7-33　將複製後的 JAR 檔案加入專案屬性中

08 選擇「derbyclient.jar」檔案。

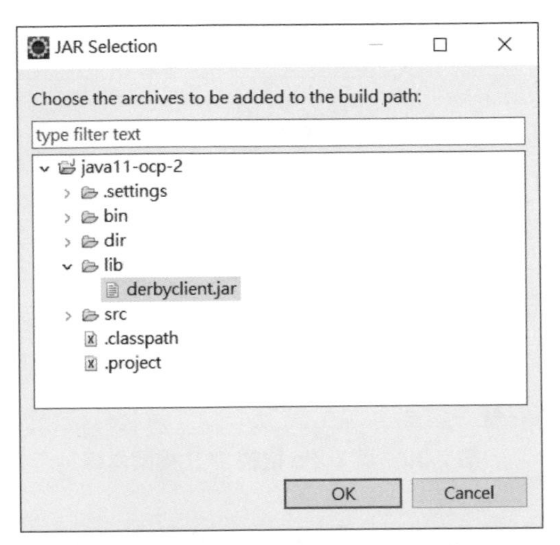

圖 7-34　選擇 derbyclient.jar 檔案

09 設定完成後，可以看到「derbyclient.jar」檔案出現在專案的 Libraries 中，此為專案的「類別路徑（Classpath）」。

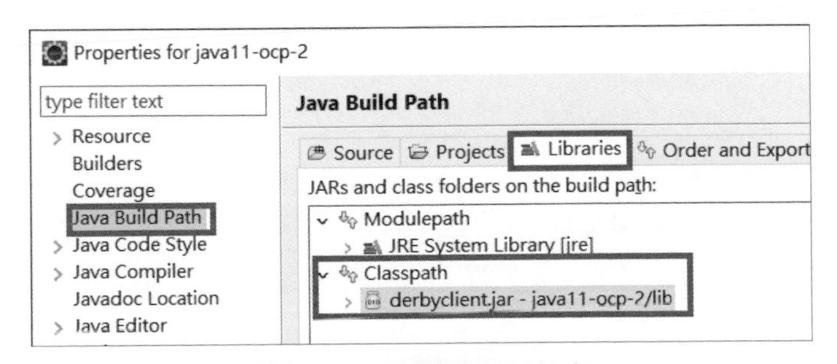

圖 7-35　完成專案屬性設定

7.3.3　認識 JDBC 驅動函式庫 JAR 的組成

要使用 Java 的 JDBC 程式直接連線 Derby 資料庫，需要在 Eclipse 的專案裡引入驅動函式庫 JAR 檔。事實上，Java 的 JAR 檔案是一個壓縮檔，裡面通常會包含一些設定檔和類別檔，所以可以嘗試用 7-Zip 等壓縮軟體去打開。步驟如下：

01 點選「derbyclient.jar」檔案，以 7-Zip 軟體開啓壓縮檔後，可以看到內容基本結構。

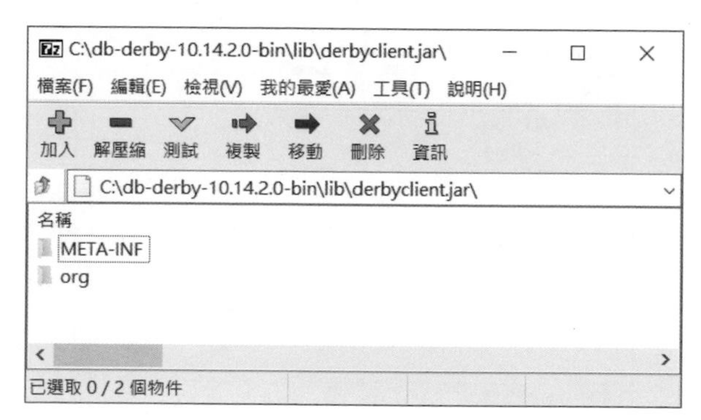

圖 7-36　以 7-Zip 檢視 JAR 檔案內容

02 逐層點開 org 目錄，可以看到許多「*.class」的類別檔。

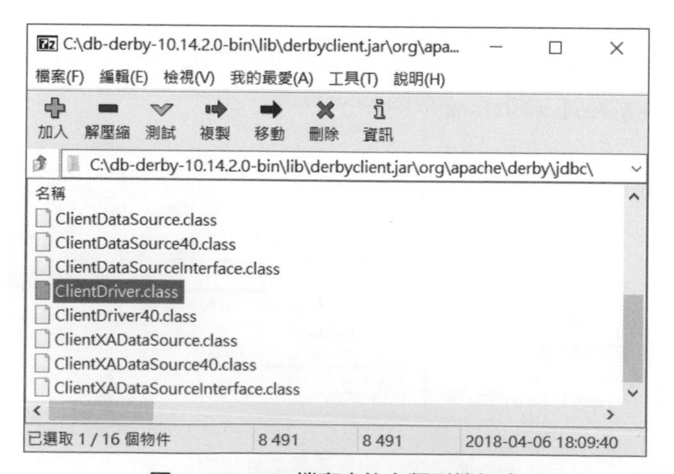

圖 7-37　JAR 檔案由許多類別檔組成

因此，把 derbyclient.jar 檔案放到專案的類別路徑其實還不夠，還必須告訴 Java 如何在這麼一堆類別檔案裡，找到主要的入門 / 入口類別，而這部分在「JDBC 4.0 前 / 後」有很大不同。

1.JDBC 4.0 之前

在呼叫 DriverManager.getConnection() 前，必須以字串明確指出驅動程式的主類別為何，如以下範例行 2。以 Derby 的驅動程式為例，如以下範例行 3。

因為有可能類別字串寫錯，或是忘記將 JAR 檔案加入 Eclipse 的專案的類別路徑中而找不到，所以必須在行 4 處理例外 ClassNotfoundException：

```
01  try {
02    //java.lang.Class.forName("<fully qualified path of the driver>");
03    java.lang.Class.forName("org.apache.derby.jdbc.ClientDriver");
04  } catch (ClassNotfoundException c) {
05  }
```

或是在指令列裡指定驅動程式的主類別字串：

```
01  java -djdbc.drivers=<fully qualified path to the driver> <class to run>
```

2.JDBC 4.0 之後

驅動程式的主類別已經註記在 JAR 的「META_INF/services/java.sql.Driver」檔案內，為 org.apache.derby.jdbc.ClientDriver，如下圖所示，因此在 DriverManager.getConnection() 時，就不需要在程式碼裡特別註記驅動程式主類別。

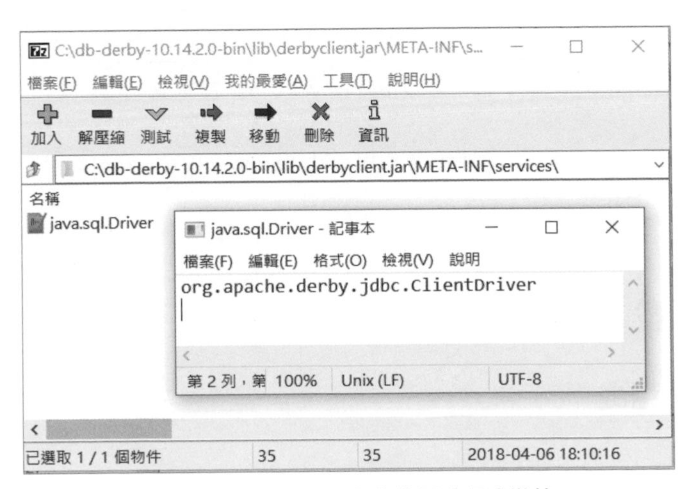

圖 7-38 JDBC 4.0 之後的驅動程式變革

小知識　Derby 資料庫在版本 10.14.2.0 與 10.15.2.0 的差別

若是在 Apache 的網址 URL https://db.apache.org/derby/derby_downloads.html 改下載版本 10.15.2.0，再與 10.14.2.0 比較後，兩前後期版本的明顯差別是：

1. 早期版本可以支援 Java 8；後來使用模組化技術，建議 Java 9 以上。
2. 早期版本驅動程式入口類別是 org.apache.derby.jdbc.ClientDriver；後來是 org.apache.derby.client.ClientAutoloadedDriver。
3. 在設定 Eclipse 連線 Derby 資料庫的「New Driver Definition」時，第 3 個頁籤「Properties」的屬性「Driver Class」的預設值是 org.apache.derby.jdbc.ClientDriver。若使用 10.15.2.0 版本，要改為 org.apache.derby.client.ClientAutoloadedDriver：

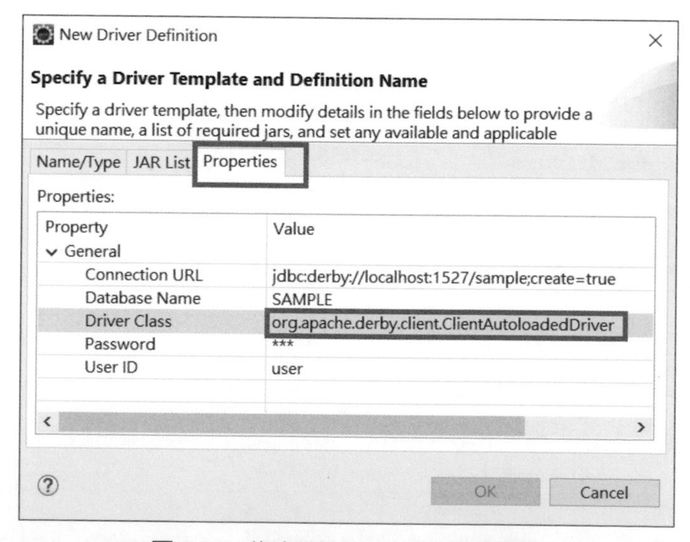

圖 7-39　修改預設 Driver Class 設定值

4. 加入驅動程式到 Java 專案時，早期版本引用 derbyclient.jar 即可；後來需引用 derbyclient.jar 與 derbyshared.jar。

7.3.4　開發 JDBC 程式

JDBC 程式的組成

開發 JDBC 程式的幾個主要步驟是：

1. 指定 URL（Uniform Resource Locator）：URL 用來指出連線資料庫時使用的 driver 名稱 / 種類，資料庫位置（IP + Port），或是其他建立連線時需要的一併提供的屬性名稱與值，語法為：

語法

```
jdbc:<driver>:[sub_protocol:][databaseName][;attribute=value]
```

以 Derby 資料庫為例：

```
01    String url = "jdbc:derby://localhost:1527/EmployeeDB";
```

以 Oracle 資料庫為例：

```
01    String url = "jdbc:oracle:thin:@//myhost:1521/orcl";
```

2. 使用 DriverManager 取得 java.sql.Connection 的物件，該物件將建立與資料庫的連線（session）：

```
01    Connection con = DriverManager.getConnection(url, username, password);
```

3. 使用 java.sql.Connection 取得 java.sql.Statement 物件：

```
01    Statement stmt = con.createStatement();
```

4. 使用 java.sql.ResultSet 取得 java.sql.Statement 執行 SQL 後的查詢結果：

```
01    String query = "SELECT * FROM Employee";
02    ResultSet rs = stmt.executeQuery(query);
```

ResultSet 的特性與使用方式

ResultSet 物件代表 SQL 查詢資料庫後得到的結果，內部使用「游標（cursor）」的移動代表目前所讀取的資料列：

1. 游標最初指向第 0 筆資料。

2. 呼叫 ResultSet 的 next() 方法可移動游標，並取得指向某筆資料的游標。

3. 游標若回傳 false，表示已無資料可以讀取。

示意如下：

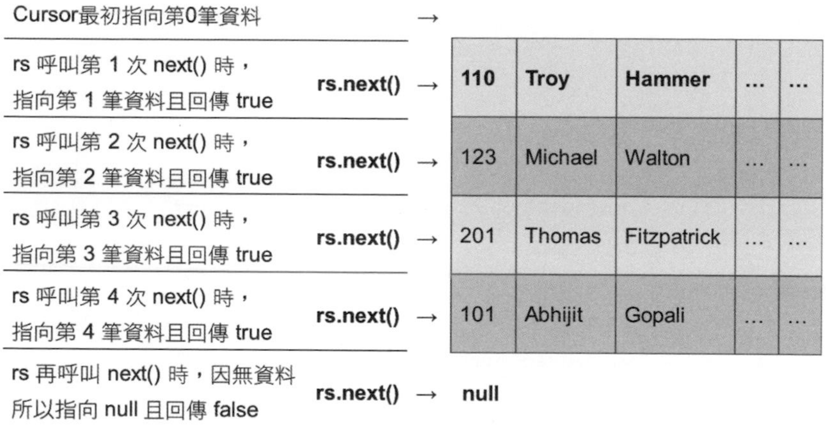

Cursor最初指向第0筆資料		→					
rs 呼叫第 1 次 next() 時，指向第 1 筆資料且回傳 true	rs.next()	→	110	Troy	Hammer	...	...
rs 呼叫第 2 次 next() 時，指向第 2 筆資料且回傳 true	rs.next()	→	123	Michael	Walton	...	...
rs 呼叫第 3 次 next() 時，指向第 3 筆資料且回傳 true	rs.next()	→	201	Thomas	Fitzpatrick	...	...
rs 呼叫第 4 次 next() 時，指向第 4 筆資料且回傳 true	rs.next()	→	101	Abhijit	Gopali	...	...
rs 再呼叫 next() 時，因無資料所以指向 null 且回傳 false	rs.next()	→	null				

圖 7-40　ResultSet 的 next() 方法與游標移動示意圖

此外，ResultSet 物件具有多種屬性可以設定：

表 7-2　ResultSet 常用屬性列表

分類依據	屬性	用途
Concurrency	CONCUR_READ_ONLY	指向資料是唯讀。
	CONCUR_UPDATABLE	指向資料可修改。
Type	TYPE_FORWARD_ONLY	游標只能往前。
	TYPE_SCROLL_INSENSITIVE	游標可往前往後，無法感知資料被修改。
	TYPE_SCROLL_SENSITIVE	游標可往前往後，可以感知資料被修改。

必須在建立 Statement 物件時設定 ResultSet 屬性：

```
01  Statement stmt =
02      con.createStatement( ResultSet.TYPE_SCROLL_INSENSITIVE,
                             ResultSet.CONCUR_UPDATABLE);
03  ResultSet rs = stmt.executeQuery("SELECT a, b FROM TABLE2");
```

設定後的實際情況，必須視該種資料庫的廠商是否實作該屬性而定。

ResultSet 可以使用回傳各種型態的 getter 方法，來取得每筆一資料的每一個欄位內容。

JDBC 程式完整範例

結合使用 DriverManager、Connection、Statement 與 ResultSet 的完整範例如下，可以輸出資料庫 myDB 的資料表 Employee 的所有資料。

範例：/java11-ocp-2/src/course/c07/SimpleJDBCTest.java

```
01  public static void main(String[] args) throws ClassNotFoundException {
02    String url = "jdbc:derby://localhost:1527/myDB";
03    String name = "root";
04    String password = "sa";
05    String query = "SELECT * FROM Employee";
06    try (Connection con = DriverManager.getConnection(url, name,
                                                              password);
07            Statement stmt = con.createStatement();
08            ResultSet rs = stmt.executeQuery(query)) {
09        while (rs.next()) {
10            int empID = rs.getInt("ID");
11            String first = rs.getString("FirstName");
12            String last = rs.getString("LastName");
13            Date birthDate = rs.getDate("BirthDate");
14            float salary = rs.getFloat("Salary");
15            System.out.println(empID + "\t" + first + "\t" + last
16                      + "\t" + birthDate + "\t" + salary);
17        }
18    } catch (SQLException e) {
19        System.out.println("SQL Exception: " + e);
20    }
21  }
```

結果

```
1   Tzeng   Jim 1965-03-31   50000.15
2   Chung   Jobs    1986-08-25   92400.2
3   Chen    Bill    1961-09-22   50200.45
4   Chou    Jason   1956-06-01   40000.0
5   Lai David   1969-12-22   68400.22
```

```
6   Sung    Bergeron    1970-09-18  40006.0
7   Chen    Will    1966-05-31  50200.15
8   Cheng   Tom 1979-01-25  97800.2
9   Thomas  Thomas  1967-07-22  79343.45
10  Chen    Forrester   1965-11-01  88345.0
11  Tsai    Kenny   1959-10-22  45405.22
12  Jill    Molinair    1968-08-18  12335.0
13  Cindy   Tim 1965-03-24  94509.15
14  Tsai    Albert  1986-08-11  13780.2
15  Chou    Merry   1961-09-13  10113.45
16  Tzeng   Poland  1956-06-11  99645.0
17  David   David   1969-12-25  87800.22
18  Tsai    John    1970-10-31  76745.0
```

7.3.5 結束 JDBC 相關物件的使用

JDBC 用來存取資料庫的主要物件，如 Connection、Statement 和 ResultSet，都實作了 java.lang.AutoCloseable 介面，皆屬於外部資源，因此使用後都必須呼叫 close() 方法予以關閉。其原則是：

1. 關閉 Connection 物件，會自動關閉相關 Statement 物件；關閉 Statement 物件，也會自動關閉相關 ResultSet 物件；但此時 ResultSet 所對應的相關資源，並未被自動關閉或釋出，必須等待 Java 啟動 GC 機制。只有明確呼叫 ResultSet 的 close() 方法，才能馬上釋放相關資源。
2. 若使用相同 Statement 物件重新執行查詢，則原先已開啓的 ResultSet 將自動關閉，再使用該 ResultSet 就會出錯。
3. 應該明確呼叫 Connection、Statement 和 ResultSet 的 close() 方法，或是使用「try-with-resource」敘述。關閉資源的順序會和開啓時順序相反：

```
01  try ( Connection con = DriverManager.getConnection(url, name,
                                                          password);
02            Statement stmt = con.createStatement();
03            ResultSet rs = stmt.executeQuery(query)) {
04      //….
05  }
```

4. 只有在「try-with-resource」區塊裡明確宣告的物件，才會被自動關閉，因此以下作法只有 ResultSet 物件會被自動關閉，不是好習慣。

```
01  try ( ResultSet rs = DriverManager
02                      .getConnection(url, username,password)
03                      .createStatement()
04                      .executeQuery(query)) {
05      //…
06  }
```

7.3.6 開發可攜式的 JDBC 程式碼

JDBC 相關 API 的設計，是希望能使用物件導向裡多型的概念，讓 Java 程式碼可以依賴於 JDBC 建立的抽象層，而不是和底層的資料庫綁定太深，太依賴資料庫。如此未來若需要抽換資料庫，可以影響最小，因此主要的 Connection、Statement 和 ResultSet 都爲介面，再讓資料庫廠商去實作。這種將系統架構「分層（insulating layer）」的概念，示意如下：

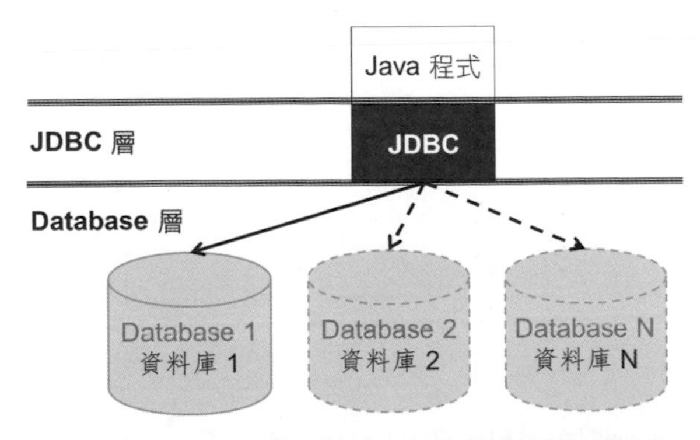

圖 7-41　以 JDBC 的 API 將 Java 程式和資料庫分層

除此之外，由「美國國家標準學會（American National Standards Institute, ANSI）」所定義的「SQL-92 Entry-level specification」，也希望所有資料庫廠商在開發自己的資料庫時，都能夠支援 SQL-92 的標準查詢語法，盡量讓相同的語法可以在不同的資料庫間使用，減少使用者在不同資料庫間語法轉換的困擾。

確認使用中的資料庫是否有支援 SQL-92 的標準查詢語法，可以藉由 DatabaseMetaData 介面的 supportsANSI92EntryLevelSQL() 方法回傳 true 或 false 來確認，如下圖所示。

```
DatabaseMetaData dbm = con.getMetaData();
if (dbm.supports|.supportsANSI92EntrySQL()) {

}
```

supportsAlterTableWithAddColumn() : boolean - DatabaseMetaData
supportsAlterTableWithDropColumn() : boolean - DatabaseMetaData
supportsANSI92EntryLevelSQL() : boolean - DatabaseMetaData
supportsANSI92FullSQL() : boolean - DatabaseMetaData
supportsANSI92IntermediateSQL() : boolean - DatabaseMetaData
supportsBatchUpdates() : boolean - DatabaseMetaData
supportsCatalogsInDataManipulation() : boolean - DatabaseMetaData
supportsCatalogsInIndexDefinitions() : boolean - DatabaseMetaData
supportsCatalogsInPrivilegeDefinitions() : boolean - DatabaseMetaData

圖 7-42　以 DatabaseMetaData 呼叫各種 supportsXXX() 方法

範例如下：

範例：/java11-ocp-2/src/course/c07/SimpleJDBCTest2.java

```
01  private static void showDatabaseMetaData(Connection con)
                                              throws SQLException {
02      DatabaseMetaData dbm = con.getMetaData();
03      System.out.println("Support for Entry-level SQL-92 standard: "
                                 + dbm.supportsANSI92EntryLevelSQL());
04  }
```

即便如此，仍須注意撰寫 SQL 時的語法。如以下示範在不同資料庫裡要撈取 10 筆資料時的 SQL 語法：

1. MS SQL Server（TSQL）：

```
Select top 10 * from some_table
```

2. Oracle（PLSQL）：

```
Select * from some_table where rownum <= 10
```

這種使用各資料庫原生（native）的 SQL 的程式碼，將造成日後轉換資料庫的困難。

7.3.7 使用 java.sql.SQLException 類別

SQLException 類別用於回報存取資料庫時產生的各種錯誤，它和一般 Exception 不同，可以得到更多訊息。以下程式片段使用 getSQLState()、getErrorCode()、getMessage() 和 getNextException() 等方法取得和資料庫相關的錯誤訊息：

```
01  catch(SQLException ex) {
02      while(ex != null) {
03          System.out.println("SQLState: " + ex.getSQLState());
04          System.out.println("Error Code in DB:" + ex.getErrorCode());
05          System.out.println("Message: " + ex.getMessage());
06          Throwable t = ex.getCause();
07          while(t != null) {
08              System.out.println("Cause:" + t);
09              t = t.getCause();
10          }
11          ex = ex.getNextException();
12      }
13  }
```

7.3.8 Statement 介面與 SQL 敘述的執行

要執行 SQL 敘述（statement）時，必須要有 Statement 的物件；所以也可以說 Statement 介面是 SQL statement 的包覆類別（wrapper class）：

```
01  Statement stmt = con.createStatement();
02  String sqlStatement = "select * ….";
03  ResultSet rs = stmt.executeQuery (sqlStatement);
```

根據 SQL 敘述的不同種類，有不同執行方式：

SQL 敘述的種類	方法	回傳
SELECT	executeQuery(sql)	ResultSet
INSERT、UPDATE、DELETE、DDL…	executeUpdate(sql)	int，表示影響的資料筆數
任何 SQL 指令	execute(sql)	boolean，表示是否有 ResultSet

7.3.9 使用 ResultSetMetaData 介面

使用 ResultSetMetaData 介面取得 ResultSet 的：

1. 欄位數量，使用 getColumnCount() 方法。

2. 欄位名稱，使用 getColumnName() 方法。

3. 欄位型態，使用 getColumnTypeName() 方法。

必須注意的是，指定欄位的 index 由「1」起算，非「0」，如下：

範例：/java11-ocp-2/src/course/c07/SimpleJDBCTest2.java

```
01  private static void showRsMetaData(ResultSet rs) throws SQLException {
02      int numCols = rs.getMetaData().getColumnCount();
03      String[] colNames = new String[numCols];
04      String[] colTypes = new String[numCols];
05      for (int i = 0; i < numCols; i++) {
06          colNames[i] = rs.getMetaData().getColumnName(i + 1);
07          colTypes[i] = rs.getMetaData().getColumnTypeName(i + 1);
08      }
09      System.out.println("Number of columns returned: " + numCols);
10      System.out.println("Column names/types returned: ");
11      for (int i = 0; i < numCols; i++) {
12          System.out.println(colNames[i] + " : " + colTypes[i]);
13      }
14  }
```

說明

6	資料表的欄位位置由 1 起算，但迴圈的 i 由 0 開始，所以必須是 i+1。
7	資料表的欄位位置由 1 起算，但迴圈的 i 由 0 開始，所以必須是 i+1。

結果

```
Number of columns returned: 5
Column names/types returned:
ID : INTEGER
FIRSTNAME : VARCHAR
LASTNAME : VARCHAR
BIRTHDATE : DATE
SALARY : REAL
```

7.3.10 取得查詢結果的資料筆數

要取得查詢結果的資料筆數，可以利用游標（cursor）的前後移動，所以必須先設定屬性：

```
01  Statement stmt = con.createStatement (
02                          ResultSet.TYPE_SCROLL_INSENSITIVE,
03                          ResultSet.CONCUR_READ_ONLY);
```

執行查詢取得 ResultSet 物件後，可以由以下範例取得結果的資料筆數：

範例：/java11-ocp-2/src/course/c07/SimpleJDBCTest2.java

```
01  private static int rowCountByCursor(ResultSet rs) throws SQLException {
02      int rowCount = 0;
03      int currRow = rs.getRow();
04      if (!rs.last())
05          return -1;
06      rowCount = rs.getRow();
07      if (currRow == 0)
08          rs.beforeFirst();
09      else
10          rs.absolute(currRow);
11      return rowCount;
12  }
```

說明

3	先記錄目前 cursor 位置。
4-5	使用 last() 方法將游標移到最後一筆資料。同時，若發現沒資料，該方法會回傳 false。
6	因為游標已經移到最後一筆資料，游標所在位置即為資料筆數。
7-10	將 cursor 移回原先位置。

也可以使用 SQL 語法裡的 count() 函數，直接取得滿足條件的資料筆數。因爲毋須調整 cursor，使用預設的 Statement 物件即可，如下：

範例：/java11-ocp-2/src/course/c07/SimpleJDBCTest2.java

```
01  private static int rowCountBySQL(Connection con, String money)
                                                    throws SQLException {
02      String query =
                "SELECT COUNT(*) FROM Employee WHERE Salary > " + money;
03      try (Statement stmt = con.createStatement();
04              ResultSet rs = stmt.executeQuery(query)) {
05          rs.next();
06          int count = rs.getInt(1);
07          return count;
08      }
09  }
```

說明

5	每一個 Statement 物件只能用來執行 1 次 SQL，不能重複使用，所以傳入 Connection 物件，以之重新產生 Statement 物件，再執行 SQL。

7.3.11 控制 ResultSet 每次由資料庫取回的筆數

使用 Statement 物件執行 Query 後取得的 ResultSet 物件，並不是由資料庫將資料一次全部拿回來：

```
01  ResultSet rs = stmt.executeQuery(query));
02  while ( rs.next() ) {
03      //…
04  }
```

當呼叫 while (rs.next()) { } 時，Java 會自資料庫中「每次抓回一定的筆數」，才進行迴圈，以減少對資料庫的頻繁 I/O。該筆數預設由 JDBC 驅動程式控制，若要自己控制，則作法為：

```
01  rs.setFetchSize(25);
```

所以查詢後每次只拿 25 筆資料，第 26 筆時再連線資料庫撈取下一批資料（25 筆），主要是避免若一次由資料庫中取得太多資料，而影響 JVM。

7.3.12 使用 PreparedStatement 介面

當我們對資料庫發出 SQL 語句請求查詢或執行指令時，資料庫需對該 SQL 語句進行編譯程序，以產出最佳「執行計畫（execution plan）」，來確保查詢效能。以 Oracle 資料庫而言，過程大致如下：

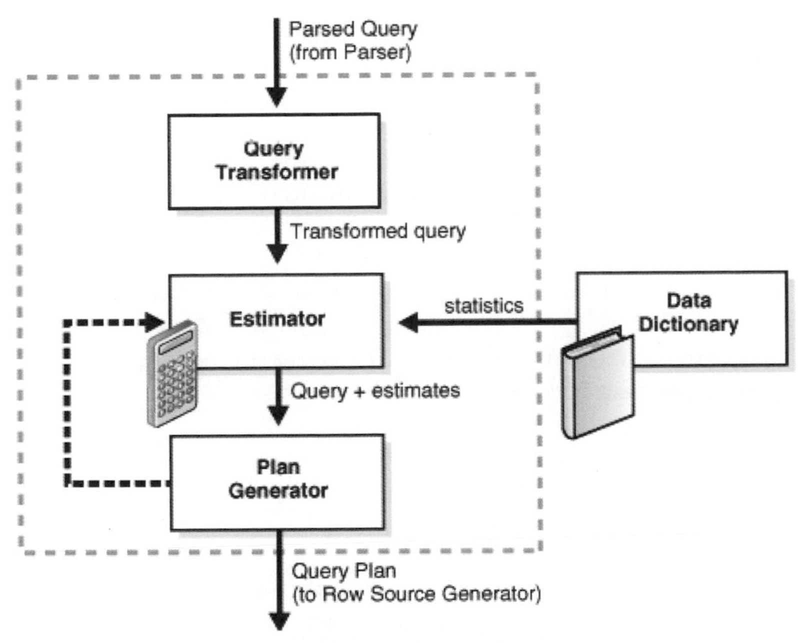

圖 7-43 產出 SQL 執行計畫的流程（資料來源：Oracle 網站）

這樣的過程，目的在讓 SQL 的執行效率可以最佳化，但因爲流程本身必須使用 CPU 資源進行分析，若頻率太高，將造成資料庫主機的負載。

解決方式在於讓「類似的 SQL」可以重複使用相同的執行計畫，避免編譯的工作一再發生。例如以下 SQL：

```
01  SELECT * FROM Employee WHERE Salary > 100;
02  SELECT * FROM Employee WHERE Salary > 1000;
03  SELECT * FROM Employee WHERE Salary > 9;
04  SELECT * FROM Employee WHERE Salary > 11023;
```

因爲眞正改變的只有 Salary 欄位的金額，因此以「？」取代 Salary 欄位的金額後，先將 SQL 送出至資料庫，Salary 欄位的金額後送，如此二段式的改變，就可以避免該 SQL 敘述送至資料庫後，因每次金額不同被反覆編譯：

```
01  SELECT * FROM Employee WHERE Salary > ?;
```

這樣的作法在 Oracle 資料庫裡，稱爲使用「繫結變數（bind variables）」。在 JDBC 裡，則稱爲使用 PreparedStatement 介面，該介面繼承 Statement 介面，讓預先編譯好（precompiled）的 SQL 可以再和傳入的參數配合，如下：

範例：/java11-ocp-2/src/course/c07/SimpleJDBCTest2.java

```
01  private static void runPreparedStatement(
                  Connection con, double value) throws SQLException {
02      String query = "SELECT * FROM Employee WHERE Salary > ? ";
03      PreparedStatement pStmt = con.prepareStatement(query);
04      pStmt.setDouble(1, value);
05      ResultSet rs = pStmt.executeQuery();
06      printResultSet(rs);
07  }
```

前述範例中，將回傳 Salary > value 的員工查詢結果。SQL 裡的每一個「?」號都必須有相應數値，藉由 setXXX(index, value) 的方法帶入 value，其 Index 由 1 起算，配合「?」的出現順序，如此可避免每次執行 SQL 時，資料庫重新編譯 SQL 所耗費的資源。

SQL injection

避免「SQL injection」的網路駭客攻擊，也是使用 PreparedStatement 的一個原因。以下作法容易招致 SQL injection 的攻擊：

範例：/java11-ocp-2/src/course/c07/SimpleJDBCTest2.java

```
01  private static void runSqlInjection(Connection con, String value)
                                              throws SQLException {
02      String query = "SELECT * FROM Employee WHERE Salary > " + value;
03      Statement stmt = con.createStatement();
04      ResultSet rs = stmt.executeQuery(query);
05      printResultSet(rs);
06  }
```

比較兩個方法的傳入參數：

1. 方法 runPreparedStatement() 的第 2 個參數使用 double。
2. 方法 runSqlInjection() 的第 2 個參數則使用 String，若有心人士了解資料表結構，或是故意在傳入的字串後面加上「or 1=1」，讓原先正常的 SQL：

```
01  SELECT * FROM Employee WHERE Salary > 100;
```

被惡意更改爲：

```
01  SELECT * FROM Employee WHERE Salary > 100 or 1=1;
```

這樣的查詢語法將會帶出表格 Employee 內所有資料，就可能讓公司營業機密資料或個資外洩。

7.4 使用 JDBC 進行交易

7.4.1 何謂資料庫交易？

讓「多個」對資料庫的存取的行爲，含 query、delete、insert 和 update 等指令，視同一個，且同進退；亦即一起發生（commit），或一起未發生（rollback）。一個交易裡的行爲可以跨資料庫，但會更複雜。

交易具有 4 項特徵，簡稱「ACID」：

1. **Atomicity（原子性）**：交易裡的所有行爲，將一起完成，或一起未完成（回復至未進行交易的狀態）。
2. **Consistency（一致性）**：交易使系統由原來一致性的狀態，轉換至另一個一致性的狀態。
3. **Isolation（獨立性）**：兩個同時發生的交易，彼此互不影響。
4. **Durability（持久性）**：已經完成的交易將繼續保持，即便系統毀損，也可以使用資料庫的交易紀錄日誌（transaction log）還原。

以銀行轉帳爲例。假設帳號 A 有存款 500 元，帳號 B 有存款 1000 元。若打算由帳號 A 轉帳 100 元到帳號 B，則轉帳結束後，帳號 A 該有 400 元，帳號 B 有 1100 元。

若銀行無交易管控機制，一旦轉帳失敗，帳號 A 少 100 元，但帳號 B 金額未增加。如下圖所示。

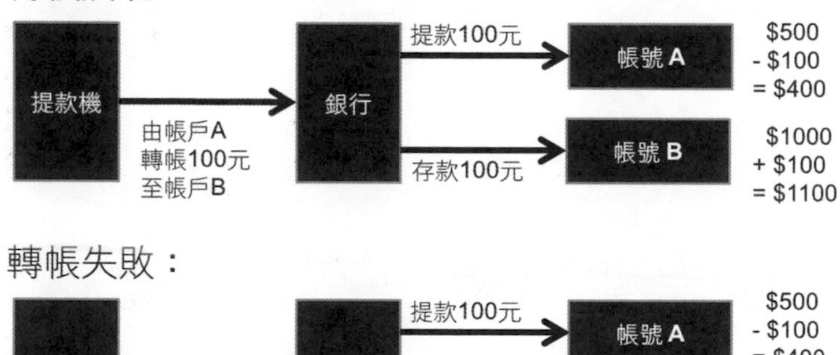

圖 7-44　銀行轉帳若無交易機制

若銀行有交易管控機制，一旦轉帳完成，帳號 A 及帳號 B 同時下達「commit」指令，完成交易，如下圖所示。

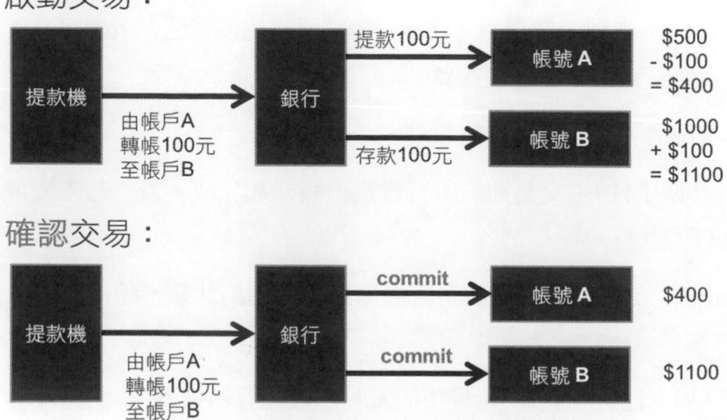

圖 7-45　銀行轉帳時使用交易且過程順利

若銀行有交易管控機制，且過程中遇到問題失敗，則帳號A及帳號B同時下達「rollback」指令，取消交易，如下圖所示。

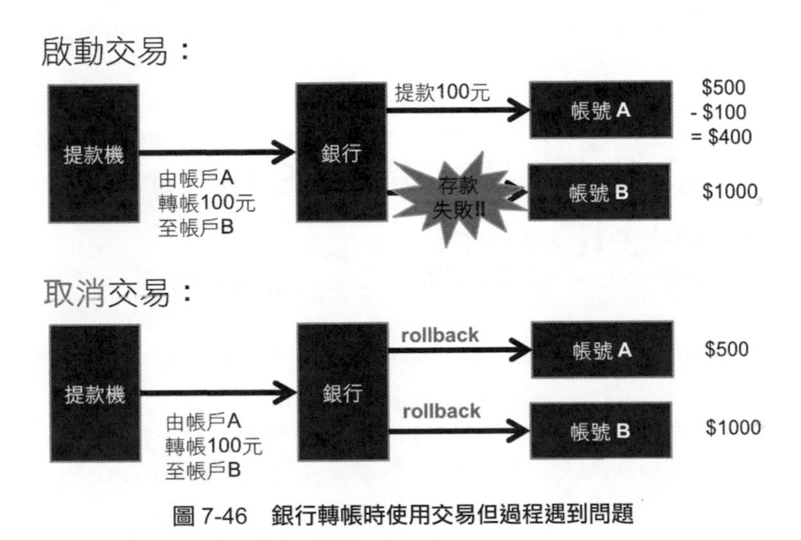

圖 7-46　銀行轉帳時使用交易但過程遇到問題

7.4.2　使用 JDBC 的交易

當 connection 物件建立時，預設爲「auto commit」模式，此時單一 SQL 將被視爲獨立交易，完成後自動 commit。若要將 2 個以上的 SQL 作成交易群組，必須先關閉「auto commit」模式：

```
01    con.setAutoCommit (false);
```

以後，完成交易時必須呼叫方法：

```
01    con.commit();
```

也可以取消交易：

```
01    con.rollback();
```

JDBC 沒有明確的方法「啓動」一個交易。依據 JDBC JSR（221）所提供的綱要：

1. 以關閉「auto commit」模式的時候開始，接下來的所有 SQL 都算成同一個交易，直到 commit 或 rollback 方法被執行。
2. 若交易進行中「auto commit」模式被改變，則交易將自動 commit。

7.5 使用 JDBC 4.1 的 RowSetProvider 和 RowSetFactory

Java 7 導入新版 RowSet 1.1，使用 javax.sql.rowset.RowSetProvider 取得 RowSetFactory 物件，其預設實作是 com.sun.rowset.RowSetFactoryImpl：

```
01  RowSetFactory myRowSetFactory = RowSetProvider.newFactory();
```

而 RowSetFactory 則用來建立 RowSet 1.1 中的 RowSet 物件，常見有以下數種：

表 7-3 常見 RowSet 列表

介面	功能
CachedRowSet	可以將資料庫取得的資料儲存在記憶體中，避免經常連線。
FilteredRowSet	繼承 CachedRowSet，可以有過濾資料功能。
JdbcRowSet	是 ResultSet 的 wrapper 物件，讓 ResultSet 的行為像 JavaBean，也可以和資料庫保持連線狀態。
JoinRowSet	可以將兩個不同的 RowSet 合併成一個 JoinRowSet，功能像 SQL 的表格 join。
WebRowSet	支援將 RowSet 以標準的 XML 格式表現。

以下示範如何使用 JdbcRowSet 介面：

範例：/java11-ocp-2/src/course/c07/JdbcRowSetTest.java

```
01  public class JdbcRowSetTest {
02      public static void main(String[] args) throws SQLException {
03          String url = "jdbc:derby://localhost:1527/myDB";
04          String username = "root";
```

```
05          String password = "sa";
06          RowSetFactory myRowSetFactory =
                       RowSetProvider.newFactory();
07          try (JdbcRowSet jdbcRs =
                  myRowSetFactory.createJdbcRowSet()) {
08              jdbcRs.setUrl(url);
09              jdbcRs.setUsername(username);
10              jdbcRs.setPassword(password);
11              jdbcRs.setCommand("SELECT * FROM Employee");
12              jdbcRs.execute();
13              while (jdbcRs.next()) {
14                  int empID = jdbcRs.getInt("ID");
15                  String first = jdbcRs.getString("FirstName");
16                  String last = jdbcRs.getString("LastName");
17                  Date birthDate = jdbcRs.getDate("BirthDate");
18                  float salary = jdbcRs.getFloat("Salary");
19                  System.out.println(
20                      "ID: " + empID + "\t" +
21                      "Employee Name: " + first + " " + last + "\t" +
22                      "Birth Date: " + birthDate + "\t" +
23                      "Salary: " + salary);
24              }
25          }
26      }
27  }
```

7.6 回顧 DAO 設計模式

了解JDBC的程式開發方式後，介面EmployeeDAO就可以多一種實作類別：EmployeeDAOJDBCImpl。

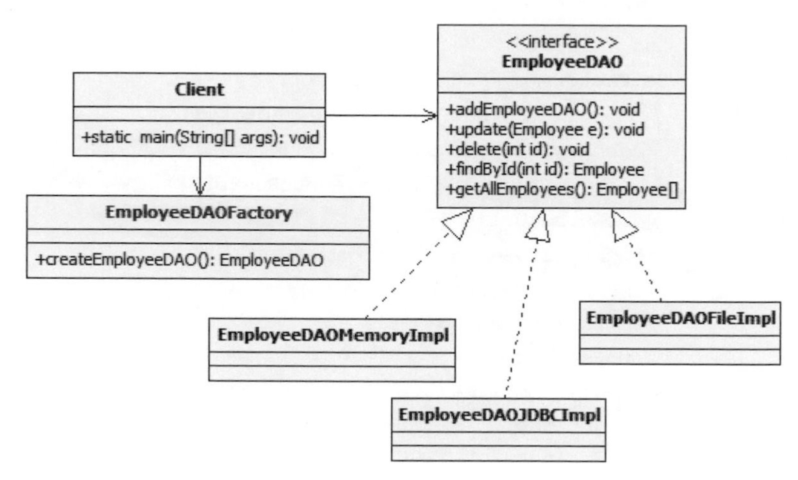

圖 7-47　DAO 設計模式回顧

Java 的區域化（Localization）

08

章節提要

8.1 了解 Java 的軟體區域化作法

怎麼全世界都在談論「國際化（internationalization）」趨勢的時候，Java 卻在討論「區域化（localization）」？！事實上，這是一個一體兩面的議題。當程式設計師要將自己的軟體推廣到全球的時候，勢必會遇到不同地域的使用者，如何提供當地的語言，就成了必須解決的問題。Java 在最初就掌握了 www 的趨勢，自然是胸有成竹，本章將介紹 Java 對區域化軟體的支援作法。

Java 的軟體的「區域化（localization）」是藉由增加和「特定地區\地域」相關的元件和翻譯文字，使軟體可以呈現「特定地區\地域」的語言文字，及日期、數字、和幣別等與文化相關的特殊格式。

Java 要滿足「軟體區域化」和「支援多國語系」的需要，不是藉由複製程式碼後修改和文字呈現相關程式碼，如此會讓程式碼愈來愈多份，違背了 DRY 法則；而是事先準備多份各國語系的文字檔，依需求載入 JVM，再嵌入（plug-in）文字呈現的畫面或功能中。要達到這樣的目標，需要有 3 個核心元件：

1. Locale 類別，用來代表特定地區 / 地域。
2. 多國語系的文字檔（或稱資源綁定檔案），用來存放各國文字，檔案各自獨立。
3. ResourceBundle 類別，用來對應多國語系的文字檔。建立物件時，檔案內容自動載入到物件裡。

8.1.1 使用 Locale 類別

Java 使用 Locale 這個單字（中文解釋爲場所、場域），卻不用國別決定不同的語言，主要考量是有些國家幅員廣大，不一定只有單一語言，因此用 Locale 類別來代表特定「語言（language）」和「國家（country）」的組合。規則是：

1. **語言（language）**：
   - 使用 alpha-2 或 alpha-3 ISO 639 編碼。
   - 小寫，如：de 代表 German，en 代表 English，fr 代表 French，zh 代表 Chinese。
2. **國家（country）**：
   - 使用 ISO 3166 alpha-2 country 編碼或 UN M.49 numeric area 編碼。
   - 大寫，如 DE 代表 Germany，US 代表 United States，FR 代表 France，CN 代表 China。

建構 Locale 物件的常見方式有 2：

1. 使用 Locale 類別已經定義的常數。
2. 提供 language 和 country 的代碼字串作爲建構子的輸入參數。

如以下兩者同義：

```
01    Locale twLocale1 = Locale.TAIWAN;
02    Locale twLocale2 = new Locale("zh", "TW");
```

8.1.2 建立多國語系文字檔

多國語系的文字檔，或稱「資源綁定檔案（resource bundle files）」，製作方式是：

1. 以「.properties」作爲副檔名。

2. 針對程式需要支援的每種語系建立獨立檔案。每一個檔案的「主要檔名」相同，再加上「語言」和「國家」代碼做區隔，亦即需要對系統會使用到的 locale 建立對應的檔案。若檔案上全無「語言」和「國家」代碼，則爲預設檔，作爲程式找不到對應多國語系文字檔時的最後防線。

3. 檔案內包含許多成對的 key 和 value。每個檔案的 key 的數量及內容都一致，因爲會被使用於程式碼中；value 則爲各 locale 的當地文字。

以範例類別 LocaleTest.java 中所使用的多國語系文字檔爲例，其主要檔名爲「MessageBundle」，因此預設檔案是「MessageBundle.properties」，再依需求建立了多個文字檔，檔案命名規則爲：

```
01  MessageBundle_xx_YY.properties
02  xx：語言代碼，小寫
03  YY：國家代碼，大寫
```

檔名和內容爲：

表 8-1　多國語系文字檔

MessageBundle.properties	MessagesBundle_zh_CN.properties
menu1 = Set to English	menu1 = 设置为英语
menu2 = Set to French	menu2 = 设置为法语
menu3 = Set to Chinese	menu3 = 设置为中文
menu4 = Set to Russian	menu4 = 设置为俄罗斯
menu5 = Show the Date	menu5 = 显示日期
menu6 = Show the money	menu6 = 显示钱！
menuq = Enter q to quit	menuq = 输入 q 退出
MessagesBundle_zh_TW.propertie	**MessagesBundle_fr_FR.properties**
menu1 = 設定成英	menu1 = Régler à l'anglais
menu2 = 設定成法	menu2 = Régler au français
menu3 = 設定成中文	menu3 = Réglez chinoise
menu4 = 設定成俄文	menu4 = Définir pour la Russie
menu5 = 顯示日期	menu5 = Afficher la date

MessagesBundle_zh_TW.propertie	MessagesBundle_fr_FR.properties
menu6 = 顯示金額	menu6 = Montrez-moi l'argent!
menuq = 輸入 q 退出	menuq = Saisissez q pour quitter

檔案位置可以在 Eclipse 專案的「src」路徑下：

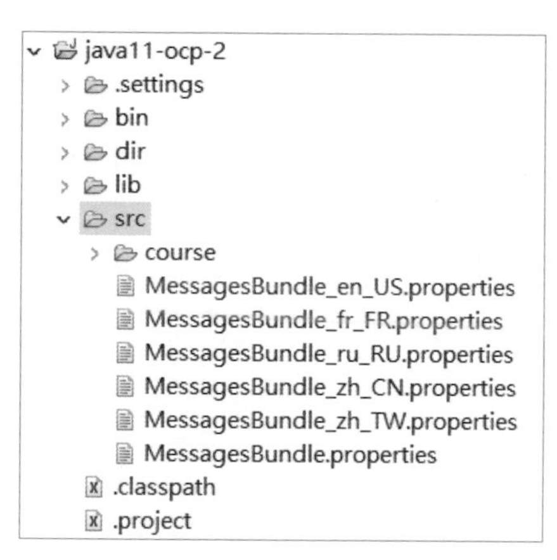

圖 8-1　多國語系文字檔位置

8.1.3　使用 ResourceBundle 類別

ResourceBundle 類別的名稱由兩個複合字組成，分別是 resource（資源）和 bundle（綁定）。使用該類別，顧名思義可以綁定某個資源，而這個資源就是前述的「多國語系文字檔」，所以我們也稱它「資源綁定檔案（resource bundle files）」。事實上，資源還可以是 class 檔，只是一般較少使用。

以該類別建立物件時，必須提供：

1. 多國語系文字檔的主要檔名，如前述的「MessageBundle」。

2. Locale 物件，代表某一「語言」和」國家」的組合，如 zh 和 TW。

這兩個資訊已經清楚暗示要找的檔案為「MessagesBundle_zh_TW.properties」。

```
01    Locale twLocale = new Locale("zh", "TW");
      ResourceBundle bundle =
              ResourceBundle.getBundle("MessagesBundle", twLocale);
```

建立 ResourceBundle 物件時，Java 將自動「載入」對應的多國語系文字檔的內容到物件裡。綜合範例如下：

範例：/java11-ocp-2/src/course/c08/LocaleTest.java

```
01  public class LocaleTest {
02    public static void main(String[] args) {
03      Locale usLocale = Locale.US;
04      Locale frLocale = Locale.FRANCE;
05      Locale zhLocale = new Locale("zh", "CN");
06      Locale twLocale = new Locale("zh", "TW");
07      Locale ruLocale = new Locale("ru", "RU");
08      Locale defaultLocale = Locale.getDefault();
09      Locale itLocale = Locale.ITALY;      //不存在檔案
10      Locale koLocale = Locale.KOREAN;     //不存在檔案
11
12      List<Locale> locales = new ArrayList<Locale>();
13      locales.add(usLocale);
14      locales.add(frLocale);
15      locales.add(zhLocale);
16      locales.add(twLocale);
17      locales.add(ruLocale);
18      locales.add(defaultLocale);
19      locales.add(itLocale);
20      locales.add(koLocale);
21
22      for (Locale l: locales) {
23        showLocaleValue(l, "menu1");
24      }
25    }
26    private static void showLocaleValue(Locale locale, String key) {
27      System.out.print(locale + ": ");
28      ResourceBundle bundle =
                  ResourceBundle.getBundle("MessagesBundle", locale);
29      System.out.println(bundle.getLocale() + ": " + bundle.
                                                        getString(key));
30    }
31  }
```

說明

3	對應 MessagesBundle_en_US.properties。
4	對應 MessagesBundle_fr_FR.properties。
5	對應 MessagesBundle_zh_CN.properties。
6	對應 MessagesBundle_zh_TW.properties。
7	對應 MessagesBundle_ru_RU.properties。
8	依目前所在地的 locale，台灣為 MessagesBundle_zh_TW.properties。
9	無對應多國語系檔案。
10	無對應多國語系檔案。
28	對應的 ResourceBundle 檔案若不存在： ● 先找 MessagesBundle_zh_TW.properties，亦即 default locale 對應的多國語系檔案。 ● 再找 MessagesBundle.propertie，亦即預設的多國語系檔案。 ● 還是找不到檔案就會拋出例外 java.util.MissingResourceException，顯示錯誤訊息 Can't find bundle for base name MessagesBundle, …。

結果

```
en_US: en_US: Set to English
fr_FR: fr_FR: Positionner sur Anglais
zh_CN: zh_CN: 設定成英文
zh_TW: zh_TW: 設定成英文
ru_RU: ru_RU: Установить английский
zh_TW: zh_TW: 設定成英文
it_IT: zh_TW: 設定成英文
ko: zh_TW: 設定成英文
```

8.2 使用 DateFormat 類別提供日期的區域化顯示

Java 可以使用 DateFormat 類別搭配 Locale 物件，以提供日期的區域化顯示。步驟為：

1. 取得 java.util.Date 日期物件。
2. 搭配 Locale 取得 DateFormat 物件，並挑選格式。
3. 呼叫 DateFormat 物件的 format() 方法，並傳入 java.util.Date 日期物件。

日期的格式選項

日期的格式選項可以是：

1. 由類別 DateFormat 提供的常數來指定：
   - SHORT：如「12.13.52」或「3:30 pm」。
   - MEDIUM：如「Jan 12, 1952」。
   - LONG：如「January 12, 1952」或「3:30:32 pm」。
   - FULL：如「Tuesday, April 12, 1952 AD」或「3:30:42 pm PST」。
2. 由類別 DateFormat 的子類別 SimpleDateFormat 指定特定格式：
   - yyyy/MM/dd HH:mm:ss
   - yyyy/MMM/dd HH:mm:ss
   - yyyy/MMMM/dd HH:mm:ss

以下示範上述兩種方式的使用：

範例：/java11-ocp-2/src/course/c08/FormatDate.java

```
01  public class FormatDate {
02    public static void useDateFormat() {
03      System.out.println("=================== UseDateFormat()");
04      Date today = new Date();
05      Locale locale = Locale.US;
06      DateFormat df;
```

```
07        df = DateFormat.getDateInstance(DateFormat.DEFAULT, locale);
08        System.out.println("DateFormat.DEFAULT: " + df.format(today));
09        df = DateFormat.getDateInstance(DateFormat.SHORT, locale);
10        System.out.println("DateFormat.SHORT: " + df.format(today));
11        df = DateFormat.getDateInstance(DateFormat.MEDIUM, locale);
12        System.out.println("DateFormat.MEDIUM: " + df.format(today));
13        df = DateFormat.getDateInstance(DateFormat.LONG, locale);
14        System.out.println("DateFormat.LONG: " + df.format(today));
15        df = DateFormat.getDateInstance(DateFormat.FULL, locale);
16        System.out.println("DateFormat.FULL: " + df.format(today));
17      }
18      public static void useSimpleDateFormat() {
19        System.out.println("================ UseSimpleDateFormat()");
20        Date today = new Date();
21        Locale locale = Locale.US;
22        DateFormat df;
23        df = new SimpleDateFormat("yyyy/MM/dd HH:mm:ss", locale);
24        System.out.println(df.format(today));
25        df = new SimpleDateFormat("yyyy/MMM/dd HH:mm:ss", locale);
26        System.out.println(df.format(today));
27        df = new SimpleDateFormat("yyyy/MMMM/dd HH:mm:ss", locale);
28        System.out.println(df.format(today));
29      }
30      public static void main(String[] args) {
31        useDateFormat();
32        useSimpleDateFormat();
33      }
34    }
```

結果

```
==================== UseDateFormat()
DateFormat.DEFAULT: Jun 22, 2022
DateFormat.SHORT: 6/22/22
DateFormat.MEDIUM: Jun 22, 2022
DateFormat.LONG: June 22, 2022
DateFormat.FULL: Wednesday, June 22, 2022
==================== UseSimpleDateFormat()
2022/06/22 14:56:32
2022/Jun/22 14:56:32
2022/June/22 14:56:32
```

8.3 使用 NumberFormat 類別提供幣別的區域化顯示

Java 可使用 NumberFormat 類別搭配 Locale 物件，以提供幣別的區域化顯示。步驟為:

1. 以 Locale 物件傳入 NumberFormat 類別的 static 工廠方法中，以取得幣別的物件實例。
2. 呼叫幣別物件實例的 format() 方法，並傳入數字金額，可為基本型別或其包覆類別。

以下示範使用方式：

範例：/java11-ocp-2/src/course/c08/FormatCurrency.java

```
01  public static void main(String[] args) {
02      NumberFormat nf;
03
04      nf = NumberFormat.getCurrencyInstance(Locale.US);
05      System.out.println("Locale.US: " + nf.format(1000));
06
07      nf = NumberFormat.getCurrencyInstance(Locale.TAIWAN);
08      System.out.println("Locale.TAIWAN: " + nf.format(1000.00));
09
10      nf = NumberFormat.getCurrencyInstance(Locale.JAPAN);
11      System.out.println("Locale.JAPAN: " + nf.format(1000.00));
12  }
```

結果

```
Locale.US: $1,000.00
Locale.TAIWAN: $1,000.00
Locale.JAPAN:  1,000
```

Lambda 表示式的應用 09

章節提要

9.1 使用 Lambda 表示式

9.1.1 匿名類別與功能性介面回顧

我們在本書上冊曾經介紹「匿名內部類別（anonymous Inner Classes）」，其使用時機通常是：

1. 只使用一次，因此不需要特別定義類別，藉此減少程式碼的撰寫。
2. 希望把相關程式碼擺在同一地方。
3. 增加封裝程度。
4. 提高程式碼可讀性。

在 Java 8 時推出的「功能性介面（functional interface）」，其特色為：

1. 只有 1 個抽象方法的介面。
2. 該介面可以標註 @FunctionalInterface。

以下示範建立一個簡單的功能性介面：

範例：/java11-ocp-2/src/course/c09/StringAnalyzer.java

```
01  @FunctionalInterface
02  public interface StringAnalyzer {
03      public boolean analyze(String target, String keyStr);
04  }
```

並建立類別 ContainsAnalyzer 去實作該介面：

範例：/java11-ocp-2/src/course/c09/ContainsAnalyzer.java

```
01  public class ContainsAnalyzer implements StringAnalyzer {
02      public boolean analyze(String target, String keyStr) {
03          return target.contains(keyStr);
04      }
05  }
```

在這個實作中，我們要分析的是目標字串（target）裡是否含有關鍵字串（keyStr）。

進一步在類別 StringAnalyzerTest 中建立如下方法，輸入字串陣列、關鍵字串和實作介面 StringAnalyzer 的子類別，後者會幫我們找出字串陣列裡符合分析結果的字串。如範例：

範例：/java11-ocp-2/src/course/c09/StringAnalyzerTest.java

```
01  static void searchArr(String[] strArr, String keyStr, StringAnalyzer
                                                              analyzer) {
02      for (String str : strArr) {
03          if (analyzer.analyze(str, keyStr)) {
04              System.out.println(str);
05          }
06      }
07  }
```

在這樣的過程中，當然我們也可不實作介面、拋棄多型，直接建立單一類別處理：

範例：/java11-ocp-2/src/course/c09/StringAnalyzerTool.java

```
01  public class StringAnalyzerTool {
02      public boolean contains(String target, String searchStr) {
03          return target.contains(searchStr);
04      }
05  }
```

差別在於，若字串分析的需求很多樣，目前雖然只是「是否包含（contains）某字串」，未來可能會有「是否由某字串開頭（startsWith）」、「是否以某字串結尾（endsWith）」等，則使用單一類別，就必須不斷修改程式以增加其他類似方法，因此違反物件導向的 OCP 法則（open close principle），亦即程式歡迎擴充、但拒絕修改（open for extension, close for modification）。

回到我們的主軸，在類別 StringAnalyzerTest 中新增 test1() 和 test() 兩個方法，比較是否使用「匿名內部類別」的差異：

範例：/java11-ocp-2/src/course/c09/StringAnalyzerTest.java

```
01  static void test1() {
02    String[] strArr = { "abc", "bcd", "efg" };
03    searchArr(strArr, "b",
04            new ContainsAnalyzer()
05    );
06  }
07  static void test2() {
08    String[] strArr = { "abc", "bcd", "efg" };
09    searchArr(strArr, "b",
10            new StringAnalyzer() {
11                public boolean analyze(String target, String keyStr) {
12                    return target.contains(keyStr);
13                }
14            }
15    );
16  }
```

說明

4	使用一般類別建立實例
10-14	使用匿名內部類別建立實例

比較兩者後，可以發現使用「匿名內部類別」的兩個缺點：

1. 程式碼字元數目和一般類別相當，因此減少程式碼撰寫的效果有限；但寫法讓人感覺複雜。
2. 因為沒有名稱，編譯後的類別檔案（*.class）的命名方式如下。因為同一個外部類別內的匿名類別只用出現順序編號分辨，若使用太多，辨識來源將變得困難。

表 9-1　匿名內部類別之編譯檔案命名規則

名稱組成	外部類別名稱	$	出現順序編號	.	class
範例	OuterClassName	$	1	.	class

9.1.2 Lambda 表示式語法回顧

Java 8 開始，可以使用 Lambda 表示式真正簡化程式碼的撰寫。Lambda 表示式必須含 3 部分：

1. 方法參數（argument list）。
2. 箭頭符號（arrow token），為「->」。
3. 方法內容（body）。

以下為簡單示範：

```
01    (int x, int y) -> x + y
02    (x, y) -> x + y
03    (x, y) -> { system.out.println(x + y);}
04    (String s) -> s.contains("word")
05    s -> s.contains("word")
```

Lambda 表示式的語法可以參照本書上冊，後續將由匿名內部類別的語法角度，說明 Lambda 表示式的形成過程。

Lambda 表示式能夠減少程式碼的撰寫，關鍵在於「編譯器如何善用已知的資訊」，目的在於「用方法定義取代類別定義」。所以簡化的步驟爲：

1. 在呼叫 StringAnalyzerTest 的 searchArr() 方法時，編譯器已經知道第 3 個參數要求傳入 StringAnalyzer 的參照變數，所以程式碼撰寫的時候**不需要**強調「new StringAnalyzer() { }」，可以刪除以下行 10、14：

```
09  searchArr(strArr, "b",
10          new StringAnalyzer() {
11             public boolean analyze (String target, String keyStr) {
12                 return target.contains(keyStr);
13             }
14          }
15  );
```

2. 因爲是功能性介面，唯一的方法的定義相當清楚，所以方法的名稱、回傳、存取層級等都已經知道，因此「public boolean analyze { }」都可以刪除，只需要內容，和內容使用的變數與方法參數的對照關係，所以刪除以下行 11 部分內容與行 13：

```
09  searchArr(strArr, "b",
11             public boolean analyze (String target, String keyStr) {
12                 return target.contains(keyStr) ;
13             }
15  );
```

3. 修改一下語法，把「return」關鍵字改「->」，又可以少打幾個字，同時移除「;」，因爲已經不是一個敘述（statement）的結束：

```
09  searchArr(strArr, "b",
11              (String target, String keyStr)
12                 -> target.contains(keyStr) ;
15  );
```

4. 因爲知道功能型介面上唯一的方法 anaylze() 的定義，所以方法的 2 個參數的型別 (String, String) 也可以一併拿掉：

```
09    searchArr(strArr, "b",
11                (String target, String keyStr)
12                    -> target.contains(keyStr)
15    );
```

5. 最後，變數的名稱愈簡單，打字可以愈少，所以把 target 改為 t，keyStr 改為 s，就大功告成：

```
09    searchArr(strArr, "b",
11                (t, s) -> t.contains(s)
15    );
```

以上流程，可以用下圖表示：

1. 若是功能型介面，因為建構物件實例時多數程式碼均可推估，可以使用 Lambda 表示式簡化程式碼。
2. 使用傳統方式建構物件實例時，因為必須使用 new 關鍵字呼叫該類別建構子，所以必須先定義類別並實作介面。

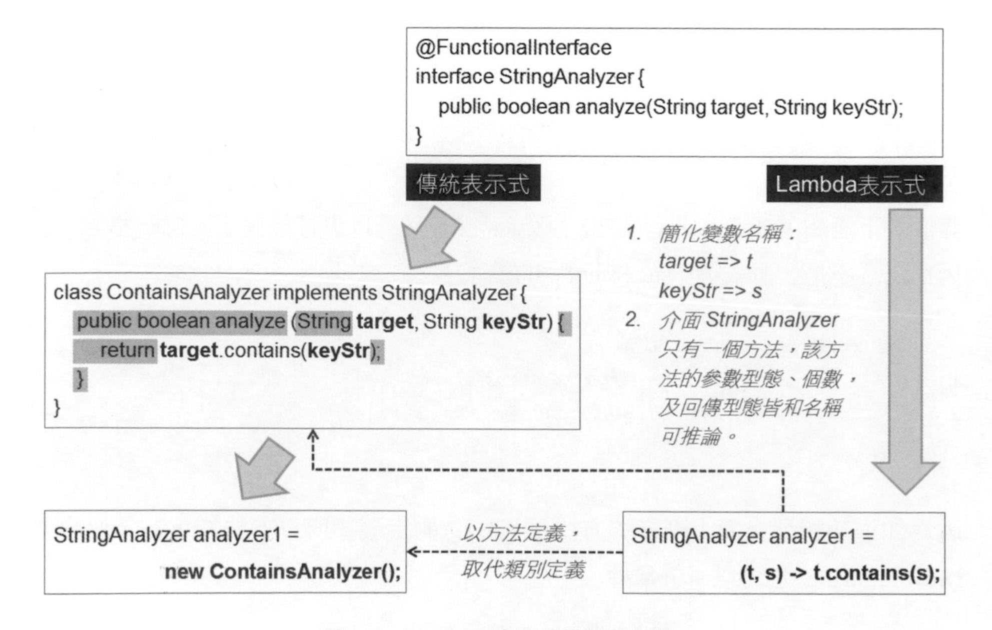

圖 9-1　Lambda 表示式推斷示意圖

依照前述步驟，可以整理出 StringAnalyzerTest 類別的 test3() 方法。

由物件導向的多型開發方式，我們可以依需求抽換實作內容，如 test4() 方法：

範例：/java11-ocp-2/src/course/c09/StringAnalyzerTest.java

```
01  static void test3() {
02      String[] strArr = { "abc", "bcd", "efg" };
03      searchArr(strArr, "b", (String t, String s) -> t.contains(s) );
04  }
05  static void test4() {
06      String[] strArr = { "abc", "bcd", "efg" };
07      searchArr(strArr, "b", (t, s) -> t.contains(s) );
08      searchArr(strArr, "b", (t, s) -> t.startsWith(s) );
09      searchArr(strArr, "b", (t, s) -> t.endsWith(s) );
10  }
```

此外，Lambda 表示式也可以用在變數，如此就可以定義一次後使用多次，如 test5() 方法：

範例：/java11-ocp-2/src/course/c09/StringAnalyzerTest.java

```
01  static void test5() {
02      String[] strArr = { "abc", "bcd", "efg" };
03
04      StringAnalyzer sa1 = (t, s) -> t.contains(s);
05      StringAnalyzer sa2 = (t, s) -> t.startsWith(s);
06      StringAnalyzer sa3 = (t, s) -> t.endsWith(s);
07
08      searchArr(strArr, "b", sa1);
09      searchArr(strArr, "b", sa2);
10      searchArr(strArr, "b", sa3);
11  }
```

9.2 使用內建的功能性介面

Java 8 導入了功能性介面的使用：

1. 只能有一個抽象方法需要實作。
2. Lambda 表示式必須搭配這類型的介面。

因為功能性介面只有一個抽象方法，可以預期使用方式，因此 Java 8 在套件 java.util.function 下內建了許多的功能性介面，可以直接使用。基礎的有 4 種：

1. **評斷型（predicate）**：使用泛型傳入參數，且回傳 boolean。
2. **消費型（consumer）**：使用泛型傳入參數，且沒有回傳（void）。
3. **功能型（function）**：將傳入的參數由 T 型別轉換成 U 型別。
4. **供應型（supplier）**：如同工廠方法，提供 T 型別的實例 / 物件。

後續將逐一舉例說明，本節稍後的範例均共用類別 Person：

範例：/java11-ocp-2/src/course/c09/Person.java

```
01  public class Person {
02      private String name, email;
03      private int age;
04      public Person() {}
05      public Person(String name, String email, int age) {
06          this.name = name;
07          this.age = age;
08          this.email = email;
09      }
10      public String getName() {
11          return name;
12      }
13      public int getAge() {
14          return age;
15      }
16      public String getEmail() {
17          return email;
18      }
19      @Override
```

```
20        public String toString() {
21            return "Name=" + name + ", Age=" + age + ", email=" + email;
22        }
23        public void printPerson() {
24            System.out.println(this);
25        }
26        public static List<Person> createList() {
27            List<Person> people = new ArrayList<>();
28            people.add(new Person("Bob", "bob@x.com", 21));
29            people.add(new Person("Jane", "jane@x.com", 34));
30            people.add(new Person("John", "johnx@x.com", 25));
31            people.add(new Person("Phil", "phil@x.com", 65));
32            people.add(new Person("Betty", "betty@x.com", 55));
33            return people;
34        }
35    }
```

9.2.1 評斷型功能性介面 Predicate

代表的介面是 Predicate，其定義爲：

範例：java.util.function.Predicate

```
01    package java.util.function;
02    public interface Predicate<T> {
03        public boolean test(T t);
04    }
```

使用 Predicate<T> 介面時，需要提供一個型別 T 滿足泛型。其唯一的方法使用 T 型別作爲參數，方法內容通常和測試 T 型別的某些欄位或方法有關，結果必須回傳 true 或 false。如下：

範例：/java11-ocp-2/src/course/c09/basicFI/PredicateDemo.java

```
01    public class PredicateDemo {
02        public static void main(String[] args) {
03            Predicate<Person> olderThan23 = p -> p.getAge() >= 23;
04            for (Person p : Person.createList()) {
05                if (olderThan23.test(p)) {
06                    System.out.println(p);
```

```
07                  }
08              }
09          }
10      }
```

說明

3	和以下匿名類別同義：
	`Predicate<Person> olderThan23 = new Predicate<Person>() {`
	`    public boolean test(Person p) {`
	`        return p.getAge() >= 23;`
	`    }`
	`};`

結果將輸出屬性欄位 age >= 23 的 Person 物件：

結果

```
Name=Jane, Age=25, email=jane@x.com
Name=John, Age=25, email=johnx@x.com
Name=Phil, Age=55, email=phil@x.com
Name=Betty, Age=85, email=betty@x.com
```

9.2.2 消費型功能性介面 Consumer

代表的介面是 Consumer，其定義爲：

範例：java.util.function.Consumer

```
01  package java.util.function;
02  public interface Consumer<T> {
03      public void accept(T t);
04  }
```

使用 Consumer<T> 介面時，需要提供一個型別 T 滿足泛型。其唯一的方法使用 T 型別作爲參數，方法內容通常和 T 型別的某些欄位或方法有關，無結果回傳。如下：

範例：/java11-ocp-2/src/course/c09/basicFI/ConsumerDemo.java

```
01  public class ConsumerDemo {
02      public static void main(String[] args) {
03          Consumer<Person> printPerson = p -> p.printPerson();
04          for (Person p: Person.createList()) {
05              printPerson.accept(p);
06          }
07      }
08  }
```

說明

3	和以下匿名類別同義：
	`Consumer<Person> printPerson = new Consumer<Person>() {`
	`    public void accept(Person t) {`
	`        p -> p.printPerson();`
	`    }`
	`};`

結果爲輸出集合物件裡的所有 Person 物件。

結果

```
Name=Bob, Age=21, email=bob@x.com
Name=Jane, Age=25, email=jane@x.com
Name=John, Age=25, email=johnx@x.com
Name=Phil, Age=55, email=phil@x.com
Name=Betty, Age=85, email=betty@x.com
```

9.2.3 功能型功能性介面 Function

代表的介面是 Function，其定義爲：

範例：java.util.function.Function

```
package java.util.function;
public interface Function<T, R> {
```

```
    public R apply(T t);
}
```

使用 Function< T, R > 介面時，需要提供 2 個型別 T 和 R 滿足泛型。其唯一的方法使用 T 型別作爲參數，回傳型態爲 R 型別，R 字元可以聯想爲 result 或 reply。以下示範使用方式：

範例：/java11-ocp-2/src/course/c09/basicFI/FunctionDemo.java

```
01  public class FunctionDemo {
02    public static void main(String[] args) {
03      Function<Person, String> getNameFromPerson = p -> p.getName();
04      for (Person p: Person.createList()) {
05        System.out.println(getNameFromPerson.apply(p));
06      }
07    }
08  }
```

說明

3 和以下匿名類別等價：

```
Function<Person, String> getNameFromPerson =
    new Function<Person, String>() {
        public String apply(Person p) {
            return p.getName();
    }
};
```

9.2.4 供應型功能性介面 Supplier

代表的介面是 Supplier，其定義爲：

範例：java.util.function.Supplier

```
01  package java.util.function;
02  public interface Supplier<T> {
```

```
03        public T get();
04    }
```

使用 Supplier<T> 介面時，需要提供型別 T 滿足泛型。其唯一的方法沒有參數，回傳型態爲 T 型別，示範如下：

範例：/java11-ocp-2/src/course/c09/basicFI/SupplierDemo.java

```
01    public class SupplierDemo {
02        public static void main(String[] args) {
03            Supplier<Person> personSupplier =
                      () -> new Person("New", "new@x.com", 21);
04            System.out.println(personSupplier.get());
05        }
06    }
```

說明

3	和以下匿名類別等價：
	`Supplier<Person> personSupplier = new Supplier<Person>() {`
	`    public Person get() {`
	`        return new Person("New", "new@x.com", 21);`
	`    }`
	`};`

9.3 在泛型內使用萬用字元

在泛型裡，若要使用萬用字元（wildcards）會需要使用「?」符號。因爲在接下來的主題裡將會被頻繁使用，因此先予說明。

1. 以下語法表示泛型型別可以是任何型別，沒有上 / 下限：

語法

```
<?>
```

2. 以下語法表示泛型型別必須是**型別 T** 或 T 的子型別，此時以**型別 T 為上邊界**，但沒有下邊界：

語法

```
<? extends T>
```

3. 以下語法表示泛型型別必須是**型別 T** 或 **T 的父型別**，此時以**型別 T 為下邊界**，但沒有上邊界：

語法

```
<? super T>
```

9.3.1 在泛型裡使用多型

我們將在範例 /java11-ocp-2/src/course/c09/WildcardTest.java 裡，逐步介紹在泛型裡使用萬用字元的概念。首先，假設類別 AA、A、B、C 具備繼承關係如下：

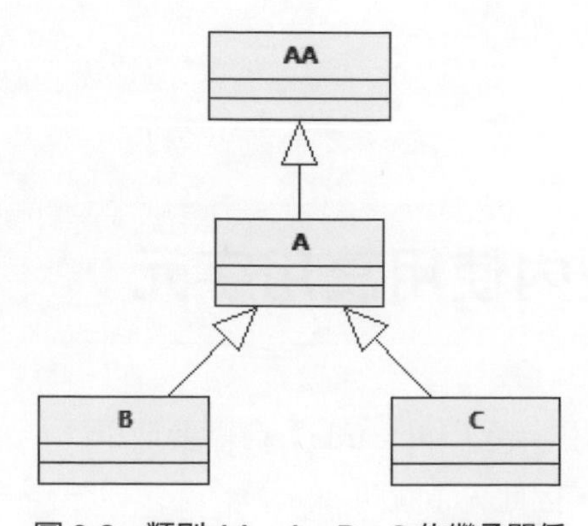

圖 9-2　類別 AA、A、B、C 的繼承關係

這樣的程式碼很單純，沒有問題：

```
01    List<A> listA = new ArrayList<A>();
02    List<B> listB = new ArrayList<B>();
```

但這樣的程式碼無法通過編譯：

```
01    listA = listB;     // 編譯失敗！
02    List<A> listA = new ArrayList<B>();    // 編譯失敗！
```

這兩行程式碼表示相同的意思，亦即將宣告為 List<A> 的變數，指向 ArrayList<B> 的物件實例。試想，宣告為 List<A>，表示 List 裡可以放入 A、B、C 的物件，但若物件實例是 ArrayList<B>，則實際只能放入 B 的物件，兩者不能相提並論。

這樣的程式碼也無法通過編譯：

```
01    listB = listA;     // 編譯失敗！
02    List<B> listB = new ArrayList<A>();    // 編譯失敗！
```

這兩行程式碼表示相同的意思，亦即將宣告為 List<B> 的變數，指向 ArrayList<A> 的物件實例。宣告為 List<B>，表示 List 裡只有可能拿出 B 的物件，但若物件實例是 ArrayList<A>，卻可能拿出 A、B、C 的物件，兩者無法畫上等號。

這樣的結果告訴我們，「=」運算子左邊是 List 型別，右邊可以是 ArrayList 型別，這樣表示多型概念的實作，但 List<A> 的泛型使用型別 A，ArrayList 的泛型卻不能是型別 B 或 C，還是只能是 A。**如果想在泛型裡使用繼承或多型的概念**，必須使用 <? super T> 或 <? extends T>，如下：

範例：/java11-ocp-2/src/course/c09/WildcardTest.java

```
01    List<?> listUknown0 = new ArrayList<A>();
02    List<? extends A> listUknown1 = new ArrayList<A>();
03    List<? extends A> listUknown11 = new ArrayList<B>();
04    List<? super A> listUknown2 = new ArrayList<A>();
05    List<? super A> listUknown21 = new ArrayList<AA>();
06    List<? super A> listUknown22 = new ArrayList<B>();    // 編譯失敗！
```

1	泛型 <?> 表示 List 裡可以是任何物件，所以物件實例可以是 ArrayList<A>。
2-3	泛型 <? extends A> 表示 List 裡必須是 A 或 A 的子類別，所以物件實例可以是 ArrayList<A> 或 ArrayList<B>。
4-6	泛型 <? super A> 表示 List 裡必須是 A 或 A 的父類別，所以物件實例可以是 ArrayList<A> 或 ArrayList<AA>。

9.3.2 存取使用 <?> 的泛型的集合物件

1. 以下說明使用 <?> 時的注意事項：

範例：/java11-ocp-2/src/course/c09/WildcardTest.java

```
01  private static void processElements(List<?> elements) {
02      // elements.add(new A());          // 編譯失敗！
03      // elements.add(new B());          // 編譯失敗！
04      // elements.add(new C());          // 編譯失敗！
05      // elements.add(new Object());     // 編譯失敗！
06      for (Object o : elements) {
07          System.out.println(o);
08      }
09  }
10  private static void testProcessElements() {
11      List<A> listA = new ArrayList<A>();
12      processElements(listA);
13      List<B> listB = new ArrayList<B>();
14      processElements(listA);
15      List<C> listC = new ArrayList<C>();
16      processElements(listA);
17  }
```

說明

2-5	因為傳進來的 List 有可能是 List<A>、List<B> 或 List<String> 等，完全發散，無法預期究竟 List 裡可以放入甚麼型別的物件，所以不允許使用 add() 方法加入物件。避免是 List<B>，卻要加入 new C() 的窘況。

6-8	但無論如何，List 裡的物件一定是 Object 子類別，所以可以使用 Object 類別作為參照型別。

2. 以下方法說明使用 <? extends A> 時的注意事項：

範例：/java11-ocp-2/src/course/c09/WildcardTest.java

```
01  private static void processExtendsElements(List<? extends A> list) {
02      // elements.add(new A());        // 編譯失敗！
03      // elements.add(new B());        // 編譯失敗！
04      // elements.add(new C());        // 編譯失敗！
05      // elements.add(new Object());   // 編譯失敗！
06      for (A a : list) {
07          System.out.println(a.getClass().getName());
08      }
09  }
10  private static void testProcessExtendsElements() {
11      List<A> listA = new ArrayList<A>();
12      processExtendsElements(listA);
13      List<B> listB = new ArrayList<B>();
14      processExtendsElements(listB);
15      List<C> listC = new ArrayList<C>();
16      processExtendsElements(listC);
17  }
```

說明

2-5	使用「<? extends A>」表示泛型必須是 A 或 A 的子類別，若傳入方法的物件實例是： ArrayList<A>，則可以放物件 A、B、C。 ArrayList<B>，則可以放物件 B。 ArrayList<C>，則可以放物件 C。 因為大家無交集，所以不允許使用 add() 方法放入物件。
6-8	但無論如何，List 裡的物件一定是 A 或 A 的子類別，所以可以使用 A 類別作為參照型別。

3. 以下方法說明使用 <? super A> 時的注意事項：

範例：/java11-ocp-2/src/course/c09/WildcardTest.java

```
01  public static void insertElements(List<? super A> list) {
02      list.add(new A());
03      list.add(new B());
04      list.add(new C());
05      /* 編譯失敗！
06      for (A a : list) {
07          System.out.println(a.getClass().getName());
08      }*/
09      Object object = list.get(0);
10  }
11  private static void testInsertElements() {
12      List<A> listA = new ArrayList<A>();
13      insertElements(listA);
14      List<AA> listAA = new ArrayList<AA>();
15      insertElements(listAA);
16      List<Object> listObject = new ArrayList<Object>();
17      insertElements(listObject);
18  }
```

說明

2-4	使用 <? super A> 表示泛型必須是 A 或 A 的父類別，若傳入方法的物件實例是： • ArrayList<AA>，則可以放物件 A、B、C。 • ArrayList<A>，則可以放物件 A、B、C。 所以編譯器允許使用 add() 方法將 A 或 A 的子類別放進來。
5-8	因為可能是 A、AA、A 的其他父類別或 Object 類別，所以只能使用 Object 類別作為物件參考，其他都不行。
9	任何類別都是 Object 的子類別。

結論為：

表 9-2　泛型使用萬用字元的注意事項

泛型	<?>	<? extends T>	<? super T>
檢視成員	只能使用 Object 型別檢視成員。	可以使用 T 或其父類別檢視成員。	只能使用 Object 型別檢視成員。
增加成員	無法增加成員。	無法增加成員。	可以增加 T 或其子類別的成員。

9.4　使用其他內建的功能性介面

除了之前介紹的 4 個基礎的功能性介面，分別爲 Predicate、Consumer、Function、Supplier 外，若參照 API 文件「https://docs.oracle.com/en/java/javase/11/docs/api/java.base/java/util/function/package-summary.html」，可以發現功能性介面還有很多。

表 9-3　在 java.util.function 的功能性介面

BiConsumer<T,U>	IntBinaryOperator	LongUnaryOperator
BiFunction<T,U,R>	IntConsumer	ObjDoubleConsumer<T>
BinaryOperator<T>	IntFunction<R>	ObjIntConsumer<T>
BiPredicate<T,U>	IntPredicate	ObjLongConsumer<T>
BooleanSupplier	IntSupplier	Predicate<T>
Consumer<T>	IntToDoubleFunction	Supplier<T>
DoubleBinaryOperator	IntToLongFunction	ToDoubleBiFunction<T,U>
DoubleConsumer	IntUnaryOperator	ToDoubleFunction<T>
DoubleFunction<R>	LongBinaryOperator	ToIntBiFunction<T,U>
DoublePredicate	LongConsumer	ToIntFunction<T>
DoubleSupplier	LongFunction<R>	ToLongBiFunction<T,U>
DoubleToIntFunction	LongPredicate	ToLongFunction<T>
DoubleToLongFunction	LongSupplier	UnaryOperator<T>
DoubleUnaryOperator	LongToDoubleFunction	
Function<T,R>	LongToIntFunction	

較常見的有以下 3 類，後續將逐一舉例說明：

1. **基於「4 個基礎功能性介面」的基本型別變形版**：將方法傳入或回傳的物件的其中一個或全部改為基本型別，如 DoubleFunction、ToDoubleFunction。
2. **基於「Binary（二運算元相關）」及其基本型別變形版**：將方法的參數由 1 個變 2 個，如 BiPredicate。
3. **基於「Unary（單一運算元相關）」及其基本型別變形版**：繼承介面 Function<T, T>，但將其泛型數量由 2 個降為 1 個，如 UnaryOperator，它的方法傳入和回傳的型別一致。

9.4.1 基於 4 個基礎功能性介面的基本型別變形版

常見的介面如下表：

表 9-4　基礎功能性介面的基本型別變形版

功能性介面	傳入 -> 回傳	基本型別變形版	
Predicate<T>	T -> boolean	int, long, double -> boolean	**Int**Predicate **Long**Predicate **Double**Predicate
Consumer<T>	T -> void	int, long, double -> void	**Int**Consumer **Long**Consumer **Double**Consumer
Function<T, R>	T -> R	int, long, double -> R	**Int**Function<R> **Long**Function<R> **Double**Function<R>
		T -> int, long, double	To**Int**Function<T> To**Double**Function<T> To**Long**Function<T>
		int, long, double -> int, long, double	**Long**To**Double**Function **Long**To**Int**Function **Double**To**Int**Function **Double**To**Long**Function **Int**To**Double**Function **Int**To**Long**Function

功能性介面	傳入 -> 回傳	基本型別變形版	
Supplier<T>	() -> T	() -> boolean, int, long, double	**Boolean**Supplier **Int**Supplier **Long**Supplier **Double**Supplier

用於方法傳入或回傳的物件的其中一個或全部爲基本型別，以介面 ToDoubleFunction 爲例：

```
01  package java.util.function;
02  public interface ToDoubleFunction<T> {
03      public double applyAsDouble(T t);
04  }
```

使用 ToDoubleFunction<T> 介面時，需要提供一個 T 型別作爲泛型；唯一的方法傳入 T 型別物件，並回傳 double 基本型別：

範例：/java11-ocp-2/src/course/c09/advanceFI/ToDoubleFunctionDemo.java

```
01  public class ToDoubleFunctionDemo {
02    public static void main(String[] args) {
03      List<Person> pl = Person.createList();
04      Person first = pl.get(0);
05      ToDoubleFunction<Person> convertAgeToDouble = p -> p.getAge();
06      System.out.println(convertAgeToDouble.applyAsDouble(first));
07    }
08  }
```

說明

5	和以下匿名類別同義：

```
ToDoubleFunction<Person> convertAgeToDouble =
    new ToDoubleFunction<Person>() {
          public double applyAsDouble(Person p) {
                return p.getAge();
          }
    };
```

再以介面 DoubleFunction 爲例：

```
01  package java.util.function;
02  public interface DoubleFunction<R> {
03      public R apply(double value);
04  }
```

使用 DoubleFunction<R> 介面時，需要提供一個 R 型別作爲泛型；唯一的方法傳入 double 基本型別，並回傳 R 型別的物件：

範例：/java11-ocp-2/src/course/c09/advanceFI/DoubleFunctionDemo.java

```
01  public class DoubleFunctionDemo {
02    public static void main(String[] args) {
03      DoubleFunction<String> calc = t -> String.valueOf(t * 10);
04      String result = calc.apply(3.1415926);
05      System.out.println("New value is: " + result);
06    }
07  }
```

說明

3　和以下匿名類別同義：

```
DoubleFunction<String> calc =
    new DoubleFunction<String>() {
        public String apply(double v) {
            return String.valueOf(v * 3);
        }
    };
```

9.4.2 基於 Binary（二運算元相關）及其基本型別變形版

常見的介面如下表：

表 9-5 Binary（二運算元相關）及其基本型別變形版

功能性介面	傳入 -> 回傳	基本型別變形板	
BinaryOperator <T>	(T, T) -> T	將 T 置換為 int, long, double	**Int**BinaryOperator **Long**BinaryOperator **Double**BinaryOperator
BiPredicate <L, R>	(L, R) -> boolean		None
BiConsumer <T, U>	(T, U) -> void	將 U 置換為 int, long, double	Obj**Int**Consumer<T> Obj**Long**Consumer<T> Obj**Double**Consumer<T>
BiFunction <T, U, R>	(T, U) -> R	將 R 置換為 int, long, double	To**Int**BiFunction<T, U> To**Long**BiFunction<T, U> To**Double**BiFunction<T, U>

這類型的介面的方法都有 2 個傳入參數，故名 Binary（二運算元）相關。比較介面 Predicate 和 BiPredicate，可以發現方法由原本的 1 個參數，提高為 2 個參數：

```
01  package java.util.function;
02  public interface BiPredicate<T, U> {
03      public boolean test(T t, U u);
04  }
```

使用 BiPredicate <T, U> 介面時，需要提供一個 T 和 U 型別作爲泛型；唯一的方法使用 T 和 U 型別作爲參數，結果必須回傳 true/false。如範例：

範例：/java11-ocp-2/src/course/c09/advanceFI/BiPredicateDemo.java

```
01  public class BiPredicateDemo {
02    public static void main(String[] args) {
03      List<Person> pl = Person.createList();
04      Person first = pl.get(0);
05      String testName = "john";
06      BiPredicate<Person, String> nameBiPred =
07                (p, s) -> p.getName().equalsIgnoreCase(s);
08      System.out.println("Is the first john? "
```

```
09                          + nameBiPred.test(first, testName) );
10      }
11  }
```

說明

6	和以下匿名類別同義：
	`BiPredicate<Person, String> nameBiPred =`
	`        new BiPredicate<Person, String>() {`
	`            public boolean test(Person p, String s) {`
	`                return p.getName().equalsIgnoreCase(s);`
	`            }`
	`        };`

9.4.3 基於 Unary（單運算元相關）及其基本型別變形版

常見的介面如下表：

表 9-6 Unary（單一運算元相關）及其基本型別變形版

功能性介面	傳入 -> 回傳	基本型別變形板	
UnaryOperator<T>	T -> T	將 T 置換為 int, long, double	IntUnaryOperator LongUnaryOperator DoubleUnaryOperator

介面的定義爲：

```
01  package java.util.function;
02  public interface UnaryOperator<T> extends Function<T,T> {
03      public T apply(T t);
04  }
```

介面 UnaryOperator<T> 繼承介面 Function<T, T>，但將泛型數量由 2 個降爲 1 個，因此方法也只傳入 1 個物件，且傳入和回傳的型別一致。這個過程中，通常會改變 T 物件的某些狀態。如範例：

範例：/java11-ocp-2/src/course/c09/advanceFI/UnaryOperatorDemo.java

```
01  public class UnaryOperatorDemo {
02    public static void main(String[] args) {
03      List<Person> pl = Person.createList();
04      Person first = pl.get(0);
05      UnaryOperator<String> unaryStr = s -> s.toUpperCase();
06      System.out.println("Before: " + first.getName());
07      System.out.println("After: " + unaryStr.apply(first.getName()));
08    }
09  }
```

說明

5	和以下匿名類別同義：
	`UnaryOperator<String> unaryStr = new UnaryOperator<String>() {`
	`    public String apply(String s) {`
	`        return s.toUpperCase();`
	`    }`
	`};`

9.5 使用方法參照

Lambda 表示式所呈現的「匿名方法」必須包含 3 部分：

1. 方法參數（argument list）。
2. 箭頭符號（arrow token），為「->」。
3. 方法內容（body）。

若方法內容只是呼叫另一個方法，如同委派（delegation），可將 Lambda 表示式再簡化為「方法參照（method reference）」，讓語法更簡潔。依據被呼叫的方法的種類和來源，約略有以下數種類型：

1. 方法是**類別方法**。
2. 方法是**物件方法**，物件參考來自 Lambda 表示式之「外」。
3. 方法是**物件方法**，物件參考來自 Lambda 表示式之「內」。
4. 使用 new 呼叫建構子，且建構子不帶參數。
5. 使用 new 呼叫建構子，且建構子帶少量參數。
6. 使用 new 呼叫建構子，且建構子帶多個參數。

將後續分別介紹。

範例情境說明

在開始之前，因為接下來的範例都將使用 Arrays 類別的 static 搜尋方法 sort()：

範例：java.util.Arrays

```
01  public static <T> void sort (T [ ] a, Comparator<? super T> c) {
02      …
03  }
```

有必要先知道介面 Comparator 在 Java 8 時已經被標註 @FunctionalInterface，所以唯一的抽象方法可以使用 Lambda 表示式：

範例：java.util.Comparator

```
01  @FunctionalInterface
02  public interface Comparator<T> {
03      int compare(T o1, T o2);
04      // …
05  }
```

後續的範例會使用到 2 個輔助類別：

1. 類別 StringUtil。注意 2 個方法內容相同：
   - 物件方法 compare()。
   - 類別方法 compareS()，以大寫 S 結尾，目的在區分方法以 static 宣告。

範例：/java11-ocp-2/src/course/c09/methodRefer/StringUtil.java

```
01  public class StringUtil {
02      static int compareS(String s1, String s2) {
03          return s1.compareToIgnoreCase(s2);
04      }
05      int compare(String s1, String s2) {
06          return s1.compareToIgnoreCase(s2);
07      }
08  }
```

2. 類別 Employee。注意後續 2 個建構子將用在不同情境：

- 無參數建構子 Employee()。
- 帶參數建構子 Employee(String)。

範例：/java11-ocp-2/src/course/c09/methodRefer/Employee.java

```
01  public class Employee {
02      String name;
03      public Employee() {
04      }
05      public Employee(String name) {
06          this.name = name;
07      }
08      public String getName() {
09          return name;
10      }
11      public void setName(String name) {
12          this.name = name;
13      }
14  }
```

9.5.1 方法參照使用類別方法

語法

```
ContainingClass::staticMethodName
```

如以下示範，行 2 使用 Lambda 表示式，行 3 使用方法參照：

範例：/java11-ocp-2/src/course/c09/methodRefer/MethodReferenceLab.java

```
01  static void byClassMethod(String[] arr) {
02  //   Arrays.sort(arr, (a, b) -> StringUtil.compareS(a, b));
03       Arrays.sort(arr, StringUtil::compareS);
04       printArray(arr);
05  }
```

9.5.2 方法參照使用物件方法且物件參考來自 Lambda 表示式之外

語法

```
objectReference::instanceMethodName
```

如以下示範，行 3 使用 Lambda 表示式，行 4 使用方法參照：

範例：/java11-ocp-2/src/course/c09/methodRefer/MethodReferenceLab.java

```
01  static void byOutsideObjectMethod(String[] arr) {
02       StringUtil util = new StringUtil();
03  //   Arrays.sort(arr, (a, b) -> util.compare(a, b));
04       Arrays.sort(arr, util::compare);
05       printArray(arr);
06  }
```

9.5.3 方法參照使用物件方法且物件參考來自 Lambda 表示式之內

語法

```
ObjectReferenceType::instanceMethodName
```

如以下示範，行 2 使用 Lambda 表示式，行 3 使用方法參照。

陣列的成員爲 String，該類別具備物件方法 compareToIgnoreCase(String)；但使用時以成員的類別名稱 String 呼叫：

範例：/java11-ocp-2/src/course/c09/methodRefer/MethodReferenceLab.java

```
01  static void byInsideObjectMethod(String[] arr) {
02  //   Arrays.sort(arr, (a, b) -> a.compareToIgnoreCase(b));
03       Arrays.sort(arr, String::compareToIgnoreCase);
04       printArray(arr);
05  }
```

小祕訣 使用物件參考的實例方法的情況有兩種，一種物件參考來自 Lambda 表示式外面，要傳進來當然只能使用原來的變數名稱；剩餘的因為不能再使用變數名稱，就改用類別名稱，但這樣和使用靜態方法時很像，都是把類別名稱放前面。以本例而言，String 類別的 compareToIgnoreCase() 方法畢竟不是 static，還是可以區分。

9.5.4 使用 new 呼叫建構子且建構子不帶參數

語法

```
ClassName::new
```

以 new 呼叫建構子也可以改用方法參照。當建構子不帶參數時，可以讓介面 Supplier <T> 作爲物件提供者的角色：

1. 泛型 T 爲建構子建立的物件型態。
2. 以方法參照定義產生物件的方式，如以下範例行 3。
3. 在行 4 使用 Supplier<T> 的 get() 方法，可以直接提取新建的物件。

範例：/java11-ocp-2/src/course/c09/methodRefer/MethodReferenceLab.java

```
01  static void byConstructorWithSupplier() {
02  //   Supplier<Employee> supplier1 = () -> new Employee();
03       Supplier<Employee> supplier2 = Employee::new;
04       Employee emp = supplier2.get();
05       emp.setName("Jim");
```

```
06        System.out.println(emp.getName());
07    }
```

9.5.5 使用 new 呼叫建構子且建構子帶少量參數

當建構子帶參數時，可以改用介面 Function<T, R> 作爲物件提供者的角色：

1. 泛型 T 爲建構子參數，泛型 R 爲建構子建立的物件型態。
2. 以方法參照定義產生物件的方式，如以下範例行 3。
3. 在行 4 使用 Function 的 apply(T) 方法，並傳入建構子參數，可以回傳新建物件型態 R。

範例：/java11-ocp-2/src/course/c09/methodRefer/MethodReferenceLab.java

```
01    static void byConstructorWithFunction() {
02    //  Function<String, Employee> factory1 = (s) -> new Employee(s);
03        Function<String, Employee> factory2 = Employee::new;
04        Employee emp = factory2.apply("Jim");
05        System.out.println(emp.getName());
06    }
```

9.5.6 使用 new 呼叫建構子且建構子帶多參數

若建構子帶多個參數，如以下類別 Student：

範例：/java11-ocp-2/src/course/c09/methodRefer/Student.java

```
01    public class Student {
02        String name;
03        int age;
04        public Student(String name, int age) {
05            this.name = name;
06            this.age = age;
07        }
08        @Override
09        public String toString() {
10            return "Student [name=" + name + ", age=" + age + "]";
```

```
11        }
12    }
```

可以自定義功能性介面作爲物件提供者的角色：

範例：/java11-ocp-2/src/course/c09/methodRefer/StudentFactory.java

```
01    @FunctionalInterface
02    public interface StudentFactory {
03        Student createStudent(String name, int age);
04    }
```

以方法參照取代 Lambda 表示式：

範例：/java11-ocp-2/src/course/c09/methodRefer/MethodReferenceLab.java

```
01    static void byConstructorWithCustomFunction() {
02     //  StudentFactory factory = (name, age) -> new Student(name, age);
03        StudentFactory factory = Student::new;
04        Student s = factory.createStudent("Jim", 10);
05        System.out.println(s);
06    }
```

使用 Stream API

10

章節提要

10.1 建構者設計模式和方法鏈結

類別經常具備不定數量的屬性欄位。某些欄位若和物件生成有密切關係，我們通常會使用建構子（constructor），要求建構物件時一併傳入，而在欄位漸多的時候，可能導致幾個問題：

1. 某些類別的設計會依傳入建構子的欄位不同，而建構出不同功能性的物件，如咖啡加入不同佐料，將產生不同口味的飲品，此時會發現有許多 Overloaded 的建構子。
2. 建構子的參數可能很多。
3. 建構子裡的參數若有多個屬於相同型別，將造成參數組合複雜且設計困難。
4. 必須判斷 null 的情況。

原本建構物件的責任落在類別內的建構子。當建構物件的邏輯複雜時，基於 SRP 的設計理念，我們改以另一個建構者（builder）類別來處理，也可以避免愈來愈多的 Overloaded 的建構子出現。

如此將建構物件的邏輯抽出，改用不同的建構者實作類別來協助產生物件，這樣的設計模式就稱爲「建構者設計模式（builder design pattern）」。

以下使用建構者設計模式來建構 Person 類別：

範例：/java11-ocp-2/src/course/c10/Person.java

```
01  public class Person {
02      private String name, email;
03      private int age;
04      private Person(Builder builder) {
05          this.name = builder.name;
06          this.age = builder.age;
07          this.email = builder.email;
08      }
09      public String getName() {
10          return name;
11      }
12      public int getAge() {
13          return age;
14      }
15      public String getEmail() {
16          return email;
17      }
18      @Override
19      public String toString() {
20          return "Name=" + name + ", Age=" + age + ", email=" + email +
                                                                    "\n";
21      }
22      public void printPerson() {
23          System.out.println(this);
24      }
25
26      public static class Builder {
27          private String name, email;
28          private int age;
29          public Builder name(String name) {
30              this.name = name;
31              return this;
32          }
33          public Builder age(int val) {
34              this.age = val;
```

```
35                 return this;
36             }
37             public Builder email(String val) {
38                 this.email = val;
39                 return this;
40             }
41             public Person build() {
42                 return new Person(this);
43             }
44         }
45     }
```

說明

2,3	Person 類別具有屬性欄位 name、email 和 age。三個欄位都 private，有 public 的 getter() 方法，但取消 setter 方法，所以必須依賴其他方式，讓物件建構後設定欄位值。
4-8	● 建構子為 private，只能在類別內建立物件。 ● 該建構子以靜態巢狀類別（static nested class）的 Person.Builder 型態作為參數；因此要建立 Person 物件，必須建立 Person.Builder 物件。Person.Builder 類別具有和 Person 類別對應且相同的屬性欄位。
26-44	● 本程式區塊為靜態巢狀類別 Person.Builder 的定義方式。 ● 行 29、33、37 為 Builder 的 setter() 方法。因為是 Builder 類別，慣例上方法命名不以「set」開頭；而且都不是 void，都回傳 Builder 型態。 ● 行 41 的 build() 方法，回傳新建的 Person 物件。

範例方法 createPersonList() 示範如何使用 Person.Builder 類別來建構 Person 物件：

範例：/java11-ocp-2/src/course/c10/TestPerson.java

```
01  public static List<Person> createPersonList() {
02      List<Person> people = new ArrayList<>();
03      people.add(
04          new Person.Builder()
05          .name("Bob")
06          .age(21)
07          .email("bob@x.com")
```

```
08              .build()
09          );
10          people.add(
11              new Person.Builder()
12              .name("Jane")
13              .age(25)
14              .email("jane@x.com")
15              .build()
16          );
17          people.add(new Person.Builder()
18              .name("John").age(25).email("johnx.com").build());
19          people.add(new Person.Builder()
20              .name("Phil").age(55).email("phil@x.com").build());
21          people.add(new Person.Builder()
22              .name("Betty").age(85).email("betty@x.com").build());
23          return people;
24      }
```

說明

4-8	本區塊為使用建構者設計模式建構 Person 物件，並逐一設定相關屬性。為了讓 Builder 類別的使用更明顯，每行只呼叫一個屬性值的設定方法。
11-15	同上。

一般而言，當需要使用 builder 建立物件時，通常表示需要多種 builder，所以需要共同的介面協助 builder 抽換，因此不會以靜態巢狀類別的方式定義。本例的重點在於強調建構者設計模式，讓建立物件可以「方法鏈結（method chaining）」的方式進行，特色爲：

1. 多個方法可以用單一行程式碼表達，讓程式碼理解更容易。

2. 更有彈性的物件建立方式。

3. 每一個設定屬性欄位的 setter() 方法，都回傳物件自己。

4. 程式碼更加流暢（fluent）。

這是由 Java 8 的原廠 API 開始推廣的程式撰寫風格，也是範例主要表達的意涵。

10.2 使用 Optional 類別

10.2.1 使用 null 造成的困擾

在撰寫Java程式碼的過程中，我們都曾遇過要處理null的狀況。比如設計了一個「允許輸入不同數量的整數，以計算平均值」的方法，若遇到呼叫該方法、但沒有輸入任何整數的情況，回傳值該是多少比較合理？是0嗎？若沒有任何輸入時回傳0，那該如何區分眞正輸入多個0時，會得到0的結果？這時候，大部分的作法都會直接回傳一個null，同時將方法的回傳改用基本型別的包覆類別（wrapper class），如下：

範例：/java11-ocp-2/src/course/c10/OptionalDemo.java

```
01  public static Double averageWithNull (int... scores) {
02      if (scores.length == 0)
03          return null;
04      int sum = 0;
05      for (int score : scores)
06          sum += score;
07      return (double) sum / scores.length;
08  }
```

在方法的實作內容裡，若傳進的整數個數爲0，馬上回傳null，所以呼叫average0()方法的程式，若有需要將結果再延伸使用，就必須處理可能是null的情形。

但null是甚麼？null好處理嗎？接下來檢視同一個範例類別裡的testNull()方法執行結果：

範例：/java11-ocp-2/src/course/c10/OptionalDemo.java

```
01  public static void testNull() {
02      char str[] = { 'D', 'u', 'k', 'e' };
03      String s = null;
04      for (char c : str) {
05          s = s + c;
06      }
07      System.out.println(s);
08      Object o = null;
```

```
09        System.out.println(o);
10        // System.out.println(null); //can't compiled!!
11    }
```

結果

```
nullDuke
null
```

說明

5	行 3 都說 String 型態的變數 s 指向 null 了，竟然可以和字元相連！？
9	System.out.println() 處理物件，遇到 null 時就印出 null。
11	null 不屬於任何型別，無法通過編譯。

由此，「null」存在的最大優點和缺點都在它「模糊不清」的意涵。遇到不知道該如何處理的時候，就回傳一個 null；也因爲這樣的開發習慣，呼叫任何方法只要回傳的是參考型別，就得時常檢查「if (x != null)」，以提防不定時炸彈「NullPointer Exception」的出現，令人困擾。

10.2.2 類別 Optional 的使用情境

Java 8 推出了支援泛型的 Optional<T> 類別，來改善這種長久以來存在的問題。基本概念與用法爲：

1. 它屬於 java.util 套件。
2. 使用上像是一個「容器 / 箱子」，使用泛型 <T> 表示箱子裡可以存放 T 物件，也可以是空（empty）的，這時就等同於 null 的概念，如下圖示意。

圖 10-1 Optional.empty()

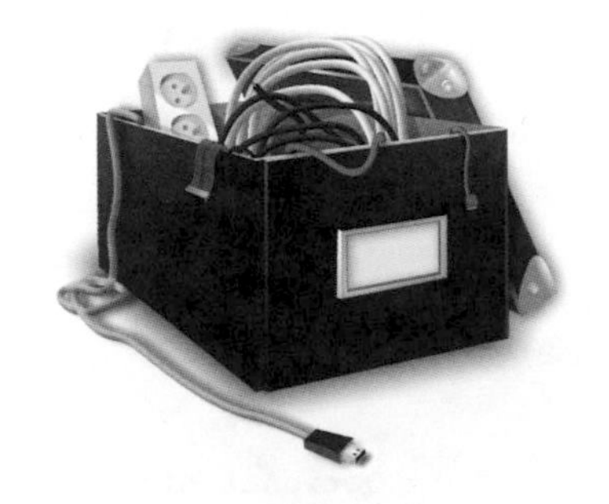

圖 10-2 Optional.of(xx)

3. 使用 isPresent() 方法確認內容物 T 是否存在，若回傳 true，可以再使用 get() 方法取得內容物件 T。
4. 和功能性介面（functional interface）一樣，尚有其他支援基本型別的擴充版，內含物就直接是類別名稱指定的基本型別：
   - OptionalDouble
   - OptionalInt
   - OptionalLong

要建立 Optional 物件有幾種方式：

1. 使用 static 的 Optional.empty() 方法，建立一個沒有內容物件的空 Optional 物件。
2. 使用 static 的 Optional.of(value) 方法，建立一個內含物件 value 的 Optional 物件，該物件不可為 null。
3. 使用 static 的 Optional.ofNullable(value) 方法，建立一個可能有或可能沒有內容物件 value 的 Optional 物件，其實就是前兩種方式的結合。

範例：java.util.Optional

```
01    public static <T> Optional<T> ofNullable(T value) {
02        return value == null ? empty() : of(value);
03    }
```

如此，可以把原本的方法 averageWithNull() 由可能回傳 null 改為回傳 Optional 型態：

範例：/java11-ocp-2/src/course/c10/OptionalDemo.java

```
01  public static Optional<Double> averageWithOptional(int... scores) {
02      if (scores.length == 0)
03          return Optional.empty();
04      int sum = 0;
05      for (int score : scores)
06          sum += score;
07      return Optional.of( (double) sum / scores.length );
08  }
```

說明

3	沒有輸入參數時，回傳空的 Optional 物件。
7	有輸入參數時，回傳內含 Double 型態的平均值的 Optional 物件。

過去使用物件參考 / 遙控器時，因爲不確定是否指向存在的物件，因此必須以 if (x != null) 事先檢查。悲觀的情況將導致所有由外部方法取得的物件參考在使用前都要檢查是否爲 null。

方法若以 Optional 型態回傳，等同告訴方法使用者，其回傳的內容物有可能爲 null，因此取出內含物前必須使用 isPresent() 方法判斷。

樂觀來說，當以 Optional 型態作爲方法回傳型態的風氣盛行時，我們可以反向推估若方法未使用 Optional 類別回傳，表示沒有爲 null 的可能，所以不用再檢查方法回傳的物件參考是否爲 null，不用擔心可能拋出 NullPointerException 的錯誤。

10.2.3 類別 Optional 的常用方法

Java 8 的 Optional API

Optional<T> 在 Java 8 剛推出時常用的方法如下表，第 1 個欄位是方法簡化後的示意，完整原貌請參閱 API 文件。

表 10-1 Java 8 的 Optional API

方法簽名與回傳	有內含物時	內含物為 null 時
T **get**()	回傳內含物。	拋出 NoSuchElementException。
void **ifPresent** (Consumer)	執行 Consumer 定義的方法。	不做任何事情。
boolean **isPresent**()	回傳 true。	回傳 false。
T **orElse** (T other)	回傳內含物。	回傳指定的 other 物件。
T **orElseGet** (Supplier)	回傳內含物。	回傳 Supplier 定義的方法的執行結果。
T **orElseThrow** (Supplier)	回傳內含物。	拋出 Supplier 定義的方法例外。
Optional<U> **map** (Function<T, **U**>)	回傳 Function 定義的方法的 Optional 結果。	回傳 Optional.empty()。
Optional<U> **flatMap** (Function<T, **Optional<U>**>)	回傳 Function 定義的方法的 Optional 結果。	回傳 Optional.empty()。

以下示範 get()、ifPresent()、isPresent()、orElse()、orElseGet()、orElseThrow() 等方法：

範例：/java11-ocp-2/src/course/c10/optional/OptionalDemo.java

```
01  private static void testOptionalOfJava8() {
02    out.println("show01: " + averageWithOptional(90, 100));
03    out.println("show02: " + averageWithOptional());
04
05    Optional<Double> optOK = averageWithOptional(90, 100);
06    if ( optOK.isPresent() ) {
07        out.println("show03: " + optOK.get() );
08    }
09    Optional<Double> optNG = averageWithOptional();
10    try {
11        optNG.get();
12    } catch (NoSuchElementException e) {
13        err.println("show04 throws: " + e.getClass());
14    }
15
16    Optional<Double> opt1 = averageWithOptional(90, 100);
```

```
17        opt1.ifPresent(d -> out.println("show05: " + d));
18
19        // there is value in Optional
20        Optional<Double> opt2 = averageWithOptional(90, 100);
21        out.println("show06: " + opt2.orElse(Double.NaN));
22        out.println("show07: " + opt2.orElseGet(() -> Math.random()));
23        out.println("show08: " + opt2.orElseThrow(() -> new
                                          MyOptionalException()));
24
25        // there is no value in Optional
26        Optional<Double> opt3 = averageWithOptional();
27        System.out.println("show09: " + opt3.orElse(Double.NaN));
28        out.println("show10: " + opt3.orElseGet(() -> Math.random()));
29        try {
30            opt3.orElseThrow(() -> new MyOptionalException());
31        } catch (MyOptionalException e) {
32            err.println("show11 throws: " + e.getClass());
33        }
34    }
```

結果

```
show01: Optional[95.0]
show02: Optional.empty
show04 throws: class java.util.NoSuchElementException
show03: 95.0
show05: 95.0
show06: 95.0
show07: 95.0
show08: 95.0
show09: NaN
show10: 0.9471611953761245
show11 throws: class course.c10.optional.MyOptionalException
```

說明

20-23	因 op2 含值，orElse()、orElseGet()、orElseThrow() 都直接回傳 Optional 所包含的值。

26-33	因 op3 不含值，orElse()、orElseGet()、orElseThrow() 都會執行方法定義的作法。其中，行 30 若執行將拋出由 Supplier 功能性介面指定的例外物件。

以下示範 map() 與 flatMap() 方法。

這 2 個方法的使用方式接近，都需要傳入一個功能性介面 Function 的 Lambda 表示式。因爲本例使用方法參照取代 Lambda 表示式，所以：

1. 建立以下行 1-3 的 getLength4map() 方法，並在行 11 以方法參照用於 map() 方法。
2. 建立以下行 4-6 的 getLength4flatMap() 方法，並在行 14 以方法參照用於 flatMap() 方法。

注意，方法 getLength4map() 與 getLength4flatMap() 回傳型態不同，後者是用於 flatMap()，一定要回傳 Optional 包裹的物件。範例如下：

範例：/java11-ocp-2/src/course/c10/optional/OptionalDemo.java

```
01  private static Integer getLength4map(String in) {
02      return in.length();
03  }
04  private static Optional<Integer> getLength4flatMap(String in) {
05      return Optional.ofNullable(in).map(s -> s.length());
06  }
07  private static void mapAndFlapMap() {
08      String str = "jim";
09      Optional<Integer> oi1 =
10              Optional.ofNullable(str)
11                      .map(OptionalDemo::getLength4map);
12      Optional<Integer> oi2 =
13              Optional.ofNullable(str)
14                      .flatMap(OptionalDemo::getLength4flatMap);
15  }
```

因此，方法 map() 與 flatMap() 的使用方式的相同與差異如下表：

表 10-2　類別 Optional 的 map() 與 flatMap() 方法異同

方法簽名與回傳	相同	差異
Optional<U> map (Function<T, **U**>)	都回傳 Optional<U>。	作為參數的功能性介面 Function 的方法回傳**一般型態 U**。
Optional<U> flatMap (Function<T, **Optional<U>**>)		作為參數的功能性介面 Function 的方法回傳 **Optional<U>**。

兩者目的相近，都是利用功能性介面 Function 做進一步轉換。

Java 8 之後的新增的 Optional API

Optional<T> 在 Java 8 之後新推出且較常用的方法如下表，第 1 個欄位是方法簡化後的示意，完整原貌請參閱 API 文件。

表 10-3　Java 8 之後新增的 Optional API

方法簽名與回傳	有內含物時	內含物為 null
void **ifPresentOrElse** (Consumer, Runnable)	使用內含物執行 Consumer 定義的方法。	執行 Runnable 定義的方法。
Optional<T> **or** (Supplier)	回傳自己 (this)，亦即原本的 Optional<T>。	執行 Supplier 定義的方法，其回傳型態必須是 Optional<T>。
Stream<T> **stream** ()	將內含物 T 以 Stream.of(T) 型態回傳。	回傳 Stream.empty()。
T **orElseThrow** ()	回傳內含物。	拋出例外 NoSuchElementException。
boolean **isEmpty** ()	回傳 false。	回傳 true。

以下示範 ifPresentOrElse()、or()、orElseThrow()、isEmpty()：

範例：/java11-ocp-2/src/course/c10/optional/OptionalDemo.java

```
01  private static void testOptionalAfterJava8() {
02      Optional<String> o1 = Optional.of("value");
03      Optional<String> o2 = Optional.empty();
04  // ifPresentOrElse()
05      o1.ifPresentOrElse(
06              s -> System.out.println("Found " + s),
07              () -> System.out.println("Not found") );
08      o2.ifPresentOrElse(
09              s -> System.out.println("Found " + s),
10              () -> System.out.println("Not found") );
11  // or()
12      o1 = o1.or( () -> Optional.of("default") );
13      System.out.println(o1);
14      o2 = o2.or( () -> Optional.of("default") );
15      System.out.println(o2);
16  // orElseThrow()
17      System.out.println(o1.orElseThrow());
18      System.out.println(o2.orElseThrow());
19  // isEmpty()
20      System.out.println(o1.isEmpty());
21      System.out.println(o2.isEmpty());
22  }
```

結果

```
Found value
Not found
Optional[value]
Optional[default]
value
default
false
false
```

Optional 的 stream() 方法和 Stream API 有關，可以在閱讀完本書下一章節後再回過來看這個方法的說明與使用範例。

基本上，Optional 的 stream() 方法在有內含物時，可以 Stream.of(T) 型態回傳，因此繼續串流；在沒有內含物時，回傳 Stream.empty() 而中斷串流，用來處理資料來源可能是 null 時相當方便。

以下範例方法 getTotalSalary() 與 getTotalSalary2() 的寫法略有不同，但結果相同，且都可以接受輸入參數為 null 的情況。不過，前者應略優於後者，因為可以在確認輸入參數是 null 時就停止串流，提升些許執行效率。

範例：/java11-ocp-2/src/course/c10/optional/OptionalDemo.java

```
01  private static List<User> findUsersByName(String name) {
02      return List.of(new User("jim1", 1000),
03                      new User("jim2", 1000),
04                      new User("duke", 1000))
05              .stream()
06              .filter(u -> u.getName().contains(name))
07              .collect(Collectors.toList());
08  }
09  private static Integer getTotalSalary(String name) {
10      return Optional.ofNullable(name)
11              .stream()
12              .map(OptionalDemo::findUsersByName)
13              .flatMap(Collection::stream)
14              .map(User::getSalary)
15              .mapToInt(Integer::valueOf)
16              .sum();
17  }
18  private static Integer getTotalSalary2(String name) {
19      return Optional.ofNullable(name)
20              .map(OptionalDemo::findUsersByName)
21              .stream()
22              .flatMap(Collection::stream)
23              .map(User::getSalary)
24              .mapToInt(i -> i)
25              .sum();
26  }
27  public static void main(String[] args) {
28      String name = "jim";
29      System.out.println(getTotalSalary(name));
30      name = null;
31      System.out.println(getTotalSalary2(name));
32  }
```

說明

1-8	輸入 name 回傳符合的 List<User>。
9-17	輸入 name 回傳符合的 User 的 salary 總和，會使用到前述方法 findUsersByName()。
10	回傳 Optional<String>。
11	**回傳 Stream<String>。**
12	**回傳 Stream<List<User>>。**
13	回傳 Stream<User>。
14	回傳 Stream<Integer>。
15	回傳 IntStream。
16	回傳 Integer。
18-26	與 getTotalSalary() 結果相同，稍微調整寫法。
19	回傳 Optional<String>。
20	**回傳 Optional<List<User>>。**
21	**回傳 Stream<List<User>>。**
22	回傳 Stream<User>。
23	回傳 Stream<Integer>。
24	回傳 IntStream，和行 15 等價。
25	回傳 Integer。

結果

```
2000
0
```

以下示範使用 Optional API 處理方法輸入的「物件參考」可能值是 null，或其關鍵屬性欄位為 null 的情境：

範例：/java11-ocp-2/src/course/c10/optional/OptionalOfNullable.java

```
01  public class OptionalOfNullable {
02      public static void main(String[] args) {
03          User u1 = new User("Jim");
04          System.out.println(findUserName(u1, "impossible to orElse"));
05  
06          User u2 = new User(null);
07          System.out.println(findUserName(u2, "name not found"));
08  
09          User u3 = null;
10          System.out.println(findUserName(u3, "user not found"));
11      }
12      private static String findUserName(User user, String orElse) {
13          return Optional.ofNullable(user)
14                  .map(User::getName)
15                  .orElse(orElse);
16      }
17  }
```

說明

13	回傳 Optional<User>。
14	回傳 Optional<String>。
15	回傳 String。

結果

```
Jim
name not found
user not found
```

以下示範使用 Optional API 處理方法輸入的「集合物件（Collection）參考」可能值是 null 的情境。其中：

1. 方法 printFirstUserName1() 在參數是「null」時，會在以下範例行 4 拋出例外 NullPointerException。

2. 方法 printFirstUserName2() 在參數是「空集合物件」時，會在以下範例行 17 拋出例外 ArrayIndexOutOfBoundsException。

3. 方法 printFirstUserName3() 可以同時妥善處理參數是「空集合物件」或「null」的情況，是比較好的作法。

範例：/java11-ocp-2/src/course/c10/optional/OptionalOfNullable2.java

```
01    private static void printFirstUserName1(List<User> users) {
02        try {
03            String name =
04                    users.stream()  // users是null時會出錯
05                    .findFirst()
06                    .map(User::getName)
07                    .orElse("user not found");
08            System.out.println("Option1 = " + name);
09        } catch (Exception e) {
10            System.err.println("Option1 throws " + e.getClass());
11        }
12    }
13    private static void printFirstUserName2(List<User> users) {
14        try {
15            String name =
16                    Optional.ofNullable(users)
17                    .map(list -> list.get(0))    // list是空集合物件時會出錯
18                    .map(User::getName)
19                    .orElse("user not found");
20            System.out.println("Option2 = " + name);
21        } catch (Exception e) {
22            System.err.println("Option2 throws " + e.getClass());
23        }
24    }
25    private static void printFirstUserName3(List<User> users) {
26        try {
27            String name =
28                    Optional.ofNullable(users)  // 處理users是null的情況
29                    .stream()
30                    .flatMap(Collection::stream)
31                    .findFirst()    // 處理users是空集合物件的情況
32                    .map(User::getName)
33                    .orElse("user not found");
```

```
34              System.out.println("Option3 = " + name);
35          } catch (Exception e) {
36              System.err.println("Option3 throws " + e.getClass());
37          }
38      }
39      public static void main(String[] args) {
40          List<User> userList = List.of(new User("jim"), new User("duke"));
41          List<User> emptyList = List.of();
42          List<User> nullList = null;
43  
44          // empty collection passed, null failed
45          printFirstUserName1(userList);
46          printFirstUserName1(emptyList);
47          printFirstUserName1(nullList);
48          System.out.println("-------------------------");
49  
50          // empty collection failed, null passed
51          printFirstUserName2(userList);
52          printFirstUserName2(emptyList);
53          printFirstUserName2(nullList);
54          System.out.println("-------------------------");
55  
56          // both empty collection and null passed
57          printFirstUserName3(userList);
58          printFirstUserName3(emptyList);
59          printFirstUserName3(nullList);
60          System.out.println("-------------------------");
61      }
```

說明

28	回傳 Optional<List<User>>。
29	回傳 Stream<List<User>>。
30	回傳 Stream<User>。
31	回傳 Optional<User>。
32	回傳 Optional<String>。
33	回傳 String。

結果

```
Option1 = jim
Option1 = user not found
Option1 throws class java.lang.NullPointerException
-------------------------
Option2 = jim
Option2 throws class java.lang.ArrayIndexOutOfBoundsException
Option2 = user not found
-------------------------
Option3 = jim
Option3 = user not found
Option3 = user not found
-------------------------
```

10.3 Stream API 介紹

10.3.1 介面 Iterable 和 Collection 的擴充

Stream API 的使用，和集合物件（Collection）有密不可分的關係。本書先前對 Collection 家族有過介紹：

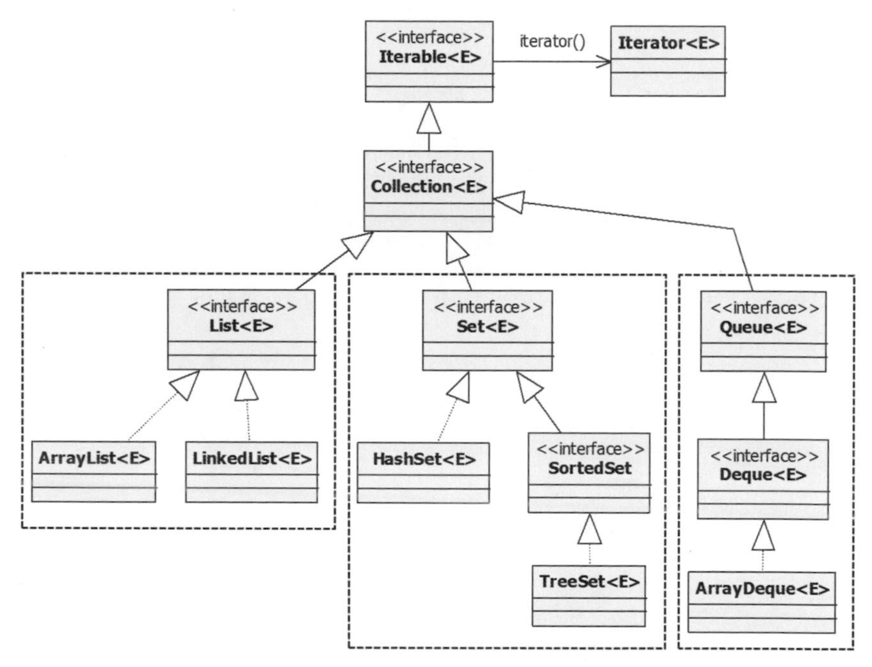

圖 10-3　Collection 家族類別圖

Java 8 在介面 Iterable 上新增了宣告為 default 的 forEach() 方法，允許傳入實作 Consumer 功能性介面的參考物件，該方法會對集合物件的所有成員執行 Consumer 定義的方法，有「針對每一個」的意思。使用 Lambda 表示式的範例如下：

範例：/java11-ocp-2/src/course/c10/TestPerson.java

```
01  public static void test1() {
02      List<Person> pl = createPersonList();
03      pl.forEach( p -> System.out.println(p) );
04  }
```

說明

03	對每個 Person p 使用 System.out.println(p)。

除此之外，Java 8 在介面 Collection 中也新增了宣告為 default 的 stream() 方法，stream 的中文解釋是水流或串流，因此如同幫 Collection 容器物件裝了水龍頭，讓成員可以逐一流出。流出的成員為 Stream 物件，利用其 API 可取代過去必須用迴圈來存取 Collection 成員物件的方式。

Stream 物件如同建構者設計模式，具備了許多可以使用「方法鏈結（method chaining）」的方法，語法相當流暢（fluent），如：

1. **filter() 方法**：接受實作 Predicate 介面的參考物件，會對流過的集合物件成員使用 Predicate 介面的 test() 方法進行篩選，符合的（return true）才能流到下一個方法。
2. **forEach() 方法**：同 Iterable 介面的 forEach() 方法。接受實作 Consumer 介面的參考物件，會對每一個流入的集合物件成員操作 accept() 方法。

範例：/java11-ocp-2/src/course/c10/TestPerson.java

```
01  public static void test2() {
02      List<Person> pl = createPersonList();
03      pl.stream()
04          .filter ( p -> p.getAge() >= 23 && p.getAge() <= 65 )
05          .forEach ( p -> System.out.println(p) );
06  }
```

說明

4	過濾成員，只有滿足 getAge() >= 23 且 getAge() <= 65 的 Person 物件，才能通過篩選，進到下一個串流方法。
5	對每個 Person p 使用 System.out.println(p)。

也可以將 Lambda 表示式改用參考變數的方式呈現，增加程式的重複使用性：

範例：/java11-ocp-2/src/course/c10/TestPerson.java

```
01  public static void test3() {
02    List<Person> pl = createPersonList();
03    Predicate<Person> criteria = p -> p.getAge() >= 23 && p.getAge() <=
                                                                      65;
04    Consumer<Person> action = p -> System.out.println(p);
05    pl.stream()
06      .filter(criteria)
07      .forEach(action);
08  }
```

10.3.2 Stream API

Java 8 新增了 Stream API：

1. 位於套件 java.util.stream 內。
2. 中文意思是「水流或串流」，代表一連串的物件成員，可以將多種鏈結方法（chaining methods）套用在所有成員。
3. Collection 和 Stream 兩個物件都有成員，看似接近，其實有大區別：
   - Collection 介面依成員物件的特性（如 List、Set、Queue）不同，而提供不同的管理和存取方式。
   - Stream 介面「沒有」提供直接存取「特定成員」的方式，只是以「宣告式」的描述作法，告知即將對 Stream 的來源（通常是 Collection）進行各種操作。

圖 10-4　串流（stream）示意圖

Stream 特性

特性是：

1. Stream 成員一旦被使用過，就不能再被使用，如同水流不能回頭，因此是不可改變的（immutable）。
2. Stream 介面定義的鏈結方法（chaining methods）的作用方式，可以是：
   - 連續的（serial / sequential），此為預設。
   - 平行的（parallel），將使用多執行緒支援。

3. Stream 介面定義的鏈結方法，也稱爲「管線操作（pipeline operations）」。概念上如同將水流約束在管線（pipeline）裡流動，管線可以視需要對水流做操作，後續我們也稱爲串流方法。

圖 10-5　管線（pipeline）示意圖

管線操作（pipeline operations）的特性

對於管線（pipeline）的操作：

1. Stream 在管線裡傳輸。
2. 管線區分多段，定義來源（source）後，每一段代表一個作業（operation）。可以分成：
    - 來源（Source）：通常是 Collection 物件、檔案、Stream 物件等。
    - 中間作業（Intermediate Operation）：可以零或多個。
    - 終端作業（Terminal Operation）：只有一個。
    - 短路型終端作業（Short-Circuit Terminal Operation）：只有一個。
3. Java 會順著每段管線一路向下執行，但會先確認終端作業方式，才會回頭要求 Stream 開始輸送資料，我們形容這種情況爲「Lazy」，即只在開始執行時，才要求輸送資料。
4. 若搭配「短路型終端作業」，一旦滿足終端作業定義條件，馬上停止輸送資料，相較傳統迴圈處理，就有效能上的優勢。

這些來自 Stream 介面的操作方法，可以想像成管線的各種元件，提供不同功能。

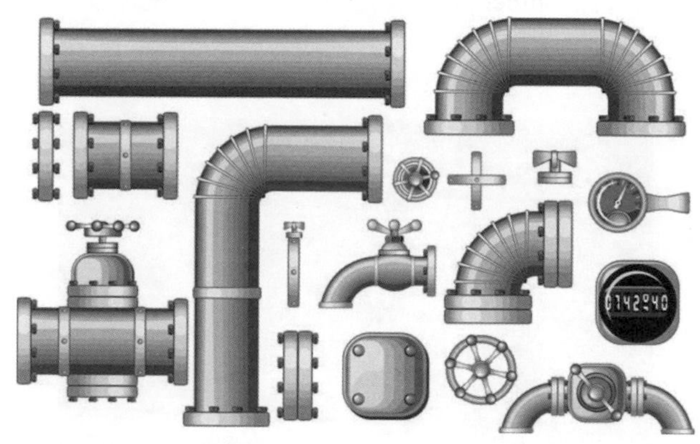

圖 10-6　各式管線操作元件（pipeline operations）示意圖

串流的管線方法呼叫可以使用鏈結（chaining）的風格撰寫：

範例：/java11-ocp-2/src/course/c10/TestPerson.java

```
01  public static void test4() {
02      List<Person> pl = createPersonList();
03      pl.stream()
04          .filter (p -> p.getAge() >= 23 && p.getAge() <= 65)
05          .filter (p -> p.getEmail().startsWith("j"))
06          .forEach (Person::printPerson);
07  }
```

使用 filter() 方法的概念，和查詢資料庫時使用 SQL 的 where 的語法類似，也可以視情況與需要將邏輯概念合併，如方法 test5()：

範例：/java11-ocp-2/src/course/c10/TestPerson.java

```
01  public static void test5() {
02      List<Person> pl = createPersonList();
03      pl.stream()
04          .filter(p -> p.getAge() >= 23 &&
05                      p.getAge() <= 65 &&
06                      p.getEmail().startsWith("j") )
07          .forEach(Person::printPerson);
08  }
```

10.4 Stream API 操作

常見 Stream 家族成員的 UML 類別圖：

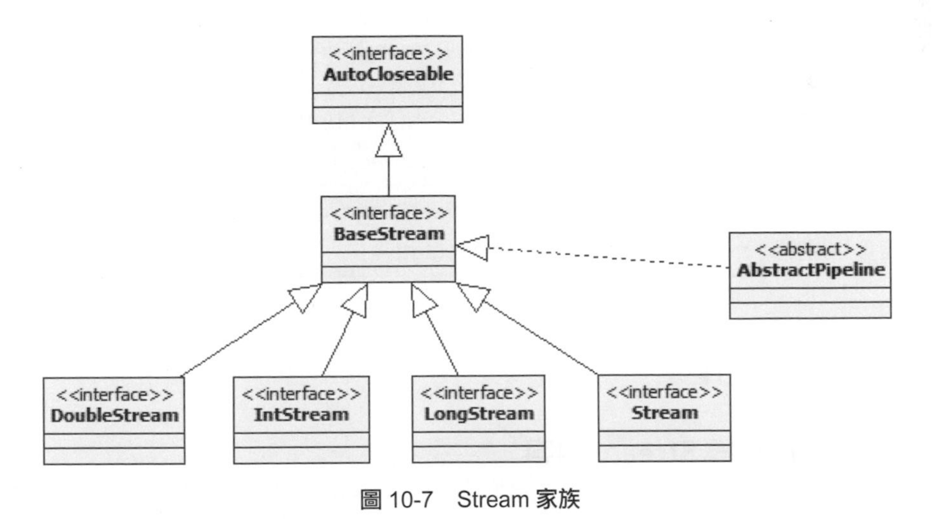

圖 10-7　Stream 家族

產生 Stream 物件的常見方式如以下範例。若想要知道 Stream 物件的成員，可以用管線操作方法如 forEach() 要求列印所有成員：

範例：/java11-ocp-2/src/course/c10/stream/IntermediateOpDemo.java

```
01  public static void createStream() {
02      Stream<String> s1 = Arrays.asList("1", "2", "3", "4").stream();
03      Stream<Integer> s2 = Arrays.asList(1, 2, 3, 4).stream();
04
05      Stream<String> s3 = Stream.of("1", "2", "3", "4");
06      Stream<Integer> s4 = Stream.of(1, 2, 3, 4);
07
08      Stream<String> s5 = Arrays.stream(new String[] {"1", "2", "3",
                                                                "4"});
09      IntStream s6 = Arrays.stream(new int[] {1, 2, 3, 4});
10
11      s1.forEach(System.out::println);
12  }
```

我們透過管線操作來控制串流，這些方法都定義在 java.util.stream.Stream 介面下。分類與其常用方法為：

表 10-4　管線操作（pipeline operations）分類

分類	常用方法
Intermediate Operation（中間作業）	filter(), map(), peek(), sorted(), flatMap()
Terminal Operation（終端作業）	forEach(), count(), sum(), average(), min(), max(), collect()
Short-Circuit Terminal Operation（短路型終端作業）	findFirst(), findAny(), anyMatch(), allMatch(), noneMatch()

10.4.1　中間作業

1. 使用 map() 轉換 Stream 內容

方法宣告：

範例：java.util.stream.Stream

```
01    <R> Stream<R> map(Function<? super T, ? extends R> mapper);
```

使用 map() 方法來轉換資料成員。使用 Function 介面的實作物件作為參數，表示要對資料成員套用的方法是「傳入某型別，經過某些流程後，回傳另一種型別」，所以 map() 方法可建立轉換後的「對應（mapping）」關係，如範例：

範例：/java11-ocp-2/src/course/c10/stream/IntermediateOpDemo.java

```
01    public static void testMap() {
02        Function<Integer, Integer> mapper = n -> 2 * n;
03        Stream<Integer> mapResult =
04                Stream.of(1, 2, 3, 4)
05                        .map(mapper);
06        Object[] arr = mapResult.toArray();
07        List<Object> list = Arrays.asList(arr);
08        System.out.println(list);
09    }
```

說明

2	使用 Lambda 表示式定義需要轉換的工作，本例為將原本的值改成2倍。同：
	`Function<Integer, Integer> mapper = new Function<Integer, Integer>() {`
	`    @Override`
	`    public Integer apply(Integer t) {`
	`        return 2 * t;`
	`    }`
	`};`

5	對 Stream 物件呼叫 map() 方法，並傳入 Function 物件參考，該方法回傳仍是 Stream 物件，同建構者設計模式。
6	Stream 介面提供 toArray() 方法，將 Stream 物件轉成陣列（Array）。
7	使用 Arrays.asList() 可將陣列轉成 List 物件。

結果

```
[2, 4, 6, 8]
```

map() 方法也有相關「基本型別」的擴充版：

1. mapToInt()
2. mapToLong()
3. mapToDouble()

示範如下：

範例：/java11-ocp-2/src/course/c10/stream/IntermediateOpDemo.java

```
01  public static void testMapToInt() {
02    ToIntFunction<String> mapper = Integer::parseInt;
03    IntStream mapResult =
04          Stream.of("a1", "a2", "a3")
05              .map(s -> s.substring(1))
06              .mapToInt(mapper);
```

```
07      mapResult.forEach(i -> System.out.print(i + ", "));
08  }
```

說明

<table>
<tr><td>2</td><td>將原本的字串成員轉換成 Integer。同：
<pre>ToIntFunction<String> mapper = s -> Integer.parseInt(s);</pre>或：
<pre>ToIntFunction<String> mapper = new ToIntFunction<String>() {
    @Override
    public int applyAsInt(String value) {
        return Integer.parseInt(value);
    }
};</pre></td></tr>
<tr><td>5</td><td>使用 map() 方法搭配 Function 介面，將成員進行轉換，轉換內容是對字串成員呼叫 substring(1) 方法，將依序回傳 "1", " 2", "3"。</td></tr>
<tr><td>6</td><td>使用 mapToInt() 方法搭配 ToIntFunction 介面，將字串轉成整數（Integer），並回傳 IntStream 的物件。</td></tr>
</table>

結果

```
1, 2, 3,
```

2. 使用 peek() 窺視 Stream 內容

方法宣告：

 **範例：java.util.stream.Stream**

```
Stream<T> peek(Consumer<? super T> action);
```

以 peek() 方法窺視 Stream 內容：

1. 使用 Consumer 介面，表示需要對資料成員套用的方法是「可以傳入參數，且沒有回傳（void）」。方法結束後，成員回歸 Stream。
2. 方法 peek() 主要用於 debug，用於需要了解當 Stream 成員經過其他「中間作業」後的變化情況。
3. 若管線作業沒有定義「終端作業」，將不會啓動 peek()，這也反映 Stream 物件的 Lazy 特質：

```
01  Stream.of("a", "aa", "aaa", "aaaa")
02    .filter(e -> e.length() > 3)
03    .peek(e -> System.out.println("Filtered value: " + e))
04    .map(String::toUpperCase)
05    .peek(e -> System.out.println("Mapped value: " + e))
06    .forEach(System.out::println);
```

4. 使用 peek() 也可以更改資料成員，但在平行執行時可能會有執行緒安全（thread safe）的問題，強烈建議不可用來修改資料成員。

以下如範例進行驗證：

範例：/java11-ocp-2/src/course/c10/stream/IntermediateOpDemo.java

```
01  public static void testPeek() {
02      Consumer<Integer> action = System.out::println;
03      Stream<Integer> stream =
04              Stream.of(1, 2, 3, 4)
05              .peek(action);
06      System.out.println("Length: " + stream.toArray().length);
07      /* Streams may be lazy. Computation on the source data is
            performed only when the terminal operation is initiated, and
            source elements are consumed only as needed. */
08  }
```

說明

2	等價於：
	`Consumer<Integer> action = new Consumer<Integer>() {`
	`    public void accept(Integer t) {`
	`        System.out.print(t);`
	`    }`
	`};`
	或：
	`Consumer<Integer> action = t -> System.out.println(t);`

6	行 3 建立的 Stream 物件一直到行 5 執行結束都未呼叫終端作業，因此 peek() 不會被觸發。 因為 **toArray() 是終端作業的一種**，執行程式碼行 6 才會觸發 peek() 方法。

3. 使用 sorted () 做基本排序

方法宣告有 2 種：

1. 將 Stream 成員依「自然順序」重新排序：

範例：java.util.stream.Stream

```
Stream<T> sorted();
```

2. 將 Stream 成員依「Comparator 定義的順序」重新排序：

範例：java.util.stream.Stream

```
Stream<T> sorted(Comparator<? super T> comparator);
```

範例如下：

範例：/java11-ocp-2/src/course/c10/stream/IntermediateOpDemo.java

```
01    public static void testSorted() {
02        List<String> lt = Arrays.asList("a2", "a1", "b1", "c2", "c1");
```

```
03      lt.stream()
04          .sorted()
05          .forEach(s -> System.out.print(s + ", "));
06      System.out.println();
07      lt.stream()
08          .sorted(String::compareTo)
09          .forEach(s -> System.out.print(s + ", "));
10      System.out.println();
11      lt.stream()
12          .sorted((s1, s2) -> s1.compareTo(s2) * -1)
13          .forEach(s -> System.out.print(s + ", "));
14  }
```

結果

```
a1, a2, b1, c1, c2,
a1, a2, b1, c1, c2,
c2, c1, b1, a2, a1,
```

說明

4	依「自然順序」重新排序。
8	使用字串的 compareTo() 方法排序。
12	使用字串的 compareTo() 方法排序，並將順序倒置。

4. 搭配 Comparator 進行多段式排序

Stream 的 sorted() 方法可以藉由 Comparator 介面進行多段式的排序，而 Comparator 介面本身也支援使用「方法鏈結」的方式呈現排序條件。常見有 3 段式排序情境：

1. 「先比較」成員的特定欄位或特定條件。

範例：java.util.Comparator

```
01  comparing (Function<? super T,? extends U> keyExtractor)
```

2. 「再比較」成員的額外欄位或額外條件（若步驟 1 比較不出結果）；視需要而定。

範例：java.util.Comparator

```
01  thenComparing (Function<? super T, ? extends U> keyExtractor)
```

3. 「最後」將比較結果倒置；視需要而定。

範例：java.util.Comparator

```
01  reversed ()
```

如以下示範：

範例：/java11-ocp-2/src/course/c10/stream/IntermediateOpDemo.java

```
01  public static void testComparing() {
02      List<Person> people = Arrays.asList(
03              new Person("Max", 18),
04              new Person("Peter", 23),
05              new Person("Pamela", 23),
06              new Person("David", 12));
07      Function<Person, String> getPersonNames = Person::getName;
08      Function<Person, Integer> getPersonAges = Person::getAge;
09      Comparator<Person> comp =
10              Comparator.comparing(getPersonAges)
11                          .thenComparing(getPersonNames);
12      people.stream()
13          .sorted(comp)
14          .forEach(s -> System.out.print(s + ", "));
15
16      people.stream()
17          .sorted(comp.reversed())
18          .forEach(s -> System.out.print(s + ", "));
19  }
```

結果

```
David, Max, Pamela, Peter,
Peter, Pamela, Max, David,
```

5. 使用 flatMap() 展開 Stream 成員成為子 Stream 物件

方法宣告：

範例：java.util.stream.Stream

```
flatMap (Function< ? super T, ? extends Stream<? extends R> > mapper )
```

方法 flatMap() 可以使用 Function 介面將 Stream 成員的欄位，通常是集合物件，以 Stream 的形式再展開 / 呈現，因此有層層展開，將之攤平（flat）的效果。

本例需要使用一些資料來源，後續其他範例也會使用：

範例：/java11-ocp-2/src/course/c10/stream/Item.java

```
01  public class Item {
02      String name;
03      Item(String name) {
04          this.name = name;
05      }
06      public String toString() {
07          return this.name;
08      }
09  }
```

範例：/java11-ocp-2/src/course/c10/stream/Order.java

```
01  public class Order {
02      String name;
03      Order(String name) {
04          this.name = name;
05      }
06      List<Item> items = new ArrayList<>();
07      public String toString() {
08          return this.name;
09      }
10  }
```

範例：/java11-ocp-2/src/course/c10/stream/DataSource.java

```
01  public class DataSource {
02    static List<Order> getOrdersAndItems() {
03      List<Order> orders = new ArrayList<>();
04      IntStream.range(1, 4)
05          .forEach(i -> orders.add(new Order("Order_" + i)));
06      orders.forEach(
07        order ->
08            IntStream
09            .range(1, 4)
10            .forEach(
11              i ->
12                order.items.add(
13                  new Item("Item_" + i + " , from <" + order.name + ">")
14                )
15            )
16      );
17      return orders;
18    }
19  }
```

說明

3	建立物件參考 orders 指向 List<Order> 物件。
4-5	● 使用 IntStream 的 static 方法 range(1, 4)，可以決定對 forEach() 操作幾次：forEach 裡的 i 變數，會由 1 開始，到 3 結束，不含 4。 ● 這裡會新增 3 個 Order 物件到代表 List<Order> 的 orders 裡。
6-16	對 orders 裡的每一個 Order 物件，其欄位 items 各新增 3 個 Item 物件。

示範方法 flatMap() 如下：

範例：/java11-ocp-2/src/course/c10/stream/IntermediateOpFlatMapDemo.java

```
01  public static void flatMapDemo1() {
02    long qty =
03      DataSource.getOrdersAndItems().stream()     // 回傳 Stream<Order>
04        //.peek(System.out::println)
05          .flatMap(order -> order.items.stream()) // 回傳 Stream<Item>
```

```
06          //.peek(System.out::println)
07            .count();
08      System.out.println(qty);
09    }
```

結果

```
9
```

說明

3	將集合物件 List<Order>，轉成 Stream<Order> 型態。
4	取消本行註解，可以 peek（窺視）行 3 的結果： Order_1 Order_2 Order_3
5	• 套用 flatMap() 方法後，可以取出每個 Order 物件裡的 items 欄位的 Item 物件，因此回傳 Stream<Item> 型態。 • 可以得到 3 * 3 = 9 個成員，都是 Item 物件。

6	取消本行註解，可以 peek（窺視）行 5 的結果：
	`Item_1 , from <Order_1>`
	`Item_2 , from <Order_1>`
	`Item_3 , from <Order_1>`
	`Item_1 , from <Order_2>`
	`Item_2 , from <Order_2>`
	`Item_3 , from <Order_2>`
	`Item_1 , from <Order_3>`
	`Item_2 , from <Order_3>`
	`Item_3 , from <Order_3>`

4, 6	行 4 和行 6 每次只取消一行註解，較能看清過程。

以下範例將檔案 flatMap.txt 裡的所有資料行讀入 Stream<String> 物件，再使用 flatMap() 方法，以每行字串裡的空白作爲切割符號，攤平成更長的 Stream<String>

物件；最終以 filter() 過濾出包含關鍵字的成員，並計算數量。我們一樣使用 peek() 方法來窺視每段轉換的成果：

範例：/java11-ocp-2/src/course/c10/stream/flatMap.txt

```
01  my book is cheap
02  your computer is expensive
03  his/her book are interesting
```

範例：/java11-ocp-2/src/course/c10/stream/IntermediateOpFlatMapDemo.java

```
01  public static void flatMapDemo2() throws IOException {
02      Path p = Paths.get("src/course/c10/stream/flatMap.txt")
03              .toAbsolutePath();
04      long matches =
05              Files.lines(p)
06          //  .peek(System.out::println)
07              .flatMap(line -> Stream.of(line.split(" ")))
08          //  .peek(System.out::println)
09              .filter(word -> word.contains("book"))
10          //  .peek(System.out::println)
11              .count();
12      System.out.println("# of Matches: " + matches);
13  }
```

結果

```
# of Matches: 2
```

說明

<table>
<tr><td>5</td><td>將檔案裡的所有資料行轉成 Stream<String> 物件的字串成員。</td></tr>
<tr><td>6</td><td>取消本行註解，可以 peek（窺視）行 5 的結果，也是檔案的原始內容：
<pre>my book is cheap
your computer is expensive
his/her book are interesting</pre></td></tr>
</table>

<table>
<tr><td>7</td><td>將原本Stream<String>物件裡的3個字串(來自檔案的3個資料行)，透過flatMap()方法，再由空白符號切割出更多小字串，最後組成一個更長的Stream<String>物件。語法同：

<pre>
Function<String, Stream<String>> mapper =
        new Function<String, Stream<String>>() {
            public Stream<String> apply(String line) {
                return Stream.of(line.split(" "));
            }
        };
</pre></td></tr>
<tr><td>8</td><td>取消本行註解，可以peek(窺視)行7的結果：

<pre>
my
book
is
cheap
your
computer
is
expensive
his/her
book
are
interesting
</pre></td></tr>
<tr><td>9</td><td>使用filter()方法，留下含有關鍵字「book」的Stream成員。</td></tr>
<tr><td>10</td><td>取消本行註解，可以peek(窺視)行9的結果：

<pre>
book
book
</pre></td></tr>
<tr><td>6, 8, 10</td><td>行6、行8、行10每次只取消一行註解，較能看到結果。</td></tr>
</table>

10.4.2 終端作業

1. 使用 count() 計算 Stream 成員數量

方法宣告：

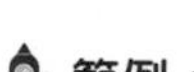

範例：java.util.stream.Stream

```
01  count();
```

使用 count() 方法來回傳成員個數，範例如下：

範例：/java11-ocp-2/src/course/c10/stream/TerminalOpDemo.java

```
01  public static void testCount() {
02      long cnt = Stream.of("Hello", "World").count();
03      System.out.println(cnt);
04  }
```

結果

```
2
```

2. 使用 max() 和 min() 取出 Stream 成員的最大值與最小值

方法宣告：

範例：java.util.stream.Stream

```
01  max (Comparator<? super T> comparator);
02  min (Comparator<? super T> comparator);
```

使用 Comparator 的比較邏輯，分別以 max() 和 min() 方法得到最大值和最小值，如下範例。此外，因爲 Stream 可能沒有成員，所以回傳的值以 Optional 包裹：

範例：/java11-ocp-2/src/course/c10/stream/TerminalOpDemo.java

```
01  public static void testMaxMin() {
02      Comparator<String> comparator = String::compareTo;
03
04      Optional<String> os = Stream.of("x", "y").max(comparator);
05      System.out.println(os);
06
07      List<String> list = new ArrayList<String>();
08      Optional<String> empty = list.stream().max(comparator);
09      System.out.println(empty);
10
11      OptionalInt oi = Stream.of(1, 2, 3)
                             .mapToInt(i -> i)
                             .min();
12      System.out.println(oi);
13  }
```

結果

```
Optional[World]
Optional.empty
OptionalInt[1]
```

說明

<table>
<tr><td>2</td><td>等價於：

```
Comparator<String> comparator = new Comparator<String>() {
    @Override
    public int compare(String o1, String o2) {
        return o1.compareTo(o2);
    }
};
```

或

```
Comparator<String> comparator = (o1, o2) -> o1.compareTo(o2);
```
</td></tr>
<tr><td>4</td><td>Stream 內為字串成員，使用 Comparator 介面決定排序方式，進而找出最大值。</td></tr>
</table>

7	建立空的 List 物件。
8	使用空的 List 物件建立空的 Stream 物件，將回傳內容 empty 的 Optional 物件。
11	• Stream 呼叫 mapToInt()，將回傳 IntStream 物件；再呼叫 min() 方法，得到 OptionalInt 物件。 • 整數的比較方式不需要以 Comparator 定義。

3. 使用 average() 和 sum() 計算 Stream 成員的平均值與加總

方法宣告：

範例：java.util.stream.Stream

```
01  average();
02  sum();
```

Stream 成員若要進行如 average() 和 sum() 的數學計算，必須是屬於基礎型別的擴充型 Stream，才能使用相關方法。如：

1. DoubleStream

2. IntStream

3. LongStream

使用 average() 方法取得數字平均值，如以下範例：

範例：/java11-ocp-2/src/course/c10/stream/TerminalOpDemo.java

```
01  public static void testAverage() {
02      OptionalDouble avg = Stream.of(1, 2, 3, 4)
                                   .mapToInt(i -> i)
                                   .average();
03      System.out.println(avg);
04      System.out.println(avg.getAsDouble());
05
06      IntStream is = Arrays.stream(new int[] {});
07      OptionalDouble emptyAvg = is.average();
08      System.out.println(emptyAvg);
09  }
```

結果

```
OptionalDouble[2.5]
2.5
OptionalDouble.empty
```

說明

2	● 方法 average() 只有 IntStream、LongStream 和 DoubleStream 才具備。 ● 型態 Stream<Integer> 必須透過 mapToInt() 轉換為 IntStream 後，才能使用 average() 方法。

使用 sum() 方法取得數字總和，如以下範例：

範例：/java11-ocp-2/src/course/c10/stream/TerminalOpDemo.java

```
01  public static void testSum() {
02      // Stream.of(1, 2, 3, 4).sum();  //編譯失敗！
03
04      // IntStream
05      int iSum = Stream.of(1, 2, 3, 4).mapToInt(i -> i).sum();
06      System.out.println(iSum);
07
08      // LongStream
09      long lSum = Stream.of(1, 2, 3, 4).mapToLong(i -> i).sum();
10      System.out.println(lSum);
11
12      // DoubleStream
13      double dSum = Stream.of(1, 2, 3, 4).mapToDouble(i -> i).sum();
14      System.out.println(dSum);
15
16      // Empty Stream
17      int zero = IntStream.of().sum();
18      System.out.println(zero);
19  }
```

結果

```
10
10
10.0
0
```

說明

2	方法 sum() 只有型別 IntStream、LongStream 和 DoubleStream 才具備。即便 Stream<Integer> 也沒有 sum() 方法，故本行編譯失敗。

10.4.3 終端作業 collect() 與 Collectors API

方法宣告：

範例：java.util.stream.Stream

```
01    collect ( Collector<? super T,A,R> collector);
```

使用 collect() 方法可以彙整或轉化 Stream 成員，經常搭配 Collectors 類別的 static 方法，常用如下，傳入 collect() 方法即可：

1. Collectors.toList()、Collectors.toSet()
2. Collectors.toMap()
3. Collectors.averagingDouble()
4. Collectors.joining()
5. Collectors.groupingBy()
6. Collectors.partitioningBy()
7. Collectors.mapping()、Collectors.flatMapping()
8. Collectors.filtering()

接下來多個範例都會使用到 Person 類別：

範例：/java11-ocp-2/src/course/c10/stream/Person.java

```
01  public class Person {
02      String name;
03      int age;
04      // others..
05  }
```

並使用 getPersonList() 方法作爲資料來源：

範例：/java11-ocp-2/src/course/c10/stream/TerminalOpCollectDemo.java

```
01  public static List<Person> getPersonList() {
02      List<Person> persons = Arrays.asList(
03              new Person("Max", 18),
04              new Person("Peter", 23),
05              new Person("Pamela", 23),
06              new Person("David", 12));
07      return persons;
08  }
```

1. Collectors.toList()、Collectors.toSet()

API 定義：

範例：java.util.stream.Collectors

```
01  public static <T> Collector<T, ?, List<T>> toList() {...}
02  public static <T> Collector<T, ?, Set<T>> toSet() {...}
```

示範將 Stream 裡的串流成員轉存爲 Set 與 List 集合物件：

範例：/java11-ocp-2/src/course/c10/stream/TerminalOpCollectDemo.java

```
01  public static void testToListToSet() {
02      String[] sArr = new String[] {"jim1", "jim2", "jim1", "jim2"};
03  
04      Stream<String> s1 = Stream.of(sArr);
05      Set<String> set = s1.collect(Collectors.toSet());
06      set.forEach(i -> System.out.print(i + ", "));
```

```
07
08        Stream<String> s2 = Stream.of(sArr);
09        List<String> list = s2.collect(Collectors.toList());
10        list.forEach(i -> System.out.print(i + ", "));
11    }
```

結果

```
jim1, jim2,
jim1, jim2, jim1, jim2,
```

說明

5	轉存為 Set 後，重複的字串自動移除。
9	轉存為 List 後，所有字串保留。

2. Collectors.toMap()

API 定義：

範例：java.util.stream.Collectors

```
01  public static <T, K, U> Collector<T, ?, Map<K,U>> toMap(
02                      Function<? super T, ? extends K> keyMapper,
03                      Function<? super T, ? extends U> valueMapper) {…}
```

示範將 Stream 裡的串流成員，指定鍵（key）與值（value）的來源後，轉存爲 Map 物件：

範例：/java11-ocp-2/src/course/c10/stream/TerminalOpCollectDemo.java

```
01  public static void testToMap() {
02      Map<String, Integer> map = getPersonList().stream()
03              .collect( Collectors.toMap(Person::getName,
                                                 Person::getAge) );
04      System.out.println(map);
05  }
```

結果

```
{Pamela=23, Max=18, David=12, Peter=23}
```

3.Collectors.averagingDouble()

API 定義：

範例：java.util.stream.Collectors

```
01  public static <T> Collector<T, ?, Double> averagingDouble (
02                           ToDoubleFunction<? super T> mapper) {...}
```

使用介面 ToDoubleFunction 定義的方法，可以將輸入的物件轉換成 Double。使用 collect() 方法，並傳入 Collectors.averagingDouble(ToDoubleFunction)，可以將眾多 stream 成員的特定屬性轉換成 double，並求得平均值：

範例：/java11-ocp-2/src/course/c10/stream/TerminalOpCollectDemo.java

```
01  public static void testAveragingDouble() {
02      Double averageAge = getPersonList().stream()
03                   .collect( Collectors.averagingDouble(p -> p.age) );
04      System.out.println(averageAge); // 19.0
05  }
```

結果

```
19.0
```

說明

3	getPersonList() 取得的 Person 成員，age 分別是 18、23、23、12，average 是 19。

4. Collectors.joining()

API 定義有 3 個多載（Overloaded）的方法：

範例：java.util.stream.Collectors

```
01  public static Collector<CharSequence, ?, String> joining () {...}
02  public static Collector<CharSequence, ?, String> joining (
                                         CharSequence delimiter) {...}
03  public static Collector<CharSequence, ?, String> joining (
                                         CharSequence delimiter,
                                         CharSequence prefix,
                                         CharSequence suffix) {...}
```

傳入 collect() 方法後，可以將 Stream 的字串成員逐一附加一起，如以下示範：

範例：/java11-ocp-2/src/course/c10/stream/TerminalOpCollectDemo.java

```
01  public static void testJoining() {
02    List<String> sl = Arrays.asList("a", "b", "c", "d");
03
04    String s1Join = sl.stream().collect(Collectors.joining());
05    System.out.println(s1Join);
06
07    String s2Join = sl.stream().collect(Collectors.joining("-"));
08    System.out.println(s2Join);
09
10    String s3Join = sl.stream().collect(Collectors.joining("-", "/*",
                                                                "*/"));
11    System.out.println(s3Join);
12  }
```

結果

```
abcd
a-b-c-d
/*a-b-c-d*/
```

說明

4	將所有字串成員直接相連（join）。
7	指定字串成員相連時： ● 分隔字串（delimiter）為「-」。

10	指定字串成員相連時： ● 分隔字串（delimiter）為「-」。 ● 前置字串（prefix）為「/*」。 ● 後置字串（suffix）為「*/」。

5. Collectors.groupingBy()

方法 groupingBy() 有數個 Overloaded 的方法，這裡僅節錄 2 個，而且第 2 個是第 1 個的特化版：

範例：java.util.stream.Collectors

```
01  public static <T, K, A, D> Collector<T, ?, Map<K, D>> groupingBy (
                                Function<? super T, ? extends K> classifier,
                                Collector<? super T, A, D> downstream) {...}
02  public static <T, K> Collector<T, ?, Map<K, List<T>>> groupingBy (
                               Function<? super T, ? extends K> classifier) {
        return groupingBy(classifier, toList());
    }
```

使用 collect() 方法傳入 Collectors.groupingBy()，可以將 Stream 的成員做分類（grouping），步驟爲：

1. 第 1 個參數使用 Function，以輸入的型別 T 取得另一種型別 K。K 可能是 T 的屬性，或是 T 物件經處理後的某個結果，此爲分類的鍵（key）值。
2. 第 2 個參數決定分類後的 Stream 成員儲存型態，使用 Collector 介面定義。如果是 Collectors.toList()，表示分類後以 List 集合物件儲存；且如果是 Collectors.toList() 則爲預設值，可將本參數省略，會直接呼叫另一個多載的方法。
3. 結合前 2 個參數，可以得到分類後的鍵（key）與值（value），所以回傳 Map 物件。

範例如下：

範例：/java11-ocp-2/src/course/c10/stream/TerminalOpCollectDemo.java

```
01  public static void testGroupingBy() {
02      Function<Person, Integer> classifier = Person::getAge;
```

```
03        Map<Integer, List<Person>> personsByAge =
04                getPersonList().stream()
05                    .collect(Collectors.groupingBy(classifier));
06        personsByAge.forEach(
07                (age, personList) ->
08                    System.out.format("age %s: %s\n", age, personList)
09        );
10    }
```

結果

```
age 18: [Person [name=Max, age=18]]
age 23: [Person [name=Peter, age=23], Person [name=Pamela, age=23]]
age 12: [Person [name=David, age=12]]
```

說明

2	使用 Function 介面定義分類基準，為 Person 物件中的屬性欄位 age。
6	Map 型態支援 forEach() 方法輸出所有鍵與值。

6. Collectors.partitioningBy()

方法 partitioningBy() 有 2 個 Overloaded 的方法，這裡僅節錄 2 個。而且第 2 個是第 1 個的特化版：

範例：java.util.stream.Collectors

```
01  public static <T, D, A> Collector<T, ?, Map<Boolean, D>> partitioningBy (
                              Predicate<? super T> predicate,
                              Collector<? super T, A, D> downstream) {...}
02  public static <T> Collector<T, ?, Map<Boolean, List<T>>> partitioningBy (
                              Predicate<? super T> predicate) {
        return partitioningBy(predicate, toList());
    }
```

使用 collect() 方法，並傳入 Collectors.partitioningBy()，可以將 stream 的成員依 Predicate 定義的方法區分 2 類，亦即滿足（true）和不滿足（false），步驟爲：

1. 使用 Predicate 定義的方法進行測試，依測試結果 true/false 區分 2 類，此爲分組的鍵（key）值。
2. 第 2 個參數決定以 true/false 分類後的 Stream 成員儲存型態，使用 Collector 介面定義。如果是 Collectors.toList()，表示分類後以 List 集合物件儲存；且如果是 Collectors.toList() 則爲預設值，可將本參數省略，會直接呼叫另一個多載的方法。
3. 結合前 2 個參數，可以得到分類後的鍵（key）與值（value），所以回傳以 Boolean 爲鍵值的 Map 物件。

範例如下：

範例：/java11-ocp-2/src/course/c10/stream/TerminalOpCollectDemo.java

```
01  public static void testPartitioningBy() {
02      Map<Boolean, List<Person>> personsByAge =
03              getPersonList().stream()
04                  .collect(Collectors.partitioningBy(s -> s.age > 20));
05      System.out.println("Is age > 20 ?");
06      personsByAge.forEach(
07          (key, val) -> System.out.println(
08                          key + ":\t"
09                              + val.stream().map(s -> s.name)
10                                  .collect( Collectors.joining(", ") )
11                      )
12      );
13  }
```

結果

```
Is age > 20 ?
false:  Max, David
true:   Peter, Pamela
```

說明

2-4	以 age 是否大於 20 作為分類基準，得到 Map<Boolean, List<Person>>。
6	呼叫 Map 的 forEach() 方法，可以逐一檢視鍵值對。

9	由 Map 的 值 List<Person>， 取 得 每 一 個 Person 的 name 欄 位， 轉 換 為 List <String>。
10	將每一個 name 欄位，以「,」區隔後，相連一起。

7.Collectors.mapping()、Collectors.flatMapping()

方法 Collectors.mapping() 與 Collectors.flatMapping() 的 API 定義如下，兩者功能相似，只是參數的 Function 介面定義不同，在 Collectors.flatMapping() 中必須回傳 Stream 物件：

範例：java.util.stream.Collectors

```
01    public static <T, U, A, R> Collector<T, ?, R> mapping (
              Function<? super T, ? extends U> mapper,
              Collector<? super U, A, R> downstream) {...}
02    public static <T, U, A, R> Collector<T, ?, R> flatMapping (
              Function<? super T, ? extends Stream<? extends U>> mapper,
              Collector<? super U, A, R> downstream) {…}
```

方法 Collectors.mapping()、Collectors.flatMapping() 與 Collectors.groupingBy() 目的相似，都是要進行分類：

1. 對於分類的依據欄位的定義方式皆相同。

2. 對於分類的對象與結果則各有特色。

範例與說明如下：

範例：/java11-ocp-2/src/course/c10/stream/TerminalOpCollectDemo.java

```
01    public static void testMappingFlatMapping() {
02        List<Blog> blogs = Blog.getBlogs();
03    // 1. groupingBy
04        Map<String, List<Blog>> authorByName
05            = blogs.stream().collect(
06                Collectors.groupingBy(
07                    Blog::getAuthorName,
08                    Collectors.toList()));
09        System.out.println(authorByName);
```

```
10  // 2. groupingBy + mapping
11      Map<String, List<List<String>>> authorComments1
12          = blogs.stream().collect(
13              Collectors.groupingBy(
14                  Blog::getAuthorName,
15                  Collectors.mapping(Blog::getComments,
16                                      Collectors.toList())));
17      System.out.println(authorComments1);
18  // 3. groupingBy + flatMapping
19      Map<String, List<String>> authorComments2
20          = blogs.stream().collect(
21              Collectors.groupingBy(
22                  Blog::getAuthorName,
23                  Collectors.flatMapping(blog -> blog.getComments()
                                                          .stream(),
24                                        Collectors.toList())));
25      System.out.println(authorComments2);
26  }
```

3-8	使用 Collectors.groupingBy() 方法時，在行 7 的第 1 個參數 Blog::getAuthorName 決定要分類的欄位依據，在行 8 的第 2 個參數 Collectors.toList() 決定分類之後以 List 儲存不同種類的 Blog 物件。
4	使用 Collectors.groupingBy() 分類 List<Blog> 後，回傳結果為 Map<String, **List**<Blog>>，鍵（key）為 Blog 物件的 authorName。
10-16	使用 Collectors.**mapping**() 時，需要搭配 Collectors.groupingBy()，因此本質上依然是分類；但分類的對象改由 Collectors.**mapping**() 決定，可以不再是整個 Blog 物件，而是 Blog 物件裡的某個欄位值： • 行 14 決定分類的依據是 Blog::getAuthorName，且這是 Collectors.groupingBy() 的第 1 個參數，第 2 個參數是 Collectors.**mapping**()。 • 行 15 決定分類的對象是 Blog::getComments，且這是 Collectors.**mapping** () 的第 1 個參數。 • 行 16 決定分類之後的 Blog 的 comments 欄位以 List 型態儲存，且這是 Collectors.**mapping** () 的第 2 個參數。

<table>
<tr><td>11</td><td>使用 Collectors.groupingBy() 搭配 Collectors.mapping() 進行 List<Blog> 的分類後，回傳結果為 Map<String, List<List<String>>>：
● 因為分類的依據是 Blog 物件的 authorName，因此鍵（key）為 Blog 物件的 authorName。
● 因為分類的對象是 Blog 物件的 comments 欄位，其形態為 List<String>；又分類後以 List 存放，所以值（value）型態為 List<List<String>>。</td></tr>
<tr><td>15</td><td>把行 15 的 Function 定義由 Blog::getComments 改為「blog -> blog」，再把行 11 的回傳型態改為 Map<String, List<Blog>>，就會得到與行 10-16 時單使用 Collectors.groupingBy() 的一致分類結果。</td></tr>
<tr><td>18-24</td><td>方法 Collectors.<b>flatMapping</b>() 的使用方式與 Collectors.mapping() 相似，最大的差異是分類的對象欄位必須可以產生 Stream 物件，因為 API 的定義是「Function<? super T, <b>? extends Stream<? extends U</b>>> mapper」。好處是若遇到如前例的分類回傳結果是 Map<String, <b>List<List<String>></b>> 時，可以攤平（flat）為 Map<String, <b>List<String></b>>：
● 行 22 決定分類的依據是 Blog::getAuthorName，且這是 Collectors.groupingBy() 的第 1 個參數，第 2 個參數是 Collectors.<b>flatMapping</b>()。
● 行 23 決定分類的對象是「blog -> blog.getComments().stream()」，必須是 Stream 型態，且這是 Collectors.<b>flatMapping</b>() 的第 1 個參數。
● 行 24 決定分類之後的資料以 List 型態儲存。必須注意被分類的不是 Blog 的原始 List<String> comments 欄位，而是攤平之後的 String 資料，且這是 Collectors.<b>flatMapping</b>() 的第 2 個參數。</td></tr>
<tr><td>19</td><td>使用 Collectors.groupingBy() 搭配 Collectors.flatMapping() 進行 List<Blog> 的分類後，回傳結果為 Map<String, List<String>>：
● 因為分類的依據是 Blog 物件的 authorName，因此鍵（key）為 Blog 物件的 authorName，型態為 String。
● 因為分類的對象是 Blog 物件欄位 List<String> comments 攤平（flat）後的眾多 String；又分類後以 List 存放，所以值（value）型態為 List<String>。</td></tr>
</table>

結果

```
{Gary=[Blog [authorName=Gary, comments=[Not bad, Ok, Just fine, all right]]],
 Duke=[Blog [authorName=Duke, comments=[Nice, Very Nice, Great]]]}
{Gary=[[Not bad, Ok, Just fine, all right]], Duke=[[Nice, Very Nice, Great]]}
{Gary=[Not bad, Ok, Just fine, all right], Duke=[Nice, Very Nice, Great]}
```

8.Collectors.filtering()

方法Collectors.filtering()定義如下，與介面Stream的filter()方法相似，目的都在過濾:

範例：java.util.stream.Collectors

```
01  public static <T, A, R> Collector<T, ?, R> filtering (
            Predicate<? super T> predicate,
            Collector<? super T, A, R> downstream) {
```

以下範例對比：

1. 先使用介面Stream的filter()方法指定過濾條件，再以collect(Collectors.toList())彙整為List物件。
2. 在使用介面Stream的collect()方法時，同時以Collectors.filtering()指定過濾條件與Collectors.toList()的彙整方式。

範例：/java11-ocp-2/src/course/c10/stream/TerminalOpCollectDemo.java

```
01  private static void testFiltering1() {
02      List<Person> persons = getPersonList();
03
04  // 1. 使用介面Stream的filter()方法：
05      List<Person> filter
06          = persons.stream()
07              .filter(p -> p.getAge() > 20)
08              .collect(
09                  Collectors.toList());
10      System.out.println(filter);
11
12  // 2. 使用Collectors.filtering()方法：
13      List<Person> filtering
14          = persons.stream()
15              .collect(
16                  Collectors.filtering(
17                          p -> p.getAge() > 20,
18                          Collectors.toList()));
19      System.out.println(filtering);
20  }
```

但兩者結果相同。

結果

```
[Person [name=Peter, age=23], Person [name=Pamela, age=23]]
[Person [name=Peter, age=23], Person [name=Pamela, age=23]]
```

說明

7	以介面 Stream 的 filter() 方法指定過濾條件為 p -> p.getAge() > 20。
8-9	以介面 Stream 的 collect() 方法指定 Collectors.toList() 為過濾結果的彙整型態。
15-18	在使用介面 Stream 的 collect() 方法時，同時以 Collectors.filtering() 指定過濾條件與 Collectors.toList() 的彙整方式。

以下範例對比：

1. 先使用介面 Stream 的 filter() 方法指定條件過濾後，再以 Collectors.groupingBy() 指定分組依據爲 Person::getName，分組對象以 Collectors.counting() 表示爲符合的 Person 物件數量。本例因爲所有 Person 物件的 name 都不同，因此計數結果只會是 1。

2. 使用介面 Stream 的 collect() 方法與 Collectors.groupingBy() 指定分組依據爲 Person::getName。在分組的過程中，同時以 Collectors.filtering() 指定過濾條件與 Collectors.counting() 計算符合的 Person 物件數量。本例因爲所有 Person 物件的 name 都不同，因此計數結果會是 1 或 0。

範例：/java11-ocp-2/src/course/c10/stream/TerminalOpCollectDemo.java

```
01  private static void testFiltering2() {
02      List<Person> persons = getPersonList();
03
04  // 1. 使用介面Stream的filter()方法搭配Collectors.groupingBy()：
05      Map<String, Long> filter4Grouping
06          = persons.stream()
07              .filter(p -> p.getAge() > 20)
08              .collect(
09                  Collectors.groupingBy(
10                      Person::getName,
11                      Collectors.counting() ));
12      System.out.println(filter4Grouping);
```

```
13
14    // 2. 使用Collectors.filtering()方法搭配Collectors.groupingBy()：
15        Map<String, Long> filtering4Grouping
16            = persons.stream()
17                .collect(
18                    Collectors.groupingBy(
19                        Person::getName,
20                        Collectors.filtering(
21                            p -> p.getAge() > 20,
22                            Collectors.counting() )));
23        System.out.println(filtering4Grouping);
24    }
```

結果

```
{Pamela=1, Peter=1}
{Pamela=1, Max=0, David=0, Peter=1}
```

這樣的結果也顯示前者會將不滿足的Person物件直接過濾；後者使用Collectors.filtering()可以列出所有Person，再以0或1表示是否滿足過濾條件。

10.4.4 短路型終端作業

短路型終端作業（Short-Circuit Terminal Operation）是指在Stream的所有成員都被接觸/處理之前，能因爲某些情況而提前終止。

這類作業的目的以「搜尋」爲主，讓搜尋作業可以最小成本執行並結束工作。Stream<T>依搜尋後的結果回傳可以分成兩類：

表 10-5 搜尋作業的結果分類

回傳	方法
boolean	boolean **allMatch** (**Predicate**<? super T> predicate);
	boolean **noneMatch** (**Predicate**<? super T> predicate);
	boolean **anyMatch** (**Predicate**<? super T> predicate);
Optional<T>	Optional<T> **findFirst**();
	Optional<T> **findAny**();

若是回傳 boolean，則方法都需要傳入 Predicate 介面的參考變數，以 test() 方法的實作內容作爲判斷是否滿足搜尋條件的基準。

1. allMatch()

方法宣告：

 **範例：java.util.stream.Stream**

```
01  boolean allMatch (Predicate<? super T> predicate);
```

使用 allMatch() 方法時：

1. 若所有成員「都」滿足以 Predicate 介面定義的搜尋條件，則回傳 true。
2. 一旦發現不滿足條件的成員，則直接回傳 false，提前結束搜尋。
3. 如果 Stream 爲空，不會以 Predicate 介面定義的方法測試，直接回傳 true。

如以下範例：

範例：/java11-ocp-2/src/course/c10/stream/TerminalShortCircuitOpDemo.java

```
01  public static void testAllMatch() {
02      List<String> list = Arrays.asList("jim1", "jim2", "jim3", "jim4");
03      boolean containsJim =
04              list.stream()
05                  .allMatch(p -> p.contains("jim"));
06      boolean contains1 =
07              list.stream()
08                  .allMatch(p -> p.contains("1"));
09      System.out.println(containsJim + " - " + contains1);
10  }
```

結果

```
true - false
```

說明

5	是否所有成員都包含 "jim" 關鍵字？
8	是否所有成員都包含 "1" 關鍵字？

2. noneMatch ()

方法宣告：

範例：java.util.stream.Stream

```
01  boolean noneMatch (Predicate<? super T> predicate);
```

使用 noneMatch() 方法時：

1. 若所有成員「都不」滿足以 Predicate 介面定義的搜尋條件，將回傳 true。

2. 一旦發現滿足條件者則直接回傳 false，提前結束搜尋。

3. 如果 Stream 爲空，不會以 Predicate 介面定義的方法測試，直接回傳 true。

範例如下：

範例：/java11-ocp-2/src/course/c10/stream/TerminalShortCircuitOpDemo.java

```
01  public static void testNoneMatch() {
02      List<String> list = Arrays.asList("jim1", "jim2", "jim3", "jim4");
03      boolean contains5 =
04              list.stream()
05                  .noneMatch(p -> p.contains("5"));
06      System.out.println(contains5);
07  }
```

結果

```
true
```

說明

5	是否所有成員都不包含 "5" 關鍵字？

3. anyMatch()

方法宣告：

 **範例：java.util.stream.Stream**

```
01    boolean anyMatch (Predicate<? super T> predicate);
```

使用 anyMatch() 方法時：

1. 找到任何一個成員滿足以 Predicate 介面定義的搜尋條件時，直接回傳 true，結束搜尋。
2. 如果 Stream 爲空，不會以 Predicate 介面定義的方法測試，直接回傳 false。

範例如下：

範例：/java11-ocp-2/src/course/c10/stream/TerminalShortCircuitOpDemo.java

```
01    public static void testAnyMatch() {
02        boolean lengthOver5 = Stream.of("two", "three", "eighteen")
03                .anyMatch(s -> s.length() > 5);
04        System.out.println(lengthOver5);
05    }
```

 **結果**

```
true
```

說明

3	是否有成員字串長度 > 5 ？

4. findFirst()

方法宣告：

 **範例：java.util.stream.Stream**

```
01    Optional<T> findFirst();
```

使用 findFirst() 方法時：

1. 找到 Stream<T> 裡的「第一個」成員，即回傳 Optional<T>，然後程式結束。
2. 每次找的結果都會固定，稱爲「決定性（deterministic）」。
3. 沒有成員時，回傳 empty 的 Optional 物件。

範例如下：

範例：/java11-ocp-2/src/course/c10/stream/TerminalShortCircuitOpDemo.java

```
01  public static void testFindFirst() {
02      Optional<String> val =
03              Stream.of("one", "two")
04                  .findFirst();
05      System.out.println(val);
06  }
```

結果

```
Optional[one]
```

說明

4	尋找的第一個成員，永遠都是 "one"。

5. findAny()

方法宣告：

範例：java.util.stream.Stream

```
01  Optional<T> findAny ();
```

使用 findAny() 方法時：

1. 找到 Stream<T> 裡的「任何一個」成員，即回傳 Optional<T>，然後程式結束。
2. 每次找的結果不一定相同，稱爲「非決定性（nondeterministic）」，特別是「平行執行」的時候。若要得到固定結果，需改用 findFirst()。

範例如下：

範例：/java11-ocp-2/src/course/c10/stream/TerminalShortCircuitOpDemo.java

```
01  public static void testFindAny() {
02      List<String> list = Arrays.asList("jim1", "jim2", "jim3", "jim4");
03      Optional<String> val =
04              list.stream()
05                  .findAny();
06      System.out.println(val);
07  }
```

結果

```
Optional[jim1]
```

說明

5	找一個成員，每一次搜尋的結果不一定相同。

10.5 Stream API 和 NIO.2

在類別 java.nio.file.Files 裡，新增了一些方法支援 Stream API，讓 NIO.2 也可以使用流暢的語法撰寫，常用方法列舉如後。

1. list()

方法宣告：

範例：java.nio.file.Files

```
01  public static Stream<Path> list (Path dir)
```

該方法會列出 Path dir 下的所有檔案，但只在第一層，亦即並不是以遞迴（recursive）的方式列出各層的所有檔案和目錄：

範例：/java11-ocp-2/src/course/c10/stream/NIO2Demo.java

```
01  public static void testList() throws IOException {
02      try (Stream<Path> stream =
03                      Files.list(Paths.get("src/course/c10"))) {
04          stream
05              .filter(path -> path.toString().endsWith(".txt"))
06              .forEach(System.out::println);
07      }
08  }
```

結果

```
src\course\c10\notJava.txt
```

2. find()

方法宣告：

範例：java.nio.file.Files

```
01  public static Stream<Path> find (
            Path start,
            int maxDepth,
            BiPredicate<Path,BasicFileAttributes> matcher,
            FileVisitOption... options
    )
```

該方法可以找出符合條件的目錄或檔案：

1. 以 Path start 為搜尋起始目錄。
2. 以 int maxDepth 所指定的層數進行搜尋，非遞迴搜尋全部。
3. 以 BiPredicate<Path,BasicFileAttributes> matcher 定義的方法作為搜尋條件。
4. 以 FileVisitOption... options 定義其他搜尋條件，假如有需要。

示範找出本範例專案 src 路徑下，4 層目錄以內，檔案以「.txt」結尾的檔案：

範例：/java11-ocp-2/src/course/c10/stream/NIO2Demo.java

```
01  public static void testFind() throws IOException {
02      try (Stream<Path> stream =
03           Files.find( Paths.get("src"),
04                     4,
05                     (path, attr) -> path.toString().endsWith(".txt"))) {
06          stream.forEach(System.out::println);
07      }
08  }
```

結果

```
src\course\c03\test.txt
src\course\c10\notJava.txt
src\course\c10\stream\flatMap.txt
src\course\c15\dos\in.txt
src\course\c15\dos\out.txt
```

3. walk()

方法宣告有 Overloaded 版本：

1. 指定要遞迴的層數：

範例：java.nio.file.Files

```
01  public static Stream<Path> walk (
            Path start,
            int maxDepth,
            FileVisitOption... options
    )
```

2. 不指定層數，要遞迴全部：

範例：java.nio.file.Files

```
01  public static Stream<Path> walk (
            Path start,
            FileVisitOption... options
    )
```

這 2 個的方法的概念和以下 NIO.2 裡的方法相似，都可以遞迴拜訪相關層級的所有檔案 / 目錄：

範例：java.nio.file.Files

```
01  Files.walkFileTree (Path start, FileVisitor<T> visitor);
```

但當要對拜訪的檔案 / 目錄採取「特定動作」時：

1. 方法 Files.walkFileTree() 是由介面 FileVisitor 的實作決定。
2. 方法 Files.walk() 則是開啓 Stream 後，再由其管線（pipeline）方法決定，如以下範例：

範例：/java11-ocp-2/src/course/c10/stream/NIO2Demo.java

```
01  public static void testWalk() throws IOException {
02      try (Stream<Path> stream = Files.walk(Paths.get("dir/NIO2Demo"), 4)
                                                                        ) {
03          stream
04              .filter(path -> path.toString().endsWith(".txt"))
05              .forEach(System.out::println);
06      }
07      try (Stream<Path> stream = Files.walk(Paths.get("dir/NIO2Demo")) ) {
08          stream
09              .filter(path -> path.toString().endsWith(".txt"))
10              .forEach(System.out::println);
11      }
12  }
```

說明

2, 7	行 2 定義的 Files.walk() 方法只遞迴 4 層，行 7 則遞迴所有層數。拜訪檔案時，若附檔名是 txt，就將其輸出。

只遞迴初始路徑 dir/NIO2Demo 的下 4 層，不含初始路徑：

結果

```
dir\NIO2Demo\1\2\3\4.txt
```

遞迴全部層數：

結果

```
dir\NIO2Demo\1\2\3\4\5.txt
dir\NIO2Demo\1\2\3\4.txt
```

4. lines()

方法宣告：

範例：java.nio.file.Files

```
01  public static Stream<String> lines(Path path, Charset cs)
    public static Stream<String> lines(Path path) //預設使用UTF-8 charset
```

本方法將檔案的內容讀出爲 Stream<String>，如以下示範：

範例：/java11-ocp-2/src/course/c10/stream/NIO2Demo.java

```
01  public static void testLines() throws IOException {
02      try (Stream<String> stream = Files.lines(Paths.get("data.txt"))) {
03          stream
04              .map(String::toLowerCase)
05              .forEach(System.out::println);
06      }
07  }
```

結果

```
txt1
txt2
txt3
txt4
```

方法 Files.lines() 和 Files.readAllLines() 兩者的處理過程類似，但是 readAllLines() 方法把所有的檔案內容一次載入 JVM，回傳 List<String>；而 lines() 方法回傳

Stream<String>，天性是 lazy 的，搭配管線作業只會處理需要的內容，會有較好的效能。

此外，由 Java 8 開始，類別 BufferedReader 也新增方法 lines() 回傳 Stream<String>：

範例：java.io.BufferedReader

```
01  public Stream<String> lines();
```

如以下示範：

範例：/java11-ocp-2/src/course/c10/stream/NIO2Demo.java

```
01  public static void testNewBufferedReader() throws IOException {
02      try (BufferedReader reader =
03                  Files.newBufferedReader(Paths.get("data.txt"))) {
04          reader
05              .lines()
06              .map(String::toLowerCase)
07              .forEach(System.out::println);
08      }
09  }
```

結果

```
txt1
txt2
txt3
txt4
```

必須注意的是，Stream 也有實作 AutoCloseable 介面，所以可以放在 try-with-resource 的程式區塊裡。當 Stream 用在 Collection 時，不需要特別在使用結束後關閉；但搭配 NIO.2 開啓檔案資源，就必須在結束時主動關閉，或交由 try-with-resource 架構處理，回顧之前幾個範例就可以發現。

10.6 Stream API 操作平行化

10.6.1 平行化的前提

Stream 物件特色是：

1. 無法更改內容（immutable）。一旦更改都將回傳新物件，或是拋出 Exception。
2. 無法重複使用。要使用就必須再產生新物件。
3. 可以使用：
   - 循序處理（sequential）。
   - 平行處理（parallel）。

Stream API 的使用，支援如建構者設計模式般的「流暢（fluent）」撰寫風格。比較後續範例裡幾段程式碼的差異：

撰寫風格①

範例：/java11-ocp-2/src/course/c10/streamParallel/Difference.java

```
01  public static void imperativeProgramming() {
02      double sum = 0;
03      for (Employee e : getEmployees()) {
04          if (e.name.startsWith("Jim") && e.salary >= 1500) {
05              e.show();
06              sum += e.salary;
07          }
08      }
09      System.out.print(sum);
10  }
```

以上的寫法稱之為「指令式編程（imperative programming）」，它的特色是：

1. 迴圈必須經歷所有集合成員。
2. 知道程式做了哪些事（how），但目的（what）不是很清楚。

3. 迴圈中必須有其他變數，如 sum。

4. 不容易以平行處理提高效能。

撰寫風格②

範例：/java11-ocp-2/src/course/c10/streamParallel/Difference.java

```
01  public static void streamingProgramming() {
02      double sum =
03              getEmployees().stream()
04              .filter(e -> e.name.startsWith("Jim"))
05              .filter(e -> e.salary >= 1500)
06              .peek(e -> e.show())
07              .mapToDouble(e -> e.salary)
08              .sum();
09      System.out.print(sum);
10  }
```

這樣的寫法稱之為「流暢式編程（streaming programming）」，它的特色是：

1. 程式本身清楚陳述目的（what）。

2. 不需額外變數。

3. 可藉由「懶人（lazy）優化機制」提升效能。

4. 可平行處理提高效能。

撰寫風格③

範例：/java11-ocp-2/src/course/c10/streamParallel/Difference.java

```
01  public static void streamingProgramming2() {
02      Stream<Employee> s1 = getEmployees().stream();
03      Stream<Employee> s2 = s1.filter(e -> e.name.startsWith("Jim"));
04      Stream<Employee> s3 = s2.filter(e -> e.salary >= 1500);
05      Stream<Employee> s4 = s3.peek(e -> e.show());
06      DoubleStream s5 = s4.mapToDouble(e -> e.salary);
07      double sum = s5.sum();
08      System.out.print(sum);
09  }
```

這樣的作法失去了 Stream 管線操作的好處，如懶人優化法和平行化處理，因此不建議這樣做。

10.6.2 平行化的作法

基本原則

Stream 的管線操作可以使用平行（parallel）處理，亦即啓動多執行緒來減少執行時間，此時：

1. 建議硬體應具備多核心 CPU 或 GPU。
2. 底層使用 Fork/Join 架構，但不建議開發者直接使用，應使用高階 API。
3. 有許多因素可以影響平行執行的加速效果，如資料大小、拆解方法、結果聚合方式、CPU 核心數等，因此平行處理不是每次都比循序處理快。
4. 可以藉由以下方式啓動：
   - 由 Collection（集合物件）發動，使用 parallelStream() 方法：

範例：/java11-ocp-2/src/course/c10/streamParallel/Difference.java

```
01  public static void parallelStreamingFromCollection() {
02      double sum =
03              getEmployees()
04              .parallelStream()
05              .filter(e -> e.name.startsWith("Jim"))
06              .filter(e -> e.salary >= 1500)
07              .peek(e -> e.show())
08              .mapToDouble(e -> e.salary)
09              .sum();
10      System.out.print(sum);
11  }
```

   - 由 Stream（串流物件）發動，使用 parallel() 方法：

範例：/java11-ocp-2/src/course/c10/streamParallel/Difference.java

```
01  public static void parallelStreamingFromStream() {
02      double sum =
```

```
03            getEmployees().stream()
04            .filter(e -> e.name.startsWith("Jim"))
05            .filter(e -> e.salary >= 1500)
06            .peek(e -> e.show())
07            .mapToDouble(e -> e.salary)
08            .parallel()
09            .sum();
10       System.out.print(sum);
11   }
```

5. 未呼叫 .parallel() 時，預設 .sequential()。
6. 由 Stream（串流物件）發動平行化處理時，若要各段管線操作都可以平行化，必須在「尾端」呼叫。
7. 過程中不可以修改來源物件（如 Collection）。

管線操作的變數必須是「沒有狀態（stateless）」

以下範例無法平行化加速，因爲變數 blockList 有狀態（成員持續增加），導致多執行緒無法分頭進行：

範例：/java11-ocp-2/src/course/c10/streamParallel/Difference.java

```
01   public static void statefullStreaming() {
02       List<Employee> eList = getEmployees();
03       List<Employee> blockList = new ArrayList<>();
04       eList.parallelStream()
05           .filter(e -> e.name.startsWith("Jim"))
06           .forEach(e -> blockList.add(e));
07   }
```

若有這類需求，建議改用 collect() 方法搭配 Collectors.toList()，讓 Java 視需要自動調度，如何時建立 List 物件、何時新增成員、何時 merge 成員等，所以程式設計師無需介入物件狀態的維護：

範例：/java11-ocp-2/src/course/c10/streamParallel/Difference.java

```
01   public static void statelessStreaming() {
02       List<Employee> eList = getEmployees();
```

```
03        List<Employee> nonblockList =
04                eList.parallelStream()
05                    .filter(e -> e.name.startsWith("Jim"))
06                    .collect(Collectors.toList());
07    }
```

平行處理可能讓結果不同

對 Stream 發動平行處理，則大部分結果都會固定，這也符合「決定性演算法（Deterministic Algorithm）」，亦即只要輸入相同參數，無論執行幾次結果都會相同。

使用方法 sum() 就是很好的一個例子，因為方法本身無關乎平行處理時的順序先後，因此結果一定相同：

範例：/java11-ocp-2/src/course/c10/streamParallel/Difference.java

```
01    public static void checkParallelResultOfSum() {
02        List<Employee> eList = getEmployees();
03        double r1 = eList.stream()
04                .filter(e -> e.name.startsWith("Jim"))
05                .mapToDouble(Employee::getSalary)
06                .sequential()
07                .sum();
08        double r2 = eList.stream()
09                .filter(e -> e.name.startsWith("Jim"))
10                .mapToDouble(Employee::getSalary)
11                .parallel()
12                .sum();
13        System.out.println(r1 == r2);
14    }
```

至於方法 findAny() 因為只要找出一個就結束，因此平行化處理時很有可能每次得到不同結果：

範例：/java11-ocp-2/src/course/c10/streamParallel/Difference.java

```
01    public static void checkParallelResultOfFindAny() {
02        List<Employee> eList = getEmployees();
03        Optional<Employee> e1 = eList.stream()
```

```
04                .filter(e -> e.name.startsWith("Jim"))
05                .sequential()
06                .findAny();
07        Optional<Employee> e2 = eList.stream()
08                .filter(e -> e.name.startsWith("Jim"))
09                .parallel()
10                .findAny();
11        System.out.println(e1.get().id == e2.get().id);
12    }
```

10.6.3 Reduction 操作

Reduction 的基礎操作

「Reduction Operation」字面翻譯為「歸納或簡化操作」，是指：

1. 接受一連串項目（items）的輸入。
2. 將這些輸入的項目，經由逐一、反覆使用某結合功能（combining function）後，得到單一結果。因為過程會讓原先的輸入項目逐漸減少，故名「reduce」。

Stream 物件使用 reduce() 方法達成這個目的。以整數的方法 sum() 為例，若將 sum() 改以 reduction 的概念實作，就是：

1. 以數字「0」作為基礎值（base value）。
2. 使用運算子「+」作為結合功能（combining function）：

則原先的求總和：

```
01  sum = a1 + a2 + ... + an
```

概念上也可以這樣表達：

```
01  sum = ((((0 + a1) + a2) + ...) + an)
```

因為我們目前關注在「整數」的加總，因此可以使用介面 IntStream 的 reduce() 方法：

 **範例：java.util.stream.IntStream**

```
01  int reduce(int identity, IntBinaryOperator op);
```

介面 IntBinaryOperator 的定義是：

 **範例：java.util.function.IntBinaryOperator**

```
01  @FunctionalInterface
02  public interface IntBinaryOperator {
03      int applyAsInt(int left, int right);
04  }
```

將整數的 sum() 以 IntStream 介面的 reduce() 方法來詮釋，搭配 Lambda 表示式後為：

```
01  .reduce(0, (a, b) -> a +b );
```

或

```
01  .reduce(0, (sum, element) -> sum + element );
```

範例如下：

 **範例：/java11-ocp-2/src/course/c10/streamParallel/ParallelDemo.java**

```
01  public static void testReduceInSequential() {
02      int result =
03          IntStream
04              .rangeClosed(1, 4)
05              .reduce(0, (sum, element) -> sum + element) );
06      System.out.println("Result = " + result);
07  }
```

結果

```
Result = 10
```

此外，行4使用IntStream的「rangeClosed(start, end)」方法，先前在範例IntermediateOpFlatMapDemo.java的FlatMapDemo1()中也曾使用過類似的「range(start, end)」，兩者都是介面IntStream的static方法，差別在於參數end是否被包含：

1. 使用rangeClosed(int startInclusive, int endInclusive)，因爲範圍包含參數end，因此等同於：

```
01    for (int i = startInclusive; i <= endInclusive ; i++) {
02        //……
03    }
```

2. 使用range(int startInclusive, int endExclusive)，因爲範圍不包含參數end，因此等同於：

```
01    for (int i = startInclusive; i < endExclusive ; i++) {
02        //……
03    }
```

圖解這樣的概念與步驟：

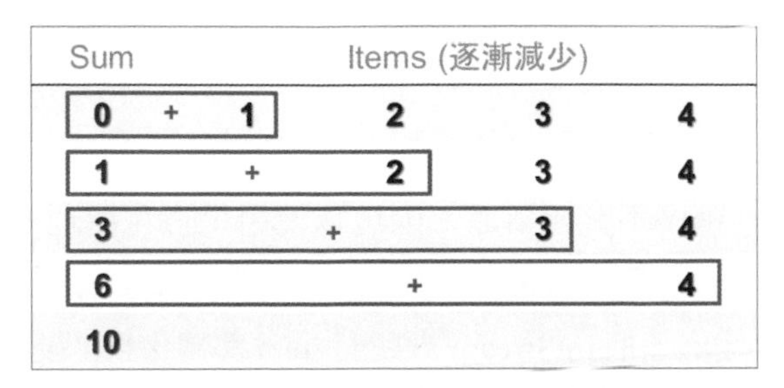

圖 10-8　以 reduction 概念實作 sum() 方法的分解示意圖

Reduction的概念，除了sum()之外，經常使用的max()和min()也可以套用。也可以使用「方法參照（method reference）」，讓程式碼更簡潔，如以下範例的行4、9、14：

範例：/java11-ocp-2/src/course/c10/streamParallel/ParallelDemo.java

```
01    public static void testReduceWithCompactly() {
02        int sum =
03                IntStream.rangeClosed(1, 4)
```

```
04                  .reduce(0, Integer::sum);
05         System.out.println("sum = " + sum);
06
07         int max =
08                 IntStream.rangeClosed(1, 4)
09                     .reduce(0, Integer::max);
10         System.out.println("max = " + max);
11
12         int min =
13                 IntStream.rangeClosed(1, 4)
14                     .reduce(0, Integer::min);
15         System.out.println("min = " + min);
16     }
```

結果

```
sum = 10
max = 4
min = 0
```

Reduction 的平行操作

若「結合功能（combining function）」是「可組合的（associative）」，亦即個別項目沒有特定關係，其順序不影響結果，則可以使用平行化處理，如 sum()、min()、max()、average()、count() 等。若否，使用 reduce() 將得到錯誤結果。其中的 count() 其實就是 sum() 的小變形，把 IntStream 裡所有 item 都轉化為 1 後求總和：

```
01     .map(item -> 1).sum()
```

以管線操作的概念來看，就是將原本的一根管線予以分流，加快處理速度。

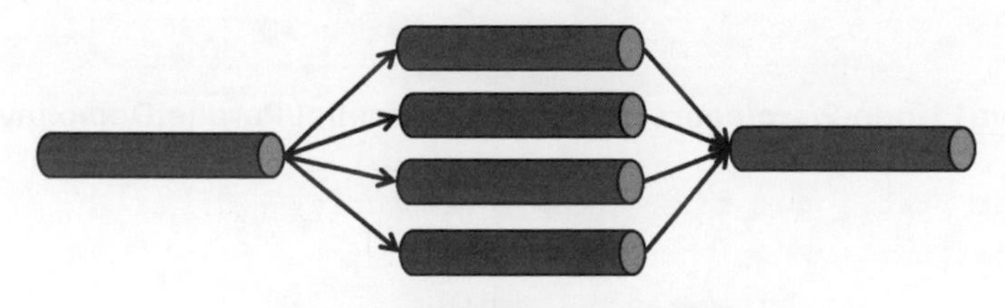

圖 10-9　管線操作的平行化處理

以下示範將 reduce() 方法加上平行化處理：

範例：/java11-ocp-2/src/course/c10/streamParallel/ParallelDemo.java

```
01  public static void testReduceInParallel() {
02      int result =
03          IntStream
04              .rangeClosed(1, 8)
05              .parallel()
06              .reduce(0, (sum, element) -> sum + element);
07      System.out.println("Result = " + result);
08  }
```

結果

```
Result = 36
```

管線操作的平行化處理，底層是使用 Fork/Join 架構，因此會先將所有參與加總的整數進行「切割 & 分組」，亦即 decomposition；加上 reduce() 方法的處理架構，所有整數會逐漸「歸納 & 加總」，稱為 merging，所以可以加速得到結果。

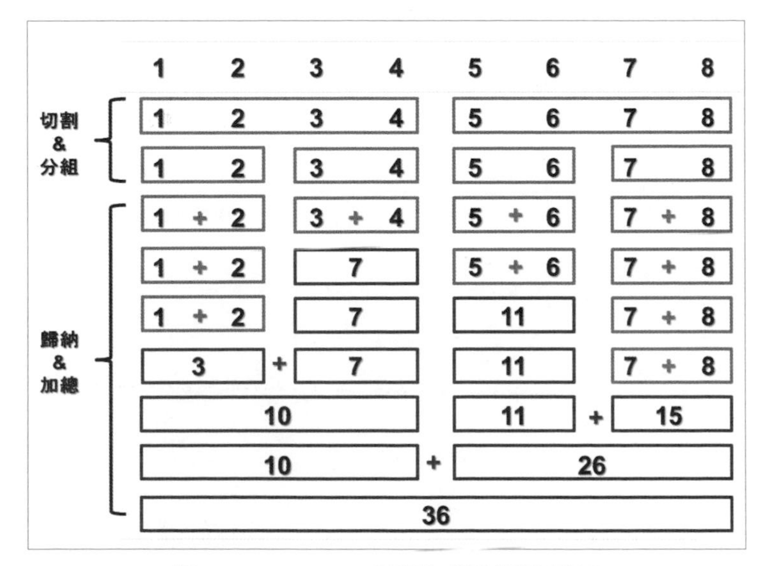

圖 10-10　reduce() 平行化處理分解示意圖

平行化處理的注意事項

1. 平行處理效能不一定比較快，有時甚至會比循序處理慢。必須要有硬體支援，如多核 CPU 和 GPU。
2. 平行處理必須考量「最初拆解」、「最終合併」的作法是否合適。中間作業如 filter() 也會影響拆解和合併的效能。
3. 因爲自動「開箱 / 裝箱（boxing/unboxing）」會降低執行效率，直接使用基本型別的變形 Stream 如 IntStream、LongStream、DoubleStream，會有比較好的效能表現。

Date/Time API

11

章節提要

11.1 Date & Time 相關類別的演進

為何日期（Date）和時間（Time）重要？

在程式裡，經常有需求表現日期/時間，或是以之用於計算。如：

1. 取得當地（local）的現在、過去、或未來的日期和時間。
2. 比較兩個時間點的差異，可能用 years、months、days、hours、minutes、seconds 來表示。
3. 不同國家顯示的時差（time zone）。
4. 日光節約時間（daylight savings time）的調整。
5. 描述日期/時間區間：
   - 使用 duration 來描述時間（hours、minutes、seconds）的區間。
   - 使用 period 來描述日期（years、months、days）的區間。

6. 閏年（leap year）時 2 月份的天數。

7. 日期 / 時間顯示格式（format）。

Java 8 之前的日期和時間 API

Java 8 之前常使用 java.util.Date 和 java.util.Calendar 等類別將日期 & 時間合併表達，不足的地方是：

1. 不支援流暢（fluent）的語法，亦即無法以類似 builder pattern 的方式撰寫。

2. 物件實例都是 mutable，且和 Lambda 表示式不相容。

3. 非執行緒安全（thread-safe）。

4. API 種類不多。

Java 8 之後的日期和時間 API

Java 8 之後可以使用不同類別，將日期 & 時間分開表達：

1. 相關類別和方法的使用相當直覺化。

2. 支援流暢（fluent）的語法。

3. 物件實例都是 immutable，且相容於 Lambda 表示式。

4. 以 ISO 標準定義日期和時間。

5. 執行緒安全（thread-safe）。

6. API 種類多，且方便開發者自行擴充。

7. toString() 方法回傳有意義、可讀性高的說明。

11.2 當地日期與時間

Java 8 使用套件 java.time 下的 API 定義「當地（local）」的日期和時間，這裡強調當地（local），是因為不含「時區（time zone）」的概念。

1. 類別 LocalDate：

   - 儲存 years, months, days 資訊，只有日期，未包含時間。
   - 方法 toString() 回傳 ISO 8601 格式的「YYYY-MM-DD」。

2. 類別 LocalTime：

   - 儲存 hours, minutes, seconds, nanoseconds 資訊，只有時間，未包含日期。
   - 方法 toString() 回傳 ISO 8601 格式的「HH:mm:ss.SSSS」。

3. 類別 LocalDateTime：

   - 結合 LocalDate 和 LocalTime，包含日期和時間。

11.2.1 類別 LocalDate

使用 LocalDate 類別的屬性和方法可以取得以下問題的答案：

1. 某個日期屬於過去或未來？
2. 是否是閏年（leap year）？
3. 是一週裡面的哪一天？
4. 是一個月裡的哪一天？
5. 下週二是哪一天？

過去常用的日期類別 java.util.Date 包含時間，而程式設計人員有時會使用「午夜 12 點（midnight）」來表現某一天。而某些時區在「日光節約時間」的那一天是沒有午夜 12 點的，因此造成一些問題，這部分我們在下一節會介紹。

以下示範 LocalDate 類別的建立方式與常用方法：

範例：/java11-ocp-2/src/course/c11/LocalDateExample.java

```
01  public class LocalDateExample {
02    public static void main(String[] args) {
03      LocalDate now = LocalDate.now();
04      out.println("Now: " + now);
05
06      LocalDate d = LocalDate.of(1995, 5, 23);    // Java's Birthday
07      out.println("Java's Bday: " + d);
```

```
08        out.println("Is Java's Bday in the past? " +
09                            d.isBefore(now));
10        out.println("Is Java's Bday in a leap year? " +
11                            d.isLeapYear());
12        out.println("Java's Bday day of the week: " +
13                            d.getDayOfWeek());
14        out.println("Java's Bday day of the Month: " +
15                            d.getDayOfMonth());
16        out.println("Java's Bday day of the Year: " +
17                            d.getDayOfYear());
18
19        LocalDate nowAfter1Month = now.plusMonths(1);
20        out.println("The date after 1 month: " + nowAfter1Month);
21
22        LocalDate nextMonday =
           now.with( TemporalAdjusters.next( DayOfWeek.MONDAY ) );
23        out.println("First Monday after now: " + nextMonday);
24      }
25    }
```

結果

```
Now: 2022-06-28
Java's birthday: 1995-05-23
Is Java's birthday in the past? true
Is Java's birthday in a leap year? false
Java's birthday day of the week: TUESDAY
Java's birthday day of the Month: 23
Java's birthday day of the Year: 143
The date after 1 month: 2022-07-28
First Monday after now: 2022-07-04
```

11.2.2 類別 LocalTime

類別 LocalTime 用於：

1. 儲存一天之內的時間。

2. 由午夜 12 點（midnight）起算。

3. 使用 24 小時制顯示。

4. 可以取得以下問題的答案：

- 何時可以用餐？
- 用餐時間過了嗎？
- 1 小時又 30 分鐘後是幾點？
- 用餐時間還要幾分鐘、幾小時？
- 如何個別使用 hours 和 minutes 來追蹤時間？

以下示範 LocalTime 類別的建立方式與常用方法：

範例：/java11-ocp-2/src/course/c11/LocalTimeExample.java

```
01  public class LocalTimeExample {
02      public static void main(String[] args) {
03          LocalTime now = LocalTime.now();
04          out.println("Now is: " + now);
05
06          LocalTime nowPlus =
07                  now.plusHours(1).plusMinutes(15);
08          out.println("The Time after 1 hour 15 minutes: " + nowPlus);
09
10          LocalTime nowHrsMins =
11                  now.truncatedTo(ChronoUnit.MINUTES);
12          out.println("Truncate now to minutes: " + nowHrsMins);
13          out.println("Now is " + now.toSecondOfDay()
14                                      + " seconds after midnight");
15          LocalTime lunch = LocalTime.of(12, 5);
16          out.println("Do I miss lunch? " + lunch.isBefore(now));
17
18          long minsUntilLunch =
19                  now.until(lunch, ChronoUnit.MINUTES);
20          out.println("Minutes until lunch: " + minsUntilLunch);
21
22          LocalTime bedtime = LocalTime.of(23, 20);
23          long hrsToBedtime = now.until(bedtime, ChronoUnit.HOURS);
24          out.println("How many hours until bedtime? " + hrsToBedtime);
25      }
26  }
```

結果

```
Now is: 16:55:50.883581
The Time after 1 hour 15 minutes: 18:10:50.883581
Truncate now to minutes: 16:55
Now is 60950 seconds after midnight
Do I miss lunch? true
Minutes until lunch: -290
How many hours until bedtime? 6
```

11.2.3 類別 LocalDateTime

類別 LocalDateTime 是 LocalDate 和 LocalTime 的結合。對於事件發生的時間點，可以更精準描述：

1. 會議何時召開？

2. 假期何時開始？

3. 若會議展延至週五，將會是何日何時？

4. 如果假期由週一早上 8 點開始，週五下午 5 點結束，一共經歷多少小時？

以下示範 LocalDateTime 類別的建立方式與常用方法：

範例：/java11-ocp-2/src/course/c11/LocalDateTimeExample.java

```
01  public class LocalDateTimeExample {
02      public static void main(String[] args) {
03          LocalDate flightDate = LocalDate.of(2022, Month.JULY, 2);
04          LocalTime flightTime = LocalTime.of(21, 45);
05          LocalDateTime flight =
                        LocalDateTime.of(flightDate, flightTime);
06          out.println("Airplane leaves: " + flight);
07
08          LocalDateTime seminarStart =
09                  LocalDateTime.of(2022, Month.JULY, 2, 9, 30);
10          out.println("Seminar starts: " + seminarStart);
11          LocalDateTime seminarEnd =
12                  seminarStart.plusDays(2).plusHours(8);
13          out.println("Seminar ends: " + seminarEnd);
```

```
14
15            long seminarHrs =
16                    seminarStart.until(seminarEnd, ChronoUnit.HOURS);
17            out.println("Seminar is: " + seminarHrs + " hours long.");
18        }
19    }
```

結果

```
Airplane leaves: 2022-07-02T21:45
Seminar starts: 2022-07-02T09:30
Seminar ends: 2022-07-04T17:30
Seminar is: 56 hours long.
```

11.3 時區和日光節約時間

11.3.1 時區和日光節約時間簡介

在開始介紹 Java 支援時區及日光節約時間的 API 前，幾個名詞必須先了解：

GMT（Greenwich Mean Time，格林威治標準時間）

十七世紀，英國格林威治皇家天文台為了海上霸權的擴張計畫而進行天體觀測。1675 年舊皇家觀測所正式成立，到了 1884 年，決定以通過格林威治的子午線作為劃分地球東西兩半球的經度零度。觀測所門口牆上有一個標誌 24 小時的時鐘，顯示當下的時間；在 1924 年開始，格林威治天文台每小時就會向全世界播報時間。對全球而言，這裡所設定的時間是世界時間參考點，全球都以格林威治的時間作為標準來設定時間，這就是我們熟悉的「格林威治標準時間（Greenwich Mean Time，簡稱 G.M.T.）」的由來。

UTC（Universal Time Coordinated，國際協調時間）

隨著科技的進步，在西元 1967 年國際度量衡大會把「秒」的定義改成銫原子進行固定震盪次數的時間。爾後搭配平均太陽時（以格林威治時間 GMT 爲準）、地軸運動修正後的新時標、及以「秒」爲單位的國際原子時所綜合精算而成的時間，就產生了「國際協調時間（Universal Time Coordinated，簡稱 U.T.C.）」。

UTC 計算過程相當嚴謹精密，因此若以「世界標準時間」的角度來說，UTC 比 GMT 來得更加精準，但爲了不讓兩者的時間差讓世人混淆，其誤差值必須保持在 0.9 秒以內，若大於 0.9 秒，則由位於巴黎的國際地球自轉事務中央局發布「閏秒」，使兩者一致，所以就現行日常生活的使用來說，GMT 與 UTC 的精確度是沒有差別的。

全球 24 個時區的劃分

過去世界各地原本各自訂定當地時間，但隨著交通和電訊的發達，各地交流日益頻繁，不同的地方時間造成許多困擾。

在西元 1884 年的國際會議上制定了全球性的標準時，明定以英國倫敦格林威治這個地方爲零度經線的起點，亦稱爲「本初子午線」，並以地球由西向東每 24 小時自轉一周 360°，訂定每隔經度 15°，時差 1 小時。

每 15° 的經線則稱爲該時區的中央經線，將全球劃分爲 24 個時區，其中包含 23 個整時區及 180° 經線左右兩側的 2 個半時區。就全球的時間來看，東經的時間比西經要早，也就是如果格林威治時間是中午 12 時，則中央經線 15°E 的時區爲下午 1 時，中央經線 30°E 時區的時間爲下午 2 時；反之，中央經線 15°W 的時區時間爲上午 11 時，中央經線 30°W 時區的時間爲上午 10 時。以台灣爲例，台灣位於東經 121°，換算後與格林威治就有 8 小時的時差。

如果兩人同時從格林威治的 0° 各往東、西方前進，當他們在經線 180° 時，就會相差 24 小時，所以經線 180° 被定爲「國際換日線」，由西向東通過此線時日期要減去一日；反之，若由東向西則要增加一日。全球時區的劃分，可以參考下圖：

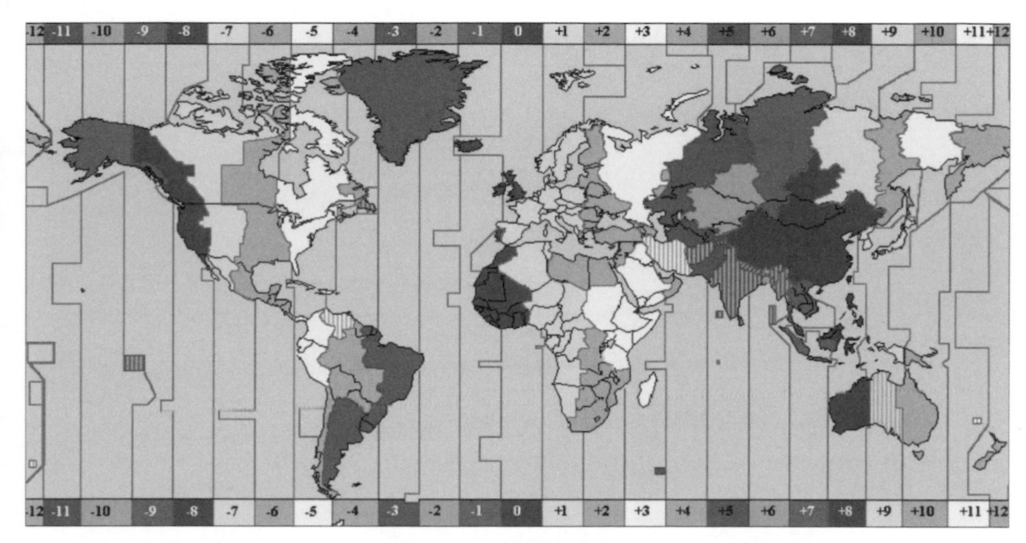

圖 11-1　全球時區劃分

日光節約時間

1. **日光節約時間的定義**：

「日光節約時間（Daylight Saving Time，簡稱 D.S.T.）」是希望人們能在天亮較早的夏季，多善用自然光源，以人爲的方式將時間提前一小時，使人早睡早起，多多從事戶外活動，充分使用光照資源，並減少照明量（用燈量）來達到節約用電的效果，又稱爲「夏令時間」（Summer Time）。

這個構想於 1784 年由美國班傑明·富蘭克林提出來，1915 年德國成爲第一個正式實施夏令日光節約時間的國家，以削減燈光照明和耗電開支。自此以後，全球以歐洲和北美爲主的約 70 個國家都引用這個作法。

美國的 DST，起始於每年 3 月的第二個星期日，結束日期爲每年 11 月的第一個星期日，但也不是每個地方都採用，如美國亞利桑那州（Arizona）就不採用 DST。

2. **日光節約時間的調整**：

DST 時間的計算是基於和 UTC 的「差量（offset）」，如在標準時間的情況下，美國紐約是「UTC – 5 小時」；在 DST 的情況下，紐約則是「UTC – 4 小時」。

- 於 2014/03/09，紐約啓用 DST 的前後幾秒，時間變化為：

表 11-1　啟用 DST 的時間變化

當地時間	UTC 差量
1:59:58 AM	UTC-5h EST（美東標準時間）
1:59:59 AM	UTC-5h EST
2:00:00 AM >> 3:00:00 AM	UTC-4h EDT（美東夏令時間）
3:00:01 AM	UTC-4h EDT

- 於 2014/11/02，紐約結束 DST 的前後幾秒，時間變化為：

表 11-2　結束 DST 的時間變化

當地時間	UTC 差量
1:59:58 AM	UTC-4h EDT（美東夏令時間）
1:59:59 AM	UTC-4h EDT
2:00:00 AM >> 1:00:00 AM	UTC-5h EST（美東標準時間）
1:00:01 AM	UTC-5h EST

3. **日光節約時間的影響**：

- 啓用 DST，會讓時間「跳空」一小時；結束 DST，則會讓時間「重複」一小時。全年度來看，正好抵銷影響。
- 因為 DST 調整將導致調整前的時間不存在，且每個地方調整時間的始點不同，若調整在午夜凌晨（midnight），將導致無法使用 midnight 代表該天。
- 網址 URL http://www.timeanddate.com/time/change/usa/new-york?year=2022 有美國 DST 的相關訊息，也可以模擬時間的調整，具趣味性。

13 Mar
Forward 1 hour

13 Mar 2022 - Daylight Saving Time Started

When local standard time was about to reach
Sunday, 13 March 2022, **02:00:00** clocks were turned **forward** 1 hour to
Sunday, 13 March 2022, **03:00:00** local daylight time instead.

Sunrise and sunset were about 1 hour later on 13 Mar 2022 than the day before. There was more light in the evening.

Also called Spring Forward, Summer Time, and Daylight Savings Time.

More info:
DST Start 2022: US and Canada

6 Nov
Back 1 hour

6 Nov 2022 - Daylight Saving Time Ends

When local daylight time is about to reach
Sunday, 6 November 2022, **02:00:00** clocks are turned **backward** 1 hour to
Sunday, 6 November 2022, **01:00:00** local standard time instead.

Sunrise and sunset will be about 1 hour earlier on 6 Nov 2022 than the day before. There will be more light in the morning.

Also called Fall Back and Winter Time.

More info:
US Senate Approves Permanent DST Bill

圖 11-2　www.timeanddate.com 顯示 DST 的調整

11.3.2　Java 在時區和日光節約時間的應用

Java 8 新增數個類別支援「時區（Time Zones）」的應用，常見的有：

類別 ZoneId

ZoneId 類別內定義了所有時區，可以使用類別的 static 方法取得特定時區物件 ZoneId；再以 ZoneId 取得 ZoneRules 物件：

```
01    ZoneId taipei = ZoneId.systemDefault();
02    ZoneId newYork = ZoneId.of("America/New_York");
03    ZoneRules taipeiRules = taipei.getRules();
```

類別 ZoneRules

顧名思義，ZoneRules 類別擁有方法可以取得該時區的相關規則（rules），如：

1. **isDaylightSavings(Instant)**：傳入的時間（使用 Instant 物件）是否是日光節約時間？
2. **getStandardOffset(Instant)**：依據傳入的時間判斷和 UTC 的標準時間差，不考慮日光節約時間的影響，並回傳 ZoneOffset 物件。

3. **getOffset(Instant)**：依據傳入的時間判斷和 UTC 的時間差，目前是否是日光節約時間將影響結果，並回傳 ZoneOffset 物件。

在 JDK 8 裡，會幫每個時區（ZoneId）內建相關 ZoneRules，再由 ZoneRulesProvider 類別提供時區的 ZoneRules。若 System.getProperty("java.time.zone.DefaultZoneRulesProvider"); 可以取得設定值，就由該設定決定；若無，則由 TzdbZoneRulesProvider 類別提供。由 java.time.zone.ZoneRulesProvider 的程式碼可以看出如上邏輯：

範例：java.time.zone.ZoneRulesProvider

```
01  public Object run() {
02    String prop =
          System.getProperty("java.time.zone.DefaultZoneRulesProvider");
03    if (prop != null) {
04      try {
05        Class<?> c =
             Class.forName(prop, true, ClassLoader.
                                              getSystemClassLoader());
06        ZoneRulesProvider provider =
                           ZoneRulesProvider.class.cast(c.newInstance());
07        registerProvider(provider);
08        loaded.add(provider);
09      } catch (Exception x) {
10        throw new Error(x);
11      }
12    } else {
13      registerProvider(new TzdbZoneRulesProvider());
14    }
15    return null;
16  }
```

此時，時區資訊將由「IANA Time Zone Database（TZDB）」定義，該檔案位置在 JDK8 時為「jdk1.8.0/jre/lib/tzdb.dat」，可以由 TzdbZoneRulesProvider 的程式碼看到：

範例：java.time.zone.TzdbZoneRulesProvider

```
01  public TzdbZoneRulesProvider() {
02    try {
03      String libDir = System.getProperty("java.home") + File.separator
                                                              + "lib";
```

```
04        try (DataInputStream dis = new DataInputStream(
05                new BufferedInputStream(new FileInputStream(
06                    new File(libDir, "tzdb.dat"))))) {
07            load(dis);
08        }
09    } catch (Exception ex) {
10        throw
           new ZoneRulesException("Unable to load TZDB time-zone rules", ex);
11    }
12  }
```

在 JDK11 則改爲「jdk-11.0.13\lib\tzdb.dat」。

類別 ZoneOffset

代表該時區和UTC時間的「差量（offset）」。因爲繼承ZoneId類別，也具備ZoneId的欄位和方法。

綜合示範

以下示範類別ZoneId、ZoneRules、ZoneOffset的關聯性和使用方式：

範例：/java11-ocp-2/src/course/c11/TimeZoneTest.java

```
01  public class TimeZoneTest {
02    public static void main(String[] args) {
03      // ZoneId
04      ZoneId taipei = ZoneId.systemDefault();
05      // System.out.println("Zone ID: " + taipei.getId());
06      ZoneId newYork = ZoneId.of("America/New_York");
07      // System.out.println("Zone ID: " + newYork.getId());
08
09      // ZoneId >> ZoneRules
10      ZoneRules taipeiRules = taipei.getRules();
11      ZoneRules newyorkRules = newYork.getRules();
12
13      //US started DST
14      Instant beforeUsDST = Instant.parse("2022-03-12T00:00:00Z");
15      Instant inUsDST = Instant.parse("2022-03-14T00:00:00Z");
16      Instant now = Instant.now();
```

```
17
18        System.out.println("Method Call\t\t"
19            + "Taipei\t"
20            + "NewYork(inDST)\t"
21            + "NewYork(beforeDST)");
22        System.out.println("------------------------------------------------");
23
24        System.out.println("isDaylightSavings():\t"
25            + taipeiRules.isDaylightSavings(now) + "\t\t"
26            + newyorkRules.isDaylightSavings(inUsDST) + "\t\t"
27            + newyorkRules.isDaylightSavings(beforeUsDST));
28
29        System.out.println("getDaylightSavings():\t"
30            + taipeiRules.getDaylightSavings(now).toHours() + "\t\t"
31            + newyorkRules.getDaylightSavings(inUsDST).toHours() + "\t\t"
32            + newyorkRules.getDaylightSavings(beforeUsDST).toHours());
33
34        ZoneOffset os = taipeiRules.getOffset(LocalDateTime.now());
35        System.out.println("getOffset():\t\t"
36            + os + "\t\t"
37            + newyorkRules.getOffset(inUsDST) + "\t\t"
38            + newyorkRules.getOffset(beforeUsDST));
39
40        ZoneOffset sos = taipeiRules.getStandardOffset(now);
41        System.out.println("getStandardOffset():\t"
42            + sos + "\t\t"
43            + newyorkRules.getStandardOffset(inUsDST) + "\t\t"
44            + newyorkRules.getStandardOffset(beforeUsDST));
45    }
46 }
```

結果

```
Method Call       Taipei  NewYork(inDST)  NewYork(beforeDST)
------------------------------------------------
isDaylightSavings():    false       true        false
getDaylightSavings():   0       1       0
getOffset():        +08:00      -04:00      -05:00
getStandardOffset():    +08:00      -05:00      -05:00
```

 **說明**

4	使用 ZoneId.systemDefault() 取得程式執行所在地的時區。
6	使用 ZoneId.of("America/New_York")，取得指定地區的時區。
10-11	由 ZoneId 取得 ZoneRules。
14-16	使用類別 Instant 建立目前時間和指定時間，作法和 LocalDateTime 類別相似，在後續小節會有更詳細介紹，台灣地區並未實施日光節約時間（DST）。
14	Instant 變數 beforeUsDST 代表美國啟動 DST 之前的時間。
15	Instant 變數 inUsDST 代表美國啟動 DST 之後的時間。
24-27	ZoneRules.isDaylightSavings(Instant) 方法回傳「該時區」的「指定時間」是否是日光節約時間。
29-32	ZoneRules.getDaylightSavings(Instant).toHours() 方法將日光節約時間的差量轉換為小時。
34-38	ZoneRules.getOffset(Instant) 方法依據傳入的時間（Instant）判斷和 UTC 的時間差，目前是否是日光節約時間將影響結果。 該方法有傳入 LocalDateTime 物件和 Instant 物件的 overloading 版本。
40-44	ZoneRules.getStandardOffset(Instant) 方法依據傳入的時間（Instant）判斷和 UTC 的標準時間差，不考慮日光節約時間的影響。

類別 ZonedDateTime

相對於LocalDateTime類別只能處理當地、不含時區概念的日期和時間，ZonedDateTime物件可以結合LocalDateTime、ZoneId和ZoneOffset的資訊，範例如下：

範例：/java11-ocp-2/src/course/c11/ZonedDateTimeDemo1.java

```
01  public class ZonedDateTimeDemo1 {
02    public static void main(String[] args) {
03
04      LocalDateTime tpNow =
05                              LocalDateTime
06                              .now()
07                              .truncatedTo(ChronoUnit.MINUTES);
```

```
08        System.out.println("Now in Taipei : " + tpNow);
09
10        ZoneId newYork = ZoneId.of("America/New_York");
11        ZonedDateTime nyNow  =
12                                ZonedDateTime
13                                .now(newYork)
14                                .truncatedTo(ChronoUnit.MINUTES);
15        System.out.println("Now in NewYork: " + nyNow);
16        System.out.println("Offset of NewYork: " + nyNow.getOffset());
17        System.out.println("Time Zone: " + nyNow.getZone());
18
19        ZonedDateTime time1 = ZonedDateTime.of(tpNow, newYork);
20        System.out.println("Time-1: " + time1);
21
22        ZonedDateTime time2 = time1.plusDays(1).minusMinutes(15);
23        System.out.println("Time-2: " + time2);
24    }
25 }
```

結果

```
Now in Taipei : 2022-06-28T16:57
Now in NewYork: 2022-06-28T04:57-04:00[America/New_York]
Offset of NewYork: -04:00
Time Zone: America/New_York
Time-1: 2022-06-28T16:57-04:00[America/New_York]
Time-2: 2022-06-29T16:42-04:00[America/New_York]
```

說明

7	使用 truncatedTo(ChronoUnit.MINUTES) 讓時間顯示到「分」，其餘刪除。
12-13	搭配 ZoneId 的時區物件，建立 ZonedDateTime 物件。
16	ZonedDateTime.getOffset() 可以取得和 UTC 的時差（offset）。
17	ZonedDateTime.getZone() 可以取得所在時區（zone）。
19	藉由指定當地時間（LocalDateTime）和時區（ZoneId），直接建立 ZonedDateTime 物件。

ZonedDateTime 也可以在時間跨過 DTS 時，正確處理：

1. 當地時間（LocalDateTime）沒有改變。

2. 和 UTC 的時差（offset）可以正確被管理。

如以下範例：

範例：/java11-ocp-2/src/course/c11/ZonedDateTimeDemo2.java

```
01  public class ZonedDateTimeDemo2 {
02      public static void main(String[] args) {
03          ZoneId usEast = ZoneId.of("America/New_York");
04          // DST Begins: 2022/03/13
05          LocalDateTime beforeStartDTS =
06                  LocalDateTime.of(2022, 03, 12, 16, 00);
07          ZonedDateTime timeS1 =
08                  ZonedDateTime.of(beforeStartDTS, usEast);
09          System.out.println("TimeS-1: " + timeS1);
10          ZonedDateTime timeS2 = timeS1.plusDays(1);
11          System.out.println("TimeS-2: " + timeS2);
12          ZonedDateTime timeS3 = timeS1.plusHours(24);
13          System.out.println("TimeS-3: " + timeS3);
14          // DST Ends: 2022/11/06
15          LocalDateTime beforeEndDTS =
16                  LocalDateTime.of(2022, 11, 05, 16, 00);
17          ZonedDateTime timeE1 =
18                  ZonedDateTime.of(beforeEndDTS, usEast);
19          System.out.println("TimeE-1: " + timeE1);
20          ZonedDateTime timeE2 = timeE1.plusDays(1);
21          System.out.println("TimeE-2: " + timeE2);
22          ZonedDateTime timeE3 = timeE1.plusHours(24);
23          System.out.println("TimeE-3: " + timeE3);
24      }
25  }
```

結果

```
TimeS-1: 2022-03-12T16:00-05:00[America/New_York]
TimeS-2: 2022-03-13T16:00-04:00[America/New_York]
TimeS-3: 2022-03-13T17:00-04:00[America/New_York]
TimeE-1: 2022-11-05T16:00-04:00[America/New_York]
```

```
TimeE-2: 2022-11-06T16:00-05:00[America/New_York]
TimeE-3: 2022-11-06T15:00-05:00[America/New_York]
```

類別 ZoneOffsetTransition

單字 transition 翻譯為「過渡期」，由 ZoneRules.getTransition(LocalDateTime) 可以取得 ZoneOffsetTransition 物件，可以判斷啓動或結束 DTS 時發生的「時間斷層（gap）」或「時間重疊（overlap）」：

1. 啓動 DTS 時會將時間「快轉 1 小時」，造成時間的「斷層（gap）」。
2. 結束 DTS 時會將時間「倒回 1 小時」，造成時間的「重疊（overlap）」。

如下：

範例：/java11-ocp-2/src/course/c11/ZoneOffsetTransitionDemo.java

```
01  public class ZoneOffsetTransitionDemo {
02      // Ask the rules if there was a gap or overlap
03      private static void gapOrOverlap(ZoneId usEast, LocalDateTime dt) {
04          ZoneOffsetTransition zot = usEast.getRules().
                                                  getTransition(dt);
05          System.out.print(dt + " is ");
06          if (zot != null) {
07              if (zot.isGap())
08                  System.out.println("gap");
09              if (zot.isOverlap())
10                  System.out.println("overlap");
11          } else {
12              System.out.println("-- ");
13          }
14      }
15      public static void main(String[] args) {
16          ZoneId usEast = ZoneId.of("America/New_York");
17          // DST Begins: 2022/03/13, 02->03
18          gapOrOverlap(usEast, LocalDateTime.of(2022, 03, 13, 1, 59));
19          gapOrOverlap(usEast, LocalDateTime.of(2022, 03, 13, 2, 01));
20          gapOrOverlap(usEast, LocalDateTime.of(2022, 03, 13, 2, 59));
21          gapOrOverlap(usEast, LocalDateTime.of(2022, 03, 13, 3, 01));
22          // DST Ends: 2022/11/06 , 02->01
23          gapOrOverlap(usEast, LocalDateTime.of(2022, 11, 6, 0, 59));
```

```
24            gapOrOverlap(usEast, LocalDateTime.of(2022, 11, 6, 1, 01));
25            gapOrOverlap(usEast, LocalDateTime.of(2022, 11, 6, 1, 59));
26            gapOrOverlap(usEast, LocalDateTime.of(2022, 11, 6, 2, 01));
27        }
28    }
```

結果

```
2022-03-13T01:59 is --
2022-03-13T02:01 is gap
2022-03-13T02:59 is gap
2022-03-13T03:01 is --
2022-11-06T00:59 is --
2022-11-06T01:01 is overlap
2022-11-06T01:59 is overlap
2022-11-06T02:01 is --
```

說明

<table>
<tr><td>19-20</td><td>美東 DTS 的啟動時間是在 2022/03/13，在凌晨 02 時，將時間快轉到 03 時，造成這段時間的「斷層（gap）」。

圖 11-3　啟動 DTS 時間快轉 1 小時</td></tr>
<tr><td>24-25</td><td>美東 DTS 的結束時間是在 2022/11/06，在凌晨 02 時，將時間回調到 01 時，造成這段時間的「重疊（overlap）」。

圖 11-4　結束 DTS 時間回調 1 小時</td></tr>
</table>

類別 OffsetDateTime

使用類別 OffsetDateTime 可以處理跨時區的問題。以下範例準備在台北時間 2022/07/10 的 11:30 分，和英國倫敦及美國紐約進行電話會議，因此必須事先預約時間：

範例：/java11-ocp-2/src/course/c11/TimeZoneAcrossDemo.java

```
01  public class TimeZoneAcrossDemo {
02    public static void main(String[] args) {
03      LocalDateTime meeting = LocalDateTime.of(2022, 07, 10, 11, 30);
04
05      ZoneId taipei = ZoneId.systemDefault();
06      ZonedDateTime host = ZonedDateTime.of(meeting, taipei);
07      OffsetDateTime offset = host.toOffsetDateTime();
08
09      ZoneId london = ZoneId.of("Europe/London");
10      ZonedDateTime callLondon = offset.atZoneSameInstant(london);
11
12      ZoneId newYork = ZoneId.of("America/New_York");
13      ZonedDateTime callNewYork = offset.atZoneSameInstant(newYork);
14
15      System.out.println("conf call  (Taipei) at: " + host);
16      System.out.println("conf call  (London) at: " + callLondon);
17      System.out.println("conf call (NewYork) at: " + callNewYork);
18    }
19  }
```

結果

```
conf call  (Taipei) at: 2022-07-10T11:30+08:00[Asia/Taipei]
conf call  (London) at: 2022-07-10T04:30+01:00[Europe/London]
conf call (NewYork) at: 2022-07-09T23:30-04:00[America/New_York]
```

11.4 描述日期與時間的數量

11.4.1 類別 Instant

Instant 類別用來儲存時間軸上一剎那的時間，分成 2 部分來儲存：

1. **epoch-seconds(long)**：EPOCH 時間是指由 UTC/GMT 的 1970-01-01T00:00:00Z 開始起算後經歷的時間。因爲認爲該時間是 Unix 作業系統的時間起算點，所以也稱爲「Unix epoch 或 Unix time 或 POSIX time 或 Unix timestamp」。之後爲正，之前爲負。

2. **nanosecond-of-second(int)**：
   - 儲存值在 0 和 999,999,999 間。
   - 其依賴於 EPOCH 時間的狀況，與 System.currentTimeMillis() 方法內容，或建構 java.util.Date 物件的方式接近：

```
/**
 * Allocates a <code>Date</code> object and initializes it so that
 * it represents the time at which it was allocated, measured to the
 * nearest millisecond.
 *
 * @see     java.lang.System#currentTimeMillis()
 */
public Date() {
    this(System.currentTimeMillis());
}

/**
 * Allocates a <code>Date</code> object and initializes it to
 * represent the specified number of milliseconds since the
 * standard base time known as "the epoch", namely January 1,
 * 1970, 00:00:00 GMT.
 *
 * @param   date   the milliseconds since January 1, 1970, 00:00:00 GMT.
 * @see     java.lang.System#currentTimeMillis()
 */
public Date(long date) {
    fastTime = date;
}
```

圖 11-5　類別 java.util.Date 的建構方式

```
/**
 * Returns the current time in milliseconds.  Note that
 * while the unit of time of the return value is a millisecond,
 * the granularity of the value depends on the underlying
 * operating system and may be larger.  For example, many
 * operating systems measure time in units of tens of
 * milliseconds.
 *
 * <p> See the description of the class <code>Date</code> for
 * a discussion of slight discrepancies that may arise between
 * "computer time" and coordinated universal time (UTC).
 *
 * @return  the difference, measured in milliseconds, between
 *          the current time and midnight, January 1, 1970 UTC.
 * @see     java.util.Date
 */
public static native long currentTimeMillis();
```

圖 11-6　System.currentTimeMillis() 的定義

簡單示範：

```
01  System.out.println(Instant.now().getEpochSecond());
    // 取得EPOCH時間，以秒計：1656407085
02  System.out.println(new java.util.Date().getTime());
    // 取得EPOCH時間，以毫秒計：1468131459758
```

以下示範類別 Instant 的使用方式：

範例：/java11-ocp-2/src/course/c11/InstantDemo.java

```
01  public class InstantDemo {
02      public static void main(String[] args) throws
                                                  InterruptedException {
03          Instant now = Instant.now();
04          Thread.sleep(0, 1); // long milliseconds, int nanoseconds
05          Instant later = Instant.now();
06          System.out.println("now is before later? " +
                                               now.isBefore(later));
07          System.out.println("  Now: " + now);
08          System.out.println("Later: " + later);
09          Instant epoch = Instant.parse("1970-01-01T00:00:00Z");
10          System.out.println("EPOCH: " + epoch);
11      }
12  }
```

結果

```
now is before later? true
  Now: 2022-06-28T09:07:25.167409600Z
Later: 2022-06-28T09:07:25.174188Z
EPOCH: 1970-01-01T00:00:00Z
```

11.4.2 類別 Period 和 Duration

1. 類別 Period：
   - 使用 years、months、days 來建構日期的差量，都依據 ISO-8601 規範。API 文件的描述爲「This class models a quantity or amount of time in terms of years, months and days.」。
   - 使用 plus() 和 minus() 方法時，都是以天爲概念，因此可以保留日光節約時間的變化。
2. 類別 Duration：
   - 使用 seconds、nanoseconds 來建構時間的差量，也可以換算爲 hours 和 minutes。API 文件的描述爲「This class models a quantity or amount of time in terms of seconds and nanoseconds. It can be accessed using other duration-based units, such as minutes and hours.」。
   - 「每一天」被「24 小時」的概念取代，因此沒有日光節約時間的概念。

示範如下：

範例：/java11-ocp-2/src/course/c11/PeriodAndDurationDemo.java

```
01  public class PeriodAndDurationDemo {
02    public static void main(String[] args) {
03      LocalDateTime beforeDST =
04              LocalDateTime.of(2022, 03, 12, 12, 00);
05      ZonedDateTime t = ZonedDateTime
06              .of(beforeDST, ZoneId.of("America/New_York"));
07      // show Period
08      Period day1Period = Period.ofDays(1);
09      System.out.println("Period of 1 day: " + day1Period);
```

```
10        System.out.println("Before: " + t);
11        System.out.println(" After: " + t.plus(day1Period));
12        // show Duration
13        Duration hours24Duration = Duration.ofHours(24);
14        System.out.println("Duration of 24 hours: " + hours24Duration);
15        System.out.println("Before: " + t);
16        System.out.println(" After: " + t.plus(hours24Duration));
17    }
18 }
```

結果

```
Period of 1 day: P1D
Before: 2022-03-12T12:00-05:00[America/New_York]
 After: 2022-03-13T12:00-04:00[America/New_York]
Duration of 24 hours: PT24H
Before: 2022-03-12T12:00-05:00[America/New_York]
 After: 2022-03-13T13:00-04:00[America/New_York]
```

說明

11	以 Period 物件讓 ZonedDateTime 物件增加 1 天。
16	以 Duration 物件讓 ZonedDateTime 物件增加 24 小時。 因 DST 的起始日 2022/03/13 只有 23 小時，故增加 24 小時，會變成隔天再多 1 小時，顯示沒有日光節約時間的概念。

若要計算兩個日期的差距，可以使用：

1. ChronoUnit.DAYS.between(LocalDate, LocalDate) 回傳差距的總天數。
2. Period.between(LocalDate, LocalDate)，使用 getMonths() 回傳差幾個月，使用 getDays() 回傳差幾天。

如以下範例：

範例：/java11-ocp-2/src/course/c11/DayDiffDemo.java

```
01  public class DayDiffDemo {
02      public static void main(String[] args) {
03          LocalDate christmas = LocalDate.of(2022, 12, 25);
04          LocalDate today = LocalDate.now();
05          System.out.println("Today is " + today);
06          long days = ChronoUnit.DAYS.between(today, christmas);
07          System.out.println("There are " + days + " days until
                                                       Christmas");
08          Period untilXMas = Period.between(today, christmas);
09          System.out.println("There are "
10                  + untilXMas.getMonths() + " months, "
11                  + untilXMas.getDays() + " days until Christmas");
12      }
13  }
```

結果

```
Today is 2022-06-28
There are 180 days until Christmas
There are 5 months, 27 days until Christmas
```

11.4.3 使用流暢（fluent）的程式風格

範例：/java11-ocp-2/src/course/c11/FluentDemo.java

```
01  public class FluentDemo {
02    public static void main(String[] args) {
03      LocalDate myDay0 = LocalDate.of(1977, 6, 11);
04      LocalDate myDay1 = Year.of(1977).atMonth(06).atDay(11);
05
06      LocalDateTime meeting =
07          LocalDate.of(2022, 07, 10).atTime(11, 30);
08
09      ZonedDateTime host =
10          meeting.atZone(ZoneId.systemDefault());
11      System.out.println(host);
12
```

```
13        ZonedDateTime meetingUK =
14            host.withZoneSameInstant(ZoneId.of("Europe/London"));
15        System.out.println(meetingUK);
16
17        ZonedDateTime meetingSF =
18            host.withZoneSameInstant(ZoneId.of("America/New_York"));
19        System.out.println(meetingSF);
20    }
21 }
```

結果

```
2022-07-10T11:30+08:00[Asia/Taipei]
2022-07-10T04:30+01:00[Europe/London]
2022-07-09T23:30-04:00[America/New_York]
```

說明

3	使用一般語法。
4	使用流暢語法。
6-19	和範例程式 TimeZoneAcrossDemo 比較結果相同，但使用流暢的語法。

標註型別（Annotation） 12

章節提要

12.1 認識標註型別

「標註型別」（Annotation）通常用於 metadata。Metadata 是用來描述資料的資料，常翻譯為「元資料、元數據」等，本書直接使用 metadata，讀者清楚含意就好。Java 在版本 1.5 時就引入標註型別的功能，為 Java 語言增加了很多方便與價值，後續將逐一說明示範。

12.1.1 認識 Metadata

Metadata 是什麼？以動物園出售的門票為例。類別是 Ticket，「屬性欄位」可以包括價格、有效期間和購買的數量等，是構成門票或交易的基本資訊。

門票的 metadata 則可以是比較不直接的關聯如銷售規則，像顧客必須至少購買一張票，因為出售零張票或負數張票是沒意義的，又或者限制了每人每天最多購買 5 張票等規定。這些 metadata 規則描述了相關售票的資訊，但不是門票直接的資訊。

在這個時候，標註型別提供了一種簡單方便的方法，可以將這樣的 metadata 安插到類別中。

小知識 標註型別允許我們在類別中安插 metadata 資訊，但不意味著這些規則的值需要在程式碼中直接定義，也就是不需要寫死（hard code）在程式碼中。在許多框架的應用裡，程式設計師可以在程式碼中定義規則和關係，但從其他地方如資料庫或設定檔中讀取值。本書為求簡化，會直接寫死在程式碼中。

12.1.2 標註型別的目的

標註型別可以將 metadata 資訊安插給類別、方法、實例變數，或其他 Java 類型如介面和列舉型別等。我們先建立一個簡單的標註型別 @ZooAnimal 如下。

相較於建立類別時以 class 宣告，建立介面時以 interface 宣告，建立標註型別時以「@interface」宣告，如以下範例行 1：

範例：/java11-ocp-2/src/course/c12/s12/ZooAnimal.java

```
01  public @interface ZooAnimal {
02  }
```

使用標註型別時，以 @ 符號開頭，發音同 at。

目的與功能①

爲了說明標註型別的使用情境，而不只是語法，我們先建立抽象父類別哺乳類動物 Mammal：

範例：/java11-ocp-2/src/course/c12/s12/Mammal.java

```
01  public abstract class Mammal {
02  }
```

與抽象父類別鳥類 Bird：

範例：/java11-ocp-2/src/course/c12/s12/Bird.java

```
01  public abstract class Bird {
02  }
```

接著，對動物園飼養的獅子類別 Lion 使用 @ZooAnimal 予以標註：

範例：/java11-ocp-2/src/course/c12/s12/Lion.java

```
01  @ZooAnimal
02  public class Lion extends Mammal {
03  }
```

對動物園飼養的老鷹類別 Eagle 使用 @ZooAnimal 予以標註：

範例：/java11-ocp-2/src/course/c12/s12/Eagle.java

```
01  @ZooAnimal
02  public class Eagle extends Bird {
03  }
```

這時候，類別 Lion 繼承 Mammal，因此屬於 Mammal 一類；因爲以 @ZooAnimal 標註，因此也屬於 @ZooAnimal 的成員，類別 Eagle 也是相似的情況。

後續我們將說明對 @ZooAnimal 的成員可以如何進行操作，但由這個範例我們可以理解標註型別具有與介面相似的目的，當然我們可以建立 ZooAnimal 的介面或父類別並與 Lion 類別建立關係，但如此一來必須變更類別繼承結構，因此使用標註型別的**第一個功能是可以在不改變其繼承結構的情況下，將實體類別分門別類**。

目的與功能②

此外，ZooAnimal 的介面或父類別只能套用在 Lion 類別層級，然而標註型別可以應用於任何宣告，包括類別、方法、表達式、實例變數等，甚至用來再標註其他標註型別。此外更甚於介面的是，建立標註型別時可以包含稱爲「元素（element）」的屬性名稱與值。我們在範例 ZooAnimal 的行 2 新增動物的棲地（habitat）屬性字串，預設值（default）爲空字串：

範例：/java11-ocp-2/src/course/c12/s12/ZooAnimal.java

```
01  public @interface ZooAnimal {
02      String habitat() default "";
03  }
```

如果「未」宣告 habitat 屬性預設是空字串，則先前使用 @ZooAnimal 標註的類別都會被要求加上 habitat 屬性，因此編譯失敗。

接下來新建獸醫類別 Veterinarian，針對不同的健康狀況的 Lion 建立實例變數，並使用 @ZooAnimal 標註，再覆寫 habitat 屬性：

範例：/java11-ocp-2/src/course/c12/s12/Veterinarian.java

```
01  public class Veterinarian {
02      @ZooAnimal (habitat = "Infirmary")
03      private Lion sickLion;
04      @ZooAnimal (habitat = "Forest")
05      private Lion healthyLion;
06  }
```

這個類別定義了 2 個實例變數，除了都以 @ZooAnimal 標註外，也都有一個相關的棲息地屬性值。該屬性值不會因爲實例變數指向其他 Lion 物件而改變，它是變數宣告的一部分，就像變數名稱一樣。

此外，如果沒有標註型別，我們必須爲 Lion 類別新增 habitat 屬性欄位，並在實例化物件之後設定 habitat 屬性值；如果是個大專案，這類程式維護將變得很麻煩。

因此標註型別的**第二個功能是讓系統的 metadata 維護工作變得更容易**。

> **小知識** 在沒有標註型別之前，Java 通常使用另一個類別、介面或 XML、JSON 等文件來管理與某類別有關係的 metadata，而且通常都是分開的，可以看成是之前介紹的「單一責任制法則（Single Responsibility Principle, SRP）」的另一個應用。
>
> 這樣的方式在系統逐漸複雜的時候，就必須增加維護成本來保持資料和關係的同步；最常見的案例是 Java EE 的 Web 容器由傳統的部署描述檔 web.xml 演變為使用標註型別的過程，讀者可以參閱《Java RWD Web 企業網站開發指南 | 使用 Spring MVC 與 Bootstrap》一書的「10.2.1 部署描述檔（Deployment Descriptor）的變革」。

目的與功能③

接下來再建立一個標註型別 @ZooSchedule，它可以用來標註方法，並指示何時該執行：

範例：/java11-ocp-2/src/course/c12/s12/ZooSchedule.java

```
01  public @interface ZooSchedule {
02      String[] hours();
03  }
```

如用在指示 Lion 類別的餵食時間：

範例：/java11-ocp-2/src/course/c12/s12/Lion.java

```
01  @ZooAnimal
02  public class Lion extends Mammal {
03      @ZooSchedule(hours = { "9am", "5pm", "10pm" })
04      void feed() {
05          System.out.print("Time to feed the lions!");
06      }
07  }
```

或用在 Eagle 類別的清潔時間：

範例：/java11-ocp-2/src/course/c12/s12/Eagle.java

```
01  @ZooAnimal
02  public class Eagle extends Bird {
03      @ZooSchedule(hours = { "4am", "5pm" })
04      void clean() {
05          System.out.print("Time to sweep up!");
06      }
07  }
```

由之前的範例，雖然方法 feed() 和 clean() 定義在不同類別，但是標註型別所帶的資訊是相似的意義。這說明標註型別的**第三個功能是可以將需要的 metadata 標註在完全不同的目標，即便是不相關的類別、實例變數或方法。**

目的與功能④

標註型別的**最後一個功能是它們本身是非必要的（optional）**，也不做任何事情，有點像是 marker interface 的概念；這表示我們可以刪除一個專案系統裡所有的標註型別而不影響編譯，不過執行時期可能會出錯，或是有不同的行爲、結果。

這是因爲使用標註型別的通常是底層框架，或是程式的其他地方，但不會是在標註的地方；這些程式碼會依據標註型別的有無，或是標註型別標註的屬性值來進行程式判斷，並影響執行結果。以 @ZooSchedule 來說，未標註時間就會導致該方法不會被執行，或是不知道何時該被執行，端看底層框架如何定義。

雖然可以從類別中刪除標註內容而且通過編譯，但反之則不然。新增標註型別到不適合的地方，可能會導致編譯錯誤。例如在子類別標註 @Override 的方法必須可以覆寫父類別方法，否則無法通過編譯。

> **小知識**　儘管有許多平台和框架依賴於標註型別，但最受認可、最先普及使用標註型別的平台之一是 Spring 框架（framework），簡稱 Spring。該框架將標註型別用於許多目的，包括依賴注入（dependency injection, DI），這是一種將服務與使用它的客戶端解耦（decouple）的常用技術。
>
> 了解與熟悉 Spring 框架對 Java 程式設計師非常重要，可參閱《Java RWD Web 企業網站開發指南 | 使用 Spring MVC 與 Bootstrap》一書的「18 Spring 框架導論」，認識這個框架在 Java 語言發展歷史裡扮演的角色。

12.2 建立自定義標註型別

建立自己的標註型別非常容易，我們在前一章節已經簡單建立了幾個標註型別，接下來的內容將說明如何建立更完整的標註型別。

12.2.1 建立標註型別

假設動物園專案需要使用標註型別爲各種動物指定運動型態的 metadata。我們使用 @interface 宣告建立標註型別，需全部小寫，如同使用 class 和 interface 關鍵字一樣，型別名稱 Exercise 則遵循駝峰法則，如下。標註型別也可以使用巢狀類別的方式宣告。

範例：/java11-ocp-2/src/course/c12/s21/Exercise.java

```
01  public @interface Exercise {
02  }
```

標註型別 Exercise 也可以稱爲「標記型標註型別（marker annotation）」，因爲它不包含任何元素，和 marker interface 不具備任何成員相似。

要使用標註型別時，以 @ 符號開頭，後面跟著型別名稱，本例爲 @Exercise。

接下來把標註型別應用於其他程式碼，如下：

範例：/java11-ocp-2/src/course/c12/s21/ExerciseUsage.java

```
01  @Exercise()
02  class Cheetah {
03  }
04  @Exercise
05  class Sleep {
06  }
07  @Exercise
08  class ZooEmployee {
09  }
```

使用 @Exercise 時，後面可以再加上 ()，不影響編譯。但若標註型別有宣告必要元素，則必須使用 ()，以囊括元素與其值。

在這個使用 @Exercise 的範例裡，類別 Cheetah 是獵豹，加上 @Exercise 符合預期。類別 ZooEmployee 是動物園員工，加上 @Exercise 和一開始的需求並不一致；即便如此，這樣使用也是合法的，如同介面，標註型別可以應用於不相關的類別。

此外，一個類別可以同時套用多個標註型別。每個標註型別會作用在宣告它的程式碼位置的下一個**非**標註類型的 Java 型態上：

```
01  @AnnotationA
02  @AnnotationB("value1")
03  @AnnotationB("value2")
```

```
04    @AnnotationC
05    @AnnotationD   @AnnotationE   @AnnotationF
06    @AnnotationG public class SomeClass {
07    }
```

以上程式碼可以通過編譯，而且所有標註型別都會作用在類別 SomeClass 上。

最後，一些標註型別如本例的 @AnnotationB 可以被多次被套用，我們將在本章後面介紹可重複使用的標註型別。

12.2.2　定義必要（required）元素

標註型別的元素（element）是一個屬性，它儲存有關標註型別的特定用途的值。爲了方便後續說明，我們將 @Exercise 從標記用途的標註型別（marker annotation）更改爲包含元素的標註型別：

範例：/java11-ocp-2/src/course/c12/s22/Exercise.java

```
01    public @interface Exercise {
02        int hoursPerDay();
03    }
```

行 2 建立 hoursPerDay() 元素的語法可能看起來有點奇怪，它像是一個抽象方法，儘管我們稱它爲元素（或屬性）。事實上，標註型別 @interface 源於介面 interface，在 Java 的機制裡會將元素轉換爲介面方法，並將標註型別轉換爲介面的實作，由編譯器執行這些操作，我們無需關注。

讓我們看看這個新元素如何改變 ExerciseUsage 的範例程式碼：

範例：/java11-ocp-2/src/course/c12/s22/ExerciseUsage.java

```
01    @Exercise(hoursPerDay = 3)   // 編譯成功
02    class Cheetah {
03    }
04    @Exercise hoursPerDay=0      // 編譯失敗
05    class Sleep {
06    }
07    @Exercise                    // 編譯失敗
```

```
08    class ZooEmployee {
09    }
```

說明

1	Cheetah 類別編譯成功並正確使用標註型別，為元素提供值。
4	Sleep 類別編譯失敗，因為它缺少標註型別參數周圍的括號 ()。 只有在標註型別不包含任何元素時，括號 () 才是非必要的。
7	ZooEmployee 編譯失敗，因為 hoursPerDay 元素是必要的。

建立標註型別時，只要沒有使用「default」關鍵字建立元素預設值，就被認爲是「必要（required）」元素，如同前一個範例。

下一個章節我們將示範如何定義非必要元素。

12.2.3 定義非必要（optional）元素

如果一個元素是非必要的，它就必須包含一個預設值。讓我們修改標註型別 Exercise 以包含一個非必要值，如以下範例行 3：

範例：/java11-ocp-2/src/course/c12/s23/Exercise.java

```
01    public @interface Exercise {
02        int hoursPerDay();
03        int startHour() default 6;
04    }
```

接下來使用更新的標註型別。使用時，有幾個簡單的規則：

1. 標註型別中，有多個元素值時使用「逗號」分隔。

2. 每一個元素採用語法「元素名稱 = 元素值」編寫。

3. 元素的先後順序不影響編譯。

如下：

範例：/java11-ocp-2/src/course/c12/s23/ExerciseUsage.java

```
01  @Exercise(startHour = 5, hoursPerDay = 3)
02  class Cheetah {
03  }
04  @Exercise(hoursPerDay = 0)
05  class Sleep {
06  }
07  @Exercise(hoursPerDay = 7, startHour = "8")   // 編譯失敗
08  class ZooEmployee {
09  }
```

說明

4	未指定 startHour 值，將使用預設值 6。
7	編譯失敗，因為元素 startHour 的值應該是 int，而不是 String。

定義預設元素值

標註型別的預設值不能是任意值，必須是「非空常量表達式（non null constant expression）」。看看以下範例：

範例：/java11-ocp-2/src/course/c12/s23/BadAnnotation.java

```
01  public @interface BadAnnotation {
02      String name() default new String("");  // 編譯失敗
03      String address() default "";
04      String title() default null;            // 編譯失敗
05  }
```

說明

2-3	行 2 的「new String("")」不是常量表達式。 行 3 的「""」是字面常量（String Literal），空字串亦可。
4	不允許 null 作為預設值。

12.2.4 定義元素型態（type）

如同元素的預設值不能是任意值，元素的型態也有限制必須是：

1. 基本型別。
2. String。
3. Class。
4. 列舉型別。
5. 另一個標註型別。
6. 以上型態的一維陣列。

來看看以下範例。一般軟體開發必須經過測試，若有 bug 就可以使用 @BugReport 回報：

範例：/java11-ocp-2/src/course/c12/s24/BugReport.java

```
01  @interface Reference {
02      String id();
03  }
04  enum Status {
05      UNCONFIRMED, CONFIRMED, FIXED, NOTABUG
06  }
07  public @interface BugReport {
08      boolean repeatable();
09      String assignedTo();
10      String[] reportedBy();
11      Class<?> testCase();
12      Status status();
13      Reference ref();
14  }
```

說明

1-3	回報 bug 時可以參照的文章，需指定文章 id 編號。
4-6	使用 enum 定義 bug 的狀態 status，包含未確認（unconfirmed）、已確認（confirmed）、已修復（fixed）、非 bug（not a bug）。

8	Bug 是否可重複，元素型態為基本型別的 boolean。
9	指定修復 bug 的工程師，元素型態為 String。
10	回報 bug 的測試人員，元素型態為 String[]。
11	驗證 bug 的測試案例，元素型態為 Class。
12	指定 bug 的狀態，元素型態為 enum。
13	指定 bug 的參考文件，元素型態為另一個標註型別。

使用方式如下：

範例：/java11-ocp-2/src/course/c12/s24/BugReportUsage.java

```
01  class MyTestCase {
02  }
03  @BugReport (
04      assignedTo = "Jim",
05      ref = @Reference(id = "101"),
06      repeatable = false,
07      reportedBy = { "Bill", "Jack" },
08      status = Status.UNCONFIRMED,
09      testCase = MyTestCase.class )
10  public class BugReportUsage {
11  }
```

12.2.5 定義元素修飾詞

如同先前所說，標註型別 @interface 源於介面 interface，在 Java 的機制裡會將元素轉換爲介面方法，因此與抽象的介面方法一樣，標註型別的元素是 abstract 且 public，無論是否明確宣告；若明確宣告，也不能與 abstract 和 public 衝突。如以下範例：

範例：/java11-ocp-2/src/course/c12/s25/ModiferLab.java

```
01  public @interface ModiferLab {
02      int element1();
03      public abstract int element2();
04      protected int element3();  // 編譯失敗
05      private int element4();  // 編譯失敗
```

```
06        final int element5();   // 編譯失敗
07    }
```

說明

2	標註型別的元素預設是 abstract 且 public。
3	標註型別的元素只能是 abstract 且 public。
4	修飾詞 protected 與 public 衝突，編譯失敗。
5	修飾詞 private 與 public 衝突，編譯失敗。
6	修飾詞 final 與 abstract 衝突，編譯失敗。

12.2.6 定義常數

標註型別 @interface 源於介面 interface，在標註型別裡定義變數，就和介面裡定義變數的限制一致，必須是 public、static 且 final，也就是常數。未明確宣告時，預設就是這樣，若明確宣告，則不可以和 public、static 且 final 衝突：

範例：/java11-ocp-2/src/course/c12/s26/ConstantVarLab.java

```
01    public @interface ConstantVarLab {
02        int VAR1 = 1;
03        public static final int VAR2 = 2;
04        protected int VAR3 = 3;   // 編譯失敗
05        private int VAR4 = 4;     // 編譯失敗
06    }
```

說明

2	標註型別的變數預設是 public、static 且 final。
3	標註型別的變數只能是 public、static 且 final。
4	修飾詞 protected 與 public 衝突，編譯失敗。
5	修飾詞 private 與 public 衝突，編譯失敗。

標註型別定義常數後，用戶端程式使用時無需實際建立標註型別，和使用介面常數一致：

範例：/java11-ocp-2/src/course/c12/s26/ConstantVarLab2.java

```
01  @interface ConstantVar {
02      int VAR1 = 999;
03  }
04  public class ConstantVarLab2 {
05      public static void main(String args[]) {
06          System.out.println(ConstantVar.VAR1);
07      }
08  }
```

結果將輸出「999」。

12.3 標註型別的應用

先前章節已經介紹如何建立和使用簡單的標註型別，接下來將示範以其他方式應用標註型別。

12.3.1 在宣告時使用標註型別

到目前為止，我們只將標註型別應用於類別和方法，但它們可以應用於任何 Java 宣告，包括以下內容：

1. 類別（class）宣告、介面（interface）宣告、列舉型別（enum）宣告、模組（module）宣告。
2. 靜態（static）變數宣告、實例（instance）變數宣告、區域（local）變數宣告。
3. 方法和建構子宣告。
4. 參數（方法、建構子和 Lambda 表示式）宣告。
5. 轉型表示式宣告。
6. 其他標註型別宣告。

參考以下範例：

範例：/java11-ocp-2/src/course/c12/s31/AnnotationInDeclaration.java

```
01  @interface Anno {
02  }
03  @interface Anno2 {
04  }
05  @FunctionalInterface
06  interface Runner {
07      void go(String name);
08  }
09  @Anno
10  @Anno2
11  class Dog {
12      @Anno @Anno2
13      public Dog(@Anno Integer age) {
14      }
15      @Anno @Anno2
16      public void eat(@Anno String input) {
17          @Anno
18          String m = (@Anno String) "test";
19          Runner r1 = new @Anno Runner() {
20              public void go(@Anno @Anno2 String name) {
21                  System.out.print(name);
22              }
23          };
24          Runner r2 = (@Anno String n) -> System.out.print(n);
25      }
26  }
```

說明

1-2	建立示範用的標註型別 Anno，將用於大部分示範。
3-4	建立示範用的標註型別 Anno2，輔助示範標註型別用於宣告時可以多個。
5-8	使用滿足 FunctionalInterface 條件的介面，示範宣告 Lambda 表示式時，可以使用標註型別。
9-11	驗證**類別**宣告可以使用多個標註型別。
12-13	驗證**建構子**宣告可以使用多個標註型別。

13	驗證**建構子參數**宣告可以使用標註型別。
15-16	驗證**方法**宣告可以使用多個標註型別。
16	驗證**方法參數**宣告可以在型態前方使用標註型別。
17-18	驗證**區域變數**宣告可以在型態前方使用標註型別。
18	驗證**轉型表示式**宣告可以在型態前方使用標註型別。
19	驗證使用 new 呼叫建構子時，可以使用標註型別。
20	驗證**方法參數**宣告可以使用多個標註型別。
24	驗證 **Lambda 表示式**宣告可以在型態前方使用標註型別。

這是一個比較極端的範例，目的在顯示 Java 編譯器允許標註型別應用於各種宣告，但實務上在建立標註型別時，可使用 @Target 指定它們可以應用於哪種宣告類型，如以下範例行 1 指出標註型別 @Override 只能用於方法宣告：

範例：java.lang.Override

```
01  @Target(ElementType.METHOD)
02  @Retention(RetentionPolicy.SOURCE)
03  public @interface Override {
04  }
```

我們將在後續說明這部分內容，這也是驗證標註型別可以用於另一個標註型別宣告的範例。

12.3.2 定義名稱為 value() 的元素

在維護專案程式碼時，有時候會看到帶有元素值的標註型別，卻沒有元素名稱，如下：

範例：/java11-ocp-2/src/course/c12/s32/Giraffe.java

```
01  @Hurt("neck")
02  public class Giraffe {
03  }
```

這是在滿足「一些條件」時可以使用的寫法，也可以認爲是簡略版的標註型別表達方式。這些條件是：

1. 建立標註型別必須定義一個名爲 value() 的元素，它可以是**非必要**或**必要**的。
2. 承上，建立標註型別**不得**再定義其他**必要**的元素，非必要的元素則（具備 default 值）不受限制。

來看前述標註型別 @Hurt 的建立方式：

範例：/java11-ocp-2/src/course/c12/s32/Hurt.java

```
01  public @interface Hurt {
02      String veterinarian() default "unassigned";
03      String value() default "foot";
04      int age() default 1;
05  //  double test();   // 編譯失敗
06  }
```

如果把行 5 的註解拿掉，因爲違反前述規則 2，使用 @Hurt 的地方就會編譯失敗。

3. 使用標註型別時，不得爲任何其他元素提供值。

若把前述範例 Giraffe 的行 1，在使用 @Hurt 時加上其他元素如 age=2，也會編譯失敗：

範例：/java11-ocp-2/src/course/c12/s32/Giraffe.java

```
01  @Hurt("neck", age=2)     // 編譯失敗
02  public class Giraffe {
03  }
```

再看一個使用 @Hurt 的例子：

範例：/java11-ocp-2/src/course/c12/s32/Elephant.java

```
01  public class Elephant {
02      @Hurt("Legs")
03      public void fallDown() {
04      }
05      @Hurt(value = "Legs")
06      public void fallOver() {
07      }
```

```
08        @Hurt
09        String injuries[];
10    }
```

範例行 2、5、8 都是有效。如果將 @Hurt 的元素 value() 取消 default 值，則行 8 就必須加上元素值，這與先前使用標註型別的原則相同。

小知識　正確使用 value() 元素

通常，標註型別的 value() 應該與標註型別的名稱相關。在我們之前的範例中，@Hurt 是標註型別名稱，而 value() 元素值就是受傷的部位，這樣的習慣會讓標註型別用起來比較順手，因為所有簡略版的元素都使用相同的元素名稱 value()。

另外，需記住一旦標註型別使用 value() 作為元素名稱時，value() 元素不強制一定有 default 值；但其他元素一定都要有 default 值，否則無法使用該標註型別。

12.3.3　元素值為陣列的應用方式

定義標註型別的元素型態時可以使用「陣列」。假設我們有一個標註型別 Music，定義元素型態如行 2 是 String[]：

範例：/java11-ocp-2/src/course/c12/s33/Music.java

```
01    public @interface Music {
02        String[] types();
03    }
```

如果我們只想爲陣列提供一個值，我們可以選擇 2 種方式，如以下行 2 與行 4 來提供元素值：

範例：/java11-ocp-2/src/course/c12/s33/Monkey.java

```
01    public class Monkey {
02        @Music (types = { "Rock and roll" })
03        String dance;
04        @Music (types = "Classical")
05        String sleep;
06        @Music (types = {})
```

```
07        String dislike1;
08        @Music (types = "")
09        String dislike2;
10    }
```

若元素值為空，則可以使用以上行 6 與行 8 的方式，但不可以使用 null 為元素值。

12.4 自定義標註型別時使用的內建標註型別

在本節中，我們將介紹在自定義標註型別時，可能會使用到的內建（build-in）標註型別，亦即 metadata 的 metadata。由於這些標註型別是內建於 Java 中的，它們會和編譯器的編譯結果有關。

12.4.1 以 @Target 限制使用標的

先前我們使用了一個 @Anno 示範了如何在各式 Java 宣告時使用自定義的標註型別。實務上，每一個自定義的標註型別在設計時都會明確限制自己該使用在甚麼地方，例如在類別宣告、方法宣告、或實例變數的宣告等，這可以藉由內建的 @Target 標註型別達成，它限制了標註型別可以應用的宣告類型。

範例：java.lang.annotation.Target

```
01    @Documented
02    @Retention(RetentionPolicy.RUNTIME)
03    @Target(ElementType.ANNOTATION_TYPE)
04    public @interface Target {
05        ElementType[] value();
06    }
```

注意前面範例行 5，標註型別 @Target 使用列舉型別 ElementType 的陣列作為元素 valuc() 的值。列舉型別 ElementType 的可用列舉項目可以參見原始碼：

範例：java.lang.annotation.ElementType

```
01  public enum ElementType {
02      TYPE,
03      FIELD,
04      METHOD,
05      PARAMETER,
06      CONSTRUCTOR,
07      LOCAL_VARIABLE,
08      ANNOTATION_TYPE,
09      PACKAGE,
10      TYPE_PARAMETER,
11      TYPE_USE,
12      MODULE
13  }
```

說明如下表：

表 12-1　可用於 @Target 標註型別的元素值

ElementType 列舉項目	作用的宣告標的
TYPE	限制用在類別、介面、標註型別、列舉型別等的宣告。
FIELD	限制用在實例變數、靜態變數、列舉項目等的宣告。
METHOD	限制用在方法的宣告。
PARAMETER	限制用在建構子參數、方法參數、Lambda 表示式參數等的宣告。
CONSTRUCTOR	限制用在建構子的宣告。
LOCAL_VARIABLE	限制用在區域變數的宣告。
ANNOTATION_TYPE	限制用在標註型別的宣告。
PACKAGE	限制用在 package-info.java 裡面的 package 宣告。
TYPE_PARAMETER	限制用在泛型（generic）、泛型的參數化型態符號（parameterized types）的宣告。
TYPE_USE	能用在任何宣告或使用 Java 型態的地方。
MODULE	限制用在模組的宣告。

其中，某些 ElementType 列舉項目的使用範圍是重疊的。例如要建立可用於其他標註型別的標註型別如 @Target 時，使用 ANNOTATION_TYPE 或 TYPE 宣告都是可以達成的。

了解 TYPE_USE 值

ElementType 的列舉項目大多數都可以簡單理解，但 ElementType.TYPE_USE 相對是比較特別的，它幾乎可以應用在任何使用 Java 型態的地方，亦即**幾乎**可以涵蓋 ElementType 的其他列舉項目值。幾個例外的地方，例如它只能用於具有回傳值的方法，無法用於 void 的方法宣告。

我們把先前的範例 AnnotationInDeclaration 做一些調整，在標註型別 @Anno 的定義加上以下範例行 1，用來驗證 ElementType.TYPE_USE 幾乎可以用於所有地方：

範例：/java11-ocp-2/src/course/c12/s41/AnnotationInDeclaration.java

```
01  @Target(ElementType.TYPE_USE)
02  // @Target({ElementType.TYPE_USE, ElementType.METHOD})
03  @interface Anno {
04  }
05  @interface Anno2 {
06  }
07  @FunctionalInterface
08  interface Runner {
09      void go(String name);
10  }
11  @Anno
12  @Anno2
13  class Dog {
14      @Anno
15      public Dog(@Anno Integer age) {
16      }
17      @Anno   // 編譯失敗
18      public void eat(@Anno String input) {
19          @Anno
20          String m = (@Anno String) "test";
21          Runner r1 = new @Anno Runner() {
22              public void go(@Anno @Anno2 String name) {
23                  System.out.print(name);
24              }
25          };
26          Runner r2 = (@Anno String n) -> System.out.print(n);
27      }
28  }
```

唯一編譯失敗的地方只有行 16，因爲 ElementType.TYPE_USE 無法用於 void 的方法宣告，必須加上 ElementType.METHOD 才可以，亦即將行 1 註解並啓用行 2。

12.4.2 以 @Retention 決定作用範圍

編譯器在將 *.java 程式碼轉換爲 .class 位元組碼時，會捨棄某些和型態有關的資訊；若發生在泛型，這種機制就稱爲「型態抹除（type erasure）」。

相似的情況，標註型別也可以在編譯或執行時期被抹除，端看如何使用標註型別 @Retention：

範例：java.lang.annotation.Retention

```
01  @Documented
02  @Retention(RetentionPolicy.RUNTIME)
03  @Target(ElementType.ANNOTATION_TYPE)
04  public @interface Retention {
05      RetentionPolicy value();
06  }
```

注意前面範例行 5，標註型別 @Retention 使用列舉型別 RetentionPolicy 作爲唯一的元素 value() 的值。列舉型別 RetentionPolicy 的可用列舉項目可以參見原始碼：

範例：java.lang.annotation.RetentionPolicy

```
01  public enum RetentionPolicy {
02      SOURCE,
03      CLASS,
04      RUNTIME
05  }
```

說明如下表：

表 12-2 可用於 @Retention 標註型別的元素值

RetentionPolicy 列舉項目	作用的宣告標的
SOURCE	標註型別只存在於 *.java 檔案，編譯時將被抹除。
CLASS	標註型別可存在於 *.class 檔案，執行時將被抹除。 **未指定 RetentionPolicy 時，此為預設。**

RetentionPolicy 列舉項目	作用的宣告標的
RUNTIME	標註型別可存在於 *.class 檔案，執行時期也存在。

標註類別 @Retention 的使用方式如下：

範例：/java11-ocp-2/src/course/c12/s42/RetentionLab.java

```
01  import java.lang.annotation.Retention;
02  import java.lang.annotation.RetentionPolicy;
03
04  @Retention(RetentionPolicy.SOURCE)
05  @interface Anno1 {
06  }
07  @Retention(RetentionPolicy.CLASS)
08  @interface Anno2 {
09  }
10  @Retention(RetentionPolicy.RUNTIME)
11  @interface Anno3 {
12  }
```

以下範例中，行 1-3 使用前述範例建立的 @Anno1、@Anno2、@Anno3 標註了類別 RetentionUsage。編譯後標註型別 @Anno2 與 @Anno3，都可以保留在其 .class 檔案中，但在執行時期只有 @Anno3 可以藉由行 6 的映射（reflection）技術存取：

範例：/java11-ocp-2/src/course/c12/s42/RetentionUsage.java

```
01  @Anno1
02  @Anno2
03  @Anno3
04  public class RetentionUsage {
05      public static void main(String[] args) {
06          for (Annotation anno : RetentionUsage.class.getAnnotations()) {
07              System.out.println(anno.annotationType().getName());
08          }
09      }
10  }
```

反組譯 RetentionUsage.class 時，看到 @Anno1 已經消失，只剩下 @Anno2 與 @Anno3。

```
RetentionUsage.class
 1 package lab.annotation.s42;
 2 
 3 import java.lang.annotation.Annotation;
 4 
 5 @Anno3
 6 @Anno2
 7 public class RetentionUsage {
 8     public static void main(String[] args) {
 9         Annotation[] var4;
10         int var3 = (var4 = RetentionUsage.class.getAnnotations()).length;
11 
12         for (int var2 = 0; var2 < var3; ++var2) {
13             Annotation anno = var4[var2];
14             System.out.println(anno.annotationType().getName());
15         }
16 
17     }
18 }
```

圖 12-1　反組譯 RetentionUsage

執行程式碼後，類別 RetentionUsage 只找到標註類別 @Anno3：

結果

```
lab.annotation.s42.Anno3
```

12.4.3　以 @Documented 支援 API 文件顯示

在了解 JDK 或第三方函式庫中使用的方法或類別時，我們需要依賴使用指令 javadoc 構建的 API 文件。指令 javadoc 在 JDK 安裝路徑中預設存在，和指令 java 與 javac 一樣，它可以爲 Java 程式碼生成 API 文件。

在生成 API 文件時，如果需要保留標註型別的資訊，可以使用 @Documented，此時在 Java 型態上定義的標註型別資訊，將被包含在生成的 API 文件中。

因爲是標記型（marker）的標註型別，所以不存在任何元素：

範例：java.lang.annotation.Documented

```
01  @Documented
02  @Retention(RetentionPolicy.RUNTIME)
03  @Target(ElementType.ANNOTATION_TYPE)
04  public @interface Documented {
05  }
```

因此，使用它非常容易：

範例：/java11-ocp-2/src/course/c12/s43/Hunter.java

```
01  @Documented
02  public @interface Hunter {
03  }
```

範例：/java11-ocp-2/src/course/c12/s43/Lion.java

```
01  @Hunter
02  public class Lion {
03  }
```

在 Hunter.java 與 Lion.java 兩類別所在的目錄下執行指令：

```
01  javadoc *.java
```

產出的 API 文件可以發現具備標註型別資訊：

圖 12-2　API 文件具備標註型別資訊

若 @Hunter 沒有標註 @Documented，就不會有該資訊。

小知識　和指令 javadoc 有關的標註型別

使用指令 javadoc 時，為了讓產出的 API 文件有更多說明，可以在註解裡使用指令 javadoc 可以識別的標註型別，產出文件時就可以有更多的說明，如下圖節錄 String 類別的 substring() 方法的註解（/**…*/）。

圖中的 @param、@return、@exception 等，就是 javadoc 用來識別的標註型別！注意不要將 javadoc 的標註型別與 Java 的標註型別混淆。傳統上，javadoc 標註型別都是**小寫**字母開頭，而 Java 的標註型別都以**大寫**字母開頭。

```
String.class
1849
1850     /**
1851      * Returns a string that is a substring of this string. The
1852      * substring begins at the specified {@code beginIndex} and
1853      * extends to the character at index {@code endIndex - 1}.
1854      * Thus the length of the substring is {@code endIndex-beginIndex}.
1855      * <p>
1856      * Examples:
1857      * <blockquote><pre>
1858      * "hamburger".substring(4, 8) returns "urge"
1859      * "smiles".substring(1, 5) returns "mile"
1860      * </pre></blockquote>
1861      *
1862      * @param      beginIndex   the beginning index, inclusive.
1863      * @param      endIndex     the ending index, exclusive.
1864      * @return     the specified substring.
1865      * @exception  IndexOutOfBoundsException  if the
1866      *             {@code beginIndex} is negative, or
1867      *             {@code endIndex} is larger than the length of
1868      *             this {@code String} object, or
1869      *             {@code beginIndex} is larger than
1870      *             {@code endIndex}.
1871      */
1872     public String substring(int beginIndex, int endIndex) {
1873         int length = length();
1874         checkBoundsBeginEnd(beginIndex, endIndex, length);
1875         int subLen = endIndex - beginIndex;
1876         if (beginIndex == 0 && endIndex == length) {
1877             return this;
1878         }
1879         return isLatin1() ? StringLatin1.newString(value, beginIndex, subLen)
1880                           : StringUTF16.newString(value, beginIndex, subLen);
1881     }
1882
```

圖 12-3　API 文件具備標註型別資訊

12.4.4　以 @Inherited 取得父類別標註型別

標註型別 @Inherited 也是標記型（marker）的標註型別，所以不存在任何元素。

範例：java.lang.annotation.Inherited

```
01  @Documented
02  @Retention(RetentionPolicy.RUNTIME)
03  @Target(ElementType.ANNOTATION_TYPE)
04  public @interface Inherited {
05  }
```

以下示範當父類別 MySuper 使用具備 @Inherited 的自定義標註型別 @InheritedAnno 時，子類別 MySub 即便未直接使用 @InheritedAnno，都可以因為繼承關係取得 @InheritedAnno 標註型別資訊：

1. 建立自定義標註型別 @InheritedAnno，並標註 @Inherited。因為要示範在「執行時期」可以由子類別中找出 @InheritedAnno，需要加上行 2 的 @Retention 並註記使用 RetentionPolicy.RUNTIME：

範例：/java11-ocp-2/src/course/c12/s44/InheritedAnno.java

```
01  @Inherited
02  @Retention(RetentionPolicy.RUNTIME)
03  public @interface InheritedAnno {
04  }
```

2. 建立父類別 MySuper，並標註 @InheritedAnno：

範例：/java11-ocp-2/src/course/c12/s44/MySuper.java

```
01  @InheritedAnno
02  public class MySuper {
03  }
```

3. 建立子類別 MySub 繼承 MySuper，注意並未使用任何標註型別：

範例：/java11-ocp-2/src/course/c12/s44/MySub.java

```
01  public class MySub extends MySuper {
02  }
```

4. 使用映射技術在執行時期找出子類別 MySub 的所有標註型別：

範例：/java11-ocp-2/src/course/c12/s44/InheritedUsage.java

```
01  public class InheritedUsage {
02      public static void main(String[] args) {
03          for (Annotation anno : MySub.class.getAnnotations() ) {
04              System.out.println( anno.annotationType().getName() );
05          }
06      }
07  }
```

執行後，如預期見到 @InheritedAnno 的資訊：

結果

```
lab.annotation.s44.InheritedAnno
```

在此範例中，標註型別 @InheritedAnno 將應用於 MySuper 和 MySub 類別。如果沒有 @Inherited 標註型別，@InheritedAnno 將僅作用於 MySuper 類別。

12.4.5 以 @Repeatable 支援重複使用同一標註型別

當自定義標註型別必須在同一處類型宣告上重複出現時，該自定義標註型別在設計時就必須以 @Repeatable 標註，標註後就稱爲「可重複（repeatable）的標註型別」。

爲什麼會需要重複？如果它是一個沒有元素的標記型標註型別，大概不會有這種需求；當需要應用具有不同元素值的相同標註型別時，就會使用可重複的標註型別。

內建的標註型別 @Repeatable 程式碼如下：

範例：java.lang.annotation.Repeatable

```
01  @Documented
02  @Retention(RetentionPolicy.RUNTIME)
03  @Target(ElementType.ANNOTATION_TYPE)
04  public @interface Repeatable {
05      Class<? extends Annotation> value();
06  }
```

@Repeatable 唯一的元素值是另一個「以可重複標註型別的陣列作爲唯一元素 value() 值」的自定義標註型別的類別型態（class），如程式碼行 5。配合以下範例會比較容易理解。

假設我們需要有一個可重複的標註型別 @RiskFactor，它將決定不同動物的各種危險因子。先建立基本的標註型別：

範例：/java11-ocp-2/src/course/c12/s45/RiskFactor.java

```
01  public @interface RiskFactor {
02      String desc();
03      int level() default 1;
04  }
```

建立 Monkey 類別，並以 @RiskFactor 標註動物的多種危險因子：

範例：/java11-ocp-2/src/course/c12/s45/Monkey.java

```
01  @RiskFactor(desc = "Aggressive", level = 5)  // 編譯失敗
02  @RiskFactor(desc = "Violent", level = 10)    // 編譯失敗
03  public class Monkey {
04  }
```

此時，行 1-2 均編譯失敗，這是因爲沒有 @Repeatable 的自定義標註型別 @RiskFactor，一個標註型別只能應用一次。

但若要在 @RiskFactor 上直接標註 @Repeatable，還需要先建立另一個以 RiskFactor[] 爲唯一元素 value() 型態的自定義標註型別：

範例：/java11-ocp-2/src/course/c12/s45/RiskFactors.java

```
01  public @interface RiskFactors {
02      RiskFactor[] value();
03  }
```

最後，以 @RiskFactors 的類別型態 RiskFactors.class 作爲 @Repeatable 的唯一元素值，並標註在 @RiskFactor 上，如以下範例行 1：

範例：/java11-ocp-2/src/course/c12/s45/RiskFactor.java

```
01  @Repeatable(RiskFactors.class)
02  public @interface RiskFactor {
03      String desc();
04      int level() default 1;
05  }
```

至此，類別 Monkey 可以通過編譯。

小知識　沒有 @Repeatable 時的作法

內建標註型別 @Repeatable 由 Java 8 開始支援，在這之前要重複使用自定義標註型別在某一目標上時，作法如下：

範例：/java11-ocp-2/src/course/c12/s45/Monkey.java

```
01  @RiskFactors({
02      @RiskFactor(desc="Aggressive",level=5),
03      @RiskFactor(desc="Violent",level=10)})
04  public class Monkey {
05  }
```

此時 @RiskFactor 在設計時就不需要標註 @Repeatable，在 Java 8 之前它也不存在；即便如此，這樣的用法還是存在於很多程式中，讀者可以參考。

12.4.6　本章內建標註型別總結

總結本章內建標註型別如下：

表 12-3　本節內建標註型別總結

內建標註型別	是否為標記型標註型別？	元素 value() 型態	未使用時的行為或選項
@Target	否	ElementType[]	TYPE_USE 和 TYPE_PARAMETER 之外的任意目標。
@Retention	否	RetentionPolicy	RetentionPolicy.CLASS

內建標註型別	是否為標記型標註型別？	元素 value() 型態	未使用時的行為或選項
@Documented	是	-	標註型別的資訊不會出現在 API 文件中。
@Inherited	是	-	無法取得父類別的標註型別。
@Repeatable	否	另一個標註型別	標註型別不可重複。

12.5 開發一般程式碼經常使用的內建標註型別

前一章節介紹的 Java 內建標註型別，是在我們在自定義標註型別時會使用的。接下來要介紹的，則是平常程式開發就會使用的內建標註型別。

事實上，後者的內容要比前者重要，主要是因爲標註型別的使用，通常都是搭配編譯器或框架；除非我們要自己開發框架，否則不太需要自定義標註型別，這也是本書沒有特別舉例說明的原因。不過，還是有幾個搭配映射技術使用標註型別的範例，讀者可以從中體會標註型別的應用技巧。

12.5.1 使用 @Override 標註覆寫的方法

@Override 是一個標記型標註型別，用於指示一個方法正在覆寫（override）一個繼承的方法，無論它是來自介面還是父類別。覆寫方法必須具有相同的簽名、相同或更廣泛的存取修飾詞（access modifier）以及回傳類型，並且不拋出任何新的或更廣泛的例外。

我們來看使用 @Override 的範例：

範例：/java11-ocp-2/src/course/c12/s51/OverrideLab.java

```
01  interface MyInterface {
02      void myMethod();
03  }
```

```
04  class MySuper implements MyInterface {
05      @Override
06      public void myMethod() {
07          System.out.println("from MySuper");
08      }
09  }
10  class MySub extends MySuper {
11      @Override
12      public void myMethod() {
13          System.out.println("from MySub");
14      }
15  }
16  public class OverrideLab {
17      public static void main(String args[]) {
18          MyInterface x = new MySub();
19          x.myMethod();
20      }
21  }
```

標註型別 @Override 並非一定要出現在覆寫的方法中，但可以禁止錯誤地使用它們，亦即標註 @Override 在不是覆寫的方法中將導致編譯失敗。標註 @Override 有助於提高程式碼的質量，提供更直觀的程式碼內容，以避免閱讀時的猜測，它還使用編譯器來幫助發現開發時的錯誤。例如，在未覆寫另一個方法的方法上標註 @Override 會觸發編譯錯誤，這有助於在以後更改類別或介面時發現問題。

12.5.2 使用 @FunctionalInterface 宣告介面

之前我們說明過介面以 @FunctionalInterface 標註後的含意。就編譯器來說，它們是只有一個抽象方法的介面，違反這個原則就會編譯失敗。

如以下 MyInterface1 是合法的：

範例：

```
01  @FunctionalInterface
02  interface MyInterface1 {
03      int method1();
04  }
05
```

```
06  @FunctionalInterface
07  abstract class MyClass {     // 編譯失敗
08      abstract String getName();
09  }
10
11  @FunctionalInterface
12  interface MyInterface2 {     // 編譯失敗
13  }
14
15  @FunctionalInterface
16  interface MyInterface3 {
17      boolean method3();
18  }
19
20  @FunctionalInterface
21  interface MyInterface4 extends MyInterface3 {     // 編譯失敗
22      void method4();
23  }
24
25  @FunctionalInterface
26  interface MyInterface5 extends MyInterface3 {
27      boolean equals(Object unused);
28  }
```

其他情況是：

1. 類別 MyClass 無法編譯，因爲 @FunctionalInterface 標註型別只能應用於介面。
2. 介面 MyInterface2 無法編譯，因爲它不包含任何抽象方法。
3. 介面 MyInterface3 可以編譯，因爲它只包含一個抽象方法。
4. 介面 MyInterface4 無法編譯，因爲它包含 2 個抽象方法，其中 1 個繼承自 MyInterface3。
5. 介面 MyInterface5 雖然看起來包含 2 個抽象方法，但行 27 的方法與 java.lang.Object 的方法的簽名一致，其實是可以移除的，所以它確實可以編譯。

這些編譯失敗的類別或介面都是因爲不滿足 @FunctionalInterface 標註型別的要求才編譯失敗，只要移除 @FunctionalInterface 都會編譯成功。

12.5.3 使用 @Deprecated 停用程式碼

在軟體開發的過程中，我們會使用別人的函式庫，或建立函式庫供其他人使用；時間一久，難免都有 bug 需要修正，或是因應新需求、或是 JDK 升級、或是提升效能等因素必須改寫。

有時候，一個方法變化太大，以至於我們需要建立一個完全不同簽名的新版本，但是我們不一定要刪除該方法的舊版本，因爲如果該方法突然消失，可能會爲函式庫或程式的呼叫者帶來一些編譯的問題。

比較優雅且合理的作法，是通知程式使用者該方法有新版本可用，並且在最終刪除舊版本之前給他們合理的時間，讓使用者將他們的程式碼改呼叫新版本的方法。

爲了滿足這樣的情境，Java 提供了 @Deprecated 標註型別：

範例：java.lang.Deprecated

```
01  import java.lang.annotation.*;
02  import static java.lang.annotation.ElementType.*;
03
04  @Documented
05  @Retention(RetentionPolicy.RUNTIME)
06  @Target(value={CONSTRUCTOR, FIELD, LOCAL_VARIABLE, METHOD, PACKAGE,
                                              MODULE, PARAMETER, TYPE})
07  public @interface Deprecated {
08      String since() default "";
09      boolean forRemoval() default false;
10  }
```

@Deprecated 標註型別在 JDK 5 時推出，最初是一個標記型標註型別，沒有任何元素；在 JDK 9 新增了 2 個非必要元素，亦即範例行 8 與 9 的 since() 和 forRemoval()。該標註型別幾乎可以應用於任何的 Java 宣告，參見範例行 6。

假設有一個較舊的類別 Planner，當編寫了一個新版的 EnhancedPlanner 時，我們想通知所有使用舊類別的程式切換到新版本，可以如以下範例行 6 加上 @Deprecated 標註型別：

範例：/java11-ocp-2/src/course/c12/s53/Planner.java

```
01  /**
02   * Design and plan stuff.
03   *
04   * @deprecated Use EnhancedPlanner instead.
05   */
06  @Deprecated (since = "1.8", forRemoval = true)
07  public class Planner {
08      public int getTaskQty(List<String> tasks) {
09          return tasks.size();
10      }
11  }
```

此時 Planner 類別的用戶端 PlannerUser 將收到編譯器的警告，在 Eclipse 時顯示如下：

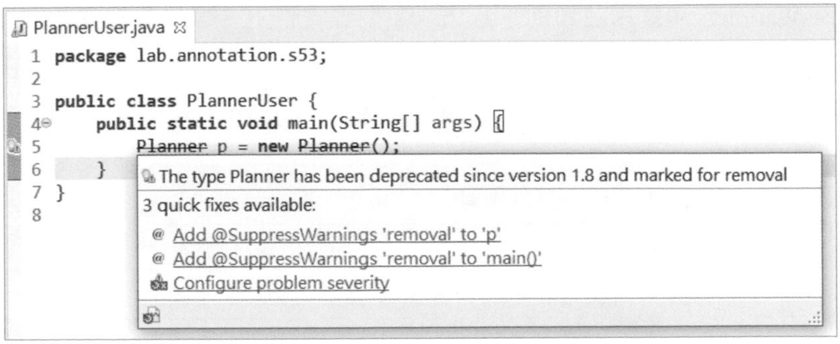

```
PlannerUser.java
1 package lab.annotation.s53;
2
3 public class PlannerUser {
4⊖    public static void main(String[] args) {
5         Planner p = new Planner();
6     }
7 }
8
```

The type Planner has been deprecated since version 1.8 and marked for removal
3 quick fixes available:
Add @SuppressWarnings 'removal' to 'p'
Add @SuppressWarnings 'removal' to 'main()'
Configure problem severity

圖 12-4　舊版程式使用者收到類別即將棄用的通知

在下一節中，我們將示範如何使用另一個標註型別來忽略這些警告。

範例類別 Planner 除了行 6 加上 @Deprecated 之外，我們在註解的行 4 也使用了另一個讓 javadoc 指令辨識的標註型別 @deprecated。每當棄用一個舊程式時，我們應該在註解裡新增一個 @deprecated 標註型別，來指導舊版程式用戶該如何更新他們的程式碼。

因爲這樣的習慣，JDK 9 在 @Deprecated 標註型別開始支援 2 個非必要元素值：

1. **String since()**：由哪一個版本開始棄用，預設空字串。

2. **boolean forRemoval()**：將來是否會完全刪除棄用程式碼，預設 false。

爲了向前相容，這 2 個元素都有預設值。

12.5.4 使用 @SuppressWarnings 忽略警告

對於一些比較不好的程式碼，編譯器會警告（warning）潛在的問題，但是有些時候我們就是需要執行特定操作，而且問題實際上不會發生，此時就可以使用 @SuppressWarnings 標註型別。

範例：java.lang.SuppressWarnings

```
01  @Target({TYPE, FIELD, METHOD, PARAMETER, CONSTRUCTOR,
                                            LOCAL_VARIABLE, MODULE})
02  @Retention(RetentionPolicy.SOURCE)
03  public @interface SuppressWarnings {
04      String[] value();
05  }
```

@SuppressWarnings 可以用在類別、方法或類型等宣告上，等同於開發者告訴編譯器「我知道我在做什麼，請不要警告我這件事」。與之前的標註型別不同，它需要一個 String[] 型態的 value() 元素值，下表舉例 4 個常用的值：

表 12-4 常見的 @SuppressWarnings 元素值

元素值	忽略的警告對象
deprecation	使用以 @Deprecated 標註的類型或方法。
removal	使用以 @Deprecated 標註，並指定 forRemoval 元素值的類型或方法。
rawtypes	使用原始類型（raw types），如使用 List 卻未使用 List<T>。
unchecked	無法檢查（check）型態安全的程式碼，如使用 List 卻未使用 List<T>。
all	所有的警告對象。

由前述說明，也可以理解當可以使用泛型（generic）卻未使用時，編譯器會給予 rawtypes 與 unchecked 的警告。

以下示範接續前一節範例，在使用類別 Planner 的 PlannerUser 上，對特定程式碼標註 @SuppressWarnings，以壓制編譯器警告：

範例：/java11-ocp-2/src/course/c12/s54/PlannerUser.java

```
01  import lab.annotation.s53.Planner;
02  @SuppressWarnings("removal")
03  public class PlannerUser {
04      public static void main(String[] args) {
05          Planner p = new Planner();
06          @SuppressWarnings({ "rawtypes", "unchecked" })
07          int qty = p.getTaskQty(new ArrayList());
08          System.out.println(qty);
09      }
10  }
```

說明

2	• 類別 Planner 的宣告有標註 @Deprecated，並指定 forRemoval 元素值，因此這裡以 @SuppressWarnings("removal") 標註來壓制警告。因為指定元素值 removal，不需要再指定 deprecation。 • 使用 Planner 的地方太多，包含行 1、5、7；因此標註在類別上以壓制所有警告。
5-6	建立 ArrayList() 時，未使用泛型 ArrayList<String>，以 @SuppressWarnings 標註，並指定元素值 rawtypes 與 unchecked 壓制警告，或是使用 all 壓制所有警告。

現在範例程式碼可以編譯，並且不會產生任何警告，但是我們應該謹慎使用 @SuppressWarnings 標註型別，因爲編譯器提醒潛在的編碼問題是正確的。在某些不得已的情況下，如重構程式碼相當麻煩時，開發人員可能會將此標註型別用作忽略問題的一種方式。

12.5.5 使用 @SafeVarargs 保護參數

讓我們回顧一下「可變動參數（varargs）個數的方法」。參數 varargs 藉由提供符號「…」來指示該方法可以傳遞零個或多個相同類型的參數。此外，一個方法最多可以有一個可變動個數參數，並且必須是最後一個。

標註型別 @SafeVarargs 和可變動參數有關，是一個標記型標註型別：

範例：java.lang.SafeVarargs

```
01  @Documented
02  @Retention(RetentionPolicy.RUNTIME)
03  @Target({ElementType.CONSTRUCTOR, ElementType.METHOD})
04  public @interface SafeVarargs {
05  }
```

它指示被標註的方法的程式邏輯不會對其 varargs 參數執行任何潛在的不安全操作，而且只能應用於不能被覆寫的建構子或方法，也就是方法宣告為 private、static 或 final 時才能使用。

來看一個使用 @SafeVarargs 的範例：

範例：/java11-ocp-2/src/course/c12/s55/UnSafeVarargsLab.java

```
01  public class UnSafeVarargsLab {
02  //  @SafeVarargs
03      final Integer unsafeOperation(List<Integer>... manyIntegerList) {
04          Object[] objArray = manyIntegerList;
05          objArray[0] = Arrays.asList("error");
06          return manyIntegerList[0].get(0);   // ClassCastException!
07      }
08      public static void main(String[] a) {
09          var carrot = new ArrayList<Integer>();
10          new UnSafeVarargsLab().unsafeOperation(carrot);
11      }
12  }
```

範例中的 final 方法 unsafeOperation() 是有問題的操作：

1. 在行 3 傳進來可變動個數參數 manyIntegerList，是成員型態為 List<Integer> 的陣列。
2. 在行 4 宣告另一個 Object 陣列參考 objArray，並指向 manyIntegerList 物件。
3. 在行 5 使用 objArray 修改 manyIntegerList 陣列物件的第 1 個成員，將之改指向另一個 List<String> 物件。

所以執行時期在行 6 取得物件將會是 String 而非 Integer，這導致程式拋出例外物件 ClassCastException。

該程式編譯時有 2 個警告訊息：

1. 行 2 的方法參數警告訊息爲「Type safety: Potential heap pollution via varargs parameter manyIntegerList」。
2. 行 10 使用方法的警告訊息爲「Type safety: A generic array of List<Integer> is created for a varargs parameter」。

這時候，如果移除行 2 的註解，亦即將方法標註 @SafeVarargs，將等同向編譯器表明該方法沒有執行任何不安全的操作；它還抑制編譯器對 varargs 參數未經檢查的警告。

然而，我們眞的修復了不安全的操作嗎？當然，再次執行程式依然出錯。標註 @SafeVarargs 只是讓編譯器不再警告開發人員，所以該修的錯誤依然要處理，這類錯誤也經常和泛型有關。

最後，試著判斷以下範例方法編譯失敗的理由：

範例：/java11-ocp-2/src/course/c12/s55/SafeVarargsLab.java

```
01  public class SafeVarargsLab {
02      @SafeVarargs
03      public static void method1(int param) {
04      } // 編譯失敗
05      @SafeVarargs
06      protected void method2(String... param) {
07      } // 編譯失敗
08      @SafeVarargs
09      void method3(boolean... param) {
10      } // 編譯失敗
11  }
```

原因爲：

1. 方法 method1() 缺少可變動參數，不可以標註 @SafeVarargs。
2. 方法 method2() 和 method3() 都是因爲沒有宣告爲 private、static 或 final，因此不可以標註 @SafeVarargs。

12.5.6 本章內建標註型別總結

總結本章內建標註型別如下：

表 12-5 本節內建標註型別總結①

內建標註型別	是否為標記標註型別？	元素 value() 型態	非必要的元素
@Override	是	-	-
@FunctionalInterface	是	-	-
@Deprecated	否	-	String since() boolean forRemoval()
@SuppressWarnings	否	String[]	-
@SafeVarargs	是	-	-

表 12-6 本節內建標註型別總結②

標註型別	標註目標	無法標註的狀況
@Override	方法	不滿足覆寫的定義。
@FunctionalInterface	介面	介面不只有一個抽象方法。
@Deprecated	大部分的 Java 宣告	-
@SuppressWarnings	大部分的 Java 宣告	-
@SafeVarargs	方法 建構子	參數不是可變動個數，或方法未以 private、static 或 final 宣告。

Java 平台模組系統（Java Platform Module System）

13

章節提要

13.1 認識 Java 模組化

從 Java 9 開始，套件（package）可以使用模組（module）進行分類。在本章中，我們將解釋模組的用途以及如何建立自己的模組，並示範如何發現現有模組且執行它們。

13.1.1 介紹模組（Module）

模組化的需求

一般書本或認證考試的範例通常都是小類別，但真正參與專案開發時，類別數量和內容將大得多。一個大型的專案會把數百、甚至上千個類別規劃爲套件（package），這些套件又再群組爲 JAR（Java archive）檔案。這種檔案類型副檔名爲「.jar」，是一個壓縮檔，可以使用 7-zip 等軟體打開並檢視內容。

此外，除了自家團隊開發的程式碼外，大多數應用程式還使用其他團隊編寫的程式碼；開源程式碼如 Java 更是明顯，很多都有合法授權與免費使用。這些程式碼蒐錄在函式庫內，並以 JAR 檔案的形式提供，可以用於讀取微軟的 Office 文件、連接到資料庫等。

一些開源專案或是函式庫也常依賴於其他開源專案的功能，比如 Spring 是一個常用的框架，JUnit 是一個常用的測試函式庫。而要使用任何一種，都需要先確保在執行時擁有所有相關 JAR 的相容版本。這些複雜的依賴關係和最低版本通常被開源社群（community）稱爲「JAR 地獄」，因爲一旦錯誤的函式庫版本被載入，輕則在執行時期拋出 ClassNotFoundException，更麻煩的是一些隨機的異常，無法釐清是函式庫的 bug 還是不相容造成。

Java 9 中導入了「Java Platform Module System （JPMS）」，以一個更高層級的觀點對程式碼進行分組，試圖解決 Java 從一開始就存在的一些困擾。模組化的主要目的是藉由分類並群組相關的套件，以向開發人員提供一組特定的功能；它就像是一個可以讓開發人員設定開放哪些套件的更大的 JAR 檔案，後續內容將說明模組化旨在解決哪些問題。

JPMS 包括以下內容：

1. 模組的 JAR 檔案格式。

2. 模組化 JDK 套件。

3. 提供模組化相關指令列（command-line）。

本章範例專案說明

本章範例是一個小型的 Zoo 應用程式，它原本只有一個類別，並且只列印出一些文字。現在我們有一大批程式開發人員，目標是讓動物園的運營可以自動化，因此必須開發很多功能，包括與動物的互動、訪客、公共網站和服務推廣。

模組可以是一個或多個套件加上一個檔名爲「module-info.java」的特殊文件。下圖初步列出了 zoo 專案可能需要的幾個模組，同時關注範例中模組間的相互作用。

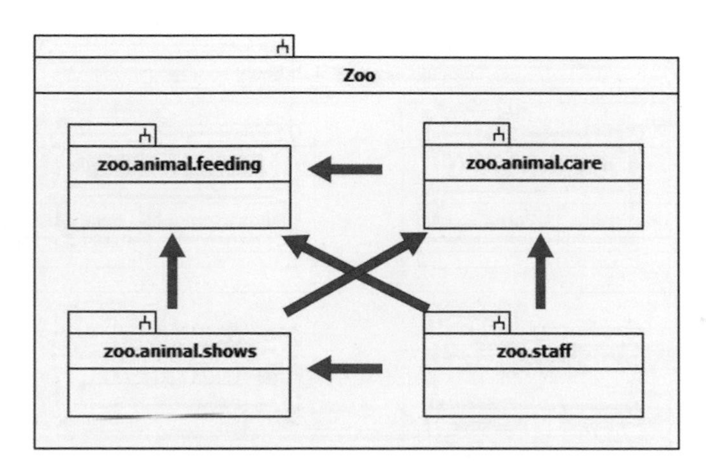

圖 13-1　專案 Zoo 的模組設計

完整的 zoo 專案有更多模組。上圖僅列出 4 個：

1. zoo.animal.feeding

2. zoo.animal.care

3. zoo.animal.shows

4. zoo.staff

注意圖中許多模組之間有箭頭，這些代表依賴關係，如同本書上冊介紹的 Has-A 關聯性。因爲工作人員（staff）擁有餵養（feed）動物的工作，因此由 zoo.staff 模組使用箭頭指向 zoo.animal.feeding 模組。

後續我們逐一深入研究這些模組。下圖顯示了其中之一的 zoo.animal.shows 模組的內容，一共有 3 個套件，每個套件有 2 個類別；還有一個特別的檔案 module-info.java，每一個模組都需要該檔案，將在本章後面更詳細地解釋這一點。

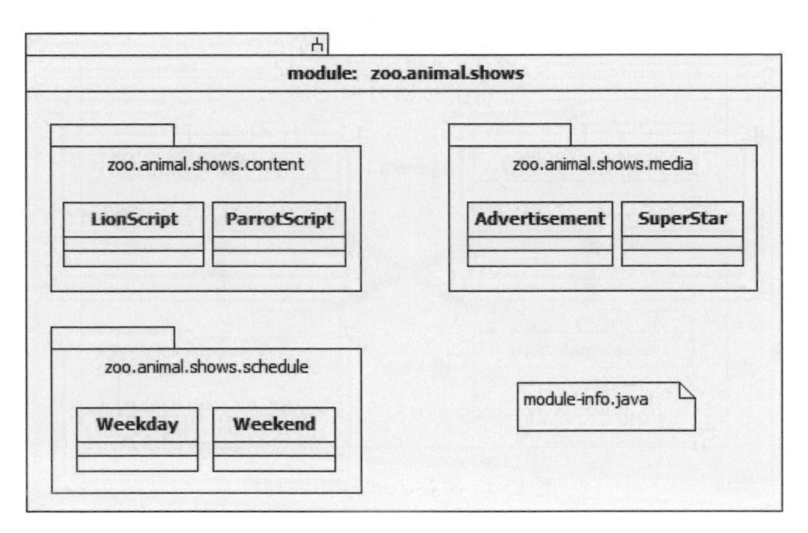

圖 13-2　模組 zoo.animal.shows

13.1.2　模組化的效益

「模組」是開發程式時需要了解的另一層內容。雖然是否模組化並非強制，但了解它們旨在解決的問題相當重要。

1. 更好的存取控制

Java 對類別提供 4 個層級的存取控制，有 private、package(default)、protected 和 public 等修飾詞。這些級別的存取控制可以限制對某個類別或套件的存取，甚至可以允許存取子類別，而不將它們暴露給外部。

但是，如果我們編寫了一些複雜的邏輯，但卻只想限制在某些套件中呢？例如我們希望 zoo.animal.shows 模組中的套件只對 zoo.staff 模組中的套件開放，其他模組的套件則拒絕存取。

開發者可能需要建立一個只供內部使用的「內部套件」，如 zoo.animal.internal，然後把不希望別人使用的類別命名為「Unsafe」。但實際上只要存在一個外部套件可以存取套件 zoo.animal.internal，就表示其他套件也可以；用類別名稱提醒開發者，也只是參考性質，不具備實質約束，因為原本 4 個層級的存取修飾詞無法處理這種情況。

Java 把「模組」作爲第 5 個層級的存取控制來解決這個問題，可以將模組化的 JAR 中的套件只公開給特定套件。這種更強的封裝形式確實建立了「內部套件」，在本章稍後討論 module-info.java 檔案時將予說明。

2. 更清晰的依賴管理

函式庫之間互相依賴是很常見的，例如 JUnit 測試函式庫可以搭配 Hamcrest 函式庫來改進測試時斷言（Assertions）的可讀性。

函式庫之間的相依性，通常只能由開發人員閱讀使用文件得知，或是在程式碼執行到相依流程時，才因爲函式庫不在類別路徑（class path）上，而拋出 ClassNotFoundException 的例外錯誤，這也是先前我們提到的 JAR 地獄的情境。

然而，在一個完全模組化的環境中，每一個開源專案都會在 module-info.java 檔案中指定專案的依賴項目。在啓動程式時，Java 會告知相依函式庫不在模組路徑（module path）中，所以開發者馬上就會清楚知道。

3. 自定義 Java 構建（build）內容

Java開發工具包（Java Development Kit , JDK）相當龐大，即便是Java執行環境（Java Runtime Environment, JRE）都不小，以jdk-8u301-windows-x64.exe爲例，大小爲 169.46 MB。

爲了能讓除了電腦之外的更多小裝置，如行動與嵌入式裝置等，都能安裝 Java，在 SE8 時使用「緊實的配置文件（compact profile）」，或是簡稱「profile」，以完整的 Java SE 平台 API 爲基礎，精簡出 3 個層級的子集合。最精簡的是 compact1，再多一點 API 之後爲 compact2，完整的 Java SE 平台 API 則爲 compact3，如此使用 compact1，就可以安裝在較小的存儲空的裝置上，不過這 3 個層級的安裝包只影響可用 API 數量，不影響 JVM 和一些 Java 工具。讀者若有興趣了解 3 個層級各自定義的 API 內容，可參考 URL https://docs.oracle.com/javase/8/docs/technotes/guides/compactprofiles/compactprofiles.html。

然而，這 3 個層級所需要的 API 種類畢竟是 Java 自己定義，運用到不同專案時，可能又有不同需求。例如 Java Native Interface（JNI）用於處理特定於作業系統的程式、JDBC 用於資料庫存取，不見得所有特定層級的 Java 程式都會使用，因此籠統的 3 個層級還是缺乏靈活性。

使用 JPMS 的指令工具「jlink」讓開發人員可以自定義自己需要的 API，這讓打包更小的執行映像檔（runtime image）變得可能。

除了較小規模的 API 之外，這種方法還提高了安全性。如果不使用 AWT 套件，且 AWT 存在安全漏洞，則打包沒有 AWT 的執行映像檔的應用程式，將不存在 AWT 的安全漏洞。

4. 提升效能

模組化後，由於 Java 知道需要哪些模組，因此在載入（loading）類別時，可以只關注需要的模組，這改善了大型程式的啟動時間，並且減少記憶體的浪費。

雖然這些好處對於小程式來說，似乎並不重要，但對於大型應用程式則舉足輕重。很多大型 Web 應用程式經常花費一分鐘以上的時間來啓動；對於某些金融應用程式，每一毫秒的性能都很重要。

5. 避免套件重複

常見 JAR 地獄的另一種情境是「相同套件出現在多個 JAR 裡」，導致這類問題的原因有很多，包括被重新命名的 JAR 導致專案內存在 2 個實質相同的 JAR，或是在類別路徑（class path）上有 2 個 JAR 內容相同但版本不同。

JPMS 可以避免這種情況，可以讓一個套件只由一個模組提供，在執行時就不會有關於套件的麻煩出現。

小知識　現有程式碼的模組化

雖然使用模組有很多好處，但要模組化現有大型應用程式也不容易，特別是應用程式經常會依賴尚未模組化的舊開源函式庫。一旦需要模組化，就等同要清償所有技術債務。

雖然並非所有開源專案都已經模組化，但已經陸續增加中。可以參考網頁 URL https://github.com/sormuras/modules/blob/master/README.md，內容來自 Maven Central 網站的統計結果，同時有建議的模組化策略。

13.2 建立和執行模組化程式

在本節中，我們將建立、構建和執行 zoo.animal.feeding 模組。我們選擇這個作爲開始，是因爲所有其他模組都相依於它。

下圖顯示了該模組的設計，除了 module-info.java 檔案外，它還有 1 個套件，裡面有 1 個類別。

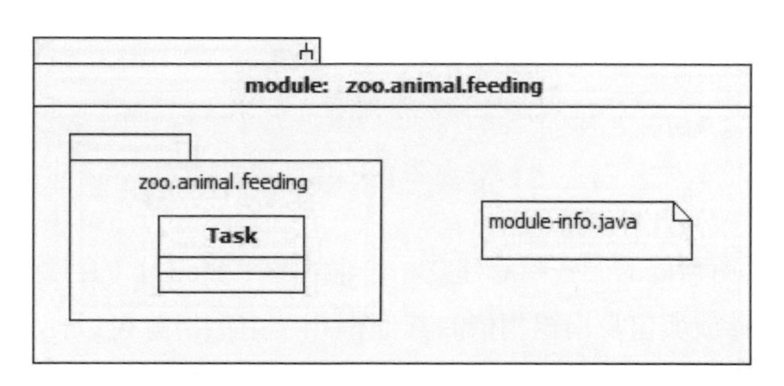

圖 13-3 模組 zoo.animal.feeding

後續將建立、編譯、執行和打包 zoo.animal.feeding 模組。

13.2.1 建立模組專案

建立套件、類別與模組資訊檔案

首先建立專案 zoo.animal.feeding 與套件 zoo.animal.feeding，本例專案名稱與套件名稱相同；然後建立簡單的類別 Task.java，內容如下：

範例：/zoo.animal.feeding/src/zoo/animal/feeding/Task.java

```
01  package zoo.animal.feeding;
02  public class Task {
03      public static void main(String... args) {
04          System.out.println("All are fed!");
05      }
06  }
```

接下來是建立模組資訊檔案（module-info.java）。模組資訊檔案和一般 Java 類別之間有一些主要區別：

1. module-info.java 必須位於模組的根目錄中，一般 Java 類別應該在套件中。
2. module-info.java 內容宣告模組時使用關鍵字 module，而不是 class、interface 或 enum。
3. 模組名稱遵循套件名稱的命名規則，它的名稱中通常包含「.」。

後續還會說明更多模組資訊檔案的內容規則，以下是一個最簡單的模組資訊檔：

範例：/zoo.animal.feeding/src/module-info.java

```
01  module zoo.animal.feeding {
02  }
```

接著，我們在與 src 目錄的同一階層建立了一個名為「mods」的目錄，我們將在本章稍後使用它，來存放與自身模組相依的其他模組。這個目錄可以任意命名，但 mods 是一個比較通用的名稱。

完成後，專案目錄結構如下：

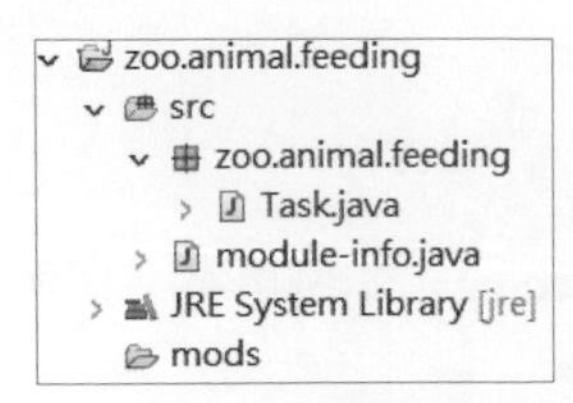

圖 13-4　以 Eclipse 的 Project Explorer 檢視模組專案 zoo.animal.feeding

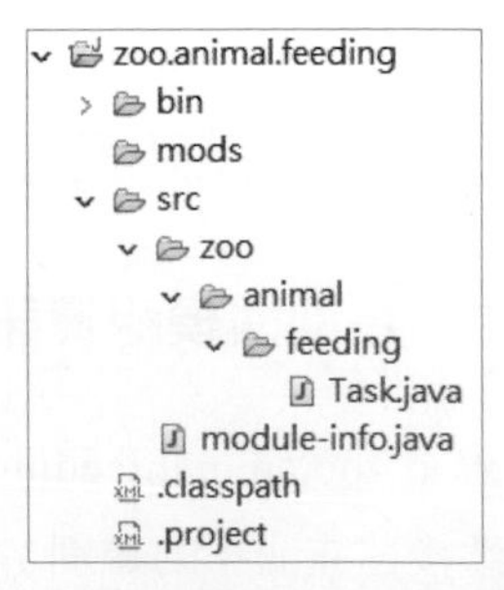

圖 13-5　以 Eclipse 的 Navigator 檢視模組專案 zoo.animal.feeding

因為是模組專案，檔案系統裡 src 目錄就是模組目錄，檔案 module-info.java 就在 src 目錄下。我們也有 zoo.animal.feeding 套件，以作業系統的角度來看，每一層套件就表示一個子目錄，可以由 Eclipse 的 Project Explorer 和 Navigator 比較，類別 Task.java 位於其套件的相應子目錄中。

使用 Eclipse 建立的專案，預設會將 *.java 檔案自動編譯爲 *.class 檔案，並存放在專案內的 bin 目錄中，不過我們只是使用 Eclipse 協助建立專案，後續編譯將以指令進行。

> **小知識 module-info.java 檔案可以為空嗎？**
>
> 是的。嘗試把 module-info.java 的內容清空，甚至把 Task.java 內容清空，都是合法的。當編譯器看到檔案沒有內容時，就會直接結束編譯工作，也不會建立 *.class 檔案。

13.2.2 編譯模組專案

在可以執行模組化程式碼之前，需要先予以編譯，指令如下。爲了說明指令列選項讓讀者容易理解，因此拆解成 4 行，實際執行時必須合併爲 1 行，或是使用作業系統的斷行符號，如 Linux 使用「\」：

```
01  javac
02  --module-path mods
03  -d src
04  src/zoo/animal/feeding/*.java src/module-info.java
```

說明

2	使用選項「--module-path」指示任何自定義模組檔案 *.jar 的位置，本例是 mods 目錄。由於 mods 目前沒有任何相依模組檔案，因此可以忽略本選項。此外，選項「--module-path」和大家熟悉的選項「-classpath」相似，當處理模組化程式時，可以將「--module-path」視為替換「-classpath」選項。
3	使用選項「-d」指定放置編譯完成的類別檔案的目錄。
4	指令的結尾是要編譯的 Java 檔案清單。可以單獨列出這些檔案，並使用空白（space）區隔清單內容；也可以對子目錄中的所有 Java 檔案使用萬用字元「*.java」。

小知識　傳統類別路徑（classpath）的選項

過去我們在 Java 指令中使用「類別路徑」選項，來引用專案相依的 JAR 檔案，它有三種語法：

- -cp
- --class-path
- -classpath

在 Java 11 中，仍然可以使用這些選項，目的是編寫「非模組化」程式。

就像類別路徑一樣，我們可以在指令列中使用縮寫。選項「--module-path」和「-p」是等效的，因此前述指令列可以修改如下：

```
01  javac -p mods -d src src/zoo/animal/feeding/*.java src/module-info.
                                                                   java
```

以本例而言，執行指令時必須在 src 資料夾。

01 要找出 src 目錄的路徑，可以在 src 目錄的節點上，以滑鼠右鍵點擊，選擇「Properties」。

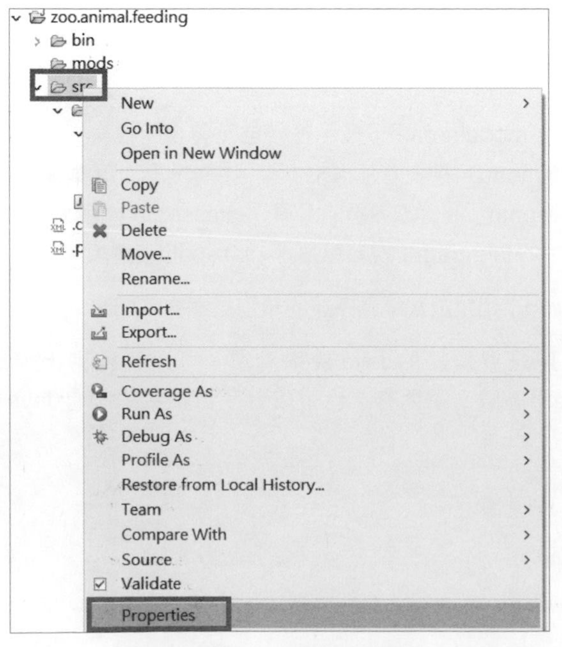

圖 13-6　在 src 目錄的節點上，以滑鼠右鍵點擊，選擇 Properties

02 彈出「Properties for src」視窗後，點擊以下 Location 圖示。

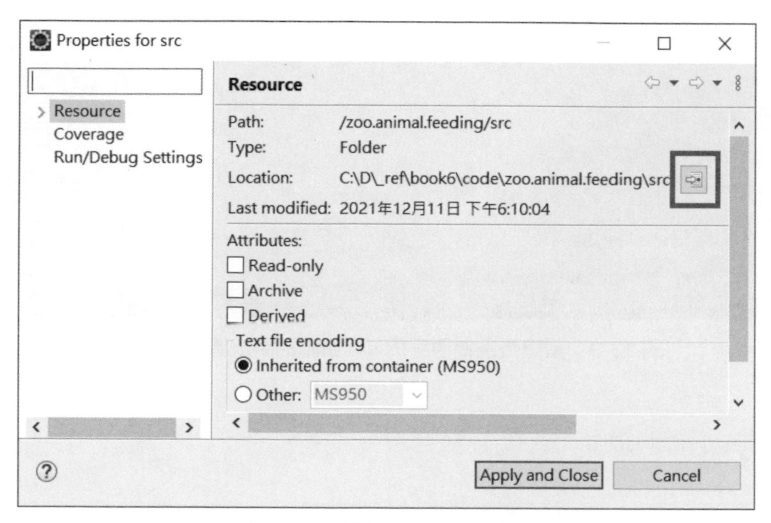

圖 13-7 點擊 Location 圖示

03 在彈出的檔案總管視窗的資料夾路徑處，改鍵入「cmd」文字，並點擊鍵盤 Enter 鍵。

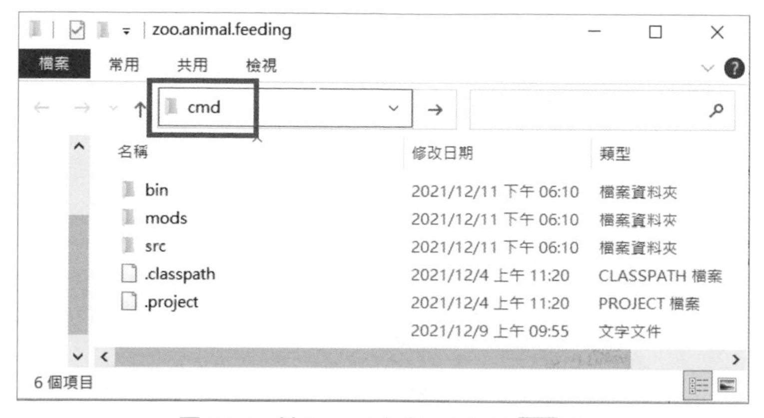

圖 13-8 鍵入 cmd 文字，並點擊 Enter 鍵

04 彈出系統管理員視窗，且目前路徑為專案的 src 目錄。

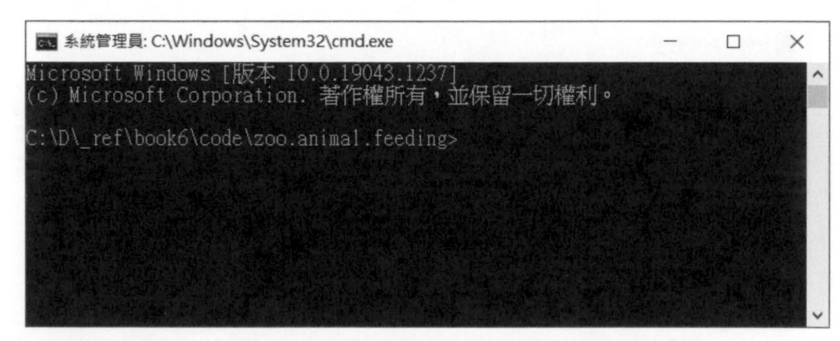

圖 13-9　預設路徑為專案的 src 目錄的系統管理員視窗

05 輸入編譯模組的指令，並按下 Enter 鍵。

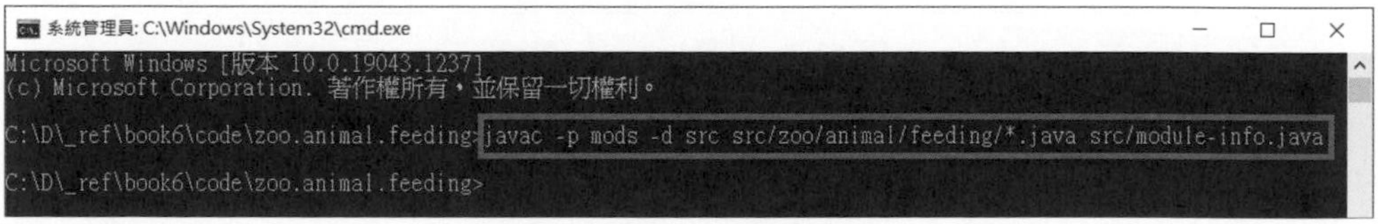

```
系統管理員: C:\Windows\System32\cmd.exe
Microsoft Windows [版本 10.0.19043.1237]
(c) Microsoft Corporation. 著作權所有，並保留一切權利。

C:\D\_ref\book6\code\zoo.animal.feeding>javac -p mods -d src src/zoo/animal/feeding/*.java src/module-info.java

C:\D\_ref\book6\code\zoo.animal.feeding>
```

圖 13-10　執行模組編譯指令

06 範例專案每一個的 *.java 將伴隨著 *.class 檔案。

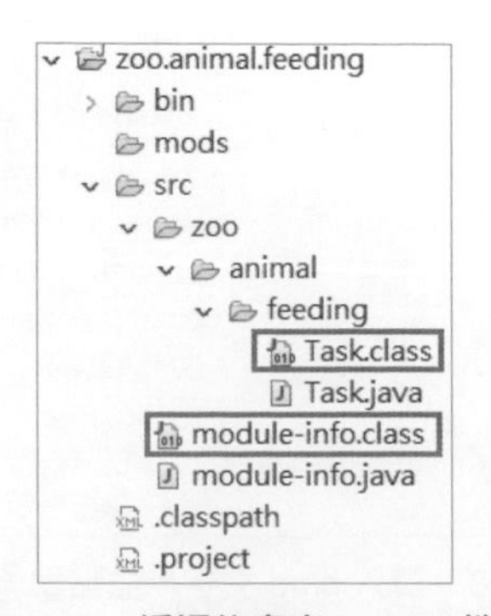

圖 13-11　編譯後產出 *.class 檔案

在一開始學習 Java 時，理解 java 與 javac 指令是必要的，但實際在開發專案時，如果繼續組裝指令列，會發現它們變得冗長而複雜。

我們使用 Eclipse 開發、編譯和執行都由 IDE 代勞；若要結合 DevOps 的開發流程，大多數開發人員會使用自動化構建工具，例如 Maven 或 Gradle。讀者若對這些進階內容有興趣，可以參考《Spring Boot 情境式網站開發指南：使用 Spring Data JPA、Spring Security、Spring Web Flow》一書的第一章「使用 Maven 管理 Java 專案」。

13.2.3 執行模組專案

在類別編譯完成後、打包成模組 JAR 檔案之前，我們應該先確認該模組是否可以正確執行，為此我們需要了解完整的語法。

假設有一個名為「lab.module」的模組，該模組中具備 org.some 的套件，和帶有一個 main() 方法的 Test 類別。下圖顯示了執行模組的語法，特別注意 lab.module/org.some.Test 部分；請務必記住指定的模組名稱後跟著「/」，之後才是完整的類別名稱。

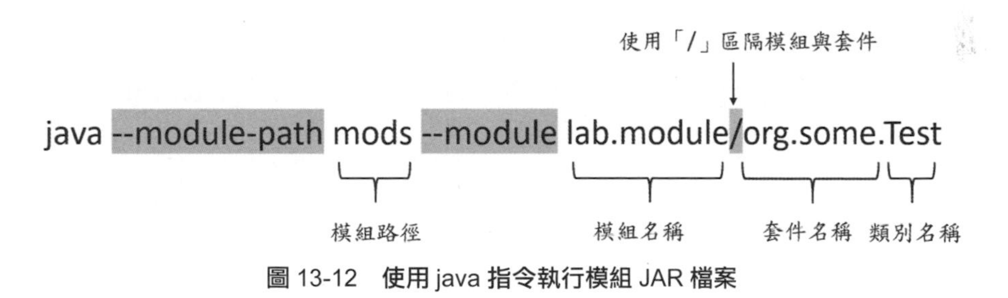

圖 13-12　使用 java 指令執行模組 JAR 檔案

現在我們已經理解語法，可以編寫指令來執行 zoo.animal.feeding 套件中的 Task 類別。在以下指令中，套件名稱和模組名稱相同，都是 zoo.animal.feeding。模組名稱經常會與套件的完整名稱相同，或是取套件開頭的幾個名稱空間（namespace），如 zoo.animal。

```
01  java
02  --module-path src
03  --module zoo.animal.feeding/zoo.animal.feeding.Task
```

說明

2	使用「--module-path」選項指定模組路徑，也可以使用「-p」。
3	使用「--module」指定執行對象，也可以使用「-m」。 執行對象以「/」區隔，之前為模組名稱，之後為完整的套件和類別名稱。

在本範例中，行 2 使用 src 作爲模組路徑，是因爲這是本專案、同時也是 javac 指令編譯產出 *.class 的地方。後續打包模組成爲 JAR 檔案，執行時就會改指定 JAR 檔案位置。

執行「java -p src -m zoo.animal.feeding/zoo.animal.feeding.Task」後，可以得到視窗輸出「All are fed!」字樣。

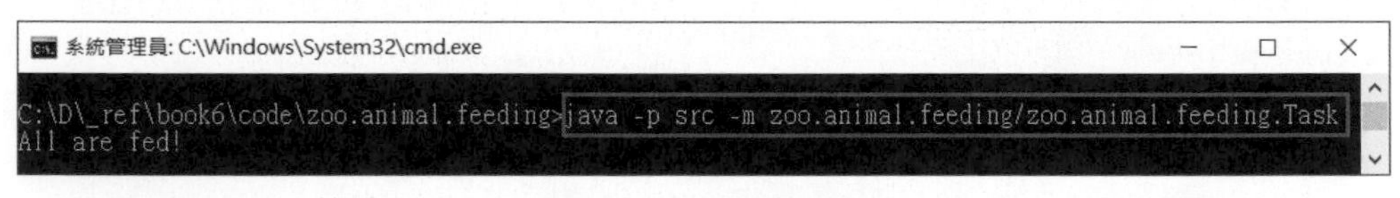

圖 13-13　執行模組程式

13.2.4 打包模組專案

如果我們只能在建立模組的路徑如 src 目錄中執行它，那程式模組化的用處就不大。我們的下一步是打包它，讓模組可以在其他地方執行，或是給其他模組使用。指令如下：

```
01    jar
02    -cvf mods/zoo.animal.feeding.jar
03    -C src/ .
```

說明

2	● 選項「-cvf」指定要打包為 JAR 檔案。 ● 文字「mods」是 JAR 檔案的產出目錄，要事先建立。 ● 文字「zoo.animal.feeding.jar」是 JAR 檔案名稱。
3	● 選項「-C」指定編譯好的 *.class 檔案位置。 ● 文字「src/ .」表示打包路徑 src 內的所有檔案。

事實上，該指令不只可以打包 Java 的模組化程式爲一個 JAR 檔案，即便「非模組化」程式也是相同的打包指令。打包完成後，該模組 JAR 檔案就可以給其他專案使用。

以指令「jar -cvf mods/zoo.animal.feeding.jar -C src/ .」進行打包。

```
系統管理員: C:\Windows\System32\cmd.exe
C:\D\_ref\book6\code\zoo.animal.feeding>jar -cvf mods/zoo.animal.feeding.jar -C src/ .
已新增資訊清單
已新增 module-info: module-info.class
新增: module-info.java (讀=61)(寫=46)(壓縮 24%)
新增: zoo/ (讀=0)(寫=0)(儲存 0%)
新增: zoo/animal/ (讀=0)(寫=0)(儲存 0%)
新增: zoo/animal/feeding/ (讀=0)(寫=0)(儲存 0%)
新增: zoo/animal/feeding/Task.class (讀=433)(寫=306)(壓縮 29%)
新增: zoo/animal/feeding/Task.java (讀=135)(寫=118)(壓縮 12%)

C:\D\_ref\book6\code\zoo.animal.feeding>
```

圖 13-14　打包模組程式

更新（refresh）專案後，可以看到 mods 目錄出現「zoo.animal.feeding.jar」檔案。

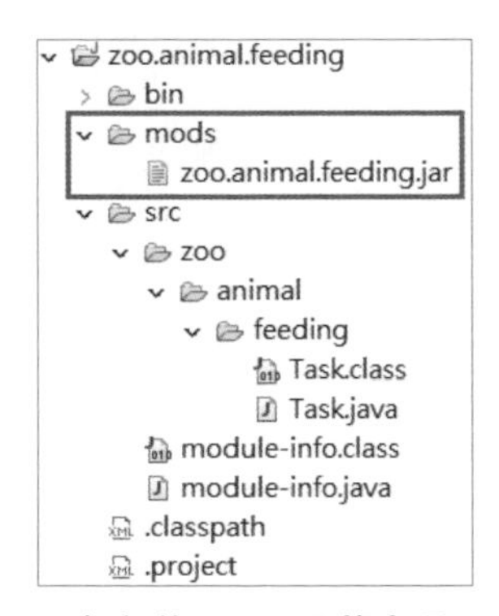

圖 13-15　打包後 mods 目錄出現 JAR 檔案

現在讓我們以打包後的模組化 JAR 檔案執行程式。

```
01  java
02  --module-path mods
03  --module zoo.animal.feeding/zoo.animal.feeding.Task
```

注意行 2 指定的模組路徑是 mods 而不是 src，目錄 mods 已經存在打包好的「zoo.animal.feeding.jar」，目錄 src 只存放編譯好的鬆散 *.class 檔案。

執行「java -p mods -m zoo.animal.feeding/zoo.animal.feeding.Task」後，可以得到視窗輸出「All are fed!」字樣。

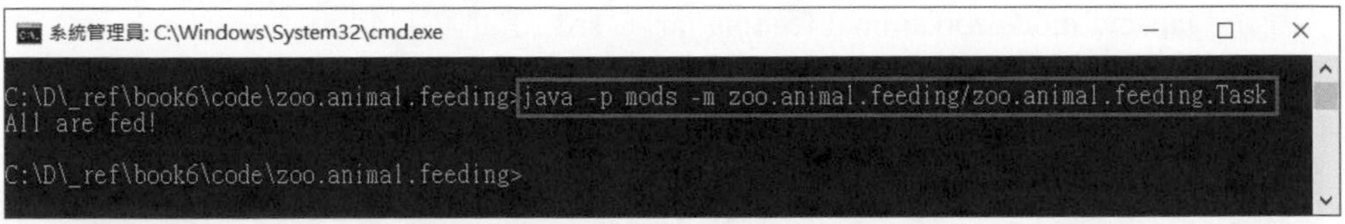

```
C:\D\_ref\book6\code\zoo.animal.feeding>java -p mods -m zoo.animal.feeding/zoo.animal.feeding.Task
All are fed!

C:\D\_ref\book6\code\zoo.animal.feeding>
```

圖 13-16　以打包後的模組執行程式

13.3　建立相依模組程式

13.3.1　使用 exports 開放模組內的套件

由圖 13-1 我們知道專案 Zoo 的其他模組都相依於 zoo.animal.feeding，在開始建立其他模組之前，需要先「開放」zoo.animal.feeding，此時藉由修改 module-info.java 文件達成這個需求。

範例：/zoo.animal.feeding/src/module-info.java

```
01  module zoo.animal.feeding {
02      exports zoo.animal.feeding;
03  }
```

行 2 的 exports 關鍵字用於指示讓其他外部模組可以使用列舉的套件。如果沒有 exports 關鍵套件，這個模組就只能單獨執行，無法被其他模組使用。

更新 module-info.java 後，重新編譯和打包：

```
01  javac -p mods -d src src/zoo/animal/feeding/*.java src/module-info.
                                                                  java
02  jar -cvf mods/zoo.animal.feeding.jar -C src/ .
```

如此可以更新 zoo.animal.feeding.jar 檔案。

13.3.2 使用 requires 相依外部模組的套件

建立 zoo.animal.care 模組

接下來，我們要建立 zoo.animal.care 模組，該模組有 2 個套件：

1. 套件 zoo.animal.care.medical 包含開放給其他模組使用的類別和方法。
2. 套件 zoo.animal.care.details 只供自己模組內部使用，不對外開放，可以視爲動物的醫療隱私。

下圖顯示該模組的內容，記得所有模組都必須有自己的模組資訊檔。

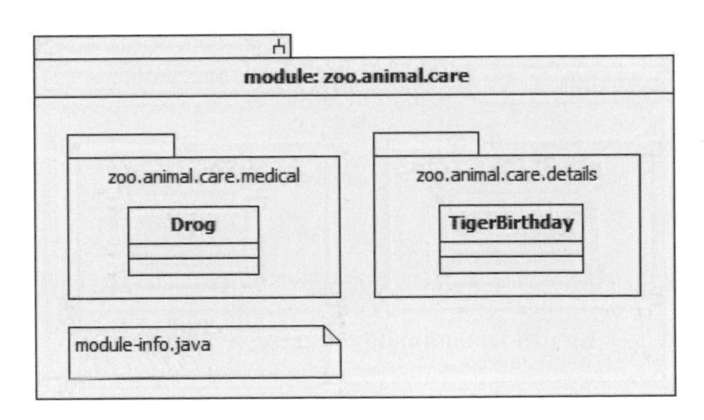

圖 13-17 模組 zoo.animal.care 內容

和建立模組 zoo.animal.feeding 的處理方式一樣：

1. 使用 Eclipse 建立專案 zoo.animal.care。
2. 建立 2 個套件。
3. 每 1 個套件下建立各自類別。
4. 建立模組資訊檔案 module-info.java。

模組的 2 個類別如下，因爲只是要驗證模組對存取控制的效果，基本上都沒有甚麼內容，除了 TigerBirthday.java 的行 2 引用了外部模組 zoo.animal.feeding 的類別：

範例：/zoo.animal.care/src/zoo/animal/care/details/TigerBirthday.java

```
01  package zoo.animal.care.details;
02  import zoo.animal.feeding.Task;
03  public class TigerBirthday {
```

```
04        private Task task;
05    }
```

範例：/zoo.animal.care/src/zoo/animal/care/medical/Drog.java

```
01    package zoo.animal.care.medical;
02    public class Drog {
03    }
```

這次 module-info.java 比較特別：

範例：/zoo.animal.care/src/module-info.java

```
01    module zoo.animal.care {
02        exports zoo.animal.care.medical;
03        requires zoo.animal.feeding;
04    }
```

行 1 指定模組的名稱，行 2 使用 exports 指出要公開的套件，以便後續其他模組可以使用它。到目前爲止，和模組 zoo.animal.feeding 是相似的。

在行 3 使用「requires」關鍵字指定本模組將相依於 zoo.animal.feeding 模組，這也是和先前模組最大差異的地方。

另外和前模組一樣，我們也在與 src 目錄的同一檔案階層建立了一個名爲「mods」的目錄，然後將前一個專案打包好的 zoo.animal.feeding.jar 放入其中。前述步驟都完成後，專案結構如下：

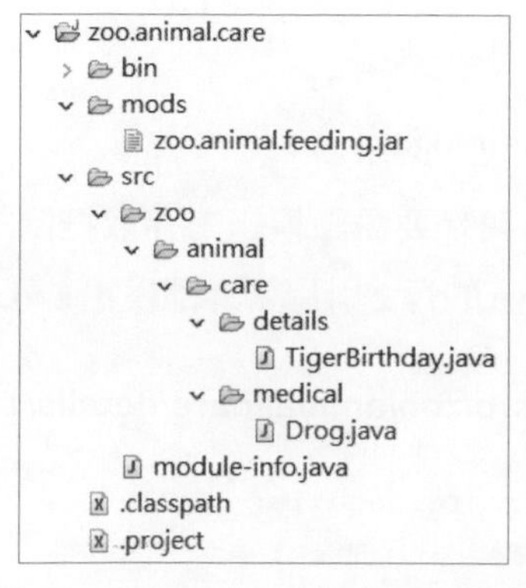

圖 13-18　專案 zoo.animal.care 以 Eclipse 的 Navigator 檢視

編譯和打包 zoo.animal.care 模組

建立模組後，讀者可以發現某些 *.java 檔案在 Eclipse 內將編譯失敗，這是因為我們只使用 Eclipse 建立模組專案，但並未設定 Eclipse 專案間的相依關係，後續會再說明，而且目前編譯使用 javac 的指令進行，是否編譯失敗則以命令提示字元視窗的輸出結果為主。

仿照之前的方式開啓以模組專案 zoo.animal.care 的根目錄為預設路徑的命令提示字元視窗，執行以下指令進行編譯：

```
01  javac
02  --module-path mods
03  -d src
04  src/zoo/animal/care/details/*.java src/zoo/animal/care/medical/*.java
                                                      src/module-info.java
```

編譯模組過程未出現錯誤訊息：

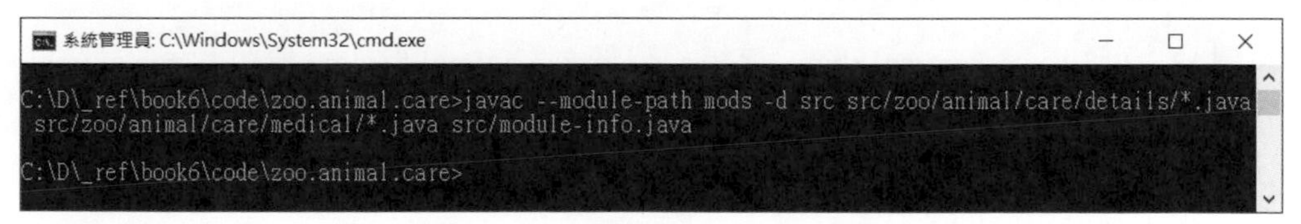

圖 13-19 編譯過程未出現錯誤訊息

進行打包的指令如下：

```
01  jar
02  -cvf mods/zoo.animal.care.jar
03  -C src/ .
```

更新（refresh）專案後，可以看到 src 目錄下出現 *.class 檔案，而且 mods 目錄內有 zoo.animal.care.jar 檔案。

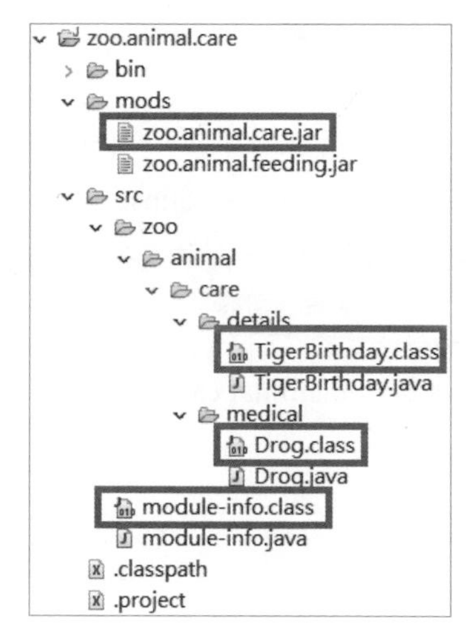

圖 13-20　編譯和打包模組 zoo.animal.care 後的結果

建立、編譯、打包 zoo.animal.shows 模組

接下來的模組相依情形會愈來愈明顯。

由圖 13-1 可知，zoo.animal.shows 模組相依於 zoo.animal.feeding 模組和 zoo.animal.care 模組，這也表示著 module-info.java 檔案中必須有 2 個 requires 關鍵字。模組 zoo.animal.shows 的內容可以參考圖 13-2，這裡就不在重複。此外，模組 zoo.animal.shows 具備的 3 個套件將全部開放。以下列舉各套件的各類別內容：

1. 套件 zoo.animal.shows.content 的類別 ParrotScript 內容如下：

範例：/zoo.animal.shows/src/zoo/animal/shows/content/ParrotScript.java

```
01  package zoo.animal.shows.content;
02  public class ParrotScript{
03  }
```

2. 套件 zoo.animal.shows.content 的類別 LionScript 內容如下：

範例：/zoo.animal.shows/src/zoo/animal/shows/content/LionScript.java

```
01  package zoo.animal.shows.content;
02  public class LionScript {
03  }
```

3. 套件 zoo.animal.shows.media 的類別 Advertisement 內容如下：

範例：/zoo.animal.shows/src/zoo/animal/shows/media/Advertisement.java

```
01  package zoo.animal.shows.media;
02  public class Advertisement{
03      public static void main(String[] args) {
04          System.out.println("We will be having shows");
05      }
06  }
```

4. 套件 zoo.animal.shows.media 的類別 SuperStar 內容如下：

範例：/zoo.animal.shows/src/zoo/animal/shows/media/SuperStar.java

```
01  package zoo.animal.shows.media;
02  public class SuperStar {
03  }
```

5. 套件 zoo.animal.shows.schedule 的類別 Weekday 內容如下：

範例：/zoo.animal.shows/src/zoo/animal/shows/schedule/Weekday.java

```
01  package zoo.animal.shows.schedule;
02  public class Weekday {
03  }
```

6. 套件 zoo.animal.shows.schedule 的類別 Weekend 內容如下：

範例：/zoo.animal.shows/src/zoo/animal/shows/schedule/Weekend.java

```
01  package zoo.animal.shows.schedule;
02  public class Weekend {
03  }
```

7. 最後，模組資訊檔 module-info.java 內容如下：

範例：/zoo.animal.shows/src/module-info.java

```
01  module zoo.animal.shows {
02      exports zoo.animal.shows.content;
```

```
03      exports zoo.animal.shows.media;
04      exports zoo.animal.shows.schedule;
05      requires zoo.animal.feeding;
06      requires zoo.animal.care;
07  }
```

另外和前模組一樣，我們也在與 src 目錄的同一檔案階層建立了一個名為「mods」的目錄，然後將前 2 個專案打包好的 zoo.animal.feeding.jar、zoo.animal.care.jar 放入其中。前述步驟都完成後，專案結構如下：

圖 13-21　專案 zoo.animal.shows 以 Eclipse 的 Navigator 檢視

模組專案建立完畢之後，仿照之前的方式開啓以模組專案 zoo.animal.shows 的根目錄爲預設路徑的命令提示字元視窗，執行以下指令進行編譯：

```
01  javac
02  --module-path mods
03  -d src
04  src/zoo/animal/shows/content/*.java
    src/zoo/animal/shows/media/*.java
    src/zoo/animal/shows/schedule/*.java
    src/module-info.java
```

執行以下指令進行打包：

```
01  jar
02  -cvf mods/zoo.animal.shows.jar
03  -C src/ .
```

更新（refresh）專案後，可以看到 src 目錄下出現 *.class 檔案，而且 mods 目錄內有 zoo.animal.shows.jar 檔案。

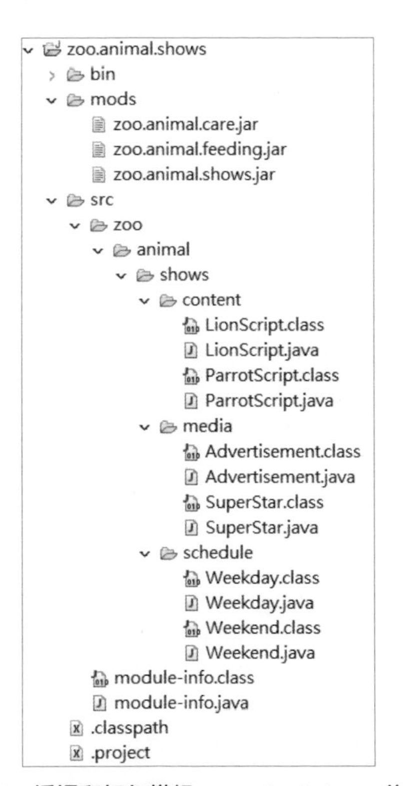

圖 13-22　**編譯和打包模組 zoo.animal.shows 後的結果**

建立、編譯、打包 zoo.staff 模組

由圖 13-1 可知，最後一個模組 zoo.staff 相依於其他 3 個模組，這也表示著 module-info.java 檔案中必須有 3 個 requires 關鍵字。模組 zoo.staff 的內容如下：

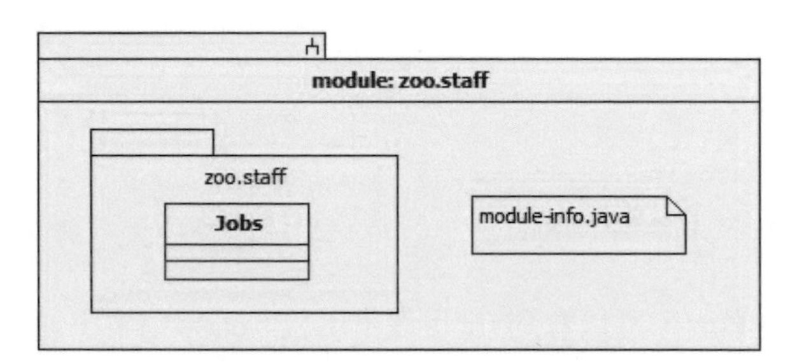

圖 13-23　模組 zoo.staff 內容

唯一的套件與類別：

範例：/zoo.staff/src/zoo/staff/Jobs.java

```
01  package zoo.staff;
02  public class Jobs {
03  }
```

模組資訊檔 module-info.java 內容如下：

範例：/zoo.staff/src/module-info.java

```
01  module zoo.staff {
02      requires zoo.animal.feeding;
03      requires zoo.animal.care;
04      requires zoo.animal.shows;
05  }
```

另外和前模組一樣，我們也在與 src 目錄的同一檔案階層建立了一個名為「mods」的目錄，然後將前 3 個專案打包好的 zoo.animal.feeding.jar、zoo.animal.care.jar、zoo.animal.shows.jar 都放入其中。前述步驟都完成後，專案結構如下：

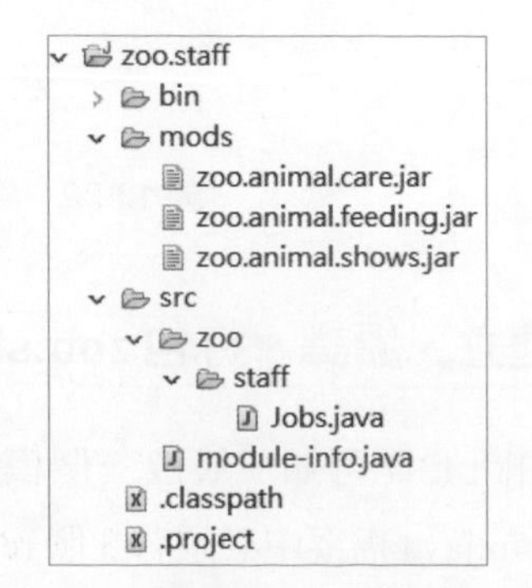

圖 13-24　專案 zoo.staff 以 Eclipse 的 Navigator 檢視

模組專案建立完畢之後，仿照之前的方式開啓以模組專案 zoo.staff 的根目錄爲預設路徑的命令提示字元視窗，執行以下指令進行編譯：

```
01    javac
02    --module-path mods
03    -d src
04    src/zoo/staff/*.java
      src/module-info.java
```

執行以下指令進行打包：

```
01    jar
02    -cvf mods/zoo.staff.jar
03    -C src/ .
```

更新（refresh）專案後，可以看到 src 目錄下出現 *.class 檔案，而且 mods 目錄內有 zoo.staff.jar 檔案：

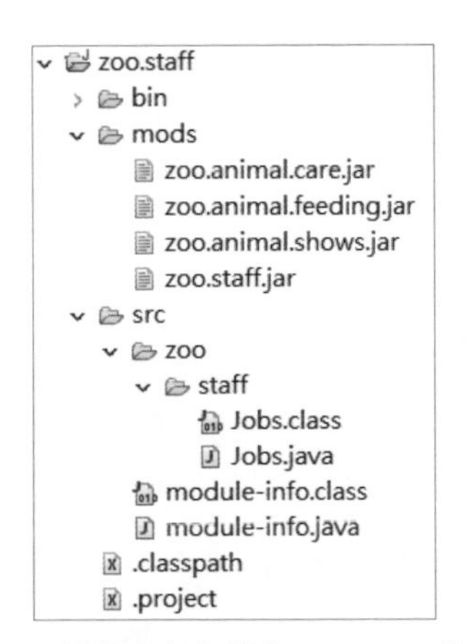

圖 13-25　編譯和打包模組 zoo.staff 後的結果

13.3.3　使用 Eclipse 設定專案的模組相依關係

前面一共建立了 4 個專案，並各含一個模組。模組間的依賴關係如下：

表 13-1　專案 zoo 各模組依賴關係表

模組	依賴模組
zoo.animal.feeding	無
zoo.animal.care	zoo.animal.feeding
zoo.animal.shows	zoo.animal.feeding zoo.animal.care
zoo.staff	zoo.animal.feeding zoo.animal.care zoo.animal.shows

所以在編譯新的模組之前，都要先把相依的模組放到每一個專案的 mods 資料夾內，然後使用 javac 的命令列指令，以「--module-path」指定相依的模組 JAR 檔目錄，以「-d」指定程式碼目錄，然後進行編譯。

雖然使用 javac 可以陸續編譯所有類別，但在 Eclipse 會老是顯示編譯失敗，讓人看了心裡不踏實：

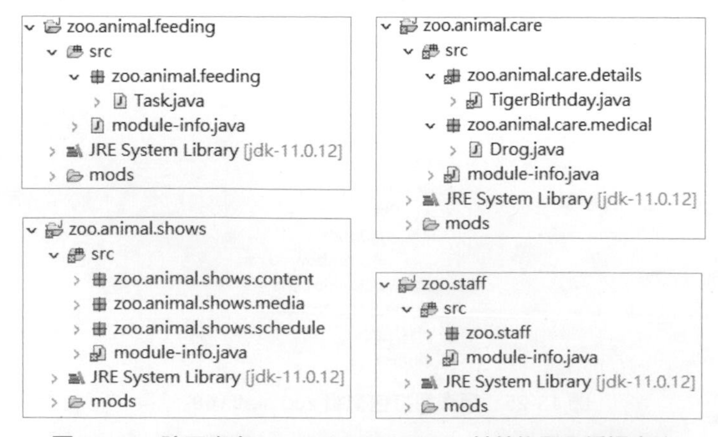

圖 13-26　除了專案 zoo.animal.feeding，其餘均顯示編譯失敗

解決方式是在 Eclipse 上設定每一個專案相依的模組，分別示範如下：

專案 zoo.animal.feeding

因爲沒有相依模組，因此不用設定。

專案 zoo.animal.care

專案 zoo.animal.care 依賴於 zoo.animal.feeding，設定方式爲：

01 使用滑鼠右鍵點擊專案，選擇「Properties」，先開啓專案的屬性視窗，然後點選左側的「Java Build Path」選項，再點擊右側的「Projects」頁籤，可以看到和編譯本專案相關的 2 個路徑，一個是「Modulepath」，一個是「Classpath」。在過去 Java 還沒有模組化功能前，使用舊版 Eclipse 只會看到「Classpath」的選項。

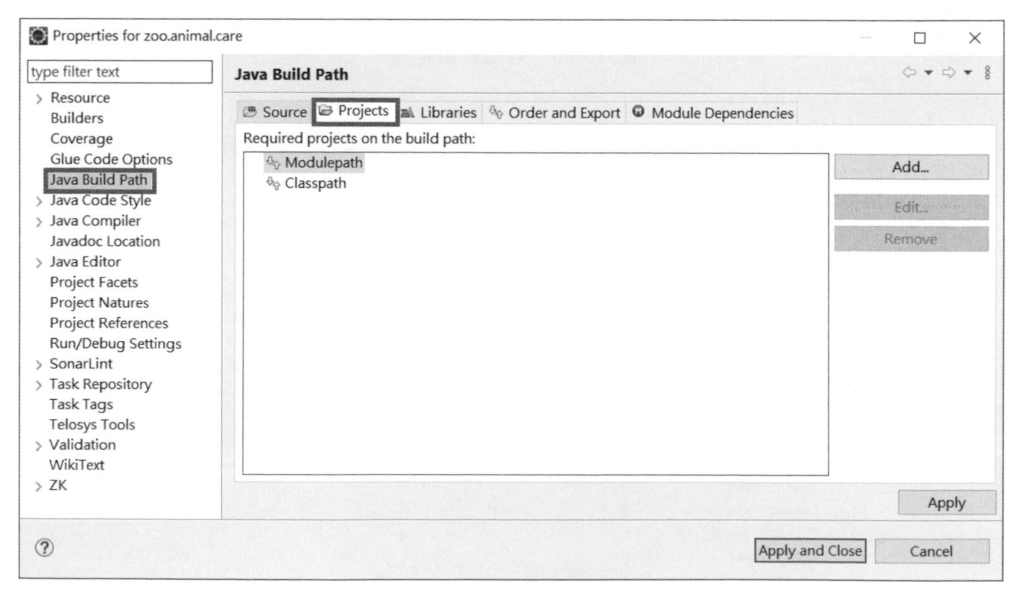

圖 13-27 **開啟專案屬性視窗**

02 點選「Modulepath」選項，並點擊「Add」按鈕，在彈出的「Required Project Selection」選單中，勾選專案「zoo.animal.feeding」。

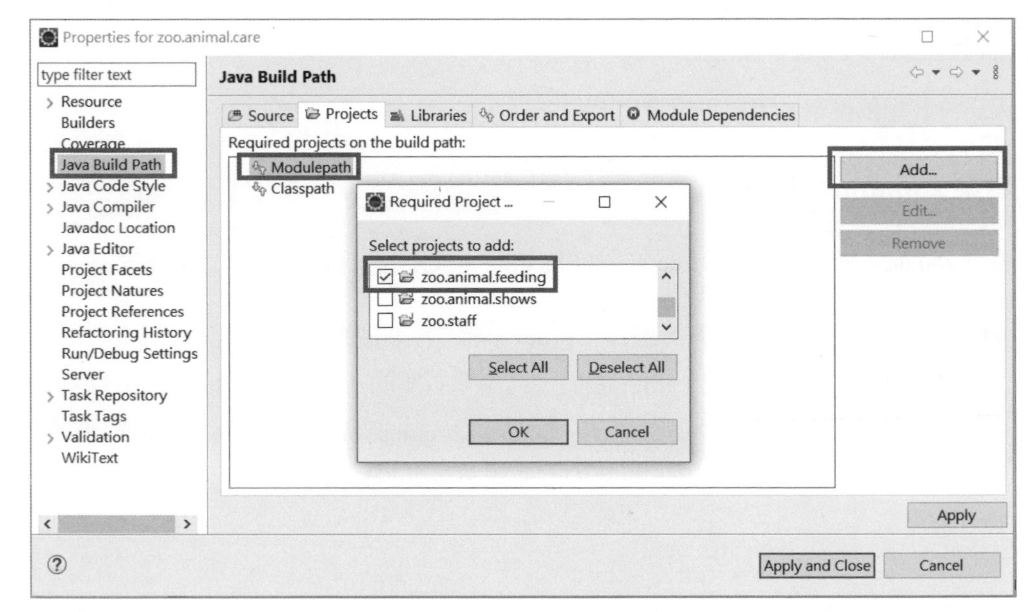

圖 13-28　**勾選相依專案**

03 完成之後，可以看到 Modulepath 下出現相依專案 zoo.animal.feeding，點擊「Apply and Close」按鈕來關閉專案屬性視窗。

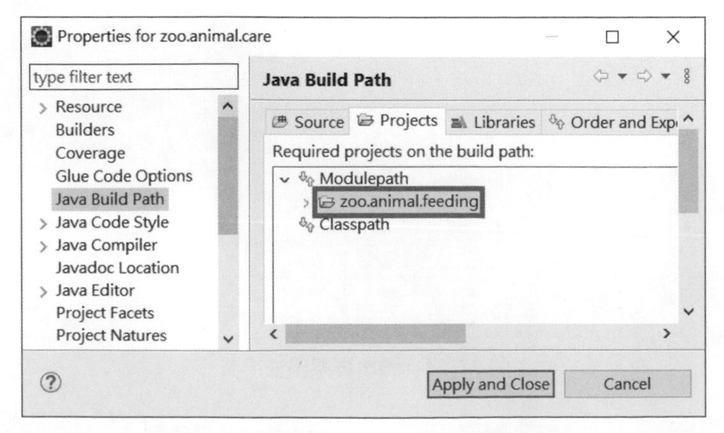

圖 13-29　**完成 Modulepath 的相依設定**

04 完成專案相依模組的設定後，專案編譯通過。

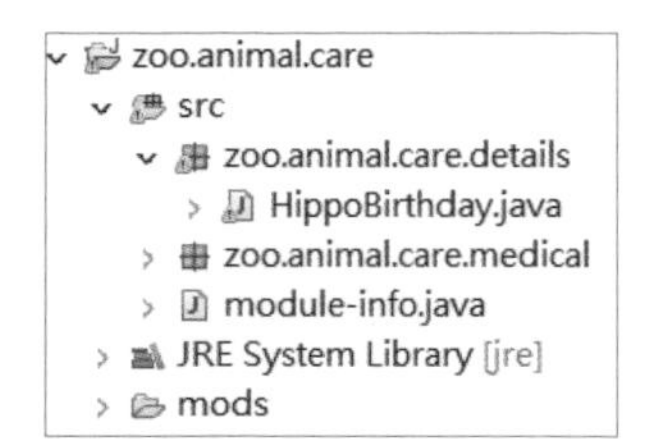

圖 13-30 **專案 zoo.animal.care 編譯通過**

專案 zoo.animal.shows

依循前例，開啓 zoo.animal.shows 專案的屬性視窗，並設定 Modulpath 相依於專案 zoo.animal.feeding 與 zoo.animal.care。

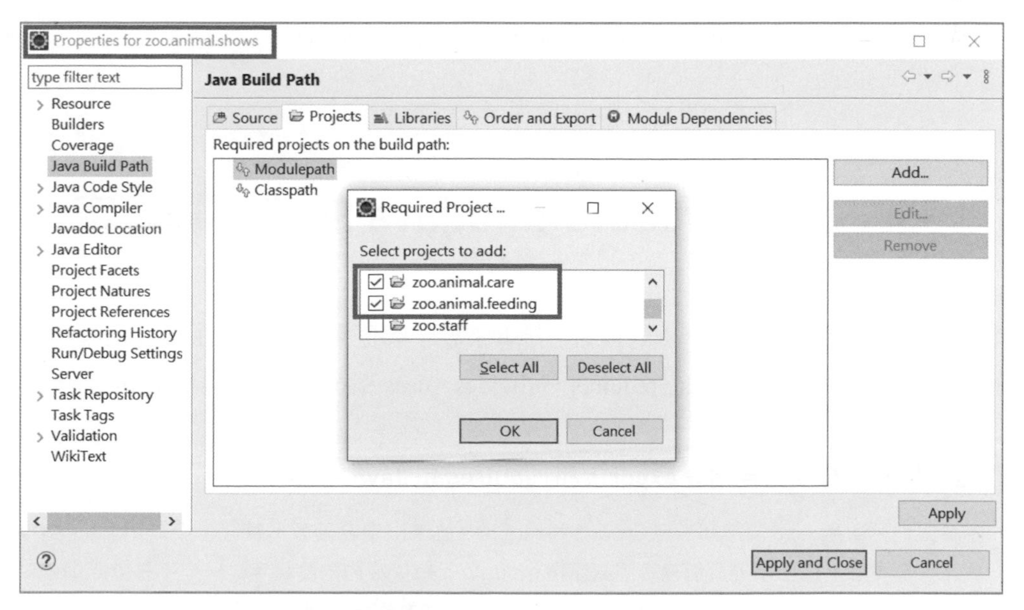

圖 13-31 **設定專案 zoo.animal.shows 的 Modulepath**

專案 zoo.staff

依循前例，開啓 zoo.staff 專案的屬性視窗，並設定 Modulpath 相依於專案 zoo.animal.feeding、zoo.animal.care 與 zoo.animal.shows。

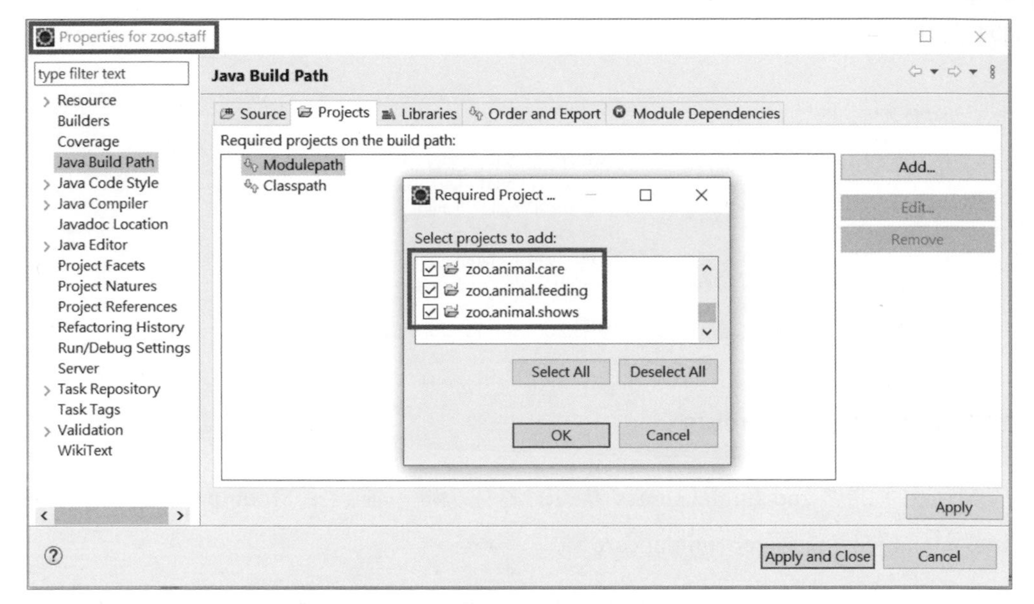

圖 13-32　設定專案 zoo.staff 的 Modulepath

13.4　認識 module-info.java 的宣告關鍵字

先前範例已經成功建立了基本的模組，接下來要了解更多關於 module-info.java 檔案編寫的宣告指令，如 exports、requires、provides、uses 和 opens 等出現和使用的時機。

小知識　模組宣告指令 exports 和 requires 是 Java 關鍵字嗎？

本書上冊列舉過 Java 關鍵字，但 exports 和 requires 並未出現在列表，甚至也沒有 module 這個字。事實上，這些字屬於編寫模組資訊檔 module-info.java 內的關鍵字，一旦不在這範圍就不是，因此在撰寫類別或介面時，依然可以使用這些字作為變數名稱。

Java 為了考慮向前相容（如使用 Java 8 編寫的程式碼，依然可以通過 Java 11 的編譯），不能隨意增加關鍵字，否則將導致升版之後，過去程式必須改寫。因為模組化是 Java 9 才出現的功能，把這些關鍵字定義在 module-info.java 範圍內，就沒有問題。

13.4.1 使用 exports

使用 exports package-name，可以將一個套件公開或導出給其他模組使用，也可以將套件導出給特定模組使用。例如原本的模組 zoo.animal.shows 不限制對象導出套件 zoo.animal.shows.content：

範例：/zoo.animal.shows/src/module-info.java

```
01  module zoo.animal.shows {
02      exports zoo.animal.shows.content;
03      // others
04  }
```

以下將限制導出對象只給 zoo.staff 模組：

範例：/zoo.animal.shows/src/module-info.java

```
01  module zoo.animal.shows {
02      exports zoo.animal.shows.content to zoo.staff;
03      // others
04  }
```

如此，模組 zoo.staff 沒有影響，但其他模組將無法存取 zoo.animal.shows.content 套件。

當 exports 某一個套件時，該套件內所有 public 類別、介面和列舉型別的 public 和 protected 成員都將允許被其他模組使用。private 的成員依然限定在類別內部存取，default 層級的成員也限定在套件內部存取，這 2 種的存取控制不受模組化影響。

下表列出完整的存取控制選項：

表 13-2　模組內外部存取層級比較

存取層級	模組內部	模組外部
private	只能讓同一類別內部的其他成員存取。	無法存取。
default	只能讓同一套件內的其他類別存取。	無法存取。
protected	同一套件或具有繼承關係的子類別可以存取。	若 exports 套件，則套件內具備繼承關係的子類別可以存取。
public	不受限制。	若 exports 套件則不受限制。

13.4.2 使用 requires 和 requires transitive

使用 requires <module>，表示「當前模組」依賴於指定的<module>；若使用 requires transitive <module>，則表示任何需要當前模組的「其他模組」也將依賴於<module>。單字 transitive 可以解釋爲「可傳遞的」，用在這裡可以理解爲把這層依賴關係也傳遞出去。

這樣的現象在開源的程式設計裡，其實相當常見。若模組 B 在開發過程中，引用了模組 C；當模組 A 要引用模組 B 時，自然也會需要模組 C，因此 B 依賴 C 的關係，傳遞給 A 後，變成 A 除了依賴 B 之外，也要依賴 C。原本的模組資訊檔使用 requires 時，可以編寫爲：

範例：模組 B 的 module-info.java，使用 requires 指令

```
01  module B {
02      exports B;
03      requires C;
04  }
```

範例：模組 A 的 module-info.java

```
01  module A {
02      requires B;
03      requires C;
04  }
```

若使用 requires transitive，則可以簡化爲：

範例：模組 B 的 module-info.java，使用 requires transitive 指令

```
01  module B {
02      exports B;
03      requires transitive C;
04  }
```

範例：模組 A 的 module-info.java，省略 requires C 的指令

```
01  module A {
02      requires B;
03  }
```

以上假設模組和套件同名。另外，只是模組資訊檔可以簡化，模組 A 依然需要模組 B 與模組 C 的函式庫。

相似的概念，我們可以將 zoo 專案的 4 個模組全部重新檢視。

1. 修改模組 zoo.animal.feeding

模組 zoo.animal.feeding 是最基本的，沒有變動：

範例：/zoo.animal.feeding/src/module-info.java

```
01  module zoo.animal.feeding {
02      exports zoo.animal.feeding;
03  }
```

2. 修改模組 zoo.animal.care

模組 zoo.animal.care 原本是：

範例：/zoo.animal.care/src/module-info.java

```
01  module zoo.animal.care {
02      exports zoo.animal.care.medical;
03      requires zoo.animal.feeding;
04  }
```

將行 3 修改如下。以後任何模組使用到模組 zoo.animal.care，都不需要在模組資訊檔內參照模組 zoo.animal.feeding，我們將在下一個模組驗證這個結果：

範例：/zoo.animal.care/src/module-info.java

```
01  module zoo.animal.care {
02      exports zoo.animal.care.medical;
```

```
03        requires transitive zoo.animal.feeding;
04    }
```

3. 修改模組 zoo.animal.shows

模組 zoo.animal.shows 原本是：

範例：/zoo.animal.shows/src/module-info.java

```
01    module zoo.animal.shows {
02        exports zoo.animal.shows.content;
03        exports zoo.animal.shows.media;
04        exports zoo.animal.shows.schedule;
05        requires zoo.animal.feeding;
06        requires zoo.animal.care;
07    }
```

簡化後，可以直接移除原本行 5，並把行 6 由 requires 也改為 requires transitive，以後任何模組使用到模組 zoo.animal.shows，都不需要在模組資訊檔內參照模組 zoo.animal.care：

範例：/zoo.animal.shows/src/module-info.java

```
01    module zoo.animal.shows {
02        exports zoo.animal.shows.content to zoo.staff;
03        exports zoo.animal.shows.media;
04        exports zoo.animal.shows.schedule;
05        requires transitive zoo.animal.care;
06    }
```

4. 修改模組 zoo.staff

模組 zoo.staff 原本如下：

範例：/zoo.staff/src/module-info.java

```
01    module zoo.staff {
02        requires zoo.animal.feeding;
03        requires zoo.animal.care;
```

```
04      requires zoo.animal.shows;
05  }
```

簡化後，可以去除兩個 requires 敘述：

範例：/zoo.staff/src/module-info.java

```
01  module zoo.staff {
02      requires zoo.animal.shows;
03  }
```

以上各模組專案修改 module-info.java 後，都要重新執行編譯 javac 與打包 jar 指令，並將產出的模組 JAR 檔案放在原本的位置。或是修改各模組專案的 module-info.java 後，調整 Eclipse 的模組相依設定進行驗證。

> **小知識　模組資訊檔 module-info.java 內的敘述若重複會如何？**
>
> 模組資訊檔內對同一個套件的 exports、requires 敘述不允許重複，也不允許同一套件同時宣告 requires 和 requires transitive，將會編譯失敗。

13.4.3　使用 provides、uses、opens

指令 uses 用於指示該模組相依於一個「服務（service）」，通常是介面（interface），如：

```
01  module service.consumer {
02      uses some.serviceApi;
03  }
```

指令 provides 用於指示該模組提供一個「服務」的實作（implementation），如：

```
01  module service.provider {
02      provides some.serviceApi with some.serviceApiImpl;
03  }
```

最後一個宣告指令 opens 則和 Java 的映射（reflection）技術有關。

當使用多型時，Java 的程式呼叫端在編譯（compile）時期可以知道物件參考的型別，但只有在執行（runtime）時期才能知道實際的實作。使用映射技術時，程式呼叫端在編譯時期甚至不需要知道物件參考的型別，但在執行時期依然可以執行指定的物件方法。

以範例專案 lab.reflection.provider 為例，作為映射技術的「被呼叫端模組」，或是實作提供者端，具備套件 lab.reflection.provider.api 和類別 HelloWorld：

範例：/lab.reflection.provider/src/lab/reflection/provider/api/HelloWorld.java

```
01  package lab.reflection.provider.api;
02  public class HelloWorld {
03      public String getGreeting() {
04          return "hi, greeting from lab.reflection.provider.api";
05      }
06  }
```

及模組資訊檔，注意目前使用 exports 指令：

範例：/lab.reflection.provider/src/module-info.java

```
01  module lab.reflection.provider {
02      exports lab.reflection.provider.api;
03  }
```

接下來，建立專案 lab.reflection.consumer 作為映射技術的「呼叫端模組」。這個範例中，我們不使用 javac 的指令進行編譯，因此要比照先前內容來設定 2 個 Eclipse 專案在模組部分的相依關係。

接下來，先建立專案的模組資訊檔，宣告專案依賴模組 lab.reflection.provider：

範例：/lab.reflection.consumer/src/module-info.java

```
01  module lab.reflection.consumer {
02      requires lab.reflection.provider;
03  }
```

接下來，建立套件 lab.reflection.consumer.user 與類別 AccessByNormal。因爲 Eclipse 已經完成專案 Modulepath 的設定，而且 2 個專案的模組資訊檔也有相應的 exports 和 requires 宣告，因此可以在行 2 直接 import 另一個專案的模組的套件與類別。

另外，本類別示範類別的一般存取方式：

1. imports 使用類別，如行 2。
2. 建立物件與物件參考，如行 6。
3. 呼叫物件參考的方法，如行 7。

下一個範例將使用映射技術，可以比對兩者的差異：

範例：/lab.reflection.consumer/src/lab/reflection/consumer/user/AccessByNormal.java

```
01  package lab.reflection.consumer.user;
02  import lab.reflection.provider.api.HelloWorld;
03  public class AccessByNormal {
04      public static void main(String args[]) {
05          try {
06              HelloWorld om = new HelloWorld();
07              System.out.println(om.getGreeting());
08          } catch (Throwable e) {
09              e.printStackTrace();
10          }
11      }
12  }
```

接下來，建立映射技術的呼叫者類別 AccessByReflection，行 2 匯入的套件 java.lang.reflect 和類別 Method 用於映射技術：

範例：/lab.reflection.consumer/src/lab/reflection/consumer/user/AccessByReflection.java

```
01  package lab.reflection.consumer.user;
02  import java.lang.reflect.Method;
03  public class AccessByReflection {
04    public static void main(String args[]) {
05      try {
```

```
06            Class<?> c = Class.forName("lab.reflection.provider.api.
                                                            HelloWorld");
07            Method m = c.getMethod("getGreeting");
08            System.out.println(m.invoke(c.getDeclaredConstructor().
                                                        newInstance()));
09        } catch (Exception e) {
10            e.printStackTrace();
11        }
12    }
13 }
```

整個範例中，未曾建立類別 HelloWorld 的物件並呼叫方法 getGreeting()，唯一相關的就是將類別名稱和方法名稱以「字串」表示，因此只要更換字串內容，就可以呼叫不同類別的方法，這也是映射技術神奇的地方。

請注意，不管是類別 AccessByNormal 或 AccessByReflection，在「被呼叫端模組」，或是類別 HelloWorld 實作端，若模組資訊檔使用「exports」，都是可以通過編譯（compile）且執行（runtime）結果相同。

接下來，把「被呼叫端模組」的模組資訊檔由 exports 宣告改為「opens」：

範例：/lab.reflection.consumer/src/module-info.java

```
01 module lab.reflection.consumer {
02     opens lab.reflection.provider;
03 }
```

此時，可以發現「呼叫端模組」的類別 AccessByNormal 因為無法存取 lab.reflection.provider.api.HelloWorld 而編譯失敗，但 AccessByReflection 依然可以正常編譯與執行。

```
AccessByNormal.java
 1 package lab.reflection.consumer.user;
 2
 3 import lab.reflection.provider.api.HelloWorld;
 4
 5 public class AccessByNormal {
 6     public static void main(String args[]) {
 7         try {
 8             HelloWorld om = new HelloWorld();
 9             System.out.println(om.getGreeting());
10         } catch (Throwable e) {
11             e.printStackTrace();
12         }
13     }
14 }
```

圖 13-33　類別 AccessByNormal 無法通過編譯

這差異顯示了使用宣告指令 opens 只開放**執行**時期使用，exports 則開放**編譯**和**執行**時期使用，這讓 Java 程式設計師對於釋出的模組函式庫的存取控制有更大的運用。

13.5 在命令列（command line）使用模組指令選項

到目前爲止，我們一直示範如何編寫簡單的模組；其實從 Java 9 開始，JDK 中內建的類別也已經模組化了，本節中將示範如何使用指令來了解模組。

13.5.1 使用 java 指令

指令 java 除了可以執行 Java SE 類別裡的 main() 方法之外，還有與模組相關的選項，常見有以下 3 個：

表 13-3　指令 java 相關模組的選項列表

java 指令選項	作用
--describe-module	描述模組內容。
--list-modules	列舉可用模組清單。
--show-module-resolution	解析模組執行時的步驟。

後續將逐一說明與示範。

因爲專案 zoo.staff 的 mods 目錄內有打包好的全部的模組 JAR 檔案，因此執行指令時預設的路徑是專案 zoo.staff 的根目錄，以本書爲例是 C:\java11\code\zoo.staff。

1. 使用選項 --describe-module

假設我們拿到一個模組 zoo.animal.feeding 的 JAR 檔案，並且想了解它的模組結構。我們可以把該 JAR 檔案解壓縮，並瀏覽 module-info.java 檔案如下。檔案內容顯示該模組 exports 一個套件，並且不需要任何模組：

範例：/zoo.animal.feeding/src/module-info.java

```
01  module zoo.animal.feeding {
02      exports zoo.animal.feeding;
03  }
```

不過還有一種更簡單的方法，就是使用 java 指令的「--describe-module」選項來描述一個模組：

```
01  java -p mods
02  --describe-module zoo.animal.feeding
```

指令選項「--describe-module」可以使用「-d」簡化，所以執行指令「java -p mods -d zoo.animal.feeding」時，可以得到相同的結果。

```
系統管理員: C:\Windows\System32\cmd.exe
C:\java11\code\zoo.staff>java -p mods -d zoo.animal.feeding
zoo.animal.feeding file:///C:/java11/code/zoo.staff/mods/zoo.animal.feeding.jar
exports zoo.animal.feeding
requires java.base mandated
```

圖 13-34　使用指令選項 --describe-module

摘錄文字結果：

```
01  zoo.animal.feeding file:///C:/java11/code/zoo.animal.feeding/mods/zoo.
                                                        animal.feeding.jar
02  exports zoo.animal.feeding
03  requires java.base mandated
```

說明

1	輸出模組名稱與 JAR 實體檔案路徑。
2	exports 套件 zoo.animal.feeding，這部分與模組資訊檔內容相同。
3	這一行是模組系統自動加上的。 如同編寫類別程式碼時，會自動 imports 基礎 java.lang 套件，模組系統也會自動引入所有模組都需要的基本 java.base 模組，關鍵字「mandated」就是如此的意涵，指出如 java.base 模組並沒有明確宣告在模組資訊檔中，但因為規格授權還是會自動出現。

類似的情境，針對模組 zoo.animal.care，再比較模組資訊檔與 java 指令描述模組的差異。模組資訊檔如下：

範例：/zoo.animal.care/src/module-info.java

```
01  module zoo.animal.care {
02      exports zoo.animal.care.medical;
03      requires transitive zoo.animal.feeding;
04  }
```

執行指令「java -p mods -d zoo.animal.care」，將得到以下結果：

```
01  zoo.animal.care file:///C:/java11/code/zoo.animal.care/mods/zoo.animal.
                                                                    care.jar
02  exports zoo.animal.care.medical
03  requires java.base mandated
04  requires zoo.animal.feeding transitive
05  contains zoo.animal.care.details
```

指令結果比模組資訊檔多了行 3 與行 5。行 3 在前例已經解釋，行 5 則是點出了模組內未以 exports 公開的套件。

模組中未使用 exports 公開的套件，將會使用 contains 宣告，以表示供模組**內部**使用。

2. 使用選項 --list-modules

除了描述模組之外，還可以使用 java 指令列出可用的模組。未指定模組 JAR 檔案路徑時，將列出屬於 JDK 的模組：

```
01  java --list-modules
```

以下是指令的執行結果：

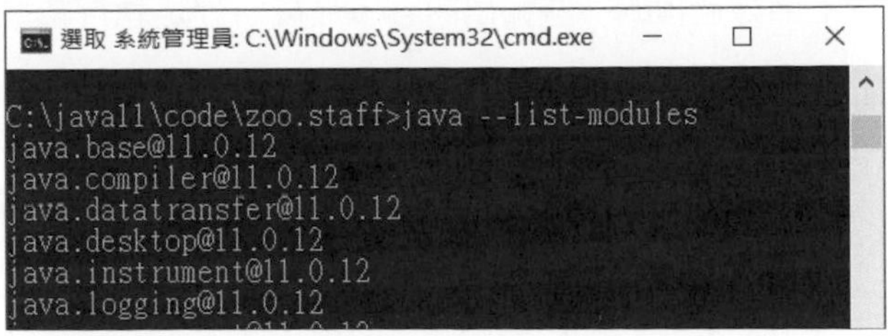

```
選取 系統管理員: C:\Windows\System32\cmd.exe
C:\java11\code\zoo.staff>java --list-modules
java.base@11.0.12
java.compiler@11.0.12
java.datatransfer@11.0.12
java.desktop@11.0.12
java.instrument@11.0.12
java.logging@11.0.12
```

圖 13-35　指令 java --list-modules 執行結果

輸出的行數很多，這裡只節錄開頭幾行。內容是 Java 內建的所有模組及其版本號的列表，可以看出執行的指令是 Java 的 11.0.12 版。

若指令中包含 zoo 專案的所有模組 JAR 檔案：

```
01  java -p mods --list-modules
```

則執行結果就是前述的行內容加上 4 個 zoo 專案的模組 JAR 檔：

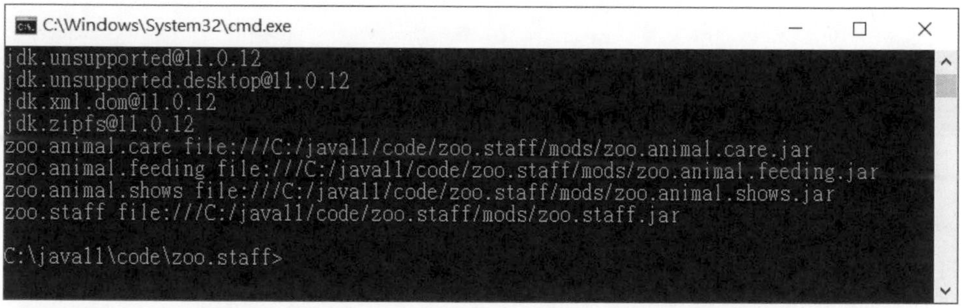

```
C:\Windows\System32\cmd.exe
jdk.unsupported@11.0.12
jdk.unsupported.desktop@11.0.12
jdk.xml.dom@11.0.12
jdk.zipfs@11.0.12
zoo.animal.care file:///C:/java11/code/zoo.staff/mods/zoo.animal.care.jar
zoo.animal.feeding file:///C:/java11/code/zoo.staff/mods/zoo.animal.feeding.jar
zoo.animal.shows file:///C:/java11/code/zoo.staff/mods/zoo.animal.shows.jar
zoo.staff file:///C:/java11/code/zoo.staff/mods/zoo.staff.jar

C:\java11\code\zoo.staff>
```

圖 13-36　指令 java -p mods --list-modules 執行結果

使用選項 --show-module-resolution

使用選項「--show-module-resolution」，可以視爲 debug 模組的一種手段，因爲它會執行模組，並輸出過程，最後並輸出執行結果。

執行以下指令前，先切換至專案 zoo.animal.feeding 的根目錄，如 C:\java11\code\zoo.animal.feeding：

```
01  java --show-module-resolution
02  -p src
03  -m zoo.animal.feeding/zoo.animal.feeding.Task
```

以下節錄過程的一些輸出內容，最後一行是執行結果：

結果

```
root zoo.animal.feeding file:///C:/java11/code/zoo.animal.feeding/src/
java.base binds jdk.localedata jrt:/jdk.localedata
java.base binds jdk.zipfs jrt:/jdk.zipfs
```

```
java.base binds jdk.charsets jrt:/jdk.charsets
java.base binds jdk.security.auth jrt:/jdk.security.auth
...
java.security.sasl requires java.logging jrt:/java.logging
java.naming requires java.security.sasl jrt:/java.security.sasl
jdk.security.jgss requires java.logging jrt:/java.logging
...
All are fed!
```

它首先列出根（root）模組，本例是 zoo.animal.feeding，然後列出了 java.base 模組所包含的多行套件，也會列出具有相依關係的模組，最後它輸出指定類別 zoo.animal.feeding.Task 的執行結果。

13.5.2 使用 jar 指令

和 java 指令一樣，指令 jar 也具備選項可以描述一個模組，如下：

```
01  jar
02  --file mods/zoo.animal.feeding.jar
03  --describe-module
```

說明

2	使用選項「--file」指定 JAR 檔案位置，可以使用「-f」取代。
3	使用選項「--describe-module」描述模組 JAR 檔案內容，可以使用「-d」取代。

輸出結果和使用 java 指令描述模組略有不同，主要差別在行 1 尾端：

結果

```
01  zoo.animal.feeding jar:file:///C:/java11/code/zoo.staff/mods/zoo.animal.
                                            feeding.jar/!module-info.class
02  exports zoo.animal.feeding
03  requires java.base mandated
```

不過，並沒有甚麼特殊意涵。只要了解選項「--describe-module」可以同時用於指令 java 和 jar 即可。

13.5.3 使用 jdeps 指令

指令 jdeps 提供有關模組內依賴項目的資訊。

相比於指令 java 或 jar 使用選項「--describe-module」，該指令除了檢視模組資訊檔之外，它還查看程式碼，因此可以反應更詳實的結果。

-summary

先從一個簡單的範例開始，使用選項「-summary」提供模組 zoo.animal.feeding 的 JAR 檔的依賴項目的概略說明：

```
01  jdeps
02  -summary
03  mods/zoo.animal.feeding.jar
```

選項「-summary」可以使用「-s」予以簡化，兩者會有一樣結果。

```
系統管理員: C:\Windows\System32\cmd.exe

C:\java11\code\zoo.staff>jdeps -s mods/zoo.animal.feeding.jar
zoo.animal.feeding -> java.base

C:\java11\code\zoo.staff>jdeps -summary mods/zoo.animal.feeding.jar
zoo.animal.feeding -> java.base
```

圖 13-37　指令 jdeps -summary (-s) 執行結果

輸出顯示只有一個套件，並依賴於內建的 java.base 模組：

結果

```
zoo.animal.feeding -> java.base
```

若未使用「-summary」選項，則可以得到完整的結果。指令為：

```
01  jdeps
02  mods/zoo.animal.feeding.jar
```

結果爲：

```
系統管理員: C:\Windows\System32\cmd.exe
C:\java11\code\zoo.staff>jdeps mods/zoo.animal.feeding.jar
zoo.animal.feeding
 [file:///C:/java11/code/zoo.staff/mods/zoo.animal.feeding.jar]
   requires mandated java.base (@11.0.12)
zoo.animal.feeding -> java.base
   zoo.animal.feeding                                 -> java.io                                java.base
   zoo.animal.feeding                                 -> java.lang                              java.base
```

圖 13-38 指令 jdeps 執行結果

文字結果：

結果

```
01  zoo.animal.feeding
02   [file:///C:/java11/code/zoo.staff/mods/zoo.animal.feeding.jar]
03     requires mandated java.base (@11.0.12)
04  zoo.animal.feeding -> java.base
05     zoo.animal.feeding       -> java.io        java.base
06     zoo.animal.feeding       -> java.lang      java.base
```

說明

1	模組名稱。
2	模組檔案路徑。
3	模組相依項目與版本。
4	與使用 -summary 選項結果相同。
5	模組 zoo.animal.feeding 使用套件 java.io，屬於模組 java.base。 類別 Task 使用 System.out，稱為「標準輸出」，涉及 java.io。
6	模組 zoo.animal.feeding 使用套件 java.lang，屬於模組 java.base。 類別 Task 使用 System 類別，屬於套件 java.lang。

接下來，檢視一個具備更複雜的模組依賴關係的 zoo.animal.care 的 JAR 檔案。因爲 zoo.animal.care 依賴於 zoo.animal.feeding，分析時必須使用選項「--module-path」告知相依模組的路徑。先前檢視 zoo.animal.feeding 不需要該選項，是因爲所有依賴模組都內建在 JDK 中。

指令為：

```
01  jdeps
02  -summary
03  --module-path mods
04  mods/zoo.animal.care.jar
```

注意這裡的「--module-path」選項不能以「-m」或「-p」取代。

結果為：

```
系統管理員: C:\Windows\System32\cmd.exe
C:\java11\code\zoo.staff>jdeps -summary --module-path mods mods/zoo.animal.care.jar
zoo.animal.care -> java.base
zoo.animal.care -> zoo.animal.feeding
```

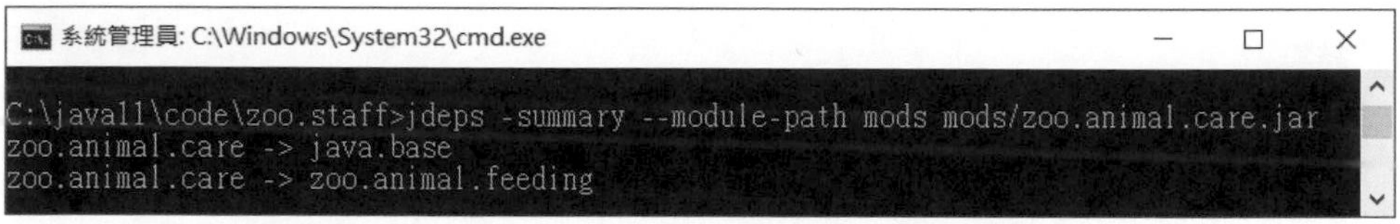

圖 13-39　指令 jdeps -summary (-s) 執行結果

文字結果：

結果

```
zoo.animal.care -> java.base
zoo.animal.care -> zoo.animal.feeding
```

可以看出 zoo.animal.care 模組依賴自定義的 zoo.animal.feeding 模組與 Java 內建的 java.base 模組。

去除選項「-summary」，改以完整模式下執行：

```
01  jdeps --module-path mods mods/zoo.animal.care.jar
```

結果

```
01  zoo.animal.care
02   [file:///C:/java11/code/zoo.staff/mods/zoo.animal.care.jar]
03   requires mandated java.base (@11.0.12)
04   requires transitive zoo.animal.feeding
05  zoo.animal.care -> java.base
06  zoo.animal.care -> zoo.animal.feeding
07   zoo.animal.care.details    -> java.lang          java.base
```

```
08    zoo.animal.care.details   -> zoo.animal.feeding  zoo.animal.feeding
09    zoo.animal.care.medical  -> java.lang          java.base
```

可以看出行 5、6 與使用「-summary」選項結果相同，行 7-9 則輸出相依的套件與模組細節。

--list-deps

使用選項「--list-deps」可以列舉相依的模組，若使用 JDK 內部 API 也會列出。

與使用選項「-summary」一致的範例，若指令：

```
01    jdeps
02    --list-deps
03    mods/zoo.animal.feeding.jar
```

結果為：

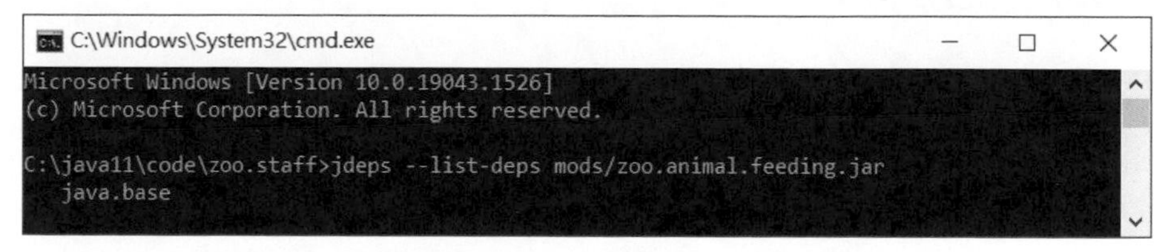

圖 13-40　指令 jdeps --list-deps 分析 zoo.animal.feeding.jar

文字結果為：

結果

```
java.base
```

對於相依關係複雜一點的模組，若指令：

```
01    jdeps
02    --list-deps
03    --module-path mods
04    mods/zoo.animal.care.jar
```

結果為：

```
C:\Windows\System32\cmd.exe
Microsoft Windows [Version 10.0.19043.1526]
(c) Microsoft Corporation. All rights reserved.

C:\java11\code\zoo.staff>jdeps --list-deps --module-path mods mods/zoo.animal.care.jar
   java.base
   zoo.animal.feeding
```

圖 13-41　**指令** jdeps --list-deps **分析** zoo.animal.care.jar

文字結果為：

結果

```
java.base
zoo.animal.feeding
```

13.5.4　使用 jmod 指令

「JAR」檔案在 Java 9 之前就已經存在，主要用來打包編譯好的類別檔；在 Java 9 之後，也提升為可支持模組化 JAR。除了使用已經存在的 JAR 檔之外，Java 9 為封裝模組又引入了兩種新檔案格式，分別是「JMOD」和「JIMAGE」。

這兩種格式的介紹不在本書範圍，目前只需要知道：

1. Oracle 建議大多數開發模組的任務依然使用 JAR 檔案，只有在少數情形才使用 JMOD 檔案。

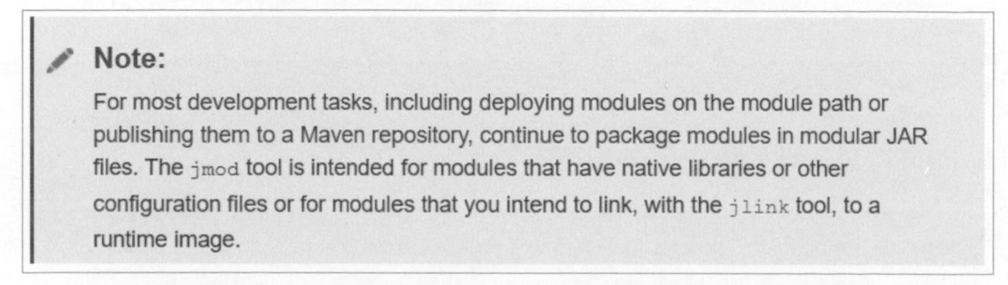
Note:

For most development tasks, including deploying modules on the module path or publishing them to a Maven repository, continue to package modules in modular JAR files. The `jmod` tool is intended for modules that have native libraries or other configuration files or for modules that you intend to link, with the `jlink` tool, to a runtime image.

圖 13-42　https://docs.oracle.com/javase/9/tools/jmod.htm

2. 指令 jmod 僅用於處理 JMOD 檔案。

簡列一些 jmod 指令的選項：

表 13-4 指令 jmod 常用選項列表

選項	功能
create	新建 JMOD 檔案。
extract	由 JMOD 檔案中提取檔案，類似解壓縮。
describe	描述模組內容。
list	列出 JMOD 檔案中的檔案清單。
hash	JMOD 檔案的雜湊字串。

13.5.5 指令彙整

之前介紹了很多指令，本節彙整如下，方便未來的使用與理解：

1. 指令列操作比較表

表 13-5 指令列操作比較表

功能操作	範例或語法
編譯 非模組化 程式碼	• javac **-cp** lib/* src/lab/Test.java • javac **-cp** lib/* **-d** bin src/lab/Test.java • javac --**class-path** lib/* **-d** bin src/lab/Test.java • javac **-classpath** lib/* **-d** bin src/lab/Test.java
執行 非模組化 程式碼	• java **-cp** ./src;./lib/* lab.Test • java **-cp** ./bin;./lib/* lab.Test • java --**class-path** ./bin;./lib/* lab.Test • java **-classpath** ./bin;./lib/* lab.Test
編譯 模組化 程式碼	• javac -p mods -d src src/zoo/animal/feeding/*.java src/module-info.java • javac --module-path mods -d src src/zoo/animal/feeding/*.java src/module-info.java
執行 模組化 程式碼	• java **-p** mods **-m** zoo.animal.feeding/zoo.animal.feeding.Task • java --**module-path** mods --**module** zoo.animal.feeding/zoo.animal.feeding.Task

功能操作	範例或語法
描述 模組內容	• java **-p** mods **-d** zoo.animal.feeding • java **--module-path** mods **--describe-module** zoo.animal.feeding • jar **--file** mods/zoo.animal.feeding.jar --describe-module • jar **-f** mods/zoo.animal.feeding.jar **-d**
列舉 模組清單	• java **--module-path** mods **--list-modules** • java **-p** mods **--list-modules** • java **--list-modules**
檢視 模組關聯	• jdeps **-summary --module-path** mods mods/zoo.animal.care.jar • jdeps **-s --module-path** mods mods/zoo.animal.care.jar • jdeps **--list-deps --module-path** mods mods/zoo.animal.care.jar
解析 模組 執行步驟	• java **--show-module-resolution -p** src **-m** zoo.animal.feeding/zoo.animal.feeding.Task • java **--show-module-resolution --module-path** src **--module** zoo.animal.feeding/zoo.animal.feeding.Task

2. 指令 javac 常用選項列表

表 13-6　指令 javac 常用選項

選項	說明
-cp <classpath> -classpath <classpath> --class-path <classpath>	非模組化程式指定 JAR 檔案位置。
-d <dir>	指定產生 *.class 的資料夾。
-p <path> --module-path <path>	模組化程式指定模組 JAR 檔案路徑。

3. 指令 java 常用選項列表

表 13-7　指令 java 常用選項

選項	說明
-p <path> --module-path <path>	模組化程式中指定 JAR 檔案路徑。
-m <name> --module <name>	指定要執行的模組名稱。
-d --describe-module	描述模組內容。
--list-modules	列舉模組清單但未執行模組。
--show-module-resolution	解析模組執行時步驟。

4. 指令 jar 常用選項列表

表 13-8　指令 jar 常用選項

選項	說明
-c --create	建立 JAR 檔案。
-v --verbose	執行 JAR 檔案時輸出細節。
-f --file	指定 JAR 檔案名稱。
-C	指定資料夾內的檔案要產生 JAR 檔。
-d --describe-module	描述模組內容。

5. 指令 jdeps 常用選項列表

表 13-9　指令 jdeps 常用選項

選項	說明
--module-path <path>	模組化程式中指定 JAR 檔案路徑。
-s -summary	輸出概括性描述。
--list-deps	列舉相依模組，若使用 JDK 內部 API 也會列出。

14 模組化應用程式

章節提要

14.1 回顧模組指令

本章接續 Java 模組功能的內容，先回顧一下之前介紹的指令（directives）宣告：

表 14-1 常用的模組指令

指令	說明
exports <package>	允許所有模組存取 < 套件 >。
exports <package> to <module>	允許特定 < 模組 > 存取 < 套件 >。
requires <module>	表示模組依賴於另一個 < 模組 >。
requires transitive <module>	表示特定模組、和使用該模組的所有模組都依賴於另一個 < 模組 >。
uses <interface>	表示模組使用 < 服務介面 >。
provides <interface> with <class>	表示模組提供 < 服務介面 > 的 < 實作 >。

14.2 比較模組類型

前一章介紹的模組統稱爲「命名（named）模組」，後續會有「自動（automatic）模組」和「未命名（unnamed）模組」。在本節中，我們將比較這三種類型的模組的差異。

小知識 類別路徑（class path）和模組路徑（module path）

Java 在執行時期時能夠使用**類別路徑**和**模組路徑**中的類別和介面型態，儘管 2 種路徑的規則有點不同：

1. Java 程式可以依據存取修飾詞（access modifiers）的定義如 public 等，存取**類別路徑**裡的型態。
2. **模組路徑**裡的 public 型態，不同於類別路徑裡的 public 型態，並非預設或自動公開給其他程式存取。除了一樣依循存取修飾詞的定義外，該型態還必須位於由定義它的模組所 exports 的套件中，此外使用該型態的模組必須設定對該模組的 requires 依賴關係。

14.2.1 命名模組

命名模組是包含 module-info.java 檔案的模組，這個檔案會與一個或多個套件一起出現在 JAR 檔案的根目錄下，除非另有說明，一般談論「模組」時，預設就是指「命名模組」。命名模組應該位於模組路徑而不是類別路徑上，後續我們會說明如果模組檔案放在類別路徑上會發生什麼事情，現在只要先知道「若模組檔案不在模組路徑上，它將不被視爲命名模組」。

命名模組的名稱定義在 module-info.java 內。下圖示意一個命名模組的 JAR 檔案內容，除了 module-info.class 之外，它還包含 2 個套件：

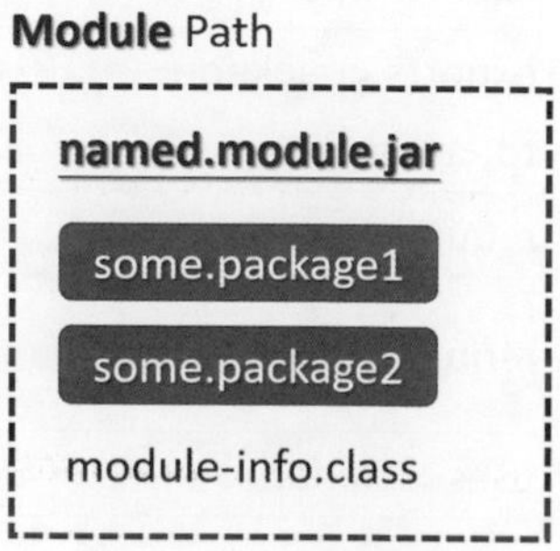

圖 14-1 命名模組

14.2.2 自動模組

自動模組也出現在模組路徑上，但不包含 module-info.java，它只是一個放置在「模組路徑」上，並被視為模組的「一般 JAR 檔案」，Java 會自動確定模組名稱。下圖示意一個帶有 2 個套件的自動模組：

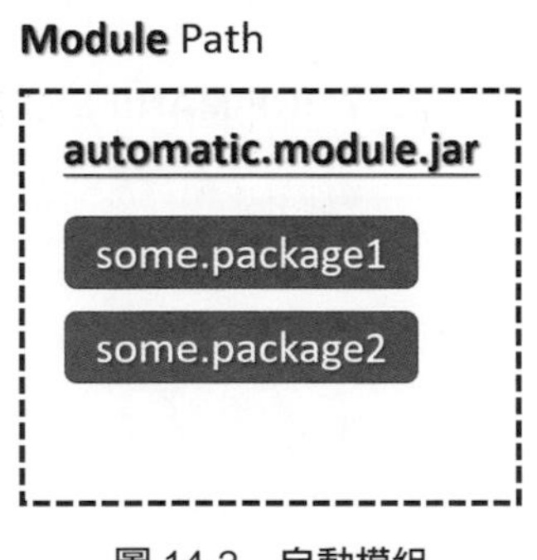

圖 14-2 自動模組

MANIFEST.MF 清單檔案

JAR 檔案是一個帶有名稱為 META-INF 的特殊目錄的 zip 檔案，該目錄會包含一個「清單檔案（MANIFEST.MF）」與其他檔案。以本書上冊 4.4.4 節使用 jar 指令打包產出的 shirt.jar 為例，解壓縮後檔案結構如下：

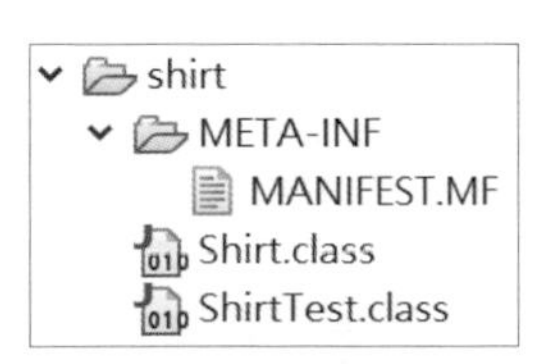

圖 14-3 JAR 檔案結構與 META-INF 目錄

上圖顯示 JAR 檔案的目錄結構與 META-INF 目錄的關係，清單檔案 MANIFEST.MF 則帶有 JAR 檔案的相關資訊，如以下範例。檔案內中的每一行都是以「冒號」進行「鍵（key）/ 值（value）」對的區隔：

1. 行 2 指出用於構建 JAR 檔案的 Java 版本。
2. 如果 JAR 檔是可執行（runnable）的，通常會指定具備 main() 方法的類別，如範例行 3。

範例：shirt.jar/META-INF/MANIFEST.MF

```
01    Manifest-Version: 1.0
02    Created-By: 11.0.12 (Oracle Corporation)
03    Main-Class: ShirtTest
```

再以 Java 11 安裝目錄下的 jrt-fs.jar 爲例，紀錄內容爲：

範例：jdk-11.0.12\lib\jrt-fs.jar\META-INF\MANIFEST.MF

```
01    Manifest-Version: 1.0
02    Specification-Title: Java Platform API Specification
03    Specification-Version: 11
04    Specification-Vendor: Oracle Corporation
05    Implementation-Title: Java Runtime Environment
06    Implementation-Version: 11.0.12
07    Implementation-Vendor: Oracle Corporation
08    Created-By: 10 (Oracle Corporation)
```

可以看到關於 Java 版本與開發公司 Oracle 的資訊。

自動模組的命名規則

對於引用「自動模組」的程式碼而言，此時自動模組：

1. 視同存在 module-info.java 檔案。
2. 自動 exports 所有套件。
3. 具備模組名稱。

但這是如何做到的？

當 Java 9 發布時，Java 鼓勵函式庫的作者對 JAR 的命名使用未來用於模組的名稱；他們所要做的就是在 MANIFEST.MF 檔案中設定一個名稱爲「Automatic-Module-Name」的屬性，這種作法讓模組化程式使用函式庫變得更容易，因此即便函式庫未使用 module-info.java 設定模組名稱，依然可以由 MANIFEST.MF 檔案中取得模組名稱。

如果 MANIFEST.MF 檔案沒有設定 Automatic-Module-Name 屬性值，最終就以 JAR 的檔名作爲模組名稱的參考。以名爲「company-calendar-1.0.0.jar」的 JAR 檔案名稱爲例，轉換爲模組名稱的步驟爲：

1. 移除副檔名「.jar」。
2. 移除 JAR 檔案名稱末尾的版本資訊「-1.0.0」，因爲模組名稱應該是一致的，不能因爲每次改版就改變模組名稱。
3. 模組名稱內不使用「-」符號，因此置換爲「.」。最終得到模組名稱爲「company.calendar」。
4. 此外，名稱內只要不是英文字母和數字都被認爲是特殊符號，都會被取代爲「.」。相鄰的「.」或是開頭與結尾的「.」，都會被自動移除。

總結以上敘述，自動模組無法藉由 module-info.java 決定模組名稱，它的模組名稱命名規則取決於：

1. 優先使用 MANIFEST.MF 設定的 Automatic-Module-Name 屬性值作爲模組名稱。
2. 規則 1 不成立時，以 JAR 檔名爲基礎產出模組名稱，如以下範例：

表 14-2　以 JAR 檔名為基礎決定模組名稱

步驟說明		範例一	範例二
0	原始 JAR 檔名	commons2-x-1.0.0-SNAPSHOT.jar	util_$-1.0.jar
1	由 JAR 檔名中移除副檔名	commons2-x-1.0.0 SNAPSHOT	util _$-1.0
2	由名稱末尾移除版本相關資訊，如 -1.0.0 或 -1.0-RC	commons2-x	util _$
3	用「.」取代除了英文字母和數字以外的其他字元	commons2.x	util..
4	連續 2 個以上的「.」字元只留一個	commons2.x	util.
5	移除開頭或結尾的「.」	commons2.x	util

即便如此，現實世界還是會存在很多不依慣例命名的 JAR 檔案，如「1.2.0-catagory-1.2.2-name-1.jar」，但屬相對少數。

14.2.3 未命名模組

未命名模組如同自動模組，是**一般的 JAR 檔案**；但和自動模組不同的是，自動模組使用在模組路徑，未命名模組則是使用在**類別路徑**。這也意味著未命名模組屬於遺留（legacy）的舊程式碼。下圖示意帶有 2 個套件的未命名模組：

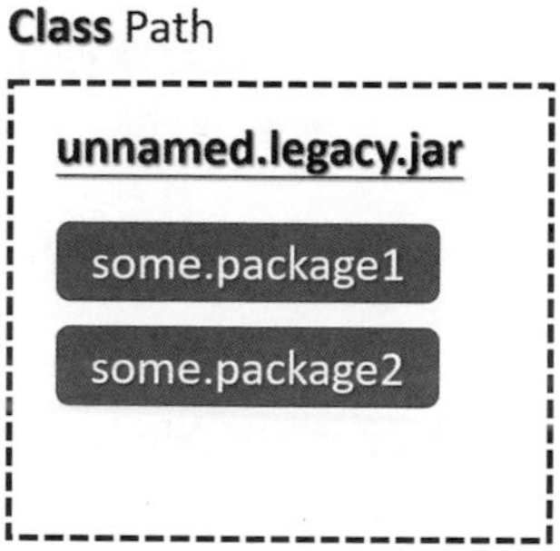

Class Path

unnamed.legacy.jar

some.package1

some.package2

圖 14-4 未命名模組

未命名模組通常不包含 module-info.java；如果有，也會因為它不位於模組路徑上而被忽略。

未命名模組不會將任何套件 exports 到命名模組或自動模組，但未命名模組可以存取類別路徑或模組路徑上的 JAR 檔案。事實上，它就是一個 Java 未使用模組前的 JAR 檔，只是在推出模組架構後，把它歸類為未命名模組。為了向前相容，它必須可以存取類別路徑或模組路徑上的 JAR 檔案。

14.2.4 比較模組類型

下表整理命名模組、自動模組、未命名模組的屬性比較：

表 14-3 模組類型的屬性比較

特性	命名模組	自動模組	未命名模組
包含 module-info.java？	YES	NO	NO 即便存在也忽略
export 套件到其他模組？	以 module-info.java 定義要 export 的套件。	exports 所有套件。	不會 exports 任何套件。

特性	命名模組	自動模組	未命名模組
可以被位於模組路徑的其他模組檔案存取？	YES	YES	NO
可以被位於類別路徑的其他 JAR 檔案存取？	YES	YES	YES

總結如下：

1. 命名模組

從 Java 9 開始可以建立模組，稱爲「**命名模組**」。**命名模組**具備模組資訊檔，該檔案說明由模組 exports 哪些套件，或 requires 哪些其他的模組與套件，因此能被**命名模組**存取的，必須是具備模組名稱的**命名模組**和**自動模組**。

命名模組存取其他模組的結果整理如下：

表 14-4　命名模組存取其他模組的結果

存取對象	結果	說明
命名模組	OK	• 同種類模組之間可以互相存取。
自動模組	OK	• 自動模組自動 exports 所有套件，且有推導的模組名稱，因此命名模組可以存取自動模組。
未命名模組	NG	• 未命名模組無法 exports 套件，且無模組名稱，因此命名模組無法存取未命名模組。 • 承前項，解決方法是將未命名模組的 JAR 由類別路徑放到模組路徑，將因此轉變成自動模組。

2. 未命名模組

從 Java 9 開始，所有 Java 類別都必須歸屬於一個模組，以在新版 JVM 上執行。此時在「類別路徑」上的舊版本 JAR 檔案，就被轉換成爲「**未命名模組**」。**未命名模組**沒有模組資訊檔，無法匯出套件，沒有模組名稱，因此無法被**命名模組**存取，但是可以被同種類的**未命名模組**或**自動模組**存取。

如果同一套件由**命名模組**匯出，但在**未命名模組**中也存在，則將以來自**命名模組**的套件為基準，這樣才有機會在升級 Java 後改以新的模組套件取代舊的。

未命名模組的類別過去依賴 JRE，而現在 JRE 已經模組化，因此**未命名模組**必須要有能力存取在模組路徑上的模組，所以只要**自動模組**和**命名模組**有匯出套件，**未命名模組**就可以直接存取。

未命名模組存取其他模組的結果整理如下：

表 14-5　未命名模組存取其他模組的結果

存取對象	結果	說明
命名模組	OK	● 可以存取命名模組 exports 的套件。 ● 套件重複在不同模組時，以命名模組的套件優先。
自動模組	OK	● 都是舊種類的 JAR 檔案，只是放在不同的模組與類別路徑上。 ● 自動模組自動 exports 所有套件。
未命名模組	OK	● 同種類模組之間可以互相存取。

3. 自動模組

如果我們正在建立自己的**命名模組**，但程式碼依賴尚未模組化的舊 JAR 檔，此時又該如何？雖然在類別路徑上可以把它視為**未命名模組**，但規則是**命名模組**無法存取**未命名模組**。

解決方案是將這些舊的 JAR 檔案改放在「模組路徑」上，將轉換為「**自動模組**」。自動模組也沒有模組資訊檔，但會自動匯出所有套件，因此**命名模組**和同類型的**自動模組**都可以存取**自動模組**匯出的所有套件。

規格也要求有模組資訊檔的**命名模組**必須以指令 requires 敘明需要的模組與套件名稱，即便套件來源是自動匯出的**自動模組**。因為**自動模組**可以自動推導模組名稱，所以**命名模組**可以存取**自動模組**。

此外，雖然**未命名模組**無法匯出任何套件，可能是同屬於舊 JAR 檔案的相容性考量，**自動模組**還是可以存取**未命名模組**。**命名模組**則無法存取**未命名模組**。

自動模組存取其他模組的結果整理如下：

表 14-6　自動模組存取其他模組的結果

存取對象	結果	說明
命名模組	OK	• 可以存取命名模組 exports 的套件。 • 套件重複在不同模組時，以命名模組的套件優先。
自動模組	OK	• 同種類模組之間可以互相存取。
未命名模組	OK	• 都是舊種類的 JAR 檔案，只是放在不同的模組與類別路徑上。

14.3　分析 JDK 依賴關係

在本章的兩個重點：

1. 認識 JDK 提供的模組。
2. 認識用於識別模組依賴關係的 jdeps 指令。

14.3.1　識別內建模組

在 Java 9 推出模組功能之前，開發人員只需要使用 import 以匯入必要的類別，就可以使用 JDK 中的任何套件。這也意味著整個 JDK 必須在執行時期時可用，因爲程式可能需要任何東西。

使用模組，我們的應用程式必須先以 module-info.java 指定將使用 JDK 的哪些部分，這允許應用程式在執行時期使用完整的 JDK 或其子集合。

如果在執行時期嘗試使用一個子集合中不存在的套件會發生什麼樣的事？這不用擔心，module-info.java 中的 requires 指令指定了哪些模組需要在編譯時和執行時期時出現，因此可以保證執行時不會因爲缺少套件而出錯。

眾多模組中最基礎也是最重要的是 java.base，它包含了本書大部分的章節內容。因爲它的基礎性如同 java.lang 套件，因此預設使用，不需要特別以 requires 指令宣告；不過即使明確以 requires 指定 java.base 也不會有問題，module info.java 檔案仍將編譯。

下表列出一些常用模組及其包含的內容：

表 14-7　常用模組

模組名稱	包含內容	本書內容
java.base	Collections、Math、IO、NIO.2、 Concurrency 等	包含
java.desktop	Abstract Windows、Toolkit (AWT) and Swing	無
java.logging	Logging	無
java.sql	JDBC	包含
java.xml	Extensible Markup Language (XML)	無

下表節錄以 java 開頭的模組，這些模組提供開發程式可能需要使用的 Java API：

表 14-8　以 java 字樣開頭的內建模組

java.base	java.naming	java.smartcardio
java.compiler	java.net .http	java.sql
java.datatransfer	java.prefs	java.sql.rowset
java.desktop	java.rmi	java.transaction.xa
java.instrument	java.scripting	java.xml
java.logging	java.se	java.xml.crypto
java.management	java.security.jgss	
java.management.rmi	java.security.sasl	

下表節錄以 jdk 開頭的模組，這些模組和 JDK 的功能有關：

表 14-9　以 jdk 字樣開頭的內建模組

jdk.accessiblity	jdk.jconsole	jdk.naming.dns
jdk.attach	jdk.jdeps	jdk.naming.rmi
jdk.charsets	jdk.jdi	jdk.net
jdk.compiler	jdk.jdwp.agent	jdk.pack
jdk.crypto.cryptoki	jdk.jfr	jdk.rmic
jdk.crypto.ec	jdk.jlink	jdk.scripting.nashorn
jdk.dynalink	jdk.jshell	jdk.sctp
jdk.editpad	jdk.jsobject	jdk.security.auth

jdk.hotspot.agent	jdk.jstatd	jdk.security.jgss
jdk.httpserver	jdk.localdata	jdk.xml.dom
jdk.jartool	jdk.management	jdk.zipfs
jdk.javadoc	jdk.management.agent	
jdk.jcmd	jdk.management.jfr	

14.3.2 使用 JDEPS

前一章節說明jdeps指令可以提供有關模組依賴關係的資訊，本節將用於分析尚未模組化的專案「zoo.legacy」，以幫助釐清與其他模組的依賴關係，有助於未來模組化時建立 module-info.java。

首先建立 UnsafeBean 類別，其中行 3 與 16 是特別的用法，稍後內容會說明：

範例：/zoo.legacy/src/zoo/legacy/UnsafeBean.java

```
01  import java.time.LocalDate;
02  import java.util.List;
03  import sun.misc.Unsafe;
04  
05  public class UnsafeBean {
06  
07      private List<String> list;
08      private LocalDate date;
09  
10      public UnsafeBean(List<String> list, LocalDate date) {
11          this.list = list;
12          this.date = date;
13      }
14  
15      public void unsafeMethod() {
16          Unsafe unsafe = Unsafe.getUnsafe();
17      }
18  }
```

專案 zoo.legacy 沒有加入 module-info.java，因爲這個專案建置在 Java 9 之前。若要模組化，就要先分析模組化這個 JAR 時需要哪些依賴項目。

接下來建立 JAR 檔案。進入專案 zoo.legacy 的根目錄，執行：

```
01  jar -cvf mods/zoo.legacy.jar .
```

```
C:\Windows\System32\cmd.exe
Microsoft Windows [版本 10.0.19043.1645]
(c) Microsoft Corporation. 著作權所有，並保留一切權利。

C:\java11\code\zoo.legacy>jar -cvf mods/zoo.legacy.jar .
已新增資訊清單
新增: .classpath (讀=398)(寫=226)(壓縮 43%)
新增: .project (讀=386)(寫=192)(壓縮 50%)
新增: .settings/ (讀=0)(寫=0)(儲存 0%)
新增: .settings/org.eclipse.jdt.core.prefs (讀=854)(寫=248)(壓縮 70%)
新增: bin/ (讀=0)(寫=0)(儲存 0%)
新增: bin/zoo/ (讀=0)(寫=0)(儲存 0%)
新增: bin/zoo/legacy/ (讀=0)(寫=0)(儲存 0%)
新增: bin/zoo/legacy/UnsafeBean.class (讀=824)(寫=453)(壓縮 45%)
新增: mods/ (讀=0)(寫=0)(儲存 0%)
新增: src/ (讀=0)(寫=0)(儲存 0%)
新增: src/zoo/ (讀=0)(寫=0)(儲存 0%)
新增: src/zoo/legacy/ (讀=0)(寫=0)(儲存 0%)
新增: src/zoo/legacy/UnsafeBean.java (讀=421)(寫=216)(壓縮 48%)

C:\java11\code\zoo.legacy>
```

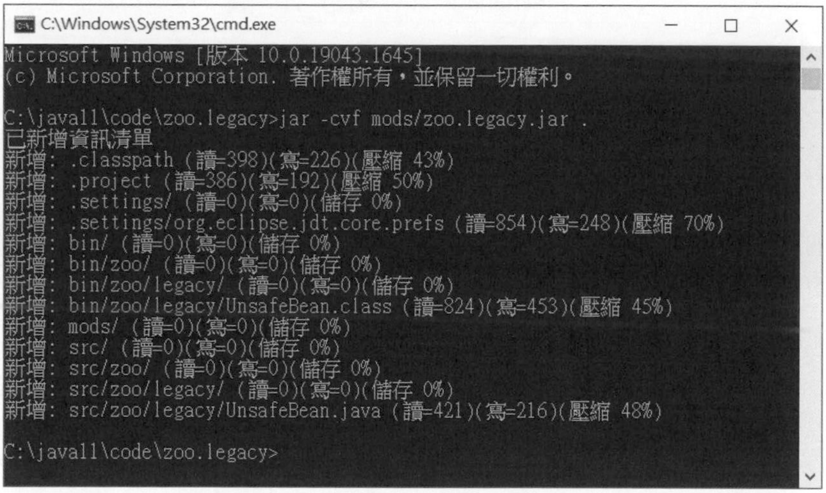

圖 14-5　建立 mods/zoo.legacy.jar

會在專案的 mods 目錄下產生 zoo.legacy.jar 檔案。

指令 jdeps 的一般模式

接下來針對這個 JAR 執行 jdeps 指令來了解它的依賴關係：

```
01  jdeps mods/zoo.legacy.jar
```

```
C:\Windows\System32\cmd.exe
Microsoft Windows [版本 10.0.19043.1645]
(c) Microsoft Corporation. 著作權所有，並保留一切權利。

C:\java11\code\zoo.legacy>jdeps mods/zoo.legacy.jar
zoo.legacy.jar -> java.base
zoo.legacy.jar -> jdk.unsupported
   zoo.legacy                    -> java.lang          java.base
   zoo.legacy                    -> java.time          java.base
   zoo.legacy                    -> java.util          java.base
   zoo.legacy                    -> sun.misc           JDK internal API (jdk.unsupported)

C:\java11\code\zoo.legacy>
```

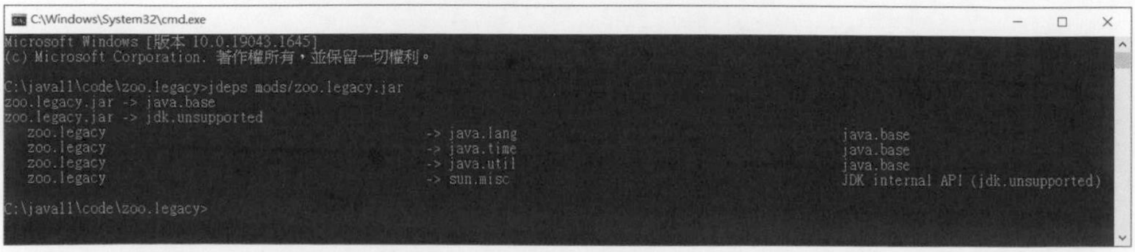

圖 14-6　執行指令 jdeps

結果為：

結果

```
01  zoo.legacy.jar -> java.base
02  zoo.legacy.jar -> jdk.unsupported
03     zoo.legacy     -> java.lang        java.base
04     zoo.legacy     -> java.time        java.base
05     zoo.legacy     -> java.util        java.base
06     zoo.legacy     -> sun.misc         JDK internal API (jdk.unsupported)
```

這一次我們使用jdeps指令但未帶任何參數，得到的前2行是需要使用requires指令新增到module-info.java，以移轉到模組系統的模組名稱。行3-6顯示使用的「套件列表」以及它們對應的模組。

指令 jdeps 的摘要模式

改成摘要（summary）模式執行：

```
01  jdeps -s mods/zoo.legacy.jar
```

結果爲：

結果

```
01  zoo.legacy.jar -> java.base
02  zoo.legacy.jar -> jdk.unsupported
```

是使用非摘要模式的前2行結果。

對於一個眞實的專案，這樣的依賴列表可能包含數十個、甚至上百個套件，因此僅查看模組的摘要很有用，這種方法還可以更輕鬆地查看jdk.unsupported是否存在列表中。

模組「jdk.unsupported」不存在表14-9「以jdk字樣開頭的內建模組」內，它的特別之處在於它表示使用了舊版本或不鼓勵使用的內部套件；儘管許多人忽略了這個警告，但應該盡可能使用其他替代方案，因爲這些套件可能會在Java的未來版本中消失。

指令 jdeps 的「--jdk-internals」選項

此外，jdeps 指令有一個選項「--jdk-internals」或「-jdkinternals」可以提供和 JDK 內部 API 關聯的詳細資訊。如指令：

```
01  jdeps --jdk-internals mods/zoo.legacy.jar
```

會得到以下結果：

結果

```
zoo.legacy.jar -> jdk.unsupported
zoo.legacy.UnsafeBean -> sun.misc.Unsafe  JDK internal API (jdk.unsupported)

Warning: JDK internal APIs are unsupported and private to JDK implementation
that are subject to be removed or changed incompatibly and could break your
application.
Please modify your code to eliminate dependence on any JDK internal APIs.
For the most recent update on JDK internal API replacements, please check:
https://wiki.openjdk.java.net/display/JDK8/Java+Dependency+Analysis+Tool

JDK Internal API                         Suggested Replacement
----------------                           ---------------------
sun.misc.Unsafe                          See http://openjdk.java.net/jeps/260
```

選項「--jdk-internals」列出了 JAR 檔使用的 JDK 內部 API 類別以及被呼叫類別資訊，並提供開發的參考資訊。一般來說，原廠不鼓勵開發者直接使用這些內部 API，如此原廠在更新或升級這些內部 API 時比較不用考慮太多，因此本指令選項也會提供一些關於 JDK 內部 API 的建議替代方案（suggested replacement）。

小知識　關於 sun.misc.Unsafe

在 Java 使用模組系統之前的歷史，如果開發者希望在套件之外使用某類別，則該類別必須是 public 的；一旦是 public，也就無法限制使用它的類別。在 JDK 的開源程式碼中使用該 sun.misc.Unsafe 是合理的，因為它是與 JDK 緊密耦合的底層（low level）程式碼。由於在多個套件中都需要它，因此該類別被宣告為 public。過去昇陽（Sun）公司甚至將其命名為「Unsafe」，預期這樣可以避免在 JDK 的開源程式碼之外的地方使用它。

但是事與願違，許多廣泛使用的開源函式庫或框架都使用了 sun.misc.Unsafe，或許我們未直接在專案中使用此類別，但很可能使用了正在使用它的開源函式庫。

jdeps 指令允許我們對這些 JAR 有更多理解，以查看當 Oracle 最終停用 sun.misc.Unsafe 時，是否會遇到任何問題。如果開源函式庫使用了它，可以查看是否有未使用它的升級版本。

14.4 模組化既有應用程式

Java 9 推出模組功能後，Java 8 和更早版本就出現移轉的需求。理想情況下，早期程式至少是因應專案需求而設計的，因此有一定的脈絡與習慣可循，本節將概述移轉現有應用程式以模組化的策略。

不過，本書畢竟是 Java SE 的學習書籍，爲了使學習和討論移轉變得更加清楚，書中範例沒有依賴其他開源函式庫或框架，並且應用程式規模很小；這和現實世界動輒有 10 多年未更新函式庫的大型專案是無法比較的。

加上專案即便使用 Java 11 的功能，也不代表一定要將程式模組化，因此實務上可以先確認是否有模組化的需求再予移轉。

14.4.1 確定函式庫相依順序

在我們開始模組化既有的應用程式之前，我們需要知道程式中的套件或函式庫是如何搭配的。假設有一個包含 3 個 JAR 檔案的簡單應用程式，JAR 之間的依賴關係形成一張圖表如下：

1. 銀行（Bank）需要錢（Money）。

2. 人（Person）需要錢（Money）。

3. 銀行（Bank）需要人（Person），當然前提是這個人有資格成爲存戶。

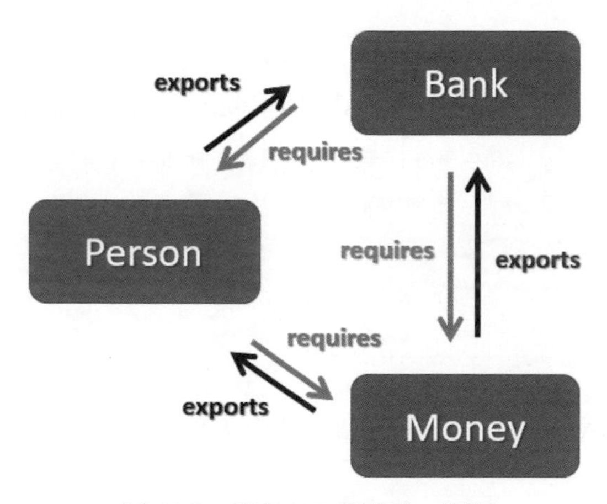

圖 14-7　確定 JAR 檔的唯一順序

由這張關聯圖來解讀，需要最多關聯的 Bank 位於頂部，不需要關聯的 Money 位於底部。關聯圖中，頂部和底部的位置會決定模組化的順序，在這個案例順序是唯一的。

如果情境改為人（Person）不夠資格成為存戶，亦即銀行（Bank）與人（Person）沒有依賴關係，則關聯圖將變成：

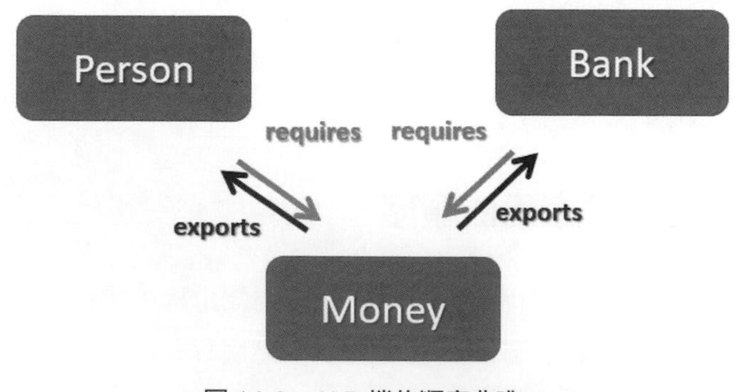

圖 14-8　JAR 檔的順序非唯一

此時，頂部同時有 2 個 JAR 檔，底部有 1 個，因此模組化時 Person 和 Bank 的順序就非固定。

14.4.2　使用由下而上的模組化策略

最簡單的模組化方法是「由下而上」的移轉。當我們有能力轉換任何不是模組的 JAR 檔案時，這種方法是最有效率的。對於由下而上的移轉，可以按照以下步驟操作：

1. 選擇尚未移轉的關聯圖內**最低層**的 JAR 專案優先進行模組化。
2. 在該 JAR 專案新增一個 module-info.java 檔案後，將成爲命名模組，並：
    - 使用 exports 指令匯出需要給**較高層別** JAR 檔使用的套件。
    - 使用 requires 指令新增依賴的套件，這些套件應該由**較低層別**的 JAR 檔提供。
3. 將這個新移轉的命名模組從**類別路徑**移動到**模組路徑**。
4. 確保任何**尚未移轉**的 JAR 專案在**類別路徑**中保留爲「未命名模組」。
5. 反覆模組化下一個關聯圖最低層別的 JAR 專案，直到完成。

我們把 Bank、Person、Money 等 3 個 JAR 檔案專案進行模組化的流程整理如下。爲了簡化圖形，將隱藏 exports 的箭頭線條，只顯示 requires 的箭頭線條。

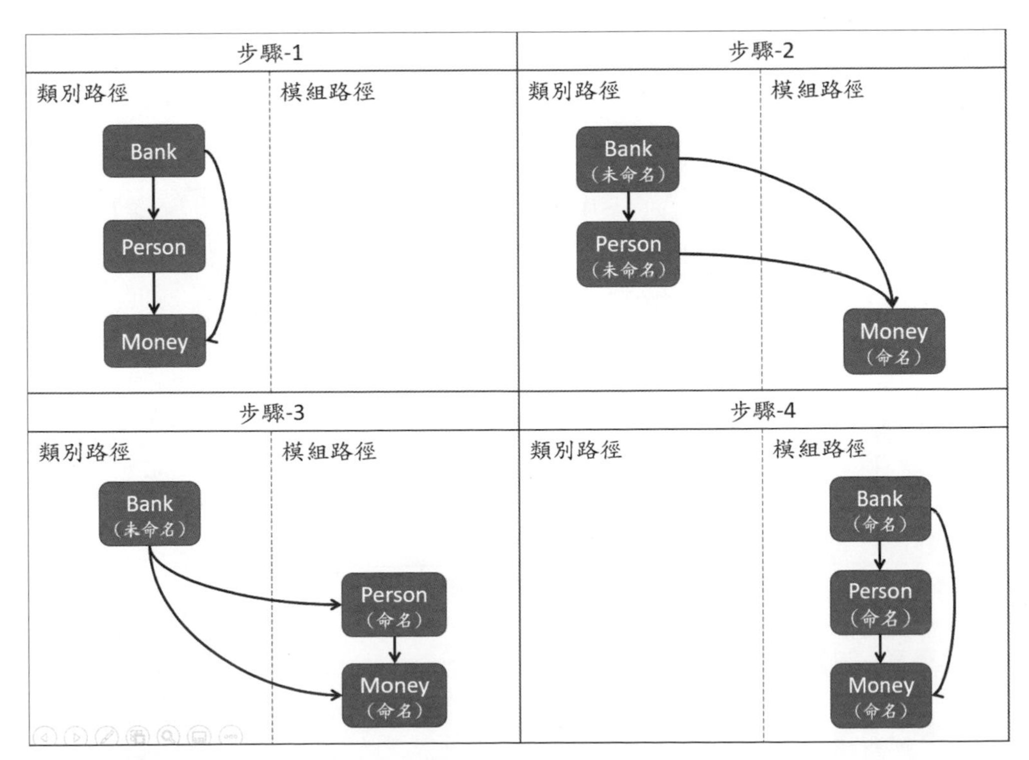

圖 14-9　依由下而上的順序進行模組化

透過由下而上的模組化移轉，可以使較低層別的 JAR 專案處於可控狀態，因此移轉變得更加容易。

在移轉期間，我們會混合使用「命名模組」和「未命名模組」：

1. 「命名模組」是已經移轉的較低層別的模組，它們會位於**模組路徑**上，而且不允許存取任何「未命名模組」，亦即未移轉的 JAR 專案。
2. 「未命名模組」位於**類別路徑**上，他們可以存取**類別路徑**和**模組路徑**上的 JAR 檔案。

14.4.3 使用由上而下的模組化策略

當無法對應用程式使用的每一個 JAR 專案都有掌控能力時，由上而下的模組化策略是比較有用的。例如，負責某一個 JAR 專案團隊目前被其他事絆住無法一起動手，在不希望這種情況阻礙專案模組化時，就會採用由上而下的模組化策略，操作步驟是：

1. 將所有 JAR 檔案放在模組路徑上，都成為「自動模組」。
2. 選擇尚未移轉的最高層別 JAR 專案優先進行模組化。
3. 將 module-info.java 新增到該專案中後，可以將「自動模組」轉換為「命名模組」，同時編寫需要的 exports 或 requires 指令。因為模組路徑上的大多數 JAR 檔案還沒有模組名稱，編寫 requires 指令時，可以使用自動模組名稱。
4. 反覆模組化下一個關聯圖中最高層別的 JAR 專案，直到完成。

我們可以在下圖移轉 3 個 JAR 專案的步驟中，讓每一個 JAR 專案都依次轉換為命名模組。

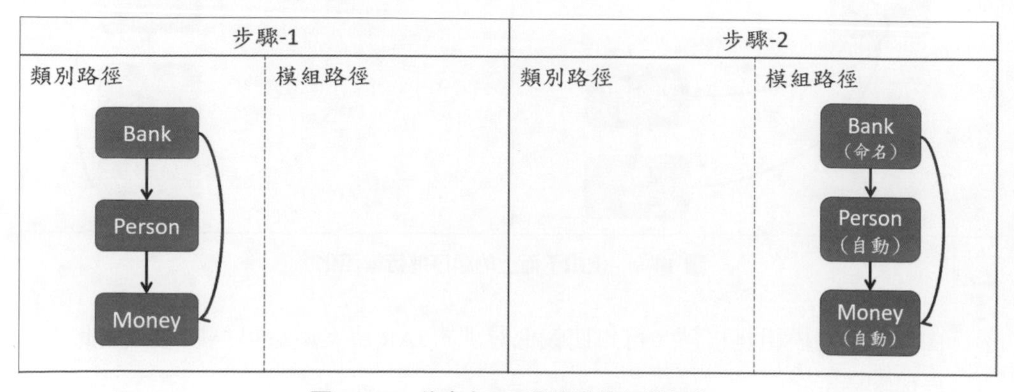

圖 14-10　依由上而下的順序進行模組化

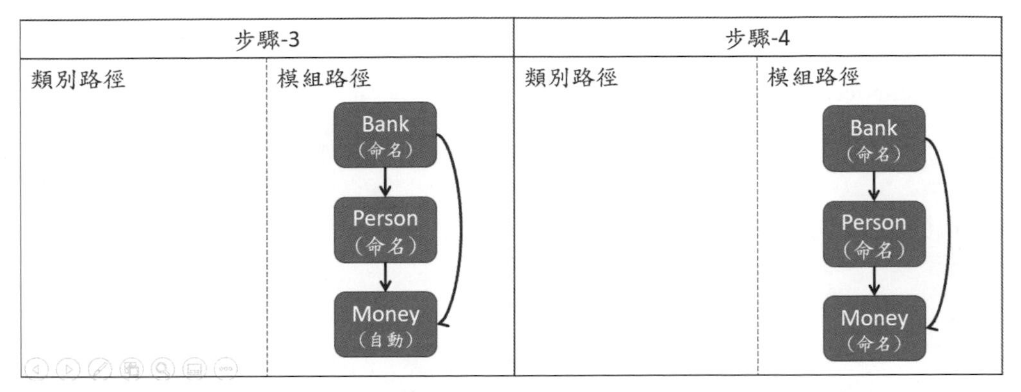

圖 14-10　**依由上而下的順序進行模組化（續）**

在由上而下的模組化移轉過程中，較低層別的關聯 JAR 專案都還沒有進行模組化時，就先模組化較高層的 JAR 專案。在移轉期間會混合使用「命名模組」和「自動模組」。

「命名模組」是已經移轉的較高層別模組，它們在**模組路徑**上並且可以存取其他未移轉的「自動模組」，兩者都在**模組路徑**上。

14.4.4　解構與模組化單體應用程式

將專案程式模組化時，之前內容說明要如何處理專案內相依的 JAR 檔案，接下來的內容則要說明專案程式本身的程式碼。

在 Java 推出模組功能之前，我們會使用**套件**（package）將眾多**類別**（class）分類，模組功能則允許我們使用**模組**（module）將眾多**套件**（package）分類。兩種分類的思維是相似的，首先都是將它們依邏輯分組，並繪製它們之間的依賴關係。

接下來我們舉一個大眾運輸工具（Mass Rapid Transit, MRT）的售票專案爲例，該專案目前有以下主要套件：

1. **mrt.ticket.types**：票券型態。

2. **mrt.ticket.eticket**：電子票券。

3. **mrt.ticket.paper**：紙本票券。

4. **mrt.ticket.coupon**：優惠券。

5. **mrt.ticket.promotion**：促銷專案。

6. **mrt.ticket.cash**：現金。

7. **mrt.ticket.credit**：信用卡。

依據套件的邏輯屬性，我們第一次規劃的模組和套件關係如下表：

表 14-10　第一次分析後的模組與套件關係表

模組	套件
mrt.ticket.base	mrt.ticket.types
mrt.ticket.delivery	mrt.ticket.eticket mrt.ticket.paper
mrt.ticket.discount	mrt.ticket.coupon mrt.ticket.promotion
mrt.ticket.payment	mrt.ticket.cash mrt.ticket.credit

模組之間的關聯是：

1. 所有模組都必須參照 base 模組。
2. 模組 payment 執行付款時要參照票價，因此需要模組 delivery。
3. 模組 discount 建立折扣時會考量付款方式，因此需要模組 payment。
4. 模組 delivery 決定票價時要考慮折扣，因此需要模組 discount。
5. 模組 discount 決定折扣時要參考票價，因此需要模組 delivery。

可以建立以下關係圖：

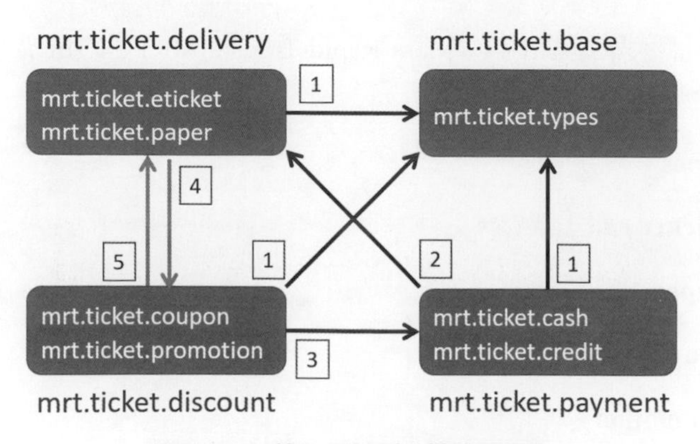

圖 14-11　第一次規劃的模組關係圖

這次的模組關係規劃違反了一個關鍵的原則，就是「模組系統不允許循環依賴」，亦即 2 個模組不可以直接或間接地相互依賴，避免執行時的無窮迴圈，因此關係 4 和 5 不能同時存在。

這個時候，常見的解決方手段是在衝突的 2 個模組中間，本例是 delivery 和 discount，再建立第 3 個模組，該模組會抽出其他 2 個模組共用的程式碼。

在第二次分析後，因爲系統在決定折扣與票價時都會使用核心的計價（pricing）引擎，也都會發郵件（email）通知，因此抽出共用套件，並規劃模組名稱如下：

表 14-11　第二次分析後的新增的模組與套件關係表

模組	套件
mrt.ticket.tech	mrt.ticket.pricing mrt.ticket.email

修正關係 4 和 5 爲：

4. 模組 delivery 決定票價時使用模組 tech。

5. 模組 discount 決定折扣時使用模組 tech。

建立第二次規劃的關係圖：

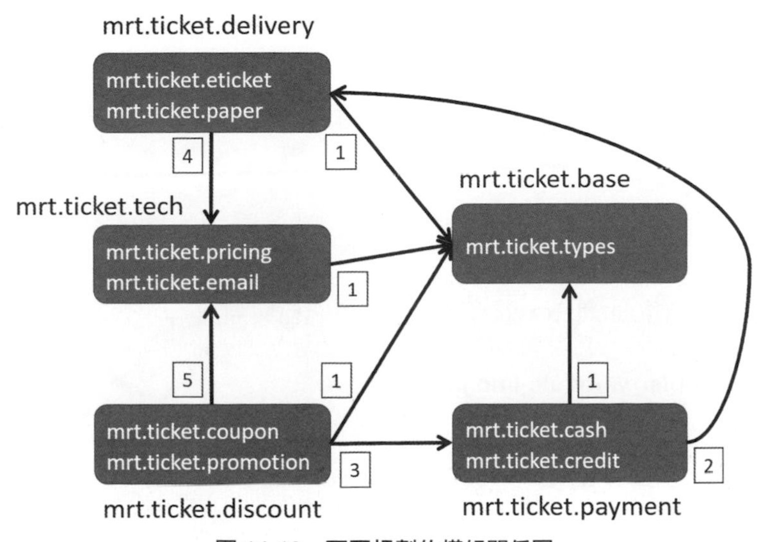

圖 14-12　更正規劃的模組關係圖

修正後，就沒有循環依賴的問題。

14.4.5 循環的相依性導致無法編譯

在前一節已經陳述了 Java 不允許模組之間存在循環依賴關係的觀念，接下來以實際程式碼進行示範。

我們的範例很簡單，就是當模組 modu.a 需要模組 modu.b 時，模組 modu.b 又同時需要模組 modu.a 會怎樣？

專案 modu.a

首先我們建立專案 modu.a，同時建立類別與模組資訊檔：

範例：/modu.a/src/modu/a/MyClassA.java

```
01  package modu.a;
02  public class MyClassA {
03  }
```

範例：/modu.a/src/module-info.java

```
01  module modu.a {
02      exports modu.a;
03  //  requires modu.b;
04  }
```

module-info.java 的行 3 程式碼先予註解，等專案 modu.b 建立完成後再啓用，看結果如何。

專案 modu.b

接下來我們建立專案 modu.b，同時建立模組資訊檔與類別：

範例：/modu.b/src/module-info.java

```
01  module modu.b {
02      requires modu.a;
03  }
```

剛建立 module-info.java 時，會遇到編譯失敗的提示訊息「modu.a cannot be resolved to a module」，意思是「不認識模組 modu.a」。

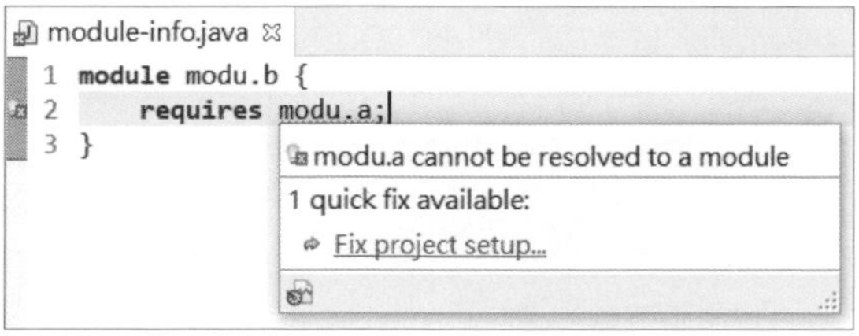

module-info.java

```
1 module modu.b {
2     requires modu.a;
3 }
```

modu.a cannot be resolved to a module
1 quick fix available:
Fix project setup...

圖 14-13 模組 modu.b 不認識模組 modu.a

在 Eclipse 內的解決方式是在專案 modu.b 的屬性視窗裡，點選左側「Java Build Path」節點，再點選頁籤「Projects」後，使用「Add」按鈕將專案 modu.a 加入到 Modulepath 節點下。

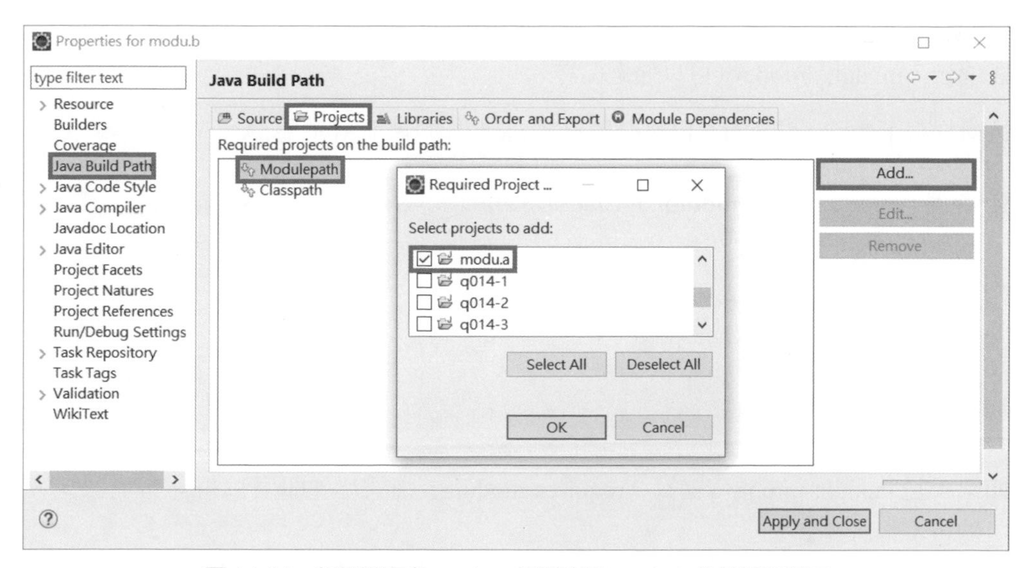

圖 14-14 將關聯專案 modu.a 加到專案 modu.b 的模組路徑下

完成後，如下圖所示。

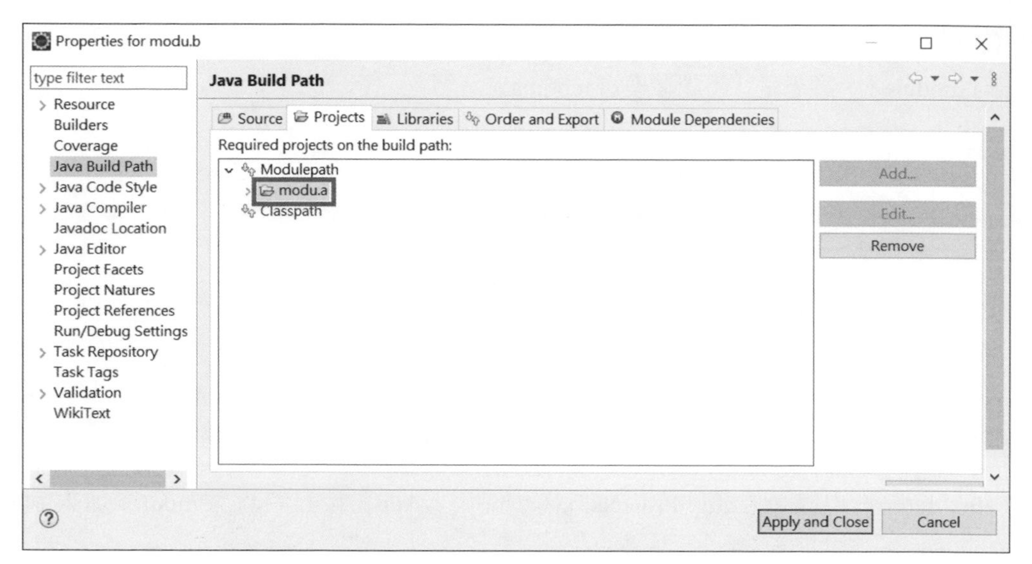

圖 14-15　專案 modu.b 成為專案 modu.a 的模組路徑成員

完成後，module-info.java 可以通過編譯。

再新增以下類別，注意行 2 已經引用專案 modu.a 的類別 MyClassA：

範例：/modu.b/src/modu/b/MyClassB.java

```
01  package modu.b;
02  import modu.a.MyClassA;
03  public class MyClassB {
04      MyClassA a;
05  }
```

如果不是 module-info.java 編寫「requires modu.a」程式行，即便 Eclipse 裡有設定，這裡也不會通過編譯。

驗證 2 個模組的依賴關係出現循環現象將編譯失敗

目前的情境是 modu.b 需要 modu.a；如果我們也讓 modu.a 需要 modu.b 呢？亦即將專案 modu.a 的 module-info.java 啓用以下行 3：

範例：/modu.a/src/module-info.java

```
01  module modu.a {
02      exports modu.a;
03      requires modu.b;
04  }
```

則行3編譯失敗，提示錯誤訊息爲「Cycle exists in module dependencies, Module modu.a requires itself via modu.b」，亦即警告模組間的依賴（dependencies）關係出現循環（cycle）。

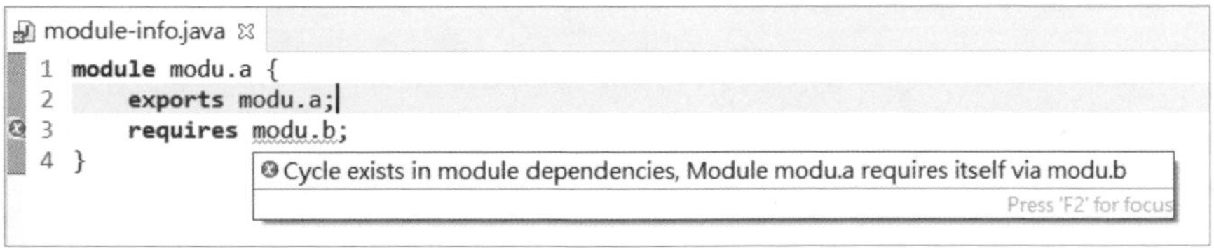

圖 14-16　模組間出現循環依賴

14.5　模組化 Java 服務結構

本節內容將說明如何新建服務（service）。服務由以下三者所組成：

1. 服務提供者的介面（Service Provider Interface），縮寫爲 SPI。
2. 該介面引用的類別。
3. 取得該介面實作的機制，又稱「服務定位器（service locator）」。

這些都是固定的機制，而服務提供者的實作，因爲可以隨時抽換或擴充，一般不算在服務的範圍內。

服務對 Java 而言不是新功能，在 Java 6 就存在了 ServiceLoader 類別，它的功能主要是擴充應用程式，而且可以在不重新編譯整個應用程式的情況下新增功能。列舉 SPI 常見的應用如下：

1. Java Database Connectivity
2. Java Cryptography Extension
3. Java Naming and Directory Interface
4. Java API for XML Processing
5. Java Business Integration
6. Java Sound
7. Java Image I/O
8. Java File Systems

隨著 Java 推出模組功能，SPI 又可以與服務的功能整合。

後續我們使用的旅遊（travel）範例程式的模組關聯設計如下：

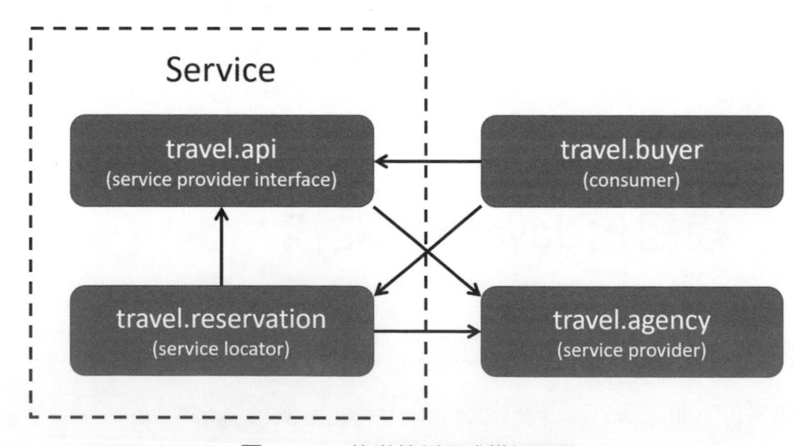

圖 14-17 旅遊範例程式模組關聯

其中的模組 travel.api 和 travel.reservations 構成了服務，因爲它們由介面和搜尋功能組成；實務上也可以被合併成單一模組。

14.5.1 建立服務提供者介面模組

建立模組專案 travel.api

首先，我們在 travel.api 模組定義了一個 Gift 類別，它屬於服務的一部分，因爲它將被服務提供者介面引用：

範例：/travel.api/src/travel/api/Gift.java

```
01  package travel.api;
02  public class Gift {
03      private String description;
04      public String getDescription() {
05          return description;
06      }
07      public void setDescription(String description) {
08          this.description = description;
09      }
10  }
```

接下來編寫「服務提供者介面（service provider interface)」如下，定義了服務具有的行爲，它同時在行 5 引用了 Gift 類別：

範例：/travel.api/src/travel/api/Tour.java

```
01  package travel.api;
02  public interface Tour {
03      String name();
04      int price();
05      Gift getGift();
06  }
```

最後建立模組資訊檔：

範例：/travel.api/src/module-info.java

```
01  module travel.api {
02      exports travel.api;
03  }
```

此外，服務提供者介面其實也可以改用抽象類別，因爲名稱有「介面」，大家也就習慣使用 interface。

完整的服務除了前述的介面和引用類別外，也包含取得該介面實作的機制，亦即服務定位器，將在下一小節說明。

使用 DOS 指令編譯和打包

後續的本章小節都會使用 Eclipse 設定模組專案之間的關係。若讀者想使用指令的操作，可以使用以下指令打包，並產出模組 JAR 檔：

```
01  cd C:\java11\code\travel.api
02  javac -p mods -d bin src/travel/api/*.java src/module-info.java
03  jar -cvf mods/travel.api.jar -C bin/ .
```

行 1 的路徑是以筆者的專案路徑根目錄爲例，讀者要換成自己的再執行。完成所有指令後，產出 C:\java11\code\travel.api\mods\travel.api.jar 檔案，可用於後續其他模組專案。

14.5.2 建立服務定位器模組

建立模組專案 travel.reservations

爲了完成完整的服務，我們還需要一個服務定位器，用來找出有實作「服務提供者介面」的類別，這次建立 travel.reservations 模組專案來達成這個目的。因爲需要使用 travel.api 模組，首先要在 Eclipse 內設定相依關係：

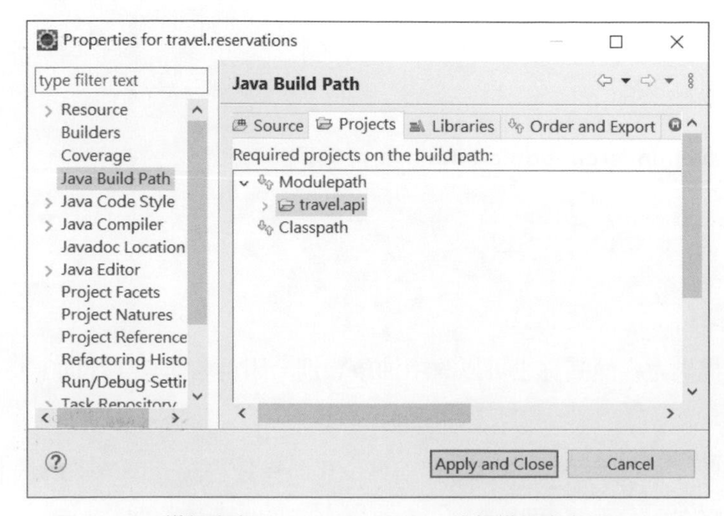

圖 14-18　模組專案 travel.reservations 依賴模組專案 travel.api

再來是編寫模組資訊檔。因爲服務定位器將搜尋實作介面 travel.api.Tour 的類別，因此在行 4 使用 uses 指令。在這裡指令 requires 和 uses 都是需要的，一個用於編譯，一個用於搜尋：

範例：/travel.reservations/src/module-info.java

```
01  module travel.reservations {
02      exports travel.reservations;
03      requires travel.api;
04      uses travel.api.Tour;
05  }
```

Java 已經使用 SPI 的架構提供不少服務，因此也定義了一個 ServiceLocator 類別來幫助完成這項任務。只要將服務提供者介面的型態傳遞給它的 load() 方法，就可以回傳找到的服務實作。節錄 final 類別 ServiceLoader 的部分程式碼：

範例：java.util.ServiceLoader

```
01  public final class ServiceLoader<S> implements Iterable<S> {
02      public static <S> ServiceLoader<S> load(Class<S> service) {
03          // 實作內容
04      }
05      // 其他方法
06  }
```

說明

1	使用泛型 <S> 代表要尋找的服務介面型態 S。
1	實作 Iterable<S>，所以可以 iterate() 方法或進階 for-each 迴圈取出服務介面的實作。
2	靜態方法 load() 可以回傳 ServiceLoader 物件。

以下以類別 TourFinder 示範 ServiceLocator 的使用方式，如行 6 與行 14：

範例：/travel.reservations/src/travel/reservations/TourFinder.java

```
01  package travel.reservations;
02  import java.util.*;
```

```
03  import travel.api.*;
04  public class TourFinder {
05      public static Tour findTour() {
06          ServiceLoader<Tour> loader = ServiceLoader.load(Tour.class);
07          for (Tour tour : loader) {
08              return tour;
09          }
10          return null;
11      }
12      public static List<Tour> findAllTours() {
13          List<Tour> tours = new ArrayList<>();
14          ServiceLoader<Tour> loader = ServiceLoader.load(Tour.class);
15          for (Tour tour : loader) {
16              tours.add(tour);
17          }
18          return tours;
19      }
20  }
```

範例中提供了 2 種搜尋方法。如果期望只回傳一個 Tour，可以使用方法 findTour()；另一個回傳 List 物件，可以容納任意數量的服務提供者，這也表示執行時期服務定位器可能找到許多服務提供者，但也可能沒有。

實務上使用 ServiceLoader 的成本相對是高的，建議可以把搜尋的結果快取（cache）在記憶體內。

到目前為止，已經編寫了服務提供者介面和取得介面實作的機制，基本上服務架構已經建置完成。

使用 DOS 指令編譯和打包

若不使用 Eclipse 設定依賴的模組專案，就要先把 travel.api.jar 放到 C:\java11\code\travel.reservations\mods 路徑下，再執行以下 DOS 指令：

```
01  cd C:\java11\code\travel.reservations
02  javac -p mods -d bin src/travel/reservations/*.java src/module-info.
                                                                  java
03  jar -cvf mods/travel.reservations.jar -C bin/ .
```

將產出 C:\java11\code\travel.reservations\mods\travel.reservations.jar 檔案，可用於後續範例專案。

14.5.3 建立用戶端程式模組

接下來是建立用戶端程式以呼叫服務定位器。「用戶端程式」是指「獲取和使用服務」的模組，一旦用戶端程式透過「服務定位器」取得「服務實作」，它就能夠參考服務提供者介面提供的方法，以執行服務。

建立模組專案 travel.buyer

這次編寫 travel.buyer 模組專案來達成這個目的。因爲需要使用 travel.api 與 travel.reservations 模組，必須先在 Eclipse 內設定相依關係。

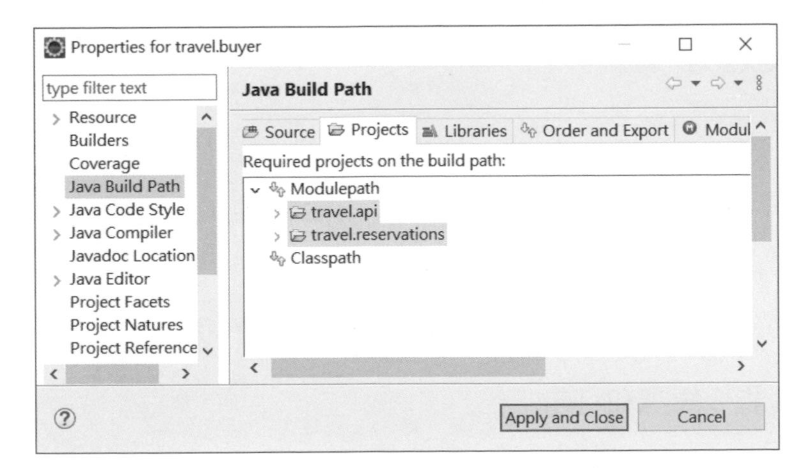

圖 14-19　模組專案 travel.buyer 依賴模組專案 travel.api 與 travel.reservations

接下來編寫模組資訊檔：

範例：/travel.buyer/src/module-info.java

```
01  module travel.buyer {
02      requires travel.api;
03      requires travel.reservations;
04  }
```

建立用戶端程式：

範例：/travel.buyer/src/travel/buyer/TourBuyer.java

```
01  package travel.buyer;
02  import java.util.List;
03  import travel.api.Tour;
04  import travel.reservations.TourFinder;
05  public class TourBuyer {
06      public static void main(String[] args) {
07          Tour tour = TourFinder.findTour();
08          System.out.println("find tour: " + tour);
09          List<Tour> tours = TourFinder.findAllTours();
10          System.out.println("find tours: " + tours);
11      }
12  }
```

執行結果為找不到任何服務：

結果

```
find tour: null
find tours: []
```

這符合預期，因為我們的確尚未建立服務提供者介面的實作類別。

使用 DOS 指令編譯和打包

若不使用 Eclipse 設定依賴的模組專案，就要先把 travel.api.jar 和 travel.reservations.jar 放到 C:\java11\code\travel.buyer\mods 路徑下，再執行以下 DOS 指令：

```
01  cd C:\java11\code\travel.buyer
02  javac -p mods -d bin src/travel/buyer/*.java src/module-info.java
03  jar -cvf mods/travel.buyer.jar -C bin/ .
04  java -p mods -m travel.buyer/travel.buyer.TourBuyer
```

除了產出 C:\java11\code\travel.buyer\mods\travel.buyer.jar 檔案外，行 4 執行後，將得到與先前一致的結果。

14.5.4 建立服務提供者介面實作模組

建立模組專案 travel.agency

「服務提供者」是服務提供者介面的實作。正如我們之前所說，在執行時允許多個實作類別存在，但這裡我們只示範一個。

我們的服務提供者模組專案是 travel.agency，和服務提供者介面模組專案 travel.api 分開。這與實務符合，因為服務提供者經常是委外經營，或由其他團隊開發維護。

首先設定本模組與 travel.api 的依賴關係，如下圖所示。

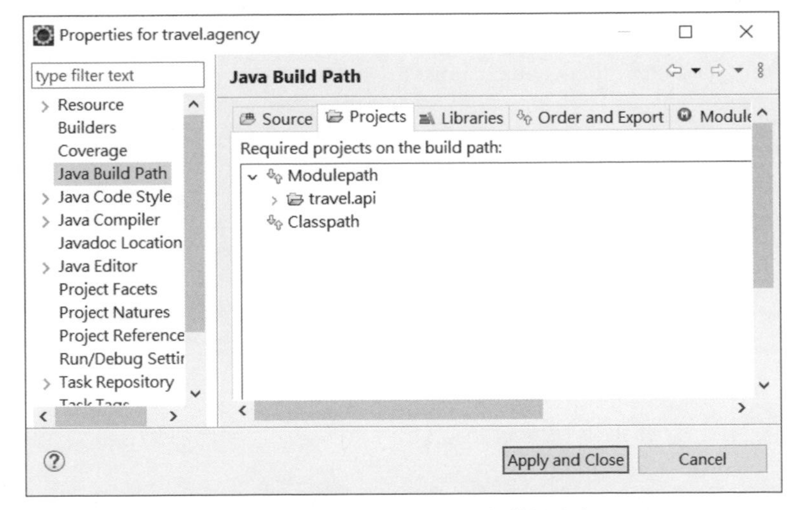

圖 14-20 模組專案 travel.agency 依賴模組專案 travel.api

建立模組資訊檔：

範例：/travel.agency/src/module-info.java

```
01  module travel.agency {
02      requires travel.api;
03      provides travel.api.Tour with travel.agency.TourImpl;
04  }
```

行 2 以 requires 指令引入套件 travel.api 符合預期，因為要建立介面實作需要使用介面。

在行 3 部分，我們沒有直接 exports 完成後的服務實作，改使用指令 provides 指示該模組提供一個滿足服務介面 travel.api.Tour 的實作 travel.agency.TourImpl，因爲規則是要藉由服務定位器找出服務實作。

服務實作類別 travel.agency.TourImpl 編寫如下。旅遊行程是 7 天期的台北之旅，價錢 7000 元，贈品是一件 T-shirt：

範例：/travel.agency/src/travel/agency/TourImpl.java

```
01  package travel.agency;
02  import travel.api.Gift;
03  import travel.api.Tour;
04  public class TourImpl implements Tour {
05      public String name() {
06          return "One week tour for Taipei";
07      }
08      public int price() {
09          return 7000;
10      }
11      public Gift getGift() {
12          Gift gift = new Gift();
13          gift.setDescription("T-shirt");
14          return gift;
15      }
16  }
```

再執行模組專案 travel.buyer

接下來，要重新執行模組專案 travel.buyer 的 TourBuyer.java。開始之前，先新增 travel.agency 到 travel.buyer 的模組路徑中。

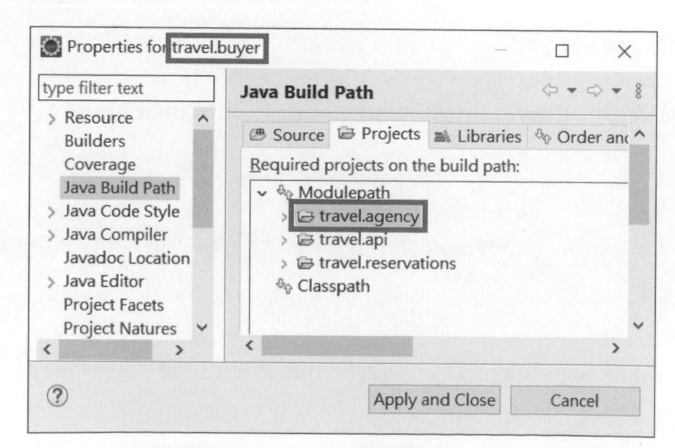

圖 14-21　模組專案 travel.buyer 再新增 travel.buyer 到模組路徑

執行 TourBuyer.java 的 main() 方法後，結果爲：

結果

```
find tour: travel.agency.TourImpl@39ba5a14
find tours: [travel.agency.TourImpl@3498ed]
```

注意，我們並沒有重新編譯 travel.reservations 或 travel.buyer 套件。服務定位器能夠找到可用的「服務提供者實作」並使用它，當然前提還是要把包含實作的模組加到模組路徑中。

這樣的架構很有用，當我們想抽換某個介面的實作時，就可以藉由更換模組的方式達成，而且不用重新編譯專案。

在軟體開發時，將不同元件分離成獨立部分的概念稱爲「鬆耦合（decouple）」。鬆耦合程式碼的一個優點是它可以很容易地被替換，而且對依賴被替換元件的程式碼有最小幅度的異動，甚至不用更改。

藉由鬆耦合的架構，服務在執行時期時，就可以很輕鬆地替換或擴充。

使用 DOS 指令編譯和打包

若不使用 Eclipse 設定依賴的模組專案，就要先把 travel.api.jar 放到 C:\java11\code\travel.agency\mods 路徑下，再執行以下 DOS 指令：

```
01    cd C:\java11\code\travel.agency
02    javac -p mods -d bin src/travel/agency/*.java src/module-info.java
03    jar -cvf mods/travel.agency.jar -C bin/ .
```

可產出 C:\java11\code\travel.agency\mods\travel.agency.jar 檔案。

接下來把 travel.agency.jar 檔案放到 C:\java11\code\travel.buyer\mods 路徑內，不用重新編譯程式，再執行：

```
01    cd C:\java11\code\travel.buyer
02    java -p mods -m travel.buyer/travel.buyer.TourBuyer
```

會得到與 Eclipse 一致的執行結果。

14.5.5 合併服務提供者介面模組之外的所有模組

在經歷服務提供者介面、服務定位器、用戶端程式、服務提供者介面實作等 4 個模組的個別示範後，接下來將合併除了服務提供者介面之外的模組。

之前我們在 travel.agency 模組建立第一個服務提供者實作 TourImpl，接下來將新建模組專案 travel.mix，並編寫第二個服務提供者實作 travel.mix.TourImpl2。

設定模組資訊檔如下：

範例：/travel.mix/src/module-info.java

```
01  module travel.mix {
02      requires travel.api;
03      uses travel.api.Tour;
04      provides travel.api.Tour with travel.mix.TourImpl2;
05  }
```

類別 TourImpl2 實作介面 Tour。這次內容是 3 天期的台北之旅，價錢 3000 元，贈品是一份早餐：

範例：/travel.mix/src/travel/mix/TourImpl2.java

```
01  package travel.mix;
02  import travel.api.Gift;
03  import travel.api.Tour;
04  public class TourImpl2 implements Tour {
05      public String name() {
06          return "3 days tour for Taipei";
07      }
08      public int price() {
09          return 3000;
10      }
11      public Gift getGift() {
12          Gift gift = new Gift();
13          gift.setDescription("breakfirst");
14          return gift;
15      }
16  }
```

已知介面 travel.api.Tour 的實作一共 2 個，儘管分布在不同模組，Java 的服務架構依然可以藉由 ServiceLoader 類別將其找出。

先前我們介紹過 ServiceLoader 的 load() 方法，接下來要使用另一個 stream() 方法，節錄 final 類別 ServiceLoader 的部分程式碼如下：

範例：java.util.ServiceLoader

```
01  public final class ServiceLoader<S> implements Iterable<S> {
02      public Stream<Provider<S>> stream() {
03          // 實作內容
04      }
05      public static interface Provider<S> extends Supplier<S> {
06          Class<? extends S> type();
07          @Override S get();
08      }
09      private static class ProviderImpl<S> implements Provider<S> {
10          // 實作內容
11      }
12      // 其他方法
13  }
```

行 2 的方法 stream() 回傳了一個 Stream<Provider<S>> 物件。型態 Provider 是 ServiceLoader 的內部靜態介面，同時有提供它的內部靜態實作 ProviderImpl。

取得 ProviderImpl 後，就可以再呼叫 get() 方法取得服務的實作。看以下示範：

範例：/travel.mix/src/travel/mix/TourPriceCheck.java

```
01  package travel.mix;
02  import java.util.OptionalInt;
03  import java.util.ServiceLoader;
04  import java.util.ServiceLoader.Provider;
05  import travel.api.Tour;
06  public class TourPriceCheck {
07      public static void main(String[] args) {
08          OptionalInt max =
09                  ServiceLoader.load(Tour.class)
10                      .stream()
11                      .map(Provider::get)
12                      .mapToInt(Tour::price)
```

```
13                      .max();
14          max.ifPresent(System.out::println);
15          OptionalInt min =
16                  ServiceLoader.load(Tour.class)
17                      .stream()
18                      .map(Provider::get)
19                      .mapToInt(Tour::price)
20                      .min();
21          min.ifPresent(System.out::println);
22      }
23  }
```

其中行 8-14 與行 15-21 相似，前者找出 Tour 實作裡最高價錢的行程，後者找出最低價錢的行程。

程式執行前，記得先把包含另一個服務提供者 TourImpl 的模組專案 travel.agency 加到相依的專案模組路徑。

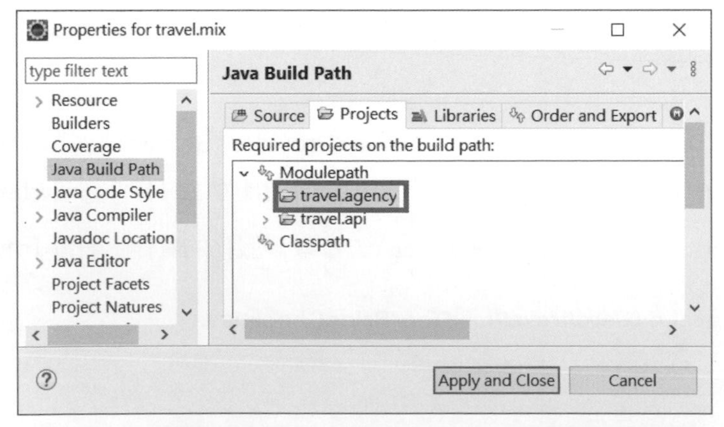

圖 14-22　模組專案 travel.mix 新增 travel.agency 到專案模組路徑

執行結果符合預期：

結果

```
7000
3000
```

小結

本章建立的模組專案與服務架構對應表如下：

表 14-12　模組專案與服務架構對應表

分類	服務一部分？	模組專案	模組資訊檔指令
服務提供者介面 Service Provider Interface	YES	travel.api	exports
服務定位器 Service Locator	YES	travel.reservations	requires exports uses
服務提供者(實作) Service Provider	NO	travel.agency	requires provides with
服務使用者 Consumer	NO	travel.buyer	requires
服務定位器 服務提供者(實作) 服務使用者	N/A	travel.mix	requires uses provides with

開發安全的 Java 程式 15

章節提要

15.1 設計安全物件

Java 提供了許多機制來保護我們建立的物件。在本節中，我們將了解存取控制、可繼承性、驗證和建立不可改變（immutable）的物件等，這些技術都可以保護物件免受駭客的攻擊。

15.1.1 限制可存取性

駭客知道一般系統都會有驗證帳號密碼的安全機制，因此非常希望取得系統使用者的帳號密碼組合清單。先從一個不好的實作開始：

範例：/java11-ocp-2/src/course/c15/access/PasswordManagerV1.java

```
01  public class PasswordManagerV1 {
02      public Map<String, String> passwordRepo;
03  }
```

因爲儲存帳號密碼的 Map 具有 public 的存取控制，因此任何外部類別都可以存取，這也是未使用「封裝（encapsulation）」的問題，記得設計類別時，應該使用「最小權限（least privilege）」原則，建議修改爲 private，並設計安全的存取方式。

範例：/java11-ocp-2/src/course/c15/access/PasswordManagerV2.java

```
01  public class PasswordManagerV2 {
02      private Map<String, String> passwordRepo;
03      public boolean isPasswordValid(String account, String password) {
04          var pwd = passwordRepo.get(account);
05          return password.equals(pwd);
06      }
07  }
```

我們盡量不把儲存帳號密碼的物件暴露給 PasswordManagerV2 之外的任何類別，因此使用 default 的存取層級會優於 public，使用 private 又優於 default。

此外如果程式本身使用 Java 模組系統，又有 exports 模組的需要，也應該 exports 套件給需要此套件的模組，如：

```
01  module some.security {
02      exports some.security to zoo.staff;
03  }
```

如此只有模組 zoo.staff 可以使用 some.security 套件內的 public 類別。

15.1.2 限制可繼承性

當我們因提升安全性而建立 PasswordManagerV2 的同時，駭客也在研究取得系統帳號密碼的方式。因爲駭客無法利用存取授權的漏洞，直接取得整個系統的帳號密碼，他想改用反覆試驗（trial and error）的方法來逐一破解帳號密碼，作法是建立 PasswordManagerV2 的惡意子類別。

範例：/java11-ocp-2/src/course/c15/inherit/MaliciousPasswordManager.java

```
01  public class MaliciousPasswordManager extends PasswordManagerV2 {
02      @Override
03      public boolean isPasswordValid(String account, String password) {
```

```
04            var valid = super.isPasswordValid(account, password);
05            if (valid) {
06                // email the password to Hacker
07            }
08            return valid;
09        }
10    }
```

只要駭客利用 Java 的多型將 PasswordManagerV2 置換爲 MaliciousPasswordManager，就可以神不知鬼不覺將所有密碼藉由電子郵件發送給自己。

幸運的是，有一種簡單的方法可以防止這個問題，只要將機敏類別宣告爲 final，就可以防止被繼承。

範例：/java11-ocp-2/src/course/c15/inherit/PasswordManagerV3.java

```
01    public final class PasswordManagerV3 {
02        private Map<String, String> passwordRepo;
03        public boolean isPasswordValid(String account, String password) {
04            var pwd = passwordRepo.get(account);
05            return password.equals(pwd);
06        }
07    }
```

15.1.3 建立不可更改（immutable）物件

之前內容提過「不可更改（immutable）」物件是一種在建立後無法更改狀態的物件，建立不可更改物件在編寫安全程式碼時很有幫助，因爲不必擔心值會發生變化，或是被竄改；在處理多執行緒情境時，還簡化了程式碼。

我們在書中使用了一些不可更改的物件，像 String、Path 等；使用 List.of()、Set.of() 和 Map.of() 時回傳的物件也都是。

編寫一個不可更改的類別時，要注意幾個地方：

1. 將類別宣告爲 final。

2. 將所有實例變數宣告爲 private。

3. 不要定義任何 setter 方法，並將欄位宣告 final。

4. 不允許類別參照到的其他物件被修改。
5. 使用建構子設定物件的所有屬性；需要時，可以將傳入的物件參考予以複製，避免違反前述原則。

其中，規則 1 可以阻止任何人建立「可更改（mutable）」的子類別，這和限制可繼承性的作法相同；規則 2 提供了良好的封裝；規則 3 則確保類別使用者和本身不會更改實例變數。

規則 4 比較特別，類別爲了遵守規則 4，可能連 getter 方法都不能定義。如以下範例類別 AnimalV1 不能算是 immutable：

範例：/java11-ocp-2/src/course/c15/immutable/AnimalV1.java

```
01  public final class AnimalV1 {
02      private final List<String> foods;
03      public AnimalV1() {
04          this.foods = new ArrayList<>();
05          this.foods.add("Apples");
06      }
07      public List<String> getFoods() {
08          return foods;
09      }
10  }
```

我們雖然遵循了前 3 個規則，但駭客還是可以透過以下範例行 3 的手段清空物件欄位資料，或是如行 4 增加系統不預期的資料：

範例：/java11-ocp-2/src/course/c15/immutable/AnimalV1.java

```
01  public static void main(String args[]) {
02      AnimalV1 a = new AnimalV1();
03      a.getFoods().clear();
04      a.getFoods().add("poison");
05  }
```

如果我們可以改變它的內容狀態，它就不是一個 immutable 的物件。

修改的原則是不能讓 getter 方法暴露了物件欄位，如本例的 List<String>，亦即未達成規則 4 的要求。但如果沒有提供 getter 方法，呼叫者該如何存取它？我們可以藉由「方法委派（method delegation）」的技巧來減少提供的資料，如以下範例行 7-12：

範例：/java11-ocp-2/src/course/c15/immutable/AnimalV2.java

```
01  public final class AnimalV2 {
02      private final List<String> foods;
03      public AnimalV2() {
04          this.foods = new ArrayList<>();
05          this.foods.add("Apples");
06      }
07      public int getFoodsCount() {
08          return foods.size();
09      }
10      public String getFoodsElement(int index) {
11          return foods.get(index);
12      }
13  }
```

在這個改進的版本中，呼叫者依然可以取得物件欄位資料；然而它是一個眞正的 immutable 物件，因爲呼叫者不能修改物件欄位資料。

另一種選擇是建立物件欄位資料的「副本（copy）」，並在需要時隨時回傳該副本，如以下範例行 7-9，因此駭客只能竄改自己取得的副本，原始資料依然安全。

範例：/java11-ocp-2/src/course/c15/immutable/AnimalV3.java

```
01  public final class AnimalV3 {
02      private final List<String> foods;
03      public AnimalV3() {
04          this.foods = new ArrayList<>();
05          this.foods.add("Apples");
06      }
07      public List<String> getFoods() {
08          return List.copyOf(this.foods);
09      }
10  }
```

在下一節中，如果類別實作了 Cloneable 介面，我們示範另一種複製物件的方法。

還有一種情況，假設 Animal 物件的資料欄位 foods 改由呼叫者提供，因此程式開放以建構子傳入資料，如以下範例行 4：

範例：/java11-ocp-2/src/course/c15/immutable/AnimalV4.java

```
01 public final class AnimalV4 {
02     private final List<String> foods;
03     public AnimalV4(List<String> foods) {
04         if (foods == null)
05             throw new RuntimeException("foods is required");
06         this.foods = foods;
07     }
08     public int getFoodsCount() {
09         return foods.size();
10     }
11     public String getFoodsElement(int index) {
12         return foods.get(index);
13     }
14 }
```

為了確保資料不為空，我們在建構子中驗證它，如範例行 4-5；若沒有提供，則拋出例外物件。

此時，駭客可以由建構子傳入一個物件，但依然保留物件參照，所以可以直接修改它，如以下範例行 6。如此，類別已經不再是 immutable，可能因此導致後續程式執行的異常：

範例：/java11-ocp-2/src/course/c15/immutable/AnimalV4.java

```
01 public static void main(String args[]) {
02     var favorites = new ArrayList<String>();
03     favorites.add("Apples");
04     var animal = new AnimalV4(favorites);
05     System.out.println(animal.getFoodsCount());
06     favorites.clear();
07     System.out.println(animal.getFoodsCount());
08 }
```

解決方案是在建構子傳入物件後立即予以複製，亦即註解行 4，並改用行 5：

範例：/java11-ocp-2/src/course/c15/immutable/AnimalV4.java

```
01  public AnimalV4(List<String> foods) {
02      if (foods == null)
03          throw new RuntimeException("foods is required");
04  //  this.foods = foods;
05      this.foods = new ArrayList<String>(foods);
06  }
```

這類複製操作被稱爲「防禦性複製（defensive copy）」，因爲複製是爲了防止程式碼出現意外情況。藉由這類作法，物件資料可以不被竄改。

15.1.4 複製（clone）物件

介面 Cloneable

Java 定義了介面 Cloneable 如下，和介面 Serializable 相似都是標記型（marker）介面，用來標記類別產生的物件是否具備「複製（clone）」的能力：

範例：java.lang.Cloneable

```
01  package java.lang;
02  public interface Cloneable {
03  }
```

類別 Object 的 clone() 方法

類別 Object 裡有內建的 clone() 方法，因此只要是 Java 物件就具備複製的能力，但要先釐清該方法的前提與限制。參考一段 API 檔案的說明（URL https://docs.oracle.com/en/java/javase/11/docs/api/java.base/java/lang/Object.html）：

clone

`protected Object clone() throws CloneNotSupportedException`

Creates and returns a copy of this object. The precise meaning of "copy" may depend on the class of the object. The general intent is that, for any object x, the expression:

```
x.clone() != x
```

will be true, and that the expression:

```
x.clone().getClass() == x.getClass()
```

will be true, but these are not absolute requirements. While it is typically the case that:

```
x.clone().equals(x)
```

will be true, this is not an absolute requirement.

By convention, the returned object should be obtained by calling super.clone. If a class and all of its superclasses (except Object) obey this convention, it will be the case that x.clone().getClass() == x.getClass().

圖 15-1　方法 clone() 的 API 部分說明

使用 clone() 將回傳 Object 型態的物件，因此還必須予以轉型（casting）。其他為：

1. 新建並回傳此物件的複製版本。這裡「複製」的確切含義，可能取決於物件的類別。一般而言，對於任何物件 x，表達式「x.clone() != x」的執行結果會是 true，而表達式「x.clone().getClass() == x.getClass()」的執行結果也會是 true，但這些並非絕對如此；雖然通常的情況滿足「x.clone().equals(x)」，但也不是絕對的要求。
2. 依照慣例，回傳的物件應該透過呼叫 super.clone() 來取得。如果一個類別和它的所有父類別（類別 Object 除外）都遵守這個約定，那表達式「x.clone().getClass() == x.getClass()」就會滿足。

另一段 API 敘述：

The method clone for class Object performs a specific cloning operation. First, if the class of this object does not implement the interface Cloneable, then a CloneNotSupportedException is thrown. Note that all arrays are considered to implement the interface Cloneable and that the return type of the clone method of an array type T[] is T[] where T is any reference or primitive type. Otherwise, this method creates a new instance of the class of this object and initializes all its fields with exactly the contents of the corresponding fields of this object, as if by assignment; the contents of the fields are not themselves cloned. Thus, this method performs a "shallow copy" of this object, not a "deep copy" operation.

The class Object does not itself implement the interface Cloneable, so calling the clone method on an object whose class is Object will result in throwing an exception at run time.

圖 15-2　方法 clone() 的 API 部分說明

大意為：

1. 類別 Object 的 clone() 方法可以執行特定的複製操作，但如果要呼叫 clone() 方法的物件的類別沒有實作介面 Cloneable，就會拋出例外 CloneNotSupportedException。
2. 所有陣列都被認為實作了介面 Cloneable，並且陣列型別 T[ ] 的 clone() 方法的回傳類型也是 T[ ]，其中 T 可以是任何參考或基礎型別。
3. 方法 clone() 將新建該物件的來源類別的新物件實例，並使用該物件的相應欄位的內容來初始化新物件實例所有欄位，就像透過賦值（assignment）而給予欄位值一樣。
4. 欄位的內容本身不會被複製，因此 clone() 方法執行此物件的「淺層複製（shallow copy）」，而非「深層複製（deep copy）」操作。
5. 類別 Object 本身並不實作介面 Cloneable，因此在類別為 Object 的物件上呼叫 clone() 方法，將導致執行時期時拋出例外。

使用以下範例說明。首先建立類別 Department：

範例：/java11-ocp-2/src/course/c15/immutable/clone/Department.java

```
01  public class Department {
02      private String name;
03      public Department(String name) {
04          this.name = name;
05      }
06      // getters & setters
07      // hashCode() & equals()
08  }
```

建立類別 Employee 如下，欄位相依於類別 Department。此外必須：

1. 行 1 實作介面 Cloneable，以標記（mark）類別具有複製能力。
2. 行 10 覆寫 Object 類別的 clone() 方法時，依 API 指示呼叫 super.clone()。

範例：/java11-ocp-2/src/course/c15/immutable/clone/Employee.java

```
01  public class Employee implements Cloneable {
02      private int empId;
03      private Department dept;
```

```
04        public Employee(int id, Department dept) {
05            this.empId = id;
06            this.dept = dept;
07        }
08        @Override
09        protected Object clone() throws CloneNotSupportedException {
10            return super.clone();
11        }
12        // getters & setters
13        // hashCode() & equals()
14    }
```

使用 TestCloning 驗證 API 敘述：

範例：/java11-ocp-2/src/course/c15/immutable/clone/TestCloning.java

```
01    public class TestCloning {
02        public static void main(String[] args) throws
                                                CloneNotSupportedException {
03            testBaseRule();
04            testShallowCopy();
05        }
06        public static void testBaseRule() throws CloneNotSupportedException {
07            Department dept = new Department("IT");
08            Employee original = new Employee(1, dept);
09            Employee cloned = (Employee) original.clone();
10            System.out.println(original != cloned);
11            System.out.println(original.getClass() == cloned.getClass());
12            System.out.println(original.equals(cloned));
13        }
14        public static void testShallowCopy() throws
                                                CloneNotSupportedException {
15            Department dept = new Department("IT");
16            Employee original = new Employee(1, dept);
17            Employee cloned = (Employee) original.clone();
18            // show department name is the same
19            System.out.println(original.getDept().getName());
20            System.out.println(cloned.getDept().getName());
21            // show department name is the same
22            cloned.getDept().setName("Finance");
23            System.out.println(original.getDept().getName());
```

```
24            System.out.println(cloned.getDept().getName());
25        }
26    }
```

說明

9	呼叫 clone() 方法建立 Employee 的複製物件。若 Employee 未實作 Cloneable 介面，將拋出 CloneNotSupportedException。
10	執行結果為 true，驗證 API 敘述「x.clone() != x」。
11	執行結果為 true，驗證 API 敘述「x.clone().getClass() == x.getClass()」。
12	執行結果為 true，驗證 API 敘述「x.clone().equals(x)」，但前提是必須覆寫類別 Employee 與 Department 的 hashCode() 和 equals() 方法。
19-20	結果均輸出「IT」。驗證物件複製後，與原始物件參考均指向同一記憶位址，稱為「淺層複製（shallow copy）」。
22-24	結果均輸出「Finance」。驗證修改複製物件的欄位，將同時改變原始物件欄位，稱為「淺層複製（shallow copy）」。

複製流程回顧

回顧完整的複製流程：

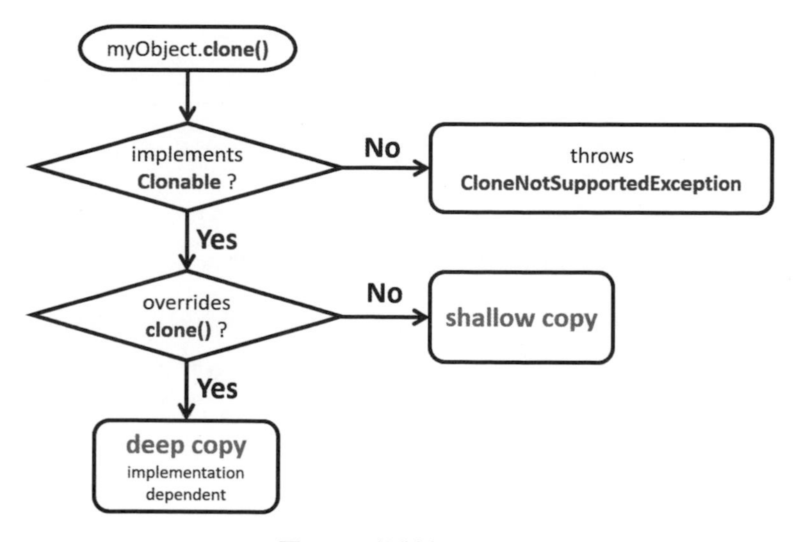

圖 15-3　複製實作流程

使用 clone() 方法進行防禦性複製

使用 clone() 法有助於進行前述的防禦性複製，先把 Animal 類別修改如下，注意行 1 有實作介面 Cloneable，行 11-14 覆寫 clone() 方法：

範例：/java11-ocp-2/src/course/c15/immutable/AnimalV5.java

```
01  public final class AnimalV5 implements Cloneable {
02      private final List<String> foods;
03      public AnimalV5(List<String> foods) {
04          if (foods == null)
05              throw new RuntimeException("foods is required");
06          this.foods = foods;
07      }
08      public List<String> getFoods() {
09          return foods;
10      }
11      @Override
12      protected Object clone() throws CloneNotSupportedException {
13          return super.clone();
14      }
15      public static void main(String[] args) throws Exception {
16          List<String> food = new ArrayList<>();
17          food.add("grass");
18          AnimalV5 animal = new AnimalV5(food);
19          AnimalV5 clone = (AnimalV5) animal.clone();
20          System.out.println(animal == clone);
21          System.out.println(animal.getFoods() == clone.getFoods());
22      }
23  }
```

行 20 執行結果為 false，行 21 為 true，這樣的結果滿足淺層複製的預期，亦即欄位資料複製後的物件參考依然指向原物件欄位的記憶體位置。

我們需要行 21 的結果是 false，因此需要編寫一個執行「深層複製」，並複製內部物件的實作。本例使用深層複製預期建立一個新的 ArrayList 物件，因此更改複製物件的欄位 / 狀態不會影響原始物件。

修改 clone() 方法實作，如下：

範例：/java11-ocp-2/src/course/c15/immutable/AnimalV5.java

```
01    @Override
02    public AnimalV5 clone() throws CloneNotSupportedException {
03        if (foods instanceof ArrayList) {
04            List<String> cloned = (List) ((ArrayList) foods).clone();
05            return new AnimalV5(cloned);
06        } else {
07            // 建立其他 List 實作型態的 clone() 機制
08            // 或是直接拋出例外終止複製
09            throw new CloneNotSupportedException();
10        }
11    }
```

這次輸出結果均為 false，證明無論是類別 Animal 或是欄位 ArrayList<String> 在複製後均產出獨立物件，完成深層複製。

以本範例來說，淺層複製與深層複製的比較示意如下：

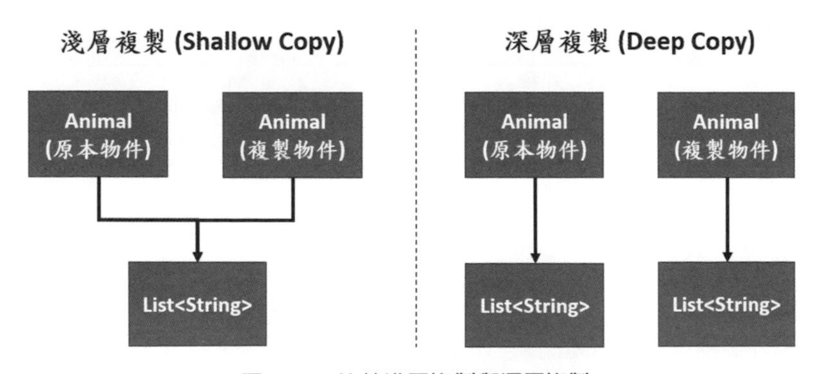

圖 15-4 比較淺層複製與深層複製

15.2 注入（injection）攻擊與輸入（input）驗證

「漏洞利用」（exploit）是一種利用安全性弱點所進行的攻擊，駭客會嘗試利用他能找到的任何程式碼或系統漏洞來進行攻擊，資料庫因為使用頻率高而經常成為攻擊標的。

當使用者輸入資料到系統時，通常都會有相應的解析器（parser）處理。如果輸入的資料需要保存到資料庫，就會經由 SQL 解析器處理；如果需要存成 XML 檔案，就會經由 XML 解析器處理。

如果因為解析器的特性，或是本身存在一些漏洞，就可能被駭客以惡意的輸入（input）進行注入（injection）攻擊；這些危險的輸入通常都是能被解析器執行的特殊指令，本書先前在 JDBC 章節中曾經介紹的 SQL 注入攻擊就是其中之一。

基本上，只要不是直接由自己程式產生的資料，無論是由使用者輸入、從檔案中讀取、甚至由從資料庫中查詢取得，都應被視為可疑資料而進行輸入驗證。在本節中，我們將探討如何使用 PreparedStatement 和輸入驗證，來保護程式免受到注入攻擊。

15.2.1 使用 PreparedStatement 避免 SQL 注入攻擊

以下是一個名稱為「hours」的資料表，用於說明店家每天的營業開始與休息時間。

	DAY	OPENS	CLOSES
1	sunday	9	6
2	monday	10	4
3	tuesday	10	4
4	wednesday	10	5
5	thursday	10	4
6	friday	10	6
7	saturday	9	6

圖 15-5　表格 hours

接下來要示範 2 個不安全的範例，然後進行適當的修復。

使用 Statement 物件查詢

我們編寫了一個使用 Statement 的方法 getOpening1() 如下：

範例：/java11-ocp-2/src/course/c15/injection/SqlLab.java

```
01  public int getOpening1(Connection conn, String day) throws
                                                   SQLException {
02      String sql = "SELECT opens FROM hours WHERE day = '" + day + "'";
03      try (var stmt = conn.createStatement();
04              var rs = stmt.executeQuery(sql)) {
05          if (rs.next())
```

```
06              return rs.getInt("opens");
07          }
08          return -1;
09      }
```

當建立 Connection 物件，並執行以下程式時：

範例：/java11-ocp-2/src/course/c15/injection/SqlLab.java

```
01  // normal as Statement
02  String normalInput = "monday";
03  int opening = getOpening1(conn, normalInput);
04  System.out.println(opening);
```

可以得到 10 的結果。此時執行的 SQL 如下：

```
01  SELECT opens FROM hours
02                  WHERE day = 'monday'
```

但是當駭客這樣輸入：

範例：/java11-ocp-2/src/course/c15/injection/SqlLab.java

```
01  // malicious as Statement
02  String maliciousInput = "monday' OR day IS NOT NULL OR day = 'sunday";
03  opening = getOpening1(conn, maliciousInput);
04  System.out.println(opening);
```

執行的 SQL 變成如下，深色的文字是駭客輸入的內容：

```
01  SELECT opens FROM hours
02                  WHERE day = 'monday'
03                  OR day IS NOT NULL
04                  OR day = 'sunday'
```

這個 SQL 執行結果會是：

	OPENS
1	9
2	10
3	10
4	10
5	10
6	10
7	9

圖 15-6　駭客輸入的 SQL 執行結果

只是因爲程式邏輯只回傳第一筆資料的 opens 欄位，因此輸出 9 的結果。這就是 SQL Injection 的攻擊手法，使用開發者不預期的查詢條件，因此暴露更多資料。想像一般人事系統只允許員工查詢個人資訊，倘若使用 SQL 注入或其他攻擊手法取得其他員工資訊又會如何？

使用 PreparedStatement 物件查詢

顯然我們在使用 Statement 時遇到了不安全的問題，因爲它容易受到 SQL 注入的攻擊。如果將程式碼的物件直接改用 PreparedStatement 呢？比較以下 getOpening2() 方法的範例行 3 的調整：

範例：/java11-ocp-2/src/course/c15/injection/SqlLab.java

```
01  public static int getOpening2(Connection conn, String day) throws
                                                          SQLException {
02      String sql = "SELECT opens FROM hours WHERE day = '" + day + "'";
03      try (var stmt = conn.prepareStatement(sql);
04              var rs = stmt.executeQuery()) {
05          if (rs.next())
06              return rs.getInt("opens");
07      }
08      return -1;
09  }
```

輸入惡意條件進行查詢：

範例：/java11-ocp-2/src/course/c15/injection/SqlLab.java

```
01  // malicious as incorrect prepareStatement
02  opening = getOpening2(conn, maliciousInput);
03  System.out.println(opening);
```

結果依然暴露不預期資訊，我們還沒有解決問題。顯然 PreparedStatement 不是魔術，它能使程式安全，但前提是正確使用它。因此我們改寫為 getOpening3()：

範例：/java11-ocp-2/src/course/c15/injection/SqlLab.java

```
01  public static int getOpening3(Connection conn, String day) throws
                                                          SQLException {
02      String sql = "SELECT opens FROM hours WHERE day = ?";
03      try (var ps = conn.prepareStatement(sql)) {
04          ps.setString(1, day);
05          try (var rs = ps.executeQuery()) {
06              if (rs.next())
07                  return rs.getInt("opens");
08          }
09      }
10      return -1;
11  }
```

再次執行：

範例：/java11-ocp-2/src/course/c15/injection/SqlLab.java

```
01  // malicious as correct prepareStatement
02  opening = getOpening3(conn, maliciousInput);
03  System.out.println(opening);
```

這一次駭客無法得到任何資料，因此回傳 -1。所以使用 PreparedStatement 時，必須一併使用「綁定變數（binding variable）」，否則無效。

15.2.2 使用輸入驗證（Input Validation）過濾無效輸入

SQL 注入攻擊，並不是唯一的注入攻擊類型，指令注入（command injection）也是一種，它使用作業系統指令來進行攻擊。

以下示範如何使用「檔案系統」的指令「..」進行攻擊，本書在「4.2.3 移除路徑裡的多餘組成」有過指令介紹。範例情境和日誌（log）記錄檔有關，設定目錄結構「c15Lab」如下。在大型專案系統中，常見將 log 進行分類，並建立功能讓使用者可以取得 log 進行資料或錯誤分析。

```
java11-ocp-2
  .settings
  bin
  c15Lab
    log
      common
        module1
          log1.txt
        module2
          log2.txt
      private
        secret_log.txt
```

圖 15-7　範例目錄結構

一般的 log 放在 common 目錄內，並以模組名稱的資料夾協助分類；機敏的 log 則放在 private 目錄內，不讓使用者下載。

具有安全性漏洞的範例如下，與本書在第 3 章的範例類別 KeyboardInput.java 結構有些相似。在使用 System.in 取得使用者輸入的字串後，嘗試讀取符合的模組子目錄名稱，並輸出目錄中所有滿足 *.txt 的檔案清單：

範例：/java11-ocp-2/src/course/c15/injection/CommandInjectionLab.java

```
01  public static void main(String[] args) throws IOException {
02      try (BufferedReader in =
03              new BufferedReader(new InputStreamReader(System.in))) {
04          String s = "";
05          while (s != null) {
06              System.out.println("give folder name:");
07              s = in.readLine();
08              if (s != null) {
09                  s = s.trim();
10                  if (s.equals("exit")) {
11                      System.out.println("=== Quit! ===");
12                      System.exit(0);
13                  }
14                  vulnerable(s);
15              }
16          }
17      } catch (IOException e) {
18          e.printStackTrace();
19      }
20  }
21  private static void vulnerable(String dirName) throws IOException {
```

```
22          Path path = Paths.get("c15Lab/log/common/").resolve(dirName);
23          try (Stream<Path> stream = Files.walk(path)) {
24              stream
25                  .filter(p -> p.toString().endsWith(".txt"))
26                  .forEach(System.out::println);
27          }
28      }
29
```

說明

2-3	使用 InputStreamReader 與 BufferedReader 取得使用者標準輸入 (System.in)，可參考範例程式 KeyboardInput.java。
4-7	在使用者有輸入內容的前提下，進行無窮迴圈。
6	提示使用者輸入目錄 / 模組名稱。
7	以 BufferedReader 的 readLine() 方法取得使用者輸入。
10-14	若使用者輸入 "exit" 則程式中止。
14	呼叫有安全性漏洞的邏輯。
22	以使用者輸入的模組名稱，加上 "C:/java11/log/common/"，組出完整的路徑。
23	使用 Files.walk(path) 回傳 Stream<Path> 型態的串流物件，可以取得指定路徑（path）內的所有目錄與檔案，且目錄包含路徑自己。
25	只保留以 .txt 結尾的目錄或檔案。

開始執行程式：

1. 輸入「module1」，程式進入下一層目錄，取得符合預期的檔案清單：
    - c15Lab\log\common\module1\log1.txt
2. 輸入「module2」，程式進入下一層目錄，取得符合預期的檔案清單：
    - c15Lab\log\common\module2\log2.txt
3. 駭客輸入「../private」，先回到目錄上一層，再進入目錄 private，因此取得機敏檔案 secret_log.txt：
    - c15Lab\log\common\..\private\secret_log.txt

4. 駭客輸入「..」，程式回應如下。檔案系統指令「..」是進入目前目錄的上一層，因此取得的清單是所有檔案，也包含檔案 secret_log.txt：

- c15Lab\log\common\..\common\module1\log1.txt
- c15Lab\log\common\..\common\module2\log2.txt
- c15Lab\log\common\..\private\secret_log.txt

使用 Eclipse 的 Console 的完整輸入與回應截圖如下：

```
Console
<terminated> CommandInjectionLab (1) [Java Application] C:\D\IDE\
give folder name:
module1
c15Lab\log\common\module1\log1.txt
give folder name:
module2
c15Lab\log\common\module2\log2.txt
give folder name:
..\private
c15Lab\log\common\..\private\secret_log.txt
give folder name:
..
c15Lab\log\common\..\common\module1\log1.txt
c15Lab\log\common\..\common\module2\log2.txt
c15Lab\log\common\..\private\secret_log.txt
give folder name:
exit
=== Quit! ===
```

圖 15-8　**實施指令注入（command injection）攻擊檔案系統過程**

這與 SQL 注入的攻擊手法相似，駭客都是利用程式不周延的設計而取得機敏資訊。

解決方式是採取「輸入驗證（input validation）」，在程式中指定允許存取的模組的**白名單**。注意，以下範例方法 invulnerable() 相較於 vulnerable() 多了行 2-6，指定只能存取 module1 與 module2 等 2 個模組，輸入與白名單不符，將輸出提示訊息並終止程式：

範例：/java11-ocp-2/src/course/c15/injection/CommandInjectionLab.java

```
01  private static void invulnerable(String dirName) throws IOException {
02      if (!(dirName.equalsIgnoreCase("module1")
03              || dirName.equalsIgnoreCase("module2"))) {
04          System.out.println("=== illegal input & terminate! ===");
05          System.exit(0);
06      }
```

```
07        Path path = Paths.get("lab/log/common/").resolve(dirName);
08        try (Stream<Path> stream = Files.walk(path)) {
09            Stream
10                .filter(p -> p.toString().endsWith(".txt"))
11                .forEach(System.out::println);
12        }
13    }
```

這次駭客若輸入系統指令「..」進行攻擊，等待他的將是以下結果：

```
Console
<terminated> CommandInjectionLab [Java Application] C:\D\IDE\java-11-
give folder name:
..
=== illegal input & terminate! ===
```

圖 15-9　新版程式使用白名單阻止指令注入攻擊

小知識　白名單與黑名單

黑名單是提供「不允許」事項的列表。以本例來說，我們可以將「.」放在黑名單中，只要輸入內容含「.」都不行。要提出黑名單的關鍵在於開發者必須比駭客更清楚攻擊手法並防患未然。

相比之下，白名單指定了「允許」的事項列表。以安全性來說，白名單通常比黑名單更優，因為白名單不需要預判所有可能的安全漏洞與攻擊手法；但缺點是可能會經常更動白名單內容，如本例每次新增或刪除模組都要更新白名單。安全性政策經常必須在「維護成本」與「資安風險」間做一抉擇。

15.3　處理機敏資訊

在開發專案時，經常會遇到機敏資料的處理問題，有些法律也會要求正確地處理機敏資料，例如美國的「健康保險流通與責任法案（Health Insurance Portability and Accountability Act, HIPAA）」。

下表列出系統中常見的機敏資訊，經常與當地民情風俗、法律有關：

表 15-1 系統機敏資訊

分類	項目
登入資訊	使用者帳號 使用者密碼 使用者密碼雜湊（hash）
（帳戶）付款	信用卡號碼 存款餘額 信用評分（credit score）
個人識別資訊 （personal identifiable information, PII）	社會安全碼（social security number）或身分證字號 母親婚前姓氏（mother's maiden name） 提示的安全問題與答案

接下來的內容將說明如何保護輸出形式和日誌檔案中的機敏資料，並示範如何限制存取。

15.3.1 保護機敏資料的輸出

要確保機敏資訊不會洩露，第一步是避免將機敏資訊放入 toString() 方法中，這可以確保資訊最終不會記錄在不預期出現的地方；也要注意以下地方沒有機敏資訊的揭露：

1. 日誌（log）記錄檔案。
2. 程式異常時輸出的 Exception 或其軌跡堆疊（stack trace）。
3. System.out 和 System.err 輸出的資訊。
4. 程式有寫入資料的檔案。

駭客經常會在這些地方尋找機敏資訊。有時專案會有揭露機敏資訊的必要，記得只處理使用者需求項目即可，不要擅自擴大。

15.3.2 保護記憶體中的資料

機敏資訊的儲存不僅要注意輸出至實體檔案的部分，記憶體內的緩衝快取（buffer cache）也要注意。程式執行期間可以使用指令如 jmap，將記憶體內的緩衝快取輸出至指定檔案；程式若因爲記憶體不足（out-of-memory）而意外崩壞（crash），也可以產生一個 dump 檔案，且這類檔案都將包含記憶體中所有內容的值。這些雖然都是 Java 提供給開發者除錯（debug）的工具，立意良善，卻反而提供駭客可趁之機，所以應該減少機敏資料存在記憶體的時間。

以先前章節的範例 ConsoleInput.java 爲例，可以發現 Java 在實作 Console 物件的讀取密碼 readPassword() 方法時，它回傳一個 char[] 而不是 String，這有 2 個安全性考量：

1. 若以 String 儲存，Java 會將它存放在字串池（string pool）中，這導致即便使用它的程式碼執行結束，該密碼字串依然存在於記憶體中。
2. 開發者可以在使用完畢後，以 Arrays.fill() 等方法將陣列元素的值覆蓋爲其他值，如此不用等待資源回收（garbage collector）機制來刪除記憶體內機敏資料；若無法覆蓋機敏資料時，就必須在使用完畢後，將其指向 null。如果資料可以被資源回收，就比較不用擔心會被暴露。

強化 ConsoleInput.java 的資訊安全機制後，範例如下：

範例：/java11-ocp-2/src/course/c15/cache/SecureConsoleInput.java

```
01  public class SecureConsoleInput {
02    public static void main(String[] args) {
03      Console cons = System.console();
04      boolean userValid = false;
05      char[] ans = new char[] { 'p', 'a', 's', 's', 'w', 'o', 'r', 'd' };
06      if (cons != null) {
07        do {
08          String account = cons.readLine("%s", "Input account: ");
09          char[] password = cons.readPassword("%s", "Input password: ");
10          if (account.equals("jim") && Arrays.equals(password, ans)) {
11            System.out.println("Correct! System quits!");
12            userValid = true;
13            Arrays.fill(password, 'x');
14            ans = null;
15            // System.out.println(password);
16          } else {
17            System.out.println("Wrong! Try again!\n");
18          }
19        } while (!userValid);
20      }
```

```
21        }
22    }
```

說明

5	正確密碼，以 char[] 型態儲存。
9	使用者輸入的密碼，Java 以 char[] 型態儲存。
10	使用 Arrays.equals(password, ans) 比較兩個 char[] 的成員是否相同。
13	將陣列成員全數以字元 'x' 覆蓋。
14	將陣列指向 null。

不管是覆蓋或是指向 null，都是盡可能減少機敏資料在記憶體內的保存時間，這可以降低駭客攻擊成功的機率。

要執行程式需要以 Java 指令進行，以下假設專案路徑根目錄為「C:\java11\code\java11-ocp-2」：

```
01    cd C:\java11\code\java11-ocp-2
02    javac -d bin src/course/c15/cache/SecureConsoleInput.java
03    java -cp bin course.c15.cache.SecureConsoleInput
```

指令執行過程如下：

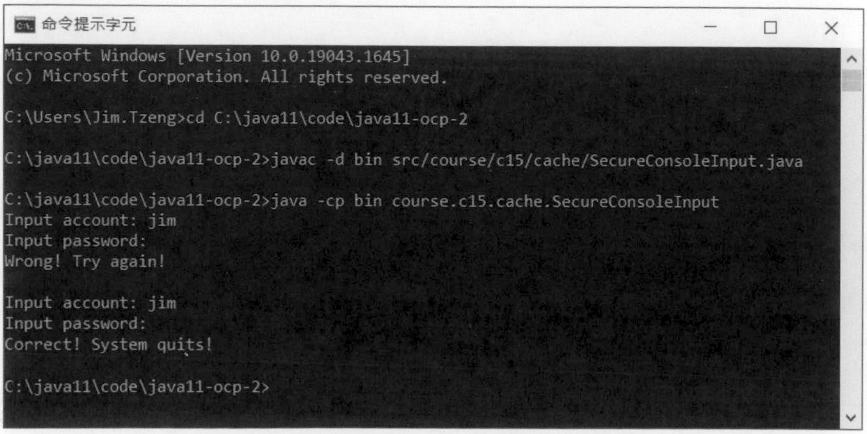

```
命令提示字元
Microsoft Windows [Version 10.0.19043.1645]
(c) Microsoft Corporation. All rights reserved.

C:\Users\Jim.Tzeng>cd C:\java11\code\java11-ocp-2

C:\java11\code\java11-ocp-2>javac -d bin src/course/c15/cache/SecureConsoleInput.java

C:\java11\code\java11-ocp-2>java -cp bin course.c15.cache.SecureConsoleInput
Input account: jim
Input password:
Wrong! Try again!

Input account: jim
Input password:
Correct! System quits!

C:\java11\code\java11-ocp-2>
```

圖 15-10 執行 SecureConsoleInput.java

15.4 序列化與反序列化物件

Java的序列化/反序列化是一種經常用於系統函式庫或框架的底層技術，諸如經由網路傳輸資料或物件、儲存資料到資料庫或硬碟、呼叫遠端程式（RPC、RMI）等，都會使用到序列化技術，因此之前爆發反序列化的資安漏洞時才震驚世界，造成嚴重損失，並被 OWASP 資安組織列為最熱門十大攻擊手法（TOP 10）之一，可參考URL https://owasp.org/www-project-top-ten/2017/A8_2017-Insecure_Deserialization。

本章節範例類別 Employee 如下，該類別實作介面 Serializable：

範例：/java11-ocp-2/src/course/c15/serial/Employee.java

```
01  import java.io.*;
02  public class Employee implements Serializable {
03      private static final long serialVersionUID = 1L;
04      private String name;
05      private int age;
06    // constructors/getters/setters
07  }
```

在先前基礎I/O的章節中，我們已經知道如何使用序列化將儲存在Employee物件的欄位資料寫入檔案，並在有需要時將這些資料讀回記憶體，只是這樣的流程不應該將任何潛在的機敏資料寫入硬碟。

此外，Java在反序列化物件時略過呼叫建構子，這也意味著不需要依賴建構子來定義驗證邏輯，這一點很重要。

後續內容將藉由指定序列化欄位以及控制序列化本身的過程，來使序列化更安全。

15.4.1 指定序列化的物件欄位

假設 Employee 物件的 age 是機敏資訊，不應寫入硬碟或其他儲存容器。就先前本書對序列化的介紹，我們知道以「transient」宣告可以避免被序列化：

```
01  private transient int age;
```

另一種方式是宣告一個靜態類別常數 ObjectStreamField[ ] serialPersistentFields，並以陣列成員指定要序列化的欄位：

```
01    private static final ObjectStreamField[ ] serialPersistentFields
                  = { new ObjectStreamField("name", String.class) };
```

需要注意的是，該陣列欄位必須以 private、static 和 final 宣告，否則無效。

比較兩種作法，欄位宣告 transient 以避免序列化，是「黑名單」的作法，使用陣列欄位 ObjectStreamField[ ] 清楚列舉要序列化的欄位，則是「白名單」作法，後續範例我們以白名單的方式進行。

15.4.2 客製序列化流程

在客製化序列化過程時，需要考慮安全性的議題。

在範例類別 Employee，我們再新增一個 ssn 欄位，代表 social security number，且欄位 ssn 和欄位 name 都必須要進行序列化和反序列化。不同的是，欄位 ssn 屬機敏資料，不能以原本的文字儲存，因此序列化時先將該字串「加密」，以進行儲存，反序列化時再「解密」回原字串。

因為加解密的程式邏輯超出了本書範疇，因此行 12-14 的 encrypt() 與行 15-17 的 decrypt() 都是直接回傳原輸入字串，沒有真正加密和解密。若讀者有興趣，可參閱《Spring Boot 情境式網站開發指南：使用 Spring Data JPA、Spring Security、Spring Web Flow》一書的「6.3.7 暴露機敏資料（Sensitive Data Exposure）」，書中有幾種常用的對稱與非對稱加解密程式碼範例。

修改後類別 Employee 如下：

範例：/java11-ocp-2/src/course/c15/serial/Employee.java

```
01  public class Employee implements Serializable {
02      private static final long serialVersionUID = 1L;
03      private int age;
04      private String name;
05      private String ssn;
06      // 省略：constructor with fields
07
08      private static final ObjectStreamField[] serialPersistentFields = {
```

```
09              new ObjectStreamField("name", String.class),
10              new ObjectStreamField("ssn", String.class)
11      };
12      private static String encrypt(String input) {
13          return input;
14      }
15      private static String decrypt(String input) {
16          return input;
17      }
18      // 由物件序列化為檔案
19      private void writeObject(ObjectOutputStream s) throws Exception {
20          ObjectOutputStream.PutField fields = s.putFields();
21          fields.put("name", name);
22          fields.put("ssn", encrypt(ssn));
23          s.writeFields();
24      }
25      // 由檔案反序列化為物件
26      private void readObject(ObjectInputStream s) throws Exception {
27          ObjectInputStream.GetField fields = s.readFields();
28          this.name = (String) fields.get("name", null);
29          this.ssn = decrypt((String) fields.get("ssn", null));
30      }
31      //省略：toString()
32  }
```

說明

3	欄位 age 不進行序列化。
4-5	欄位 name 與 ssn 預期要進行序列化。
8-11	使用 private、static、final 宣告欄位型態為 ObjectStreamField[] 的陣列類別變數 serialPersistentFields，並註記欄位 name 與 ssn 要進行序列化。
12-14	加密方法。這裡僅是示意，不含真正加密邏輯，只是直接回傳傳入的字串。
15-17	解密方法。這裡僅是示意，不含真正解密邏輯，只是直接回傳傳入的字串。
19-24	• 序列化方法，可以將物件欄位的資料或狀態寫入（write）產出的檔案。 • 使用 ObjectOutputStream.PutField 物件，可以輕鬆使用 put() 方法將欄位寫入檔案。 • 欄位 ssn 在寫入前依需求先予加密。

26-30	• 反序列化方法，可以由序列化檔案中讀出（read）物件欄位資料。 • 使用 ObjectOutputStream.GetField 物件，可以輕鬆使用 get() 方法將欄位資料讀出檔案。 • 欄位 ssn 在讀出後要解密才能得到原始資料。

使用類別 SerializeEmployee 的 serialization() 與 deserialization() 先後進行序列化與反序列化如下：

範例：/java11-ocp-2/src/course/c15/serial/SerializeEmployee.java

```
01  public class SerializeEmployee {
02    public static void main(String[] args) {
03      String output = System.getProperty("user.dir") +
                                 "/src/course/c15/serial/file/emp.ser";
04      serialization(output);
05      System.out.println("----------------------------------------");
06      deserialization(output);
07    }
08    private static void serialization(String output) {
09      Employee emp = new Employee(100, "jim", "123456789");
10      try (FileOutputStream fos = new FileOutputStream(output);
11              ObjectOutputStream out = new ObjectOutputStream(fos)) {
12          out.writeObject(emp);
13      } catch (IOException i) {
14          i.printStackTrace();
15      }
16      System.out.println("Before Serialization: " + emp);
17    }
18    private static void deserialization(String output) {
19      try (FileInputStream fis = new FileInputStream(output);
20              ObjectInputStream in = new ObjectInputStream(fis)) {
21          Employee empBack = (Employee) in.readObject();
22          System.out.println("After Deserialization: " + empBack);
23      } catch (ClassNotFoundException | IOException ex) {
24          ex.printStackTrace();
25      }
26    }
27  }
```

程式結構和先前範例 SerializeOrder 相似。

執行後，可以在專案目錄的「/java11-ocp-2/src/course/c15/serial/file」資料夾看到序列化檔案產出（要先 refresh），如下圖所示。

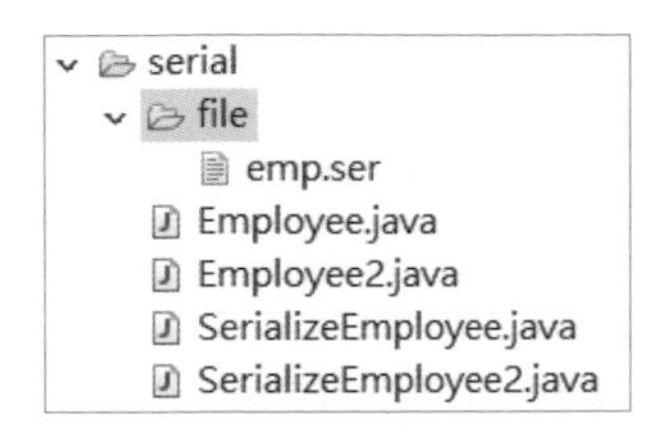

圖 15-11　產出序列化檔案

Console 輸出的結果則證實欄位 age 未經過序列化程式：

結果

```
Before Serialization: Employee [age=100, name=jim, ssn=123456789]
------------------------------------------------------------
After Deserialization: Employee [age=0, name=jim, ssn=123456789]
```

如果在類別 Employee 的 writeObject() 方法中加入以下行 9 程式碼，要將欄位 age 進行序列化，但靜態類別常數 ObjectStreamField[] serialPersistentFields 卻沒有對應新增欄位 age：

範例：/java11-ocp-2/src/course/c15/serial/Employee.java

```
01    private static final ObjectStreamField[] serialPersistentFields = {
02            new ObjectStreamField("name", String.class),
03            new ObjectStreamField("ssn", String.class)
04    };
05    private void writeObject(ObjectOutputStream s) throws Exception {
06        ObjectOutputStream.PutField fields = s.putFields();
07        fields.put("name", name);
08        fields.put("ssn", encrypt(ssn));
09        fields.put("age", age);
10        s.writeFields();
11    }
```

則執行序列化時，就會拋出例外訊息「Exception in thread "main" java.lang.IllegalArgumentException: no such field age with type int」，如下圖所示。

```
Console
<terminated> SerializeEmployee [Java Application] C:\D\IDE\jdk-11.0.12\bin\javaw.exe (2022年1月16日 下午3:15:25 – 下午3:15:26)
Exception in thread "main" java.lang.IllegalArgumentException: no such field age with type int
	at java.base/java.io.ObjectOutputStream$PutFieldImpl.getFieldOffset(ObjectOutputStream.java:1732)
	at java.base/java.io.ObjectOutputStream$PutFieldImpl.put(ObjectOutputStream.java:1645)
	at lab.security/lab.seial.Employee.writeObject(Employee.java:37)
	at java.base/jdk.internal.reflect.NativeMethodAccessorImpl.invoke0(Native Method)
	at java.base/jdk.internal.reflect.NativeMethodAccessorImpl.invoke(NativeMethodAccessorImpl.java:62)
	at java.base/jdk.internal.reflect.DelegatingMethodAccessorImpl.invoke(DelegatingMethodAccessorImpl.java:43)
	at java.base/java.lang.reflect.Method.invoke(Method.java:566)
	at java.base/java.io.ObjectStreamClass.invokeWriteObject(ObjectStreamClass.java:1145)
	at java.base/java.io.ObjectOutputStream.writeSerialData(ObjectOutputStream.java:1497)
	at java.base/java.io.ObjectOutputStream.writeOrdinaryObject(ObjectOutputStream.java:1433)
	at java.base/java.io.ObjectOutputStream.writeObject0(ObjectOutputStream.java:1179)
	at java.base/java.io.ObjectOutputStream.writeObject(ObjectOutputStream.java:349)
	at lab.security/lab.seial.SerializeEmployee.serialization(SerializeEmployee.java:22)
	at lab.security/lab.seial.SerializeEmployee.main(SerializeEmployee.java:13)
```

圖 15-12　未在白名單內的欄位被序列化時將拋出例外

這驗證了只有在靜態類別常數 serialPersistentFields 內的欄位才能被序列化，故為白名單。

15.4.3　改變序列化與反序列化的結果

已知序列化與反序列化的流程可能被駭客作為攻擊的目標，接下來我們要介紹 readResolve() 與 writeReplace() 方法，也可以分別用來改變反序列化與序列化的結果，也算是為流程進行的結果做多一層的把關。

本範例建立類別 Employee 的升級版 Employee2 如下，使用情境是「所有在 JVM 裡的 Employee2 物件，其欄位 name 都不能相同」。

因物件來源可能是：

1. 經由建構子。

2. 經由檔案反序列化還原。

所以程式的作法是：

1. 為了讓外部每次都可以取得具備不同欄位 name 的 Employee2 物件，將行 2 的建構子宣告為 private，並在行 5-12 提供 static 的 getEmployee2(String name) 的方法，讓外部可以呼叫。

2. 前述作法和先前介紹的「獨體設計模式」有些相似，不同的是獨體模式的靜態方法每次呼叫都取得相同且唯一的物件，而這裡：

   - 依據 name 參數，取出對應的 Employee2 物件；若 name 參數相同，才取得相同物件。
   - 所有不同名的 Employee2 物件都放在「Map 資料結構」裡，並以欄位 name 作爲鍵（key）值。

3. 考慮不同用戶端呼叫時的執行序安全（thread-safe）需求，前述 Map 資料結構的實作是行 4 的 ConcurrentHashMap 物件，並將行 5 的 getEmployee2() 方法宣告爲 synchronized。

4. 方法 getEmployee2(String name) 的實作邏輯是：

   - 若不存在指定 name 欄位值的 Employee2 物件，就建立一個新的並放入 ConcurrentHashMap 中。
   - 若存在就直接回傳 ConcurrentHashMap 裡的那個物件。

5. 物件 Employee2 需要序列化的欄位依然是 name 與 ssn，原本的加解密流程因情境不需要而省略。

完整範例如下：

範例：/java11-ocp-2/src/course/c15/serial/Employee2.java

```
01  public class Employee2 implements Serializable {
02      private Employee2() {
03      }
04      private static Map<String, Employee2> pool = new
                                                  ConcurrentHashMap<>();
05      public synchronized static Employee2 getEmployee2(String name) {
06          if (pool.get(name) == null) {
07              var e = new Employee2();
08              e.name = name;
09              pool.put(name, e);
10          }
11          return pool.get(name);
12      }
13      // others…
14  }
```

使用 readResolve() 方法改變反序列化還原物件的結果

這樣的作法看似沒有問題，但若考慮 Employee2 物件的來源，除了呼叫方法 getEmployee2() 外，還必須考慮由檔案反序列化回來的物件就不行了。畢竟反序列化不會經過建構子，因此 private 的建構子沒有辦法限制經由反序列化回來的物件。當 ConcurrentHashMap 已經存在一個 name 爲 "jim" 的 Employee2 物件，又要反序列化產生一個 name 爲 "jim" 的 Employee2 物件時，就會違反程式情境。

解決方法是在類別中加入 readResolve() 方法，它會在檔案反序列化爲物件的 readObject() 方法後才執行，並且能夠直接改變反序列化回傳的物件。

範例：/java11-ocp-2/src/course/c15/serial/Employee2.java

```
01  public synchronized Object readResolve() throws ObjectStreamException {
02      System.out.println("readResolve() was called~");
03      var employee2InPool = pool.get(this.name);
04      if (employee2InPool == null) {
            // 當反序列化得到的 Employee2 物件不在 pool 內
05          pool.put(this.name, this);
06          return this;
07      } else {
08          employee2InPool.name = this.name;
09          employee2InPool.ssn = this.ssn;
10          return employee2InPool;
11      }
12  }
```

反序列化回傳的物件就是目前的物件，因此以 this 關鍵字代表。

程式邏輯基本上是檢查反序列化回傳的物件參考 this 是否存在 pool 內，如果物件不在 pool 中，則將其新增到 pool 中並回傳；若已經存在則更新 pool 中的版本，並回傳其物件參考。

此外，我們在這個方法故意使用 synchronized 修飾。Java 允許對 readResolve() 方法使用 static 之外的任何方法修飾詞，也包括任一 public 等存取修飾詞。方法 readResolve() 也並非必要宣告 throws ObjectStreamException。

前述規則同時適用於接下來要介紹的 writeReplace() 方法。

使用 writeReplace() 方法改變序列化寫入檔案的內容

相對於使用 readResolve() 方法在反序列化的 readObject() 方法之「**後**」改變物件還原的結果，我們也可以使用 writeReplace() 方法在序列化的 writeObject() 方法之「**前**」改變寫入檔案的內容。

如果想將 Employee2 的物件內容寫入硬碟中的檔案，但又不完全信任持有的物件實例時該怎麼辦？因爲物件由 pool 取出之後就可能被竄改，但我們希望寫入檔案的是剛由 pool 中取出的物件狀態。

此時可以建立 writeReplace() 方法，該方法比 writeObject() 更先被執行，所以可以替換將被序列化爲檔案的物件：

範例：/java11-ocp-2/src/course/c15/serial/Employee2.java

```
01  public Object writeReplace() throws ObjectStreamException {
02      System.out.println("writeReplace() was called~");
03      var e = pool.get(this.name);
04      return e != null ? e : this;
05  }
```

該方法在本範例的實作邏輯是檢查物件是否可以在 pool 中找到，如果可以，則回傳找到的物件以進行後續序列化；若否則使用目前的實例 this。

最終呼叫類別 SerializeEmployee2 以驗證序列化與反序列化時幾個相關方法的執行先後順序，可以得到預期結果：

結果

```
writeReplace() was called~
writeObject() was called~
-------------------------------------------------------------
readObject() was called~
readResolve() was called~
```

彙整序列化與反序列化的相關方法

到目前爲止，在序列化與反序列化一共見到 4 個方法，依照先前發生順序，整理如下：

表 15-2　序列化和反序列化的方法彙整

順序	回傳	名稱	參數	目的
1	Object	writeReplace()	無	發生在序列化之前，可以改變原始物件。
2	void	writeObject()	ObjectInputStream	使用 PutField 選擇序列化欄位。
3	void	readObject()	ObjectOutputStream	反序列化時使用 GetField 取出欄位。
4	Object	readResolve()	無	發生在反序列化之後，可以改變復原的物件。

15.5　建立保護機敏資料的安全物件

在建構對安全性要求比較高的物件時，需要確保子類別不能改變 / 覆寫原本行為，否則就是給駭客可趁之機。如以下 Order 類別：

範例：/java11-ocp-2/src/course/c15/sensitive/Order.java

```
01  public class Order {
02      private String item;
03      private int count;
04      public Order(String item, int count) {
05          setItem(item);
06          setCount(count);
07      }
08      public String getItem() {
09          return item;
10      }
11      public void setItem(String item) {
12          this.item = item;
13      }
14      public int getCount() {
15          return count;
16      }
```

```
17        public void setCount(int count) {
18            this.count = count;
19        }
20    }
```

類別 Order 是一個很簡單的類別，它帶有兩個實例變數和相應的 getter 與 setter 方法。再建立另一個 SumOrder 類別如下，範例行 2-4 可以計算所有 Order 欄位 count 的總和：

範例：/java11-ocp-2/src/course/c15/sensitive/SumOrder.java

```
01    public class SumOrder {
02        private static int total(List<Order> orders) {
03            return orders.stream().mapToInt(Order::getCount).sum();
04        }
05        private static void normal() {
06            Order o1 = new Order("A", 100);
07            Order o2 = new Order("B", 200);
08            System.out.println("Correct Result: " + total(Arrays.
                                                       asList(o1, o2)));
09        }
10        public static void main(String[] args) {
11            normal();
12        }
13    }
```

執行的結果是：

結果

```
Correct Result: 300
```

但這樣的程式碼卻讓駭客有了入侵的機會，他建立 Order 類別的惡意子類別 BadOrder 如下，覆寫了 getCount() 和 setCount() 方法後，讓計數始終為 0：

範例：/java11-ocp-2/src/course/c15/sensitive/BadOrder.java

```
01    public class BadOrder extends Order {
02        public BadOrder(String item, int count) {
03            super(item, count);
04        }
```

```
05     public int getCount() {
06         return 0;
07     }
08     public void setCount(int count) {
09         super.setCount(0);
10     }
11 }
```

接下來，駭客可以利用一些攻擊的手法抽換實作檔案，我們在這裡用行 6-7 的簡單程式碼描述駭客意圖：

範例：/java11-ocp-2/src/course/c15/sensitive/SumOrder.java

```
01 public class SumOrder {
02     private static int total(List<Order> orders) {
03         return orders.stream().mapToInt(Order::getCount).sum();
04     }
05     private static void attack() {
06         Order o1 = new BadOrder("A", 100);
07         Order o2 = new BadOrder("B", 200);
08         System.out.println("Tampered Result: " + total(Arrays.
                                                    asList(o1, o2)));
09     }
10     public static void main(String[] args) {
11         attack();
12     }
13 }
```

產出的結果是：

結果

```
Tampered Result: 0
```

後續我們將介紹 3 種在先前章節說明過的技巧來解決這個問題。

小知識　如何保護 Java 程式碼？

本書介紹 Java SE 的程式開發，當程式完成並釋出供使用者呼叫時，必須打包成可執行的 JAR 檔案再交付使用者，此時執行您的程式碼的人，都將可以取得編譯後的 *.class 檔案。

當取得編譯後的 *.class 檔案，有心人士可以藉由「反編譯（decompile）」等「逆向工程（reverse engineering）」手段，將程式碼反編譯回 *.java 檔案，雖然內容通常不會完全一樣，但已經足夠取得等價的資訊。

因為 Java 編譯後的位元組碼可能因為反編譯而導致內容外洩，有些程式設計師會在編譯時使用「混淆器（obfuscator）」編譯他們的專案，以試圖隱藏實作細節。

混淆（obfuscating）是改變程式碼的自動化過程，通常是在編譯前以沒有意義的變數名稱取代原變數，如此可以使反編譯後的程式碼不容易閱讀。試想當我們嘗試查看某一網站的 JavaScript 時，如果發現整個方法或類別擠在同一行，並使用 a、b、c 作為變數名稱，我們想窺探程式碼的意圖將降低許多，至少增加了一些麻煩；如果方法命名為 xyz()，則更難知道它的作用。

不過，雖然使用混淆器可以讓藉由反編譯得到的程式碼更難閱讀，導致逆向工程難度提高，但它實際上並沒有提供任何安全性，因此只能減緩駭客理解程式邏輯的速度，也無法阻止他，特別是有利益的時候。

15.5.1　宣告方法為 final

要避免類別的方法的被覆寫，可以如以下程式碼行 8-11 將方法宣告爲 final，如此子類別就無法改變父類別預設行爲：

範例：/java11-ocp-2/src/course/c15/sensitive/Order.java

```
01  public class Order {
02      private String item;
03      private int count;
04      public Order(String item, int count) {
05          setItem(item);
06          setCount(count);
07      }
08      public final String getItem() { return item; }
09      public final void setItem(String item) { this.item = item; }
10      public final int getCount() { return count; }
11      public final void setCount(int count) { this.count = count; }
12  }
```

此時，類別 BadOrder 將無法通過編譯。

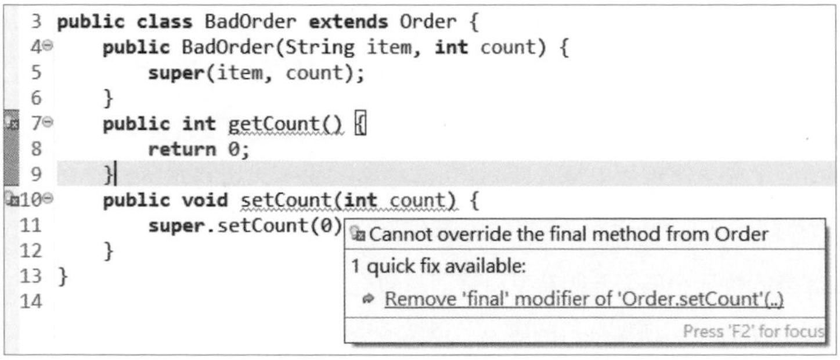

```
 3 public class BadOrder extends Order {
 4     public BadOrder(String item, int count) {
 5         super(item, count);
 6     }
 7     public int getCount() {
 8         return 0;
 9     }
10     public void setCount(int count) {
11         super.setCount(0)
12     }
13 }
14
```

Cannot override the final method from Order
1 quick fix available:
Remove 'final' modifier of 'Order.setCount'(..)
Press 'F2' for focus

圖 15-13　子類別 BadOrder 編譯失敗

通常父類別程式開發者應該避免讓子類別可以隨意覆寫父類別的關鍵方法。

15.5.2　宣告類別為 final

相較於將**方法**宣告為 final，更簡單的方式是直接將**類別**宣告為 final，因為「沒有繼承，就不會有覆寫」：

範例：/java11-ocp-2/src/course/c15/sensitive/Order.java

```
01  public final class Order {
02      // implementations
03  }
```

此時，類別 BadOrder 將無法通過編譯。

```
 3 public class BadOrder extends Order {
 4     public BadOrder(String ite
 5         super(item, count);
 6     }
 7     public int getCount() {
 8         return 0;
 9     }
10     public void setCount(int count) {
11         super.setCount(0);
12     }
13 }
```

The type BadOrder cannot subclass the final class Order
1 quick fix available:
Remove 'final' modifier of 'Order'

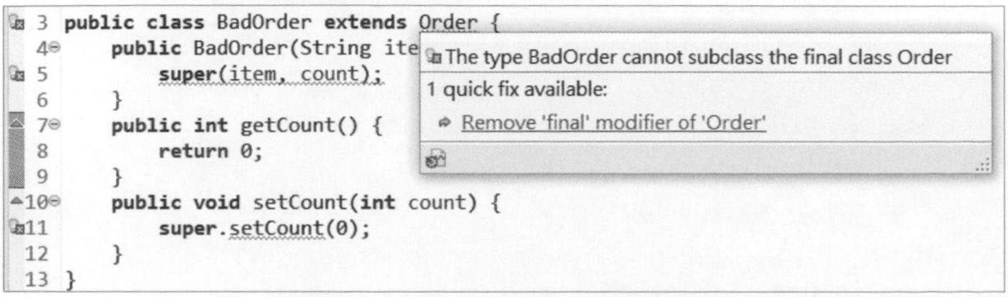

圖 15-14　子類別 BadOrder 編譯失敗

15.5.3 宣告建構子為 private

另一種防堵的方法是將建構子宣告爲 private，這時候可以提供 static 的工廠方法，如以下程式碼行 8-10，讓外部用戶端程式依然可以取得物件：

範例：/java11-ocp-2/src/course/c15/sensitive/Order.java

```
01  public class Order {
02      private String item;
03      private int count;
04      private Order(String item, int count) {
05          setItem(item);
06          setCount(count);
07      }
08      public static Order getOrder(String item, int count) {
09          return new Order(item, count);
10      }
11      public String getItem() { return item; }
12      public void setItem(String item) { this.item = item; }
13      public int getCount() { return count; }
14      public void setCount(int count) { this.count = count; }
15  }
```

此時，類別 BadOrder 將如預期無法通過編譯。

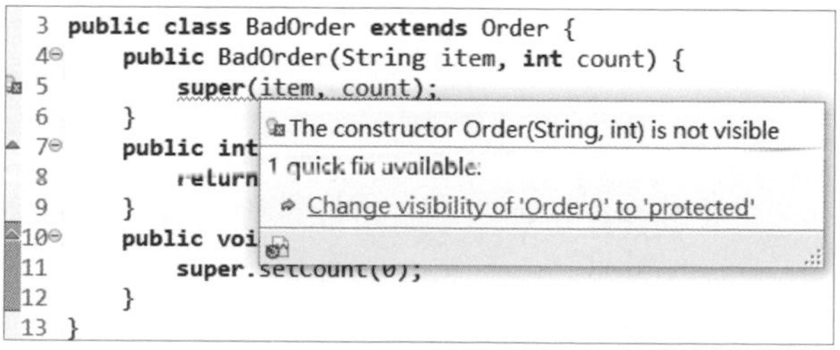

```
3  public class BadOrder extends Order {
4      public BadOrder(String item, int count) {
5          super(item, count);
6      }
7      public int
8          return
9      }
10     public voi
11         super.setCount(0);
12     }
13 }
```

The constructor Order(String, int) is not visible
1 quick fix available:
Change visibility of 'Order()' to 'protected'

圖 15-15 子類別 BadOrder 編譯失敗

使用工廠方法的設計模式，也可以更好地控制物件建立的過程。

15.6 避免服務阻斷（denial of service）攻擊

「服務阻絕攻擊（denial of service, DoS）」是指駭客發出一個或多個惡意請求以癱瘓服務處理請求的能力。大多數的服務阻絕攻擊，需要多次請求才能擊垮目標，有些攻擊則會發送非常大的請求，甚至可以一次性癱瘓整個應用程式。

除非另有說明，否則後續內容的服務阻絕攻擊（DoS）是指來自一台機器；它可能會發動多次惡意請求，但攻擊來源均是同一台機器。相比之下，另一種「分散式服務阻絕攻擊（distributed denial of service, DDoS）」則是駭客同時操作多台機器攻擊同一目標。

在本章節中，我們將說明服務阻絕攻擊的一些常見來源。

15.6.1 避免資源滲漏

駭客發起服務阻絕攻擊的一種方式是利用資源沒有釋放的程式碼。如以下程式碼以 NIO.2 的 API 編寫，以計算檔案中的行數，但沒有釋放或關閉檔案的系統資源：

範例：/java11-ocp-2/src/course/c15/dos/ResourceLeaking.java

```
01  private static long countLinesWithoutCloseResource(Path path)
                                                    throws IOException {
02      return Files.lines(path).count();
03  }
```

對於這樣的程式碼，只要駭客反覆呼叫，就可能讓程式當掉，因爲系統檔案資源被持續占用。

系統資源沒有及時釋放時，將隨著程式執行愈來愈少，感覺像莫名流失，因此又稱爲「資源滲漏（resource leaking）」。

此時可以使用 try-with-resources 的語句修復程式碼，如下：

範例：/java11-ocp-2/src/course/c15/dos/ResourceLeaking.java

```
01  private static long countLinesAndCloseResource(Path path)
                                                    throws IOException {
```

```
02        try (var stream = Files.lines(path)) {
03            return stream.count();
04        }
05    }
```

15.6.2 避免讀取大量資源

使用大檔案攻擊

發起 DoS 攻擊的另一種方式是讓程式存取大量資源。假設有一段程式將檔案讀入記憶體，在移除空白行後，寫入另一個新檔案：

範例：/java11-ocp-2/src/course/c15/dos/ResourceLeaking.java

```
01    public void transformWithoutCheckSize(Path in, Path out)
                                                 throws IOException {
02        var list = Files.readAllLines(in);
03        list.removeIf(s -> s.trim().isBlank());
04        Files.write(out, list);
05    }
```

這段程式碼處理小檔案不會有問題，但是若駭客故意傳入一個非常大的檔案，就可能讓程式耗盡記憶體並崩潰。

爲防止這類攻擊，可以在讀取檔案之前先檢查檔案的大小，如以下範例行 4：

範例：/java11-ocp-2/src/course/c15/dos/ResourceLeaking.java

```
01    private static void transformAfterCheckSize(Path in, Path out)
                                                 throws IOException {
02        long max = 1024 * 1024;
03        long start = System.currentTimeMillis();
04        long size = Files.size(in);
05        long finish = System.currentTimeMillis();
06        if (size < max) {
07            var list = Files.readAllLines(in);
08            list.removeIf(s -> s.trim().isBlank());
09            Files.write(out, list);
10        } else {
```

```
11              throw new RuntimeException(
12                  String.format("file size %d(MB) exceeds 1(MB),
                                                 check time elapsed = %d(ms)"
13                                  , (size / 1204 / 1024), (finish - start) ));
14          }
15      }
```

實際以大檔案進行測試，可以在非常短暫的時間內得到檔案大小，且不影響效能。

```
Console ⊠
<terminated> ResourceLeaking (1) [Java Application] C:\D\IDE\jdk-11.0.12\bin\javaw.exe (2022年7月22日 下午12:24:36 – 下午12:24:36)
Exception in thread "main" java.lang.RuntimeException: file size 15301(MB) exceeds 1(MB), check time elapsed = 4(ms)
	at course.c15.dos.ResourceLeaking.transformAfterCheckSize(ResourceLeaking.java:36)
	at course.c15.dos.ResourceLeaking.main(ResourceLeaking.java:51)
```

圖 15-16　檢測大小約 15（GB）的檔案時間為 4 毫秒

如果是在 Java 網站上傳檔案，可以考慮使用一些 MVC 框架內建的串流 API 進行檢查。

使用小檔案攻擊

前述攻擊方式是直接上傳一個大型檔案，另外一種攻擊方式則是以小檔案進行攻擊。這種小檔案看似無害，卻能讓程式解析器（parser）在處理它時產生「指數型」的負載，造成系統不堪負荷。

這種攻擊方式稱爲「包含（inclusion）攻擊」，是將多個檔案或元件嵌入到單一檔案中，因此看起來可能比實際要小，但處理檔案需要的系統資源則無法估量。列舉 2 個這類攻擊：

1. **Zip 炸彈（zip bomb）攻擊**：當 Zip 檔案的內含檔案在硬碟上被「嚴重壓縮」，解開時就會發現使用的空間和消耗的系統資源比想像中要多得多。
2. **十億笑聲（billion laughs）攻擊**：主要作用於 XML 解析器，也被稱爲指數級實體擴展攻擊，是一種名副其實的 XML 炸彈。因爲許多 XML 解析器在解析 XML 檔案時通常將它的整個結構保留在記憶體中，當駭客故意以「遞迴方式」定義 XML 內容，就有可能在解析內容時產生十億個字串，耗掉以 GB 爲計算單位的記憶體，因此耗盡系統資源，阻斷系統提供服務。

事實上，只要不是自己程式產生的檔案，在處理時都應該抱持小心謹慎的心態。

15.6.3 避免數字溢位（overflow）

驗證檔案或數字大小時，要注意每一數字型態都有上限，超出該型態上限，將導致數字溢位（overflow），反而變成負數，因此驗證無法按預期進行。

在下面例子中，我們要確保我們可以在上傳的檔案中新增一行，並使檔案大小保持在 1,000,000 以下，行 2 的方法參數 requestedSize 可以是使用 Files.size() 取得的檔案大小，或是待驗證的數字：

範例：/java11-ocp-2/src/course/c15/dos/Overflow.java

```
01  public class Overflow {
02      public static boolean enoughSpaceToAddLine(int requestedSize) {
03          int maxLength = 1_000_000;
04          String newLine = "END OF FILE";
05          int newLineSize = newLine.length();
06          return requestedSize + newLineSize < maxLength;
07      }
08      public static void main(String[] args) {
09          System.out.println(enoughSpaceToAddLine(100));
10          System.out.println(enoughSpaceToAddLine(2_000_000));
11          System.out.println(enoughSpaceToAddLine(Integer.MAX_VALUE));
12      }
13  }
```

結果是：

結果

```
true
false
true
```

為什麼範例行 9-11 每次 requestedSize 參數都變大，行 10 已經驗證結果 false，但行 11 卻反而是 true？

這是因為當 requestedSize 已經是整數上限 Integer.MAX_VALUE 時，即便增加 1，都會讓結果「溢位」，因此反而相加結果是負的，自然小於任何正數，更別說是 1,000,000 了，因此驗證結果不如我們預期。

在接受數字輸入時，我們需要驗證它不會太大或太小。在此範例中，應在將輸入值 requestsSize 和變數 newLineSize 相加之前，對其進行檢查。

15.6.4 避免資料結構的濫用

使用 HashMap 的一個優點是，可以藉由鍵（key）- 值（value）對的鍵快速搜尋值。即使 HashMap 非常大，只要鍵的雜湊值分布良好，搜尋就會很快。

若駭客繼承了 HashMap 泛型定義的鍵類別，並覆寫 hashCode() 方法回傳固定整數如 99；此時若 HashMap 具備很多成員，搜尋就會消耗較多的系統資源。

這個情況不容易預防，藉由程式碼審查（code review），可以找出開發團隊裡有心或不經意的不良程式碼。

若程式裡有藉由輸入參數決定資料結構大小或陣列長度的邏輯也要注意，因為駭客可以輸入一個很大的數字來耗盡系統資源，此時輸入驗證就變得非常重要，或者根本不允許設定大小或長度。

16

擬真試題實戰詳解

試題 1

Module vehicle depends on module part and makes its com.vehicle package available for all other modules.

Which module-info.java declaration meets the requirement?

```
01  // Option A:
02  module vehicle {
03      requires part;
04      exports com.vehicle;
05  }
06  // Option B:
07  module vehicle {
08      requires part;
09      uses com.vehicle;
10  }
11  //Option C:
12  module vehicle {
13      requires part;
```

```
14        exports com.vehicle to part;
15    }
16    //Option D:
17    module vehicle {
18        requires com.vehicle;
19        exports part;
20    }
```

A. Option A

B. Option B

C. Option C

D. Option D

參考答案 A

說　明 選項 C 只開放套件 com.vehicle 給模組 part。

試題 2

Given:

```
01    class Super {
02        public List<Number> stuff(Set<CharSequence> m) {
03            return null;
04        }
05    }
06
07    class Sub extends Super {
08        // line 1
09    }
```

Which two statements can be added at line 1 in Sub to successfully compile it? (Choose two.)

A. public List<Integer> stuff(Set<CharSequence> m) { ... }

B. public ArrayList<Number> stuff(Set<CharSequence> m) { ... }

C. public List<Integer> stuff(TreeSet<String> m) { ... }

D. public List<Integer> stuff(Set<String> m) { ... }

E. public List<Object> stuff(Set<CharSequence> m) { ... }

F. public ArrayList<Integer> stuff(Set<String> m) { ... }

參考答案 BC

說　明

因為全部選項的方法名稱都是 stuff()，與考題行 2 相同，所以只有發生多載或覆寫的情況才能通過編譯。方法名稱相同時：

1. 參數型態或個數不同是多載（overloading），方法回傳型態可以不同，如選項 C。
2. 參數型態與個數相同是覆寫（overridden），方法回傳型態必須是子類別，如選項 A、B、D、E、F。

因此：

1. 選項 A 編譯失敗。因為發生覆寫，回傳型態必須相容（compatible），亦即相同型態或子類別，若有泛型其型態必須相同，或不使用泛型（稱 row types）。
2. 選項 B 編譯成功，且發生覆寫。
3. 選項 C 編譯成功。因為發生多載，回傳型態不計較。
4. 選項 D 編譯失敗，錯誤訊息是「Name clash: The method stuff(Set<String>) of type SubD has the same erasure as stuff(Set<CharSequence>) of type Super but does not override it」。內含 3 個訊息：
   - 泛型在編譯時期會先強制型態安全約束，然後進行「型態抹除（type erasure）」，因而本題泛型的型態 <String> 和 <CharSequence> 都不會被儲存在編譯後的位元組碼內，這導致執行時期無法區分方法簽名，所以訊息一開始就顯示「Name clash」，且編譯失敗。
   - 型態抹除後，兩個方法簽名相同，因此必須由子類別覆寫父類別方法。子類別覆寫的方式有兩種，使用相同泛型型態，或不使用泛型。因為兩者均未發生，所以訊息顯示「but does not override it」。

5. 選項 E 編譯失敗，原因同選項 A。

6. 選項 F 編譯失敗，原因同選項 D。

試題 3

Given:

```
01  public interface IA {
02      public Iterable x();
03  }
04  public interface IB extends IA {
05      public Collection x();
06  }
07
08  public interface IC extends IA {
09      public Path x();
10  }
11  public interface ID extends IB, IC {
12  }
```

Why does ID cause a compilation error?

A. ID inherits x() only from IC.

B. ID inherits x() from IB and IC but the return types are incompatible.

C. ID extends more than one interface.

D. ID does not define any method.

參考答案 B

說　明

1. 介面 Collection 和 Path 都有實作介面 Iterable，因此介面 IB、IC 覆寫 IA 的 x() 方法都沒問題。

2. 介面 ID 由父介面 IB、IC 繼承各自的方法 x()，但回傳型別 Collection 與 Path 卻沒有關聯，因此無法通過編譯，錯誤訊息是「The return types are incompatible for the inherited methods IB.x(), IC.x()」。

試題 4

Given:

```
01  package test;
02  import java.time.LocalDate;
03  public class Daily {
04      private LocalDate now = LocalDate.now();
05      public LocalDate getDate() {
06          return now;
07      }
08  }
```

And:

```
01  package test;
02  public class Test {
03      public static void main(String[] args) {
04          Daily d = new Daily();
05          System.out.println(d.getDate());
06      }
07  }
```

Which statement is true?

A. Class Test does not need to import java.time.LocalDate because it is already visible to members of the package test.

B. All classes from thc package java.time are loaded for the class Daily.

C. Only LocalDate class from java.time package is loaded.

D. Class Test must import java.time.LocalDate in order to compile.

參考答案 A

說　明

1. 使用 -verbose 觀察載入類別，可以發現並非所有在套件 java.time 的類別都載入，如 java.time.MonthDay、java.time.OffsetDateTime 等就未載入；也並非只載入 java.time.LocalDate，因此選項 B 和 C 都錯誤。

2. 類別 Test 不需要匯入 java.time.LocalDate 就可以編譯，因此選項 D 錯誤，選項 A 正確。

試題 5

Given:

```
01  public static void main(String[] args) {
02      List<String> list = Arrays.asList("j", "a", "v", "a");
03      list.forEach(x -> {
04          System.out.println(x);
05      });
06  }
```

What is the type of x?

A. char

B. List<Character>

C. String

D. List<String>

參考答案 C

試題 6

Given:

```
01  public class Exam {
02      public static void checkFile(String filename) {
03          File file = new File(filename);
04          if (!file.exists()) {
05              throw new Error("Fatal Error: " + filename + " not found.");
06          }
07      }
08      public static void main(String[] args) {
09          checkFile("test.config");
```

```
10            System.out.println("test.config is ready");
11        }
12    }
```

If file "test.config" is not found, what is the result?

A. test.config is ready

B. Compilation fails.

C. Exception in thread "main" java.lang.Error: Fatal Error: test.config not found.

D. nothing

參考答案 C

說　明 Error 是 unchecked，不用 try catch。

試題 7

Given:

```
01    module java.se {
02        ...
03        requires transitive java.sql;
04        ...
05    }
```

What does the transitive modifier mean?

A. Only a module that requires the java.se module is permitted to require the java.sql module.

B. Any module that requires the java.se module does not need to require the java.sql module.

C. Any module that attempts to require the java.se module actually requires the java.sql module instead.

D. Any module that requires the java.sql module does not need to require the java.se module.

參考答案 A

說　明

單字transitive可以解釋爲「可傳遞的」，概念就是把這層依賴關係也傳遞出去。以本例來說，宣告requires java.se的模組，可以隱含地取得java.sql，不需要再宣告requires java.sql。

試題 8

Given:

1. /ocp/exam/temp.txt file exists.

2. /ocp/exam/new.txt and /ocp/new.txt files do not exist.

And:

```
01  public static void main(String[] args) throws IOException {
02      Path currentFile = Paths.get("/ocp/exam/temp.txt");
03      Path outputFile = Paths.get("/ocp/exam/new.txt");
04      Path directory = Paths.get("/ocp/");
05      Files.copy(currentFile, outputFile);
06      Files.copy(outputFile, directory);
07      Files.delete(outputFile);
08  }
```

What is the result?

A. /ocp/exam/new.txt and /ocp/new.txt are deleted.

B. The program throws a FileaAlreadyExistsException.

C. The program throws a NoSuchFileException.

D. A copy of /ocp/exam/new.txt exists in the /ocp directory and /ocp/exam/new.txt is deleted.

參考答案 B

說　明

1. 行 5 會成功建立 /ocp/exam/new.txt 檔案。
2. 行 6 如果成功執行，會建立一個名稱爲 ocp 的檔案（非資料夾），因爲複製來源是一個檔案；但因爲實際上 ocp 是一個已經存在的資料夾，程式執行時，將拋出 FileaAlreadyExistsException。

試題 9

Given:

```
01    @interface Resource {
02        String desc();
03        int priority() default 0;
04    }
```

And:

```
01    // line 1
02    class Exam {
03        // ...
04    }
```

Which two annotations may be applied at line 1 in the code fragment? (Choose two.)

A. @Resource(priority = 9)

B. @Resource(priority = 0)

C. @Resource(desc = "test", priority = 9)

D. @Resource(desc = "test")

E. @Resource

參考答案 CD

說　明

建立標註型別時，只要沒有使用 default 關鍵字建立元素預設值，就被認爲是必要元素。

試題 10

Given:

```
01  class Resource {
02      public Worker owner;
03      public synchronized boolean bind(Worker worker) {
04          if (this.owner == null) {
05              this.owner = worker;
06              return true;
07          } else
08              return false;
09      }
10      public synchronized void unbind() {
11          owner = null;
12      }
13  }
14  public class Worker {
15      public synchronized void action(Resource... resources) {
16          for (int i = 0; i < 10; i++) {
17              while (!resources[0].bind(this)) {
18              }
19              while (!resources[1].bind(this)) {
20              }
21              // do work with resource
22              resources[1].unbind();
23              resources[0].unbind();
24          }
25      }
26  }
```

And:

```
01  public static void main(String[] args) {
02      Worker w1 = new Worker();
03      Worker w2 = new Worker();
04      Resource r1 = new Resource();
05      Resource r2 = new Resource();
06      new Thread(() -> {
07          w1.action(r1, r2);
08      }).start();
```

```
09        new Thread(() -> {
10            w2.action(r2, r1);
11        }).start();
12    }
```

Which describes the fragment?

A. It throws IllegalMonitorStateException.

B. It is subject to dead-lock.

C. It is subject to live-lock.

D. The code does not compile.

參考答案 C

說　明

方法 main() 的行 6-11 啓動 2 個 thread 各自執行不同的 Worker 的物件實例，分別是 w1 與 w2 的 action() 方法，不會造成 lock；但傳入 action() 方法的參數 Resource r1 與 Resource r2 卻是共用，加上 bind() 方法使用 synchronized 宣告，因此會有短暫 lock 的情況，稱爲「live-lock」，但不會造成 dead-lock。

試題 11

Given:

```
01  public class Main {
02      public static void main(String[] args) {
03          Thread t1 = new Thread(new MyThread());
04          Thread t2 = new Thread(new MyThread());
05          Thread t3 = new Thread(new MyThread());
06          t1.start();
07          t2.run();
08          t3.start();
09          t1.start();
10          System.out.println("done");
11      }
12  }
```

```
13    class MyThread implements Runnable {
14        @Override
15        public void run() {
16            System.out.println("Running");
17        }
18    }
```

Which one is correct?

A. An IllegalThreadStateException is thrown at run time.

B. Three threads are created.

C. The compilation fails.

D. Four threads are created.

參考答案 A

說　明 執行步驟爲：

1. 進入 main() 方法時，會啓動一個預設的 thread-main。

2. 進入行 6 時呼叫 t1 的 start() 方法，啓動 thread-0。

3. 進入行 7 時呼叫 t2 的 run() 方法，不會啓動 thread。

4. 進入行 8 時呼叫 t3 的 start() 方法，啓動 thread-1。

5. 進入行 9 時再呼叫 t1 的 start() 方法。因爲同一個執行緒 t1 啓動 2 次，將拋出 IllegalThreadStateException，同時結束預設的 thread-main。

若包含 thread-main，將一共啓動 3 個 thread；若不包含則啓動 2 個。因爲題目未說明，因此不確定是否該包含 thread-main。

但拋出 IllegalThreadStateException 是確定的，因此選 A。

試題 12

Which code fragment does a service use to load the service provider with a Print interface?

A. Print print = com.service.Provider.getInstance();

B. java.util.ServiceLoader<Print> loader = ServiceLoader.load(Print.class);

C. java.util.ServiceLoader<Print> loader = new java.util.ServiceLoader<> ();

D. Print print = new com.service.Provider.PrintImpl();

參考答案 B

說　明 參見範例「/travel.reservations/src/travel/reservations/TourFinder.java」。

試題 13

Given:

```
01  module ServiceAPI {
02      exports com.example.api;
03  }
04  module ServiceProvider {
05      requires ServiceAPI;
06      provides com.example.api with com.example.api.impl.ApiImpl;
07  }
08  module Consumer {
09      requires ServiceAPI;
10      uses com.example.api;
11  }
```

Which two statements are correct? (Choose two.)

A. The ServiceProvider module is the only module that, at run time, can provide the com.example.api API.

B. The placement of the com.example.api API in a separate module, ServiceAPI, makes it easy to install multiple provider modules.

C. The Consumer module should require the ServiceProvider module.

D. The ServiceProvider module should export the com.example.api.impl package.

E. The ServiceProvider module does not know the identity of a module (such as Consumer) that uses the com.example.api API.

參考答案 BE

說　明

1. 選項 A 錯誤。使用 SPI 的架構可以抽換 API 實作，因此服務實作模組 ServiceProvider 可以多個。
2. 選項 B 正確。把 ServiceAPI 作爲獨立模組，與服務實作模組 ServiceProvider 模組分開，就可以繼續增加服務實作模組而互不影響。
3. 選項 C 錯誤。模組 Consumer 應該只認識服務介面模組 ServiceAPI，而不是綁定服務實作模組 ServiceProvider。
4. 選項 D 錯誤。不需要 exports 套件，要使用 provides 指令，則可以參考本書範例「/travel.agency/src/module-info.java」。
5. 選項 E 正確。爲維持系統架構彈性，用戶端只需要知道服務介面，服務實作不應該認識用戶端。

試題 14

Given:

```
01  public class Test {
02      public static void main(String[] args) {
03          Optional<String> value = createValue();
04          String str = value.orElse("default value as null");
05          System.out.println(str);
06      }
07      static Optional<String> createValue() {
08          String s = null;
09          return Optional.ofNullable(s);
10      }
11  }
```

What is the output?

A. null

B. A NoSuchElementException is thrown at run time.

C. default value as null

D. A NullPointerException is thrown at run time.

參考答案 C

說　明 參考「10.2.2 類別 Optional 的常用方法」。

試題 15

Given:

```
01  public static void main(String[] args) throws SQLException {
02      String url = "...";
03      String user = "...";
04      String pwd = "...";
05      try (Connection conn = DriverManager.getConnection(url, user, pwd);
06          PreparedStatement ps = conn.prepareStatement("insert into EMP
                                          values (?, ?, ?)");) {
07          ps.setObject(1, 101, JDBCType.INTEGER);
08          ps.setObject(2, "SMITH", JDBCType.VARCHAR);
09          ps.setObject(3, "IT", JDBCType.VARCHAR);
10          ps.executeUpdate();
11          ps.setInt(1, 102);
12          ps.setString(2, "JIM");
13          ps.executeUpdate();
14      }
15      System.out.println("done");
16  }
```

Assume url, username, password are valid and the EMP table is defined appropriately.

What does executing this code fragment do?

A. inserts two rows (101, 'SMITH', 'IT') and (102, 'JIM', NULL)

B. inserts two rows (101, 'SMITH', 'IT') and (102, 'JIM', 'IT')

C. inserts one row (101, 'SMITH', 'IT')

D. throws a SQLException

參考答案 B

說　明 行 9 的欄位值將保留到下一個 executeUpdate() 執行。

試題 16

Given:

```
01  public static void main(String[] args) {
02      List list = List.of(new Widget("A Widget", 31.55),   // line 1
03                  new Widget("B Widget", 55.00),
04                  new Widget("C Widget", 65.45));
05      Stream stream = list.stream();                         // line 4
06      stream.filter(a -> a.getPrice() > 40.0)                // line 5
07              .forEach(System.out::println);
08  }
```

Which two statements, independently, would allow this code to compile? (Choose two.)

A. Replace line 5 with stream.filter(a -> ((Widget)a).getPrice() > 40.0).

B. Replace line 4 with List<Widget> stream = list.stream();.

C. Replace line 5 with stream.filter((Widget a) -> a.getPrice() > 40.0).

D. Replace line 4 with Stream<Widget> stream = list.stream();.

參考答案 AD

說　明

行 5 編譯失敗是因為 line 4 的變數 stream 沒有使用泛型，Java 不清楚這裡的 Lambda 表示式的變數 a 是何型態？解決方式為：

1. 使用轉型，亦即選項 A。

2. 設定泛型，亦即選項 D。

試題 17

Given:

```
01  public static void main(String[] args) {
02      var ints = List.of(1, 2, 3, 4, 5);
03      // line 1
04      StringBuilder sb = new StringBuilder();
05      for (int a : ints) {
06          sb.append(f.apply(a));
07          sb.append(" ");
08      }
09      System.out.println(sb.toString());
10  }
```

Which statement on line 1 enables this code to compile?

A. Function<Integer, Integer> f = n -> n * 2;

B. Function<Integer> f = n -> n * 2;

C. Function<int> f = n -> n * 2;

D. Function<int, int> f = n -> n * 2;

E. Function f = n -> n * 2;

參考答案 A

說　明 功能介面 Function 搭配泛型，要註記方法的輸入 <T> 與輸出 <R> 型別：

範例：java.util.function.Function

```
package java.util.function;
public interface Function<T,R> {
    public R apply(T t);
}
```

試題 18

You want to find the first element that contains the character n. Which statement will accomplish this?

A. String result = list.stream().filter(f -> f.contains("n")).findAny();

B. list.stream().filter(f -> f.contains("n")).forEachOrdered(System.out::print);

C. Optional<String> result = list.stream().filter(f -> f.contains ("n")).findFirst();

D. Optional<String> result = list.stream().anyMatch(f -> f.contains("n"));

參考答案 C

說　明

1. 選項 A 編譯失敗，應該回傳 Optional<String>。
2. 選項 B 依照排列順序輸出所有含 n 的字串，非取得第一個含 n 的字串。
3. 選項 D 編譯失敗，方法 anyMatch() 回傳 boolean。

試題 19

Given:

```
01  public class Exam {
02      private final ReentrantLock lock = new ReentrantLock();
03      private State state = new State();
04      public void test() throws Exception {
05          try {
06              lock.lock();
07              state.mutate();
08          } finally {
09              lock.unlock();
10          }
11      }
12  }
13  class State {
14      public void mutate() {
```

```
15            // some operations
16        }
17    }
```

What is required to make the Exam class thread safe?

A. No change is required.

B. Make the declaration of lock static.

C. Replace the lock constructor call with new ReentrantLock(true).

D. Move the declaration of lock inside the test() method.

參考答案 A

說 明

1. Exam 物件內唯一需要執行緒安全的是對欄位 State 的改變。因為一個 Exam 物件內只有一個 ReentrantLock 物件，多個執行緒競爭 test() 方法時，只有取得 ReentrantLock 物件並呼叫 lock() 方法，才能改變欄位 State，因此已經是執行緒安全，故選項 A 正確。

2. 承上說明，因為選項 B 將物件鎖升級為類別鎖，會讓所有 Exam 物件共用一個類別鎖，造成過度鎖定。

3. 選項 C 使用 new ReentrantLock(true) 產生物件鎖時，稱為「公平鎖定（fair lock）」；使用 new ReentrantLock(false) 或 ReentrantLock() 產生物件鎖時，稱為「不公平鎖定（unfair lock）」。公平鎖定指多執行緒依照申請鎖定的順序獲取鎖定；不公平鎖定則意味著多執行緒不會依照請求的順序獲取鎖定，亦即可能導致某個執行緒經常無法取得鎖定，形成飢餓執行緒（starved thread），但不管公平與否，基本上都是執行緒安全。

4. 選項 D 的用法反而導致 ReentrantLock 失效。

試題 20

Given:

```
01  public static void main(String[] args) {
02  // Option A.
03      Comparator comparatorA = new Comparator<?>() {
04          public int compare(Integer i, Integer j) {
05              return i.compareTo(j);
06          }
07      };
08  // Option B.
09      var comparatorB = new Comparator<?>() {
10          public int compare(Integer i, Integer j) {
11              return i.compareTo(j);
12          }
13      };
14  // Option C.
15      Comparator<> comparatorC = new Comparator<Integer>() {
16          public int compare(Integer i, Integer j) {
17              return i.compareTo(j);
18          }
19      };
20  // Option D.
21      Comparator<Integer> comparator = new Comparator<>() {
22          public int compare(Integer i, Integer j) {
23              return i.compareTo(j);
24          }
25      };
26  }
```

Which code fragment compiles?

A. Option A.

B. Option B.

C. Option C.

D. Option D.

參考答案 D

說　明

1. 選項A和選項B的new Comparator<?>必須改為new Comparator<Integer>。
2. 選項C使用Comparator<>宣告變數導致編譯失敗，必須移除<>，或是改用<Integer>。

試題 21

Given:

```
01  public static void main(String[] args) {
02  // Option A:
03      var ra = new Random();
04      new DoubleStream(ra::nextDouble)
05          .limit(100).forEach(System.out::println);
06  // Option B:
07      DoubleStream.generate(Random::nextDouble)
08          .limit(100).forEach(System.out::println);
09  // Option C:
10      DoubleStream.generate(Random.nextDouble)
11          .limit(100).forEach(System.out::println);
12  // Option D:
13      var rd = new Random();
14      DoubleStream.generate(rd::nextDouble)
15          .limit(100).forEach(System.out::println);
16  }
```

Which code fragment prints 100 random numbers?

A. Option A

B. Option B

C. Option C

D. Option D

參考答案 D

說　明

1. 選項 A 對類別 DoubleStream 的使用方式錯誤，因此編譯失敗。
2. 選項 C 想使用方法參照，但語法不對，應該把「.」改為「::」，因此編譯失敗。
3. 承選項 C。選項 B 使用方法參照的語法正確，但因為 Random 類別的 nextDouble() 是物件方法，因此必須使用物件參考呼叫。若使用類別名稱呼叫將編譯失敗，錯誤訊息為「Cannot make a static reference to the non-static method nextDouble() from the type Random」。

節錄相關 API 如下：

範例：java.util.stream.DoubleStream

```
01  public static DoubleStream generate(DoubleSupplier s) {
02      Objects.requireNonNull(s);
03      return StreamSupport.doubleStream(
04          new StreamSpliterators
05          .InfiniteSupplyingSpliterator.OfDouble(Long.MAX_VALUE, s),
                                                              false);
06  }
```

範例：java.util.function.DoubleSupplier

```
01  @FunctionalInterface
02  public interface DoubleSupplier {
03      double getAsDouble();
04  }
```

範例：java.util.Random

```
01  public double nextDouble() {
02      return (((long)(next(26)) << 27) + next(27)) * DOUBLE_UNIT;
03  }
```

試題 22

You are working on a functional bug in a tool used by your development organization. In your investigation, you find that the tool is executed with a security policy file containing this grant:

```
01  grant codebase "file:${mylib.home}/j2se/home/mylib.jar" {
02      permission java.security.AllPermission;
03  }
```

What action should you take?

A. Nothing, because it is an internal tool and not exposed to the public.

B. Remove the grant because it is excessive.

C. Nothing, because it is not related to the bug you are investigating.

D. File a security bug against the tool referencing the excessive permission granted.

E. Nothing, because listing just the required permissions would be an ongoing maintenance challenge.

參考答案 D

說　明

1. 可執行 JAR 檔案 mylib.jar 含有 functional bug，又被授予（grant）過高（excessive）的權限，本例爲 AllPermission，將是一件危險的事，應該將之列爲 security bug，並找出解決方案，因此選項 D 正確。

試題 23

Given an application with a main module that has this module-info.java file:

```
01  module main {
02      exports country;
03      uses country.CountryDetails;
04  }
```

Which two are true? (Choose two.)

A. A module providing an implementation of country.CountryDetails can be compiled and added without recompiling the main module.

B. A module providing an implementation of country.CountryDetails must have a requires main; directive in its module-info.java file.

C. An implementation of country.countryDetails can be added to the main module.

D. To compile without an error, the application must have at least one module in the module source path that provides an implementation of country.CountryDetails.

E. To run without an error, the application must have at least one module in the module path that provides an implementation of country.CountryDetails.

參考答案 AE

說　明 參考本書範例模組專案：

1. 模組專案 travel.api，代表「服務提供者介面（Service Provider Interface）」。模組資訊檔爲：

```
01  module travel.api {
02      exports travel.api;
03  }
```

2. 模組專案 travel.agency，代表「服務提供者介面實作（Service Provider Interface Implementation）」。模組資訊檔爲：

```
01  module travel.agency {
02      requires travel.api;
03      provides travel.api.Tour with travel.agency.TourImpl;
04  }
```

3. 模組專案 travel.buyer2，代表「服務使用者（Service Consumer）」，是本書範例模組專案 travel.buyer 與 travel.reservations 的合併，與本考題的模組 main 有比較相似的功用。模組資訊檔爲：

```
01    module travel.buyer2 {
02        requires travel.api;
03        uses travel.api.Tour;
04    }
```

本題模組 main 的定位比較接近「服務使用者」，因此：

1. 選項 A 正確，模組 main 應該只相依「服務介面」，「服務實作」修改與 main 無關。
2. 選項 B 錯誤，「服務實作」不該相依「服務使用者」。
3. 選項 C 錯誤，一般設計不會把「服務實作」與「服務使用者」合併。
4. 選項 D 錯誤，選項 E 正確。「服務使用者」模組只要具備「服務介面」模組，就可以通過編譯，再具備「服務實作」模組，則讓程式可以正常執行。

試題 24

Given:

```
01    public static void main(String[] args) {
02      var ns = List.of(0, 1, 2, 3, 4, 5, 6, 7, 8, 9);
03    // Option A:
04      double avgA = ns.stream().parallel().averagingDouble(a -> a);
05    // Option B:
06      double avgB = ns.parallelStream().mapToInt(m -> m).average().
                                                             getAsDouble();
07    // Option C:
08      double avgC = ns.stream().mapToInt(i -> i).average().parallel();
09    // Option D:
10      double avgD = ns.stream().average().getAsDouble();
11    // Option E:
12      double avgE = ns.stream().collect(Collectors.averagingDouble(n ->
                                                                       n));
13    }
```

Which options will calculate the average of numbers? Choose two.

參考答案 BE

說　明

參考「10.4.3 終端作業與 Collectors API」。選項 B 與 E 輸出平均值 4.5，其他選項編譯失敗。

1. 類別 Stream<Integer> 沒有 average() 方法，因此選項 D 編譯失敗，但是 Stream <Integer> 可以藉由 mapToInt() 轉換為 IntStream，後續再呼叫 average() 方法回傳 OptionalDouble，最後以 getAsDouble() 取得 double 值，因此選項 B 正確：

範例：java.util.stream.Stream

```
01  public interface Stream<T> extends BaseStream<T, Stream<T>> {
02      IntStream mapToInt(ToIntFunction<? super T> mapper);
03      // ....
04  }
```

2. 承前項說明，選項 C 也編譯失敗。

3. 選項 E 的 Collectors.averagingDouble() 可以將 Stream 的成員轉換為 double 型態，再蒐集其平均值，同時選項 A 也無法通過編譯：

範例：java.util.stream.Collectors

```
01  public final class Collectors {
02      public static <T> Collector<T, ?, Double>
03              averagingDouble(ToDoubleFunction<? super T> mapper) {
04          // ...
05      }
06      // ...
07  }
```

試題 25

Given:

```
01  public static void main(String[] args) {
02      final String INPUT_FILE = "…";
03      try {
04          // line 1
```

```
05            lines.map(l -> l.toUpperCase()).forEach(line -> {
06                try {
07                    Files.write(Paths.get("OUTPUT_FILE"),
08                                line.getBytes(),
09                                StandardOpenOption.CREATE);
10                } catch (Exception e) { }
11            });
12        } catch (Exception e) {
13            e.printStackTrace();
14        }
15    }
```

Which code inserted on line 1 will obtain the Stream object on reading the file?

A. var lines = Files.lines(Paths.get(INPUT_FILE));

B. Stream lines = Files.readAlllines(Paths.get(INPUT_FILE));

C. var lines = Files.readAlllines(Paths.get(INPUT_FILE));

D. Stream<String> lines = Files.lines(INPUT_FILE);

參考答案 A

說　明

1. 變數 lines 必須是 Stream 型態，才可以呼叫 map() 方法，如試題程式碼行 5。
2. 方法 Files.readAlllines() 回傳 List<String> 型態，故選項 B 與 C 無法通過編譯，且兩者同義。
3. 方法 Files.lines() 需輸入 Path 型態，可回傳 Stream 型態，故選項 D 編譯失敗。

試題 26

Given:

```
01    public static void main(String[] args) {
02        try (BufferedReader br =
03                new BufferedReader(new InputStreamReader(System.in))) {
04            System.out.println("Input String: " + br.readline());
```

```
05         } catch (IOException e) {
06             e.printStackTrace();
07         }
08     }
```

Which is true?

A. System.out is the standard output stream. The stream is open only when System.out is called.

B. System.in cannot reassign the other stream.

C. System.out is an instance of java.io.OutputStream by default.

D. System.in is the standard input stream. The stream is already open.

參考答案 D

說　明

1. 參考 System 類別的 API 文件對於靜態欄位 in 的說明：

範例：java.lang.System

```
01    public static final InputStream in = null;
```

The "standard" input stream. This stream is already open and ready to supply input data. Typically this stream corresponds to keyboard input or another input source specified by the host environment or user.

2. 參考 System 類別的 API 文件對於靜態欄位 out 的說明：

範例：java.lang.System

```
01    public static final PrintStream out = null;
```

The "standard" output stream. This stream is already open and ready to accept output data. Typically this stream corresponds to display output or another output destination specified by the host environment or user.

試題 27

Given:

```
01  public class Employee {
02      private String name;
03      private LocalDate birthday;
04      public Employee(String name, LocalDate birthday) {
05          super();
06          this.name = name;
07          this.birthday = birthday;
08      }
09      public String getName() {
10          return name;
11      }
12      public LocalDate getBirthday() {
13          return birthday;
14      }
15  }
```

And:

```
01  public static void main(String args[]) {
02    List<Employee> emps = List.of(
03            new Employee("B", LocalDate.of(1987, 12, 1)),
04            new Employee("A", LocalDate.of(1988, 12, 1)),
05            new Employee("C", LocalDate.of(1990, 12, 1)));
06    Predicate<Employee> y =
07        e -> e.getBirthday().isBefore(IsoChronology.INSTANCE.date(1989,
                                                                  1, 1));
08
09    // Option A:
10    Set<String> sA = emps.stream()
11        .collect(Collectors.partitioningBy(y))
12        .get(true)
13        .stream()
14        .map(Employee::getName)
15        .collect(Collectors.toCollection(TreeSet::new));
16
17    // Option B:
18    Set<String> sB = emps.stream()
```

```
19          .collect(Collectors.partitioningBy(y))
20          .get(true)
21          .map(Employee::getName)
22          .collect(Collectors.toSet());
23
24      // Option C:
25      Set<String> sC = emps.stream()
26          .collect(Collectors.partitioningBy(y,
27                  Collectors.mapping(Employee::getName, Collectors.
                                                              toSet())
28                                  ));
29
30      // Option D:
31      Set<String> sD = emps.stream()
32          .collect(Collectors.partitioningBy(y,
33                  Collectors.groupingBy(Employee::getName,
34                          Collectors.toCollection(TreeSet::new)) ));
35  }
```

Which option makes the set contain the names of all employees born before January 1, 1989?

A. Option A

B. Option B

C. Option C

D. Option D

參考答案 A

說　明 參考「10.4.3 終端作業與 Collectors API」。

1. 選項 B 和選項 A 相似，但少呼叫行 13 的 stream() 方法，編譯失敗。
2. 選項 C 先以 Collectors.partitioningBy() 依生日是否早於 (1989, 1, 1) 來分成 true/false 兩類，再把每一類裡的每一個 Employee 成員以 Collectors.mapping() 取出 name 屬性，並指定 Collectors.toSet() 形成集合物件 Set，所以本選項應該回傳 Map<Boolean, Set<String>> 型態。

3. 選項 D 先以 Collectors.partitioningBy() 依生日是否早於 (1989, 1, 1) 來分成 true/false 兩類，再把每一類裡的每一個 Employee 成員依 Collectors.groupingBy() 方法以 name 屬性做第二次分類，並把分類結果以 Collectors.toCollection(TreeSet::new) 指定排序形成集合物件 TreeSet，所以本選項應該回傳 Map<Boolean, Map<String, TreeSet<Employee>>> 型態，且 Employee 類別必須實作 Comparable 介面。

試題 28

Given:

```
01  class Employee {
02      private String name;
03      private double salary;
04      public Employee(String name, double salary) {
05          super();
06          this.name = name;
07          this.salary = salary;
08      }
09      public String getName() {
10          return name;
11      }
12      public double getSalary() {
13          return salary;
14      }
15  }
```

And:

```
01  public static void main(String[] args) {
02      List<Employee> list = List.of(new Employee("Jim", 80000.0),
03                                    new Employee("Duke", 100000.0));
04      double starts = 0.0;
05      double ratio = 1.0;
06      BinaryOperator<Double> bo = (a, b) -> a + b;
07      // line 1
        double s = list.stream().map(e -> e.getSalary() * ratio).reduce(
                                                              starts, bo);
08      System.out.println("Total Salary = " + s);
09  }
```

And 4 options:

```
01  // Option A.
02  double a = list.stream().map(e -> e.getSalary() * ratio).reduce(bo)
03                                   .ifPresent(p -> p.doubleValue());
04  // Option B.
05  double b = list.stream().mapToDouble(e -> e.getSalary() * ratio).
                                                                sum();
06
07  // Option C.
08  double c = list.stream().map(Employee::getSalary * ratio).reduce(bo).
                                                          orElse(0.0);
09
10  // Option D.
11  double d = list.stream().mapToDouble(e -> e.getSalary() * ratio)
12                                          .reduce(starts, bo);
```

Which option is equivalent to line 1?

A. Option A

B. Option B

C. Option C

D. Option D

參考答案 B

說　明 line 1 目的在求 Employee 的 salary 乘上 ratio 後的總和：

1. 選項 A 編譯失敗，因爲方法 ifPresent() 是 void 無回傳。
2. 選項 C 編譯失敗，因爲 map(Employee::getSalary * ratio) 語法錯誤。
3. 選項 D 編譯失敗。使用 mapToDouble() 時，reduce() 的第 2 個參數應該傳入的型態是 DoubleBinaryOperator，非 BinaryOperator：

```
01  DoubleBinaryOperator bo = (a, b) -> a + b;
```

小知識

1. 功能性介面 Function 的內容如下。唯一的抽象方法輸入型態 T，輸出型態 R：

```
01  public interface Function<T, R> {
02      R apply(T t);
03  }
```

2. 功能性介面 UnaryOperator 的宣告如下。定義功能性介面 Function 的 2 種型態 T 與 R 都相同的情況，並以型態 T 代表，中文譯名為「一元運算子」：

```
01  public interface UnaryOperator<T> extends Function<T, T>
```

3. 功能性介面 BiFunction 的內容如下。唯一的抽象方法輸入型態 T 與 U 共 2 個參數，輸出型態 R。介面名稱開頭為 Bi，是 Binary 的縮寫，中文翻譯為「二元」，亦即說明方法有 2 個參數：

```
01  public interface BiFunction<T, U, R> {
02      R apply(T t, U u);
03  }
```

4. 功能性介面 BinaryOperator 的宣告如下。定義功能性介面 BiFunction 的 3 種型態 T、U、R 都相同的情況，並以型態 T 代表，中文譯名為「二元運算子」。它唯一的抽象方法輸入型態 T 與 T 共 2 個參數，輸出型態 T。

```
01  public interface BinaryOperator<T> extends BiFunction<T, T, T>
```

5. 功能性介面 DoubleBinaryOperator 的內容如下。它是 BinaryOperator 的特化版，指定型態 T 必須是 double，因此不再支援泛型：

```
01  public interface DoubleBinaryOperator {
02      double applyAsDouble(double left, double right);
03  }
```

試題 29

Which interface in the java.util.function package will return a void return type?

A. Supplier

B. Predicate

C. Function

D. Consumer

D

試題 30

Given:

```
01    public class SomeResource {
02        // ...
03    }
```

You want to use the SomeResource class in a try-with-resources statement. Which change will accomplish this?

A. Extend AutoCloseable and override the close() method.

B. Implement AutoCloseable and override the autoClose() method.

C. Extend AutoCloseable and override the autoClose() method.

D. Implement AutoCloseable and override the close() method.

參考答案 D

試題 31

Given:

```
01    @Target(ElementType.METHOD)
02    @Retention(RetentionPolicy.RUNTIME)
03    public @interface BookInfo {
04        String author() default "";
05        String date();
06        String[] comments() default {};
07    }
```

And:

```
01    // Option A:
02    @BookInfo(date = "1-1-2022", comments = { null })
03    class ClassA {
04        public void func() {
05        }
06    }
07    //Option B:
08    class ClassB {
09        @BookInfo(date = "1-1-2022", comments = "good")
10        public void func() {
11        }
12    }
13    //Option C:
14    class ClassC {
15        @BookInfo
16        public void func() {
17        }
18    }
19    //Option D:
20    @BookInfo(date = "1-1-2022")
21    class ClassD {
22        public void func() {
23        }
24    }
25    //Option E:
26    class ClassE {
27        @BookInfo(date = "1-1-2022", comments = "good", author = "duke")
```

```
28        public void func() {
29        }
30    }
```

Which two options are correct? (Choose two.)

A. Option A

B. Option B

C. Option C

D. Option D

E. Option E

參考答案 BE

說　明 標註類別 BookInfo 用於標註方法，非 default 的屬性一定要給值。

試題 32

Given:

```
01    public static void main(String[] args) {
02        try {
03            Path path = Paths.get("/test/myFile.txt");
04            boolean result = Files.deleteIfExists(path);
05            if (result)
06                System.out.println(path + " is deleted.");
07            else
08                System.out.println(path + " is not deleted.");
09        } catch (IOException e) {
10            e.printStackTrace();
11        }
12    }
```

Assume the file on path does not exist. What is the result?

A. The compilation fails.

B. Prints: /test/myFile.txt is not deleted.

C. Exception.

D. Prints: /test/myFile.txt is deleted.

參考答案 B

說　明

檔案若被刪除，方法 Files.deleteIfExists() 回傳 true；反之，若刪除失敗，如檔案不存在，則回傳 false。

試題 33

Given:

```
01  class Person implements <<line 1>> {
02      private String name;
03      Person(String name) {
04          this.name = name;
05      }
06      <<line 2>>
07  }
```

And:

```
01  public static void main(String[] args) {
02      Person[] people = { new Person("Joe"), new Person("Jim"),
03                          new Person("John") };
04      Arrays.sort(people);
05      for (Person p : people) {
06          System.out.println(p.name);
07      }
08  }
```

You want the code to produce this output:

John

Joe

Jim

Which code fragment should be inserted on line 1 and line 2 to produce the output?

A.

line 1: Comparator<Person>

line 2:

public int compare(Person p1, Person p2) {

  return p1.name.compare(p2.name);

}

B.

line 1: Comparable<Person>

line 2:

public int compareTo(Person person) {

  return person.name.compareTo(this.name);

}

C.

line 1: Comparable<Person>

line 2:

public int compare(Person p1, Person p2) {

  return p1.name.compare(p2.name);

}

D.

line 1: Comparator<Person>

line 2:

public int compare(Person person) {

  return person.name.compare(this.name);

}

參考答案 B

說　明

範例：java.lang.Comparable

```
01  public interface Comparable<T> {
02      public int compareTo(T o);
03  }
```

試題 34

Given:

```
01  class CustType<T> {
02      public <T> int count(T[] arr, T elem) {
03          int count = 0;
04          for (T e : arr) {
05              if (e.equals(elem))
06                  ++count;
07          }
08          return count;
09      }
10  }
```

And:

```
01  public class Test extends CustType {
02      public static void main(String args[]) {
03          String[] words = { "Blackberry", "orange", "apple", "grape" };
04          Integer[] numbers = { 1, 2, 3, 4, 5 };
05          CustType type = new CustType();
06          CustType<String> type4String = new CustType<>();
07          System.out.println(type4String.count(words, "apple"));
08          System.out.println(type.count(words, "apple"));
09          System.out.println(type.count(numbers, 3));
10      }
11  }
```

What is the result?

A. A NullPointerException is thrown at run time.

B. The compilation fails

C. 1

1

1

D. 1

E. A ClassCastException is thrown at run time.

參考答案 C

說　明

1. 試題類別 CustType 的行 1 可以移除 <T> 而不影響編譯，因此類別 Test 的行 5 不會因爲沒有使用泛型而編譯失敗。
2. 泛型編譯時未指定型態，就以 Object 形態處理，執行時期依然可以取得正確型態；如同編譯時期以較大型別（多型）宣告，在執行時期 Java 依然可以判斷眞實物件型態。

試題 35

Which statement about a functional interface is true?

A. It must be defined with the public access modifier.

B. It must be annotated with @FunctionalInterface.

C. It is declared with a single abstract method.

D. It is declared with a single default method.

E. It cannot have any private methods and static methods.

參考答案 C

說　明

功能性介面（functional interface）最重要的地方在於只有一個抽象方法待實作，因此該方法足以代表該介面，所以可以使用 Lambda 表示式。

試題 36

Given:

```
01  public class Test {
02    public static void main(String[] args) {
03      try (BufferedReader br =
04            new BufferedReader(new InputStreamReader(System.in))) {
05        System.out.print("Key In: ");
06        String data = br.readline();
07        System.out.print("Echo: " + data);
08      } catch (IOException e) {
09          e.printStackTrace();
10      }
11    }
12  }
```

And the command:

java Test HelloWorld

What is the result?

A. Key In: Echo:

B. Key In: HelloWorld Echo: HelloWorld

C. Key In:

Then block until any input comes from System.in.

D. Key In:

Echo: HelloWorld

E. A NullPointerException is thrown at run time.

參考答案 C

說　明

指令列在類別 Test 後面提供字串「HelloWorld」，執行時成爲 main(String[] args) 的參數，與標準輸入 System.in 無關，因此 console 上出現「Key In:」後就等待使用者提供輸入。

試題 37

Given:

```
01  public static void main(String[] args) {
02  //Option A.
03      Runnable rA = "Message" -> System.out.println();
04  //Option B.
05      Runnable rB = () -> System.out::print;
06  //Option C.
07      Runnable rC = () -> {
08          System.out.println("Message");
09      };
10  //Option D.
11      Runnable rD = -> System.out.println("Message");
12  //Option E.
13      Runnable rE = {System.out.println("Message")};
14  }
```

Which option is correct?

參考答案 C

說　明

範例：java.lang.Runnable

```
01  @FunctionalInterface
02  public interface Runnable {
03      public abstract void run();
04  }
```

試題 38

Given:

```
01  public static void main(String[] args) {
02      List<String> list = Arrays.asList("grape", "orange", "banana");
03      Consumer<String> c1 = System.out::print;
04      Consumer<String> c2 =
05              c1.andThen(x -> System.out.print(":" + x.toUpperCase()));
06      list.forEach(c2);
07  }
```

What is the output?

A. :GRAPE:ORANGE:BANANAgrapeorangebanana

B. :GRAPE:ORANGE:BANANA

C. GRAPE:grapeORANGE:orangeBANANA:banana

D. grapeorangebanana:GRAPE:ORANGE:BANANA

E. grape:GRAPEorange:ORANGEbanana:BANANA

參考答案 E

說　明

介面 Consumer 的 default 方法 andThen(Consumer) 內容如下。會先呼叫自己的 accept() 方法，再呼叫傳入的 Consumer 的 accept() 方法，因此 list 的 forEach() 的方法會依序輸出「每一個成員」的原本文字與改大寫後的文字，故選 E。

範例：java.util.function.Consumer

```
01  @FunctionalInterface
02  public interface Consumer<T> {
03      void accept(T t);
04      default Consumer<T> andThen(Consumer<? super T> after) {
05          Objects.requireNonNull(after);
06          return (T t) -> { accept(t);
07                            after.accept(t); };
08      }
09  }
```

試題 39

Given:

```
01  class CommonException /* line 1 */ {
02      public CommonException(String s) {
03          super(s);
04      }
05  }
06  class SpecificException /* line 2 */ {
07      public SpecificException(String s) {
08          super(s);
09      }
10  }
```

And:

```
01  public class Main {
02      public static void stuff() throws CommonException {
03          try {
04              throw new RuntimeException("Something is wrong");
05          } catch (Exception e) {
06              throw new SpecificException(e.getMessage());
07          }
08      }
09      public static void main(String[] args) {
10          try {
11              Main.stuff();
12          } catch (Exception e) {
13              System.out.println(e.getMessage());
14          }
15      }
16  }
```

Which option should you choose to enable the code to print Something is wrong?

A. Add extends CommonException on line 1.

Add extends Exception on line 2.

B. Add extends SpecificException on line 1

Add extends CommonException on line 2

C. Add extends Exception on line 1

Add extends Exception on line 2

D. Add extends Exception on line 1.

Add extends CommonException on line 2.

參考答案 D

說　明

由 Main 類別的程式碼行 2 與行 6，CommonException 必須是 SpecificException 的父類別，而且兩者都是 Exception。

試題 40

Given:

```
01  public static void main(String[] args) {
02    List<Reader> readers = new ArrayList<>();
03    File indexFile = new File("file-list.txt");
04    try (BufferedReader indexReader =
                 new BufferedReader(new FileReader(indexFile))) {
05      for (String file = indexReader.readline();
06            file != null;
07            file = indexReader.readline()) {
08        BufferedReader dataReader =
          new BufferedReader(new FileReader(new File(file)));  // line 1
09        readers.add(dataReader);       // line 2
10        dataProcessing(dataReader);    // line 3
11      }
12    } catch (IOException e) {
13    } finally {
14      for (Reader r : readers) {
15        try {
16            r.close();
17        } catch (IOException ex) {
```

```
18          }    // line 4
19        }
20      }
21    }
22    private static void dataProcessing(BufferedReader dataReader) {
23        // ...
24    }
```

What will secure this code from a potential Denial of Service condition?

A. After line 4, add indexReader.close().

B. On line 3, enclose dataProcessing(dataReader) with try with resources.

C. After line 3, add dataReader.close().

D. On line 1, use try with resources when opening each dataReader.

E. Before line 1, check the size of indexFile to make sure it does not exceed a threshold.

參考答案 E

說　明

1. 選項 A、B、C、D 皆沒有需要：

   - 物件參考 indexReader 在行 4 會利用 try-with-resource 區塊在資源使用完畢後予以關閉。
   - 物件參考 dataReader 則在行 16 予以逐一關閉；因為先加入集合物件才處理資料，即便行 10 處理資料時出錯，也不影響資源關閉。

2. 檔案 indexFile 裡的每一行都代表一個要開啓的檔案路徑，因此選項 E 限制 indexFile 大小，可以避免迴圈處理資源過多。

試題 41

A company has an existing sales application using a Java 8 jar file containing packages:

exam.company.customer;

exam.company.customer.orders;

exam.company.customer.info;

exam.company.sales;

exam.company.sales.leads;

exam.company.sales.closed;

exam.company.orders;

exam.company.orders.pending;

exam.company.orders.shipped.

To modularize this jar file into three modules, customer, sales, and orders, which module-info.java would be correct?

A.

```
module exam.company.customer {
   opens exam.company.customer;
}
module exam.company.sales {
   opens exam.company.sales;
}
module exam.company.orders {
   opens exam.company.orders;
}
```

B.

```
module exam.company.customer {
   exports exam.company.customer;
}
module exam.company.sales {
   exports exam.company.sales;
}
```

```
module exam.company.orders {
  exports exam.company.orders;
}
```

C.

```
module exam.company.customer {
  requires exam.company.customer;
}
module exam.company.sales {
  requires exam.company.sales;
}
module exam.company.orders {
  requires exam.company.orders;
}
```

D.

```
module exam.company.customer {
  provides exam.company.customer;
}
module exam.company.sales {
  provides exam.company.sales;
}
module exam.company.orders {
  provides exam.company.orders;
}
```

參考答案 B

說　明

把一個原本的 Java 8 JAR 檔案分拆 3 個模組，考量原本使用該 JAR 檔案的用戶端程式不能出錯，至少要把 3 個模組的套件使用 exports 指令予以公開，再修改用戶端程式程式使用 requires 指令。

試題 42

Given:

```
01  public static void main(String[] args) {
02      String p = "test\\projects\\a-project\\..\\..\\final-project";
03      Path normalized = Paths.get(p).normalize();
04      System.out.print(normalized);
05  }
```

What is the result?

A. test\final-project

B. test\projects\a-project\final-project

C. test\\projects\\a-project\\..\\..\\final-project

D. test\projects\a-project\..\..\final-project

參考答案 A

說　明

1. 檔案路徑的區隔使用「\」字元，屬特殊字元，字串內需要再加上一個「\」字元予以跳脫，否則無法編譯，因此代表路徑的字串 p 有許多「\\」。實務上，路徑區隔會以「/」取代「\」，以避免跳脫符號讓內容看起來冗長。
2. 省略跳脫符號後，真正路徑應該是「test\projects\a-project\..\..\final-project」。
3. Path.normalize() 可以移除冗餘的路徑，如「a-project\..\」代表進入資料夾 a-project 後，又使用「..」回上一層，因此使用 normalize() 後，路徑變成「test\projects\..\final-project」。
4. 相似的情況可以再移除「projects\..\」，最終成為「test\final-project」。

試題 43

Given:

```
01  public static void main(String[] args) {
02      Consumer c = msg -> System.out::println;     // line 1
03      c.accept("Hello World!");
04  }
```

This code results in a compilation error.

Which code should be inserted on line 1 for a successful compilation?

A. Consumer c = msg -> { return System.out.print(msg); };

B. Consumer c = var arg -> {System.out.print(arg);};

C. Consumer c = (String args) -> System.out.print(args);

D. Consumer c = System.out::print;

參考答案 D

說　明 line 1 除了語法錯誤外，另一個問題是 Consumer 未指定泛型型態。因此：

1. 選項 B 改為：

```
01  Consumer c = (var arg) -> {System.out.print(arg);};
```

2. 選項 C 改如下可編譯，Consumer 未指定其泛型的型態時預設為 Object：

```
01  Consumer c = (Object arg) -> System.out.print(arg);
```

3. 或 Consumer 指定泛型型態為 String：

```
01  Consumer<String> c = (String arg) -> System.out.print(arg);
```

試題 44

Given:

```
01  public static void main(String[] args) {
02      int arr[][] = { { 5, 12 }, { 10, 14 }, { 9, 3 } };
03      long count = Stream.of(arr)
04                         .flatMapToInt(IntStream::of)
05                         .map(n -> n + 1)
06                         .filter(n -> (n % 2 == 0))
07                         .peek(System.out::print)
08                         .count();
09      System.out.println(" " + count);
10  }
```

What is the result?

A. 6910 3

B. 10126 3

C. 3

D. 6104 3

參考答案 D

說　明

1. 經過行 4 的 flatMapToInt(IntStream::of) 方法轉換成 IntStream 後，集合成員為 5、12、10、14、9、3。
2. 經過行 5 的 map(n -> n + 1) 方法後，集合成員均 +1，成為 6、13、11、15、10、4。
3. 經過行 6 的 filter(n -> (n % 2 == 0)) 方法後，集合成員只留偶數，成為 6、10、4。
4. 因此行 7 的 peek() 會輸出 6104，行 9 會輸出 3，故選 D。

試題 45

Which is a proper JDBC URL?

A. jdbc.mysql.com://localhost:3306/mydb

B. http://localhost.mysql.com:3306/mydb

C. http://localhost.mysql.jdbc:3306/mydb

D. jdbc:mysql://localhost:3306/mydb

參考答案 D

試題 46

Given:

```
01  public class SerializeLab implements Serializable {
02      String msg;
03      LocalDateTime created;
04      transient LocalDateTime updated;
05      SerializeLab(String message) {
06          this.msg = message;
07          this.created = LocalDateTime.now();
08      }
09      private void readObject(ObjectInputStream in) {
10          try {
11              in.defaultReadObject();
12              this.updated = LocalDateTime.now();
13          } catch (Exception e) {
14              e.printStackTrace();
15          }
16      }
17  }
```

When is the readObject() method called?

A. before this object is deserialized

B. after this object is deserialized

C. before this object is serialized

D. The method is never called.

E. after this object is serialized

參考答案 B

說　明 參考「15.4.3 改變序列化與反序列化的結果」：

1. 序列化（serialization）資料流向為 object → file，客製流程發生在序列化之「前」的 object 端有意義，因此以 writeObject() 方法客製序列化之前（before）的流程。
2. 反序列化（deserialization）資料流向為 file → object，客製流程發生在反序列化之「後」的 object 端有意義，因此以 readObject () 方法客製反序列化之後（after）的流程。
3. 無論序列化或反序列化，客製流程都發生在 object 的處理。

試題 47

Given:

```
01  static void sort(int[] arr) {
02      int n = arr.length;
03      for (int j = 1; j < n; j++) {
04          int tmp = arr[j];
05          int i = j - 1;
06          while ((i > -1) && (arr[i] > tmp)) {
07              arr[i + 1] = arr[i];
08              i--;
09          }
10          arr[i + 1] = tmp;
11      }
12  }
```

After which line can we insert assert (i < 0 || arr[i] <= arr[i + 1]); to verify that the arr array is partially sorted?

A. after line 8

B. after line 6

C. after line 5

D. after line 10

參考答案 D

說　明

最佳的驗證時機是在外圍 for 迴圈每一個 loop 結束的時候，而執行時也不會拋出 AssertionError。

試題 48

Given:

```
01  public static void main(String[] args) {
02      List<String> l1 = new ArrayList<>();
03      l1.add("X");
04      l1.add("Y");
05      List<String> l2 = List.copyOf(l1);
06      l2.add("Z");
07      List<List<String>> l3 = List.of(l1, l2);
08      System.out.println(l3);
09  }
```

What is the result?

A. [[X, Y],[X, Y]]

B. An exception is thrown at run time.

C. [[X, Y], [X, Y, Z]]

D. [[X, Y, Z], [X, Y, Z]]

參考答案 B

說　明

依據 API 文件「The List.of and List.copyOf static factory methods provide a convenient way to create unmodifiable lists.」，介面 List 的 static 方法 of() 與 copyOf() 都將回傳「unmodifiable/Immutable」的集合物件，亦即無法修改狀態；修改狀態時，拋出例外 java.lang.UnsupportedOperationException。

試題 49

Given:

```
01  public class Secret {
02      String[] items;
03      public Secret(String[] items) {
04          this.items = items;
05      }
06      public String[] getNames() {
07          return items;
08      }
09  }
```

Which three actions implement Java SE security guidelines? (Choose three.)

A. Change line 7 to return names.clone();.

B. Change line 4 to this.names = names.clone();.

C. Change the getNames() method name to get$Names().

D. Change line 6 to public synchronized String[] getNames() {.

E. Change line 2 to private final String[] names;.

F. Change line 3 to private Secret(String[] names) {.

G. Change line 2 to protected volatile String[] names;.

參考答案 ABE

說　明 比較安全的類別撰寫方式：

```
01  public class Secret {
02      private final String[] items;
03      public SecretPlus(String[] items) {
04          this.items = items.clone();
05      }
06      public String[] getNames() {
07          return items.clone();
08      }
09  }
```

試題 50

Given:

```
01  public static void main(String[] args) {
02      Integer[] arr = { 2, 1, 5, 4, 3 };
03      List<Integer> list = new ArrayList<>(Arrays.asList(arr));
04      list.parallelStream().forEach(element -> System.out.print(element
                                                                + " "));
05  }
```

Which two are correct? (Choose two.)

A. The output will be exactly 2 1 5 4 3.

B. The program prints 1 4 2 3 5, but the order is unpredictable.

C. Replacing forEach() with forEachOrdered(), the program prints 2 1 5 4 3, but the order is unpredictable.

D. Replacing forEach() with forEachOrdered(), the program prints 1 2 5 4 3.

E. Replacing forEach() with forEachOrdered(), the program prints 2 1 5 4 3.

參考答案 BE

說　明

1. 呼叫 parallelStream() 方法時讓 Stream 實例具有平行處理能力，處理過程會分而治之，也就是將任務切割為小任務，且每一個小任務都是一個管線化操作，因此行 4 的 forEach() 輸出將是任意的順序。
2. 如果於平行處理時，希望最後順序是照著原來 Stream 來源的順序，可以改呼叫 forEachOrdered()，不過可能會失去平行化的一些效能優勢。

試題 51

Given below files and its contents：

1. MessageBundle.properties:

   message=Hello

2. MessageBundle_en.properties:

   message=Hello (en)

3. MessageBundle_US properties:

   message=Hello (US)

4. MessageBundle_en_US.properties:

   message=Hello (en_US)

5. MessageBundle_zh_TW.properties:

   message=Hello (zh_TW)

And:

```
01  public static void main(String[] args) {
02      Locale.setDefault(Locale.TRADITIONAL_CHINESE);
03      Locale locale = new Locale.Builder().setLanguage("en").build();
04      ResourceBundle rb = ResourceBundle.getBundle("MessageBundle",
                                                              locale);
05      System.out.println(rb.getString("message"));
06  }
```

Which file will display the content on executing the code fragment?

A. MessageBundle_en_US.properties

B. MessageBundle_en.properties

C. MessageBundle_zh_TW.properties

D. MessageBundle_US.properties

E. MessageBundle.properties

參考答案 B

說　明

1. 由行 3 的 setLanguage("en")，只會使用 MessageBundle_en.properties，不會使用 MessageBundle_en_US.properties 與 MessageBundle_US.properties。
2. 即便不存在 MessageBundle_en.properties，下一順位是反應行 2 設定而使用 MessageBundle_zh_TW.properties，再不存在則使用 MessageBundle.properties，再不存在就拋出 java.util.MissingResourceException。

試題 52

Given:

```
01  public static void main(String[] args) {
02      var list = List.of(1, 2, 3, 4, 5, 6, 7, 8);
03      Optional<Integer> output = list.stream()
04              .filter(i -> i % 3 != 0)
05              .reduce((x, y) -> x + y);
06      output.ifPresent(System.out::println); // line 1
07  }
```

Which is true about line 1?

A. If the value is not present, a NoSuchElementException is thrown at run time.

B. It always executes the System.out::println statement.

C. If the value is not present, a NullPointerException is thrown at run time.

D. If the value is not present, nothing is done.

參考答案 D

說　明

根據 API 文件的說明「If a value is present, performs the given action with the value, otherwise does nothing.」。

試題 53

Given:

```
01  public static void main(String[] args) {
02      List<String> l1 = new LinkedList<>();
03      Set<String> s1 = new HashSet<>();
04      String[] v = { "x", "y", "z", "x", "y" };
05      for (String s : v) {
06          l1.add(s);
07          s1.add(s);
08      }
09      System.out.print(s1.size() + " " + l1.size() + " ");
10      List<String> l2 = new LinkedList<>(l1);
11      Set<String> s2 = new HashSet<>(s1);
12      System.out.print(s2.size() + " " + l2.size() + " ");
13  }
```

What is the result?

A. 3 5 3 3

B. 3 3 3 3

C. 3 5 3 5

D. 5 5 3 3

參考答案 C

說　明

本題 List 的實作選擇 LinkedList，而非 ArrayList，但因爲都屬 List 介面，因此基本反應都相同。

> **小知識**　LinkedList 是 List 的另一種實作，經常和 ArrayList 做比較。ArrayList 的底層結構是陣列，LinkedList 則是另一種資料結構 Linked List，顧名思義是成員之間互相有鏈結（linked）存在的 List，可以由指定成員有效率地直接找下一個（next），或前一個（previous）。
>
> 這種鏈結特性也讓它和 ArrayList 在搜尋和異動成員時，有不同實作方式，但結果都是相同的。
>
> 關於搜尋成員的一般說法：
>
> 1. ArrayList 的資料結構是陣列，只需要給 index，並且直接去找出陣列中的記憶體位置，就可以取得成員，效率比較好。
> 2. LinkedList 則是由找前一個或下一個的方式遍尋整個集合，效率比較差。
>
> 關於異動成員的一般說法：
>
> 1. ArrayList 在新增或刪除成員時，必須重新組織多個成員，比如說刪除第 n 個成員後，要把之後的成員往前挪，因此效率比較差。
> 2. LinkedList 在新增或刪除成員後，只需要更新前後成員的鏈結關係即可，效率比較好。

試題 54

Given:

```
01  class Employee {
02      private String name;
03      private String locality;
04      // constructor, getters, setters
05  }
```

And:

```
01  public static void main(String[] args) {
02      List<Employee> empList = new ArrayList<>();
03      empList.add(new Employee("X", "X"));
04      empList.add(new Employee("Y", "Y"));
```

```
05        empList.add(new Employee("Z", "X"));
06    // Option A:
07        long countA = empList.stream()
08                .map(Employee::getLocality)
09                .distinct()
10                .count();
11    // Option B:
12        long countB = empList.stream()
13                .map(e -> e.getLocality())
14                .count();
15    // Option C:
16        long countC = empList.stream()
17                .map(e -> e.getLocality())
18                .collect(Collectors.toSet())
19                .count();
20    // Option D:
21        long countD = empList.stream()
22                .filter(Employee::getLocality)
23                .distinct()
24                .count();
25    }
```

Which option will print the number of unique localities from the empList list?

參考答案 A

說　明

1. 選項 A 的行 9 執行後回傳 Stream<String>，再呼叫 count() 得到串流成員數目。
2. 選項 B 未使用 distinct()，無法過濾重複的 locality 值。
3. 選項 C 的行 18 執行後回傳成員不重複的 Set<String>，求其長度要呼叫 size() 方法。
4. 選項 D 要把行 22 的 filter() 改爲 map()。

試題 55

Given:

```
01  class Employee {
02      int age;
03      String name;
04      // constructor, getters, setters
05  }
```

And:

```
01  public static void main(String[] args) {
02      List<Employee> empList = new ArrayList(
03              List.of(new Employee(54, "Tom"),
04                      new Employee(50, "Amber"),
05                      new Employee(50, "Peter")));
06      empList.sort(Comparator.comparing(Employee::getAge)
07                              .thenComparing(Employee::getName)
08                              .reversed());
09      empList.forEach(e -> System.out.print(" " + e.getName()));
10  }
```

What will be the result?

A. Amber Tom Peter

B. Tom Amber Peter

C. Amber Peter Tom

D. Tom Peter Amber

參考答案 D

說　明 執行步驟為：

1. 行 6：先使用 age 比較。
2. 行 7：age 相同時改以 name 比較。
3. 行 8：將比較順序結果顛倒。

試題 56

Which three guidelines are used to protect confidential information? (Choose three.)

A. Limit access to objects holding confidential information.

B. Clearly identify and label confidential information.

C. Manage confidential and other information uniformly.

D. Transparently handle information to improve diagnostics.

E. Treat user input as normal information.

F. Validate input before storing confidential information.

G. Encapsulate confidential information.

參考答案 AFG

說　明 如何保護機密資訊？

1. 選項 B：不應該清楚地識別和標記機密資訊，以免暴露目標給有心人士。

2. 選項 C：不應該將機密資訊和其他資訊以一致性的方式管理。

3. 選項 D：不應該透明地處理資訊。

4. 選項 E：不應該把使用者輸入當成一般的資訊。

試題 57

Given:

```
01  public static void main(String[] args) {
02      try (Reader r1 = new FileReader("f1.txt");
03              Reader r2 = new FileReader("f2.txt");
04              Reader r3 = new FileReader("f3.txt");) {
05      } catch (IOException e) {
06          e.printStackTrace();
07      }
08      // line 1
09      System.out.println("Finished");
10  }
```

When run and all three files exist, what is the state of each reader on line 1?

A. All three readers are still open.

B. All three readers have been closed

C. The compilation fails.

D. Only reader1 has been closed

參考答案 B

說　明

使用以下類別 MyReader 置換考題內的類別 FileReader，可以發現在考題輸出 Finished 前，亦即 line 1 前，會先呼叫 MyReader 的 close() 方法：

```
01  public class MyReader extends Reader {
02      private String path;
03      public MyReader(String path) {
04          super();
05          this.path = path;
06      }
07      @Override
08      public int read(char[] cbuf, int off, int len) throws IOException {
09          return 0;
10      }
11      @Override
12      public void close() throws IOException {
13          System.out.println(path + " is closed!");
14      }
15  }
```

試題 58

Given:

```
01  var pool = Executors.newFixedThreadPool(5);
02  Future result = pool.submit(() -> 1);
```

Which type of Lambda expression is passed into submit()?

A. java.lang.Runnable

B. java.util.function.Predicate

C. java.util.function.Function

D. java.util.concurrent.Callable

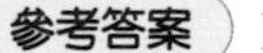 D

說　明　方法 submit() 的簽名爲：

```
01   <T> Future<T> submit(Callable<T> task);
```

試題 59

Which two statements set the default locale used for formatting numbers, currency, and percentages? (Choose two.)

A. Locale.setDefault(Locale.Category.FORMAT, "zh-CN");

B. Locale.setDefault(Locale.Category.FORMAT, Locale.CANADA_FRENCH);

C. Locale.setDefault(Locale.TRADITIONAL_CHINESE);

D. Locale.setDefault("en_CA");

E. Locale.setDefault("es", Locale.US);

參考答案　BC

說　明　方法 Locale.setDefault() 的 overloading 簽名爲：

```
01   public static synchronized void setDefault(Locale.Category category,
                                                 Locale newLocale) {...}
02   public static synchronized void setDefault(Locale newLocale) {...}
```

列舉型別 Locale.Category 的列舉項目可以是：

1. Locale.Category.DISPLAY：用於決定預設的使用者介面語系。

2. Locale.Category.FORMAT：用於決定預設的日期、數字、幣別格式。

此外，選項B的Locale.CANADA_FRENCH與選項C的Locale.TRADITIONAL_CHINESE均是有效的Locale型態。

試題 60

Given:

```
01  public class Secure implements Serializable {
02      private String data;
03      public Secure(String data) {
04          this.data = data;
05      }
06  }
```

Which two are secure serialization of these objects? (Choose three.)

A. Define the serialPersistentFields array field.

B. Declare fields transient.

C. Implement only readResolve to replace the instance with a serial proxy and not writeReplace.

D. Make the lass abstract.

E. Implement only writeReplace to replace the instance with a serial proxy and not readResolve.

參考答案 AE

說　明

題目是關於「secure serialization」，選項B將不進行序列化，選項D無關序列化，選項C的方法readResolve()用於反序列化。

參考原廠文件說明（URL https://www.oracle.com/java/technologies/javase/seccodeguide.html#8）：Approaches for handling sensitive fields in serializable classes are（處理可序列化類別裡敏感的資料欄位的作法是）：

1. Declare sensitive fields transient
2. Define the serialPersistentFields array field appropriately
3. Implement writeObject and use ObjectOutputStream.putField selectively
4. Implement writeReplace to replace the instance with a serial proxy
5. Implement the Externalizable interface

試題 61

A bookstore's sales are represented by a list of Sale objects populated with the name of the reader and the books they purchased:

```
01  class Sale {
02      private String reader;
03      private List<Book> books;
04      // constructor, setters and getters
05  }
06  class Book {
07      private String name;
08      private double price;
09      // constructor, setters and getters
10  }
```

Given a list of Sale objects, saleList, which code fragment creates a list of total sales for each reader in ascending order?

```
01  public static void main(String[] args) {
02    List<Book> books1 = List.of(new Book("bookA", 100), new Book(
                                                     "bookB", 200));
03    List<Book> books2 = List.of(new Book("bookC", 300), new Book(
                                                     "bookD", 250));
04    List<Sale> saleList = List.of(new Sale("Bill", books1), new Sale(
                                                    "Jim", books2));
```

```
05  // Option A:
06    List<String> totalByUserA = saleList.stream()
07      .collect(flatMapping(t -> t.getBooks().stream(),
08              groupingBy(Sale::getReader, summingDouble(Book::getPrice)
                                                                    )))
09      .entrySet().stream()
10      .sorted(Comparator.comparing(Entry::getValue))
11      .collect(mapping(e -> e.getKey() + " " + e.getValue(), Collectors.
                                                          toList()));
12  // Option B:
13    List<String> totalByUserB = saleList.stream()
14      .collect(groupingBy(Sale::getReader,
15        flatMapping(t -> t.getBooks().stream(), summingDouble(
                                                    Book::getPrice))))
16      .sorted(Comparator.comparing(Entry::getValue))
17      .collect(mapping(e -> e.getKey() + " " + e.getValue(), Collectors.
                                                          toList()));
18  // Option C:
19    List<String> totalByUserC = saleList.stream()
20      .collect(groupingBy(Sale::getReader,
21        flatMapping(t -> t.getBooks().stream(), summingDouble(
                                                    Book::getPrice))))
22      .entrySet().stream()
23      .sorted(Comparator.comparing(Entry::getValue))
24      .collect(mapping(e -> e.getKey() + " " + e.getValue(), Collectors.
                                                          toList()));
25  // Option D:
26    List<String> totalByUserD = saleList.stream()
27      .collect(flatMapping(t -> t.getBooks().stream(),
28              groupingBy(Sale::getReader, summingDouble(Book::getPrice)
                                                                    )))
29      .sorted(Comparator.comparing(Entry::getValue))
30      .collect(mapping(e -> e.getKey() + " " + e.getValue(), Collectors.
                                                          toList()));
31  }
```

A. Option A

B. Option B

C. Option C

D. Option D

參考答案 C

說　明

題目要針對每個讀者所購買的書籍總費用進行昇冪排序。由 main() 方法的程式碼行 2-4，可知要達到此效果，必須對 List<Sale> saleList 集合物件依序：

1. 以 Collectors.groupingBy() 依 reader: String 分類。
2. 以 Collectors.flatMapping() 將 books: List<Book> 攤平。

因此各選項：

1. 選項 A 與 D 無法編譯，且應該先 groupingBy() 再 flatMapping()。
2. 選項 B 與 C 答案接近，都是先以 Sale::getReader 進行分類，再把 Sale.getBooks().stream() 使用 flatMapping() 攤平，並以 summingDouble(Book::getPrice) 求總和。但選項 B 的行 14-15 與選項 C 的行 20-21，都是回傳型態 Map<String, Double>，要呼叫 Stream.sorted() 進行排序，還需要先轉換爲 Stream 型態，亦即行 22，故選 C。
3. 輸出結果爲 [Bill 300.0, Jim 550.0]。
4. 這個題目比較複雜，可以藉由比較各選項找出比較合理的答案。

試題 62

Which two safely validate inputs? (Choose two.)

A. Delegate numeric range checking of values to the database.

B. Accept only valid characters and input values.

C. Use trusted domain-specific libraries to validate inputs.

D. Assume inputs have already been validated.

E. Modify the input values, as needed, to pass validation.

參考答案 BC

說　明

1. 選項 A：數值範圍檢查應該在使用者介面就先進行，而非委託給資料庫檢查。

2. 選項 D：假設資料已經被驗證，因此不做檢查沒有實質意義。

3. 選項 E：不應該擅自修改使用者輸入的資料；一旦檢核失敗，應全部資料予以退回。

試題 63

Given:

```
01  static void setSessionUser(Connection con, String username) throws
                                                              Exception {
02      Statement stmt = con.createStatement();
03      String sql = <STATEMENT>;
04      stmt.execute(sql);
05  }
```

X)"SET SESSION AUTHORIZATION " + username

Y)"SET SESSION AUTHORIZATION " + stmt.enquoteIdentifier(username)

Is X or Y the correct replacement for <STATEMENT> and why?

A. X, because it sends exactly the value of username provided by the calling code.

B. Y, because enquoting values provided by the calling code prevents SQL injection.

C. X and Y are functionally equivalent.

D. X, because it is unnecessary to enclose identifiers in quotes.

E. Y, because all values provided by the calling code should be enquoted.

參考答案 A

說　明

1. 介面 Statement 的 enquoteIdentifier() 方法簽名如下。第 2 個參數決定是否將 identifier（本題爲 username）套用單引號，因此敘述 Y) 相關的選項均錯誤：

範例：java.sql.Statement

```
default String enquoteIdentifier(String identifier, boolean alwaysQuote)
throws SQLException
```

2. 指令「SET SESSION AUTHORIZATION」將連線（session）使用者識別設定爲指定的username，這是SQL92的標準，而該指令的實作在derby資料庫爲「SET SCHEMA」。讀者可以將考題行3改爲如下進行測試，這裡的username必須是derby資料庫的schema：

```
03    String sql = "SET SCHEMA " + username;
```

試題 64

Which three annotation uses are valid? (Choose three.)

A. Function<String, String> a = (@NonNull x) -> x.toUpperCase();

B. var b = "Hello" + (@Internal) "World";

C. Function<String, String> c = (var @NonNull x) -> x.toUpperCase();

D. Function<String, String> d = (@NonNull var x) -> x.toUpperCase();

E. var e = (@NonNull String) str;

F. var f = new @Internal SomeObject();

參考答案 DEF

說　明 參考「12.3.1 在宣告時使用標註型別」：

1. 選項A、C、D的Lambda表示式的參數要使用annotations時，必須要如下以型態或var宣告，因此選項D正確，選項A與C錯誤：

```
01    Function<String, String> a = (@NonNull String x) -> x.toUpperCase();
02    Function<String, String> a = (@NonNull var x) -> x.toUpperCase();
```

2. 選項B是String的轉型（cast）語法，不可以將字串轉型爲標註類別。

試題 65

Given:

```
01  public static void main(String[] args) {
02      final List<String> fruits = List.of("Orange", "Apple", "Banana",
                                                          "Blueberry");
03      final List<String> types = List.of("Juice", "Pie", "Ice", "Cookie");
04      var is = IntStream
05              .range(0, Math.min(fruits.size(), types.size()))
06              .mapToObj((i) -> fruits.get(i) + " " + types.get(i) + " ");
07      is.forEach(System.out::print);
08  }
```

What is the result?

A. Orange Juice

B. The compilation fails.

C. Orange Juice Apple Pie Banana Ice Blueberry Cookie

D. The program prints nothing.

參考答案 C

說　明

IntStream.range() 的方法簽名如下，第 1 個參數為區間起始並包含（inclusive）該數，第 2 個參數為區間結束且不包含（exclusive）該數：

範例：java.util.stream.IntStream

```
01  public static IntStream range(int startInclusive, int endExclusive)
```

試題 66

Which interface in the java.util.function package can return a primitive type?

A. ToDoubleFunction

B. Supplier

C. BiFunction

D. LongConsumer

參考答案 A

說　明

1. ToDoubleFunction 只能回傳 double：

範例：java.util.function.BiFunction.ToDoubleFunction

```
01  @FunctionalInterface
02  public interface ToDoubleFunction<T> {
03      double applyAsDouble(T value);
04  }
```

2. BiFunction 限定方法有 2 個參數，未限定只能輸出基本型別：

範例：java.util.function.BiFunction

```
01  @FunctionalInterface
02  public interface BiFunction<T, U, R> {
03      R apply(T t, U u);
04  }
```

試題 67

Given:

```
01  public static void main(String[] args) {
02    Locale.setDefault(Locale.ENGLISH);
03    LocalDate d1 = LocalDate.of(2022, 4, 7);
04    DateTimeFormatter dtf = DateTimeFormatter.ofPattern( /*insert code
                                                                here*/ );
05    System.out.println(dtf.format(d1));
06  }
```

Which pattern formats the date as 'Thursday 7th of April 2022'?

A. "eeee dd+"th of"+ MMM yyyy"

B. "eeee dd'th of' MMM yyyy"

C. "eeee d+"th of"+ MMMM yyyy"

D. "eeee d'th of' MMMM yyyy"

參考答案 D

說　明

1. 要輸出完整的星期和月份，需要使用 4 碼樣式，如 eeee 與 MMMM。

2. 若日期樣式為 dd，則不到 2 位數將由左側補 0。

3. 需要是「'th of'」，若「"th of"」無法通過編譯。

試題 68

Given:

```
01  public static void main(String[] args) {
02      // Option A.
03      List<? super Short> a = new ArrayList<Number>();
04      // Option B.
05      List<? super Number> b = new ArrayList<Integer>();
06      // Option C.
07      List<? extends Number> c = new ArrayList<Byte>();
08      // Option D.
09      List<? extends Number> d = new ArrayList<Object>();
10      // Option E.
11      List<? super Float> e = new ArrayList<Double>();
12  }
```

Which two statements independently compile? (Choose two.)

A. Option A

B. Option B

C. Option C

D. Option D

E. Option E

參考答案 AC

說 明

1. 選項 B：依據 List<? super Number>，其 ArrayList<> 的泛型必須是 Number 的**父**類別。

2. 選項 D：依據 List<? extends Number>，其 ArrayList<> 的泛型必須是 Number 的**子**類別。

3. 選項 E：依據 List<? super Float>，其 ArrayList<> 的泛型必須是 Float 的父類別。

試題 69

Given:

```
01  public static void main(String[] args) throws IOException {
02      Path source = Paths.get("/somePath/p/a.txt");
03      Path target = Paths.get("/somePath");
04      Files.move(source, target);     // line 1
05      Files.delete(source);           // line 2
06  }
```

Assuming the source file and target folder exist, what is the result?

A. java.nio.file.FileAlreadyExistsException is thrown on line 1.

B. java.nio.file.NoSuchFileException is thrown on line 2.

C. One copy of /somePath/p/a.txt is moved to the /somePath directory and /somePath/p/a.txt is deleted.

D. a.txt is renamed somePath.

參考答案 A

說　明

行 4 程式碼不會把檔案 a.txt 搬移到「/somePath」資料夾下，這只是 Windows 操作的刻板印象。實際上，來源是檔案，搬移成功後也還會是檔案，因此會嘗試將 a.txt 搬移到「/」資料夾下，且新檔名為「somePath」；但因為「somePath」已經存在為資料夾，因此拋出例外 FileAlreadyExistsException。

若想將 a.txt 搬移到「/somePath」資料夾下，行 3 應該改為：

```
03      Path target = Paths.get("/somePath/a.txt");
```

試題 70

Given:

```
01  public static void main(String[] args) {
02      List<String> longlist = List.of("Hello", "Java", "Duke");
03      List<String> shortlist = new ArrayList<>();
04      // Option A.
05      longlist.stream()
06              .filter(w -> w.indexOf('e') != -1)
07              .parallel()
08              .forEach(w -> shortlist.add(w));
09      // Option B.
10      longlist.parallelStream()
11              .filter(w -> w.indexOf('e') != -1)
12              .forEach(w -> shortlist.add(w));
13      // Option C.
14      shortlist =
15          longlist.stream()
16              .filter(w -> w.indexOf('e') != -1)
17              .parallel()
18              .collect(Collectors.toList());
19      // Option D.
20      shortlist =
21          longlist.stream()
22              .filter(w -> w.indexOf('e') != -1)
23              .parallel()
24              .collect(shortlist);
25  }
```

Which code fragment correctly forms a short list of words containing the letter "e"?

A. Option A

B. Option B

C. Option C

D. Option D

參考答案 C

說　明

1. 參考變數 shortlist 在行 3 指向一個已經建立的空的 ArrayList，選項 A、B、C 都可以讓 shortlist 的成員只含有 e 字母的單字，但考量題目要求「correctly forms a short list」，只有選項 C 使用「.collect(Collectors.toList()」比較符合題意。

2. 選項 D 則編譯失敗。

試題 71

Given:

jdeps -jdkinternals C:\somePath\jar\classes.jar

Which describes the expected output?

A. jdeps lists the module dependencies and the package names of all referenced JDK internal APIs. If any are found, the suggested replacements are output in the console.

B. jdeps outputs an error message that the -jdkinternals option requires either the -summary or the -verbose options to output to the console.

C. The -jdkinternals option analyzes all classes in the jar and prints all class-level dependencies.

D. The -jdkinternals option analyzes all classes in the .jar for class-level dependencies on JDK internal APIs. If any are found, the results with suggested replacements are output in the console.

參考答案 D

說　明 參考「14.3.2 使用 JDEPS」。

指令 jdeps 分析模組關聯性，搭配選項 -jdkinternals，將輸出 JDK 內部 API 的建議替代方案（suggested replacements）。

試題 72

Given:

```
01  public class Test {
02      public static void main(String[] args) {
03          List list = new ArrayList();
04          list.add("hello");
05          list.add("world");
06          output(list);
07      }
08      private static void output(List<String>... lists) {
09          for (List<String> l : lists) {
10              System.out.println(l);
11          }
12      }
13  }
```

Which annotation should be used to remove warnings from compilation?

A. @SuppressWarnings on the main and output methods.

B. @SuppressWarnings("unchecked") on main and @SafeVarargs on the output method.

C. @SuppressWarnings("rawtypes") on main and @SafeVarargs on the output method.

D. @SuppressWarnings("all") on the main and output methods.

參考答案 D

說　明

參考「12.5.4 使用 @SuppressWarnings 忽略警告」與「12.5.5 使用 @SafeVarargs 保護參數」：

1. 行 2 的方法 main() 必須以 @SuppressWarnings({ "unchecked", "rawtypes" }) 同時壓制 unchecked 與 rawtypes，或是使用 @SuppressWarnings("all") 壓制全部。
2. 行 8 的方法 output() 的 List<String> 的可變動個數參數可能導致 heap pollution，必須使用 @SafeVarargs，或 @SuppressWarnings("all") 壓制。

試題 73

Given:

```
01  public static void main(String[] args) {
02      /* line 1 */
03      List<String> fruits = new ArrayList<>(List.of("cherry", "lemon",
                                                          "banana"));
04      fruits.replaceAll(function);
05  }
```

And:

```
01  // Option A.
02  Function function = String::toUpperCase;
03  // Option B.
04  UnaryOperator function = s -> s.toUpperCase();
05  // Option C.
06  UnaryOperator<String> function = String::toUpperCase;
07  // Option D.
08  Function<String> function = m -> m.toUpperCase();
```

Which option on line 1 enables this code fragment to compile?

A. Option A

B. Option B

C. Option C

D. Option D

參考答案 C

說　明

1. 方法 replaceAll() 需要 UnaryOperator 型態作爲參數，故選 C。UnaryOperator 代表的方法允許輸入 1 個參數，回傳型態與該參數型態相同，本例都是 String：

範例：java.util.List

```
01  default void replaceAll (UnaryOperator<E> operator) {
02      // ...
03  }
```

2. 選項 B 需要加上泛型宣告：

```
03  // Option B.
04  UnaryOperator<String> function = s -> s.toUpperCase();
```

試題 74

Which of the following statements are true about the finally block?

A. A finally block is required when there are no catch blocks in a try-with-resources statement.

B. More than one finally blocks can be defined with a regular try statement.

C. A finally block cannot be used with a try-with-resources statement.

D. In a try-with-resources statement, any catch or finally block is run after the resources declared have been closed.

E. A finally block is required in order to make sure all resources are closed in a try-with-resources statement.

F. If an exception is thrown from the finally block, the remaining part of the finally block will not be executed

參考答案　DF

說　明

1. 使用 try-with-resource 區塊時，會自動關閉資源物件參考，不需要一定存在 finally 區塊，故選項 A、E 錯誤。

2. 選項 B 錯誤，只能允許 1 個 finally 區塊。

3. 依據原廠文件說明（URL https://docs.oracle.com/javase/tutorial/essential/exceptions/tryResourceClose.html）：「A try-with-resources statement can have catch and finally blocks just like an ordinary try statement. In a **try-with-resources** statement, any **catch or finally** block is run **after** the resources declared have been closed」，亦即在 try-with-resources 敘述中，**資源會優先關閉，之後才執行 catch 和 finally 區塊**，故選項 C 錯誤，選項 D 正確。

4. 選項 F 正確，以下例驗證：

```
01  try {
02      System.out.println("1");
03  } finally {
04      double d = Math.random();
05      System.out.println(d);
06      if (d < 1)
07          throw new RuntimeException("2");
08      System.out.println("3");
09  }
```

試題 75

Given:

```
01  interface MyAPI { // line 1
02      public void checkValue() throws IllegalArgumentException; // line 2
03      public boolean isValueANumber(Object val) {
04          // implementation
05      }
06  }
```

Which two changes need to be made to make this class compile? (Choose two.)

A. Change line 1 to an abstract class:

```
01    public abstract class MyAPI {
```

B. Change line 2 access modifier to protected:

```
02    protected void checkValue(Object value) throws IllegalArgumentException;
```

C. Change line 1 to a class:

```
01    public class MyAPI {
```

D. Change line 1 to extend java.lang.AutoCloseable:

```
01    public interface MyAPI extends AutoCloseable {
```

E. Change line 2 to an abstract method:

```
02    public abstract void checkValue(Object value) throws
                                                 IllegalArgumentException;
```

參考答案 AE

說　明 合併選項 A 與 E 才能通過編譯。

試題 76

Which two modules include APIs in the Java SE Specification? (Choose two.)

A. java.logging

B. java.desktop

C. javafx

D. jdk.httpserver

E. jdk.jartool

參考答案 AB

說　明

參照原廠文件說明（URL https://docs.oracle.com/javase/9/docs/api/overview-summary.html），命名規則是以「java」開頭：「The Java Platform, Standard Edition (Java SE) APIs define the core Java platform for general-purpose computing. These APIs are in modules whose names start with java.」。

試題 77

Given:

```
01  public class Exam {
02      private int num = 1;
03      private int div = 0;
04      public void divideNumber() {
05          try {
06              num = num / div;
07              System.out.println("calculation done!");
08          } catch (ArithmeticException ae) {
09              num = 100;
10          } catch (Exception e) {
11              num = 200;
12          } finally {
13              num = 300;
14          }
15          System.out.println(num);
16      }
17      public static void main(String[] args) {
18          Exam test = new Exam();
19          test.divideNumber();
20      }
21  }
```

What is the output?

A. 300

B. calculation done!

C. 200

D. 100

參考答案 A

說　明 區塊 finally 會最後執行。

試題 78

Which two statements are true about the modular JDK? (Choose two.)

A. The foundational APIs of the Java SE Platform are found in the java.base module.

B. An application must be structured as modules in order to run on the modular JDK.

C. It is possible but undesirable to configure modules' exports from the command line.

D. APIs are deprecated more aggressively because the JDK has been modularized.

參考答案 AC

說　明

1. 選項 B 錯誤，自動化模組就不需要，參照「14.2.2 自動模組」。
2. 選項 C 正確，參照「https://docs.oracle.com/javase/9/migrate/toc.htm」，可以使用指令選項「--add-exports」。
3. 選項 D 錯誤，模組化和 API 被棄用（deprecated）沒有關係。

試題 79

Given:

```
01  public static void main(String[] args) {
02      int[] array1 = { 2, 4, 6, 8, 10 };
03      int[] array2 = { 2, 4, 8, 6, 10 };
04      int output1 = Arrays.mismatch(array1, array2);
05      int output2 = Arrays.compare(array1, array2);
```

```
06          System.out.print(output1 + " , " + output2);
07      }
```

What is the result?

A. -1 , 2

B. 2 , -1

C. 2 , 3

D. 3 , 0

參考答案 B

說　明

1. Arrays.mismatch(array1, array2) 會依照順序找出兩個陣列不一致（mismatch）的成員，將回傳兩個陣列裡第一個不同成員的 index，若都相同則回傳 -1。
2. Arrays.compare(array1, array2) 會比較兩個陣列是否包含相同的成員與順序：
   - 若均相同回傳 0。
   - 若第 1 個陣列按字典順序**小於**第 2 個陣列，則回傳值**小於 0**，如 -1。
   - 若第 1 個陣列按字典順序**大於**第 2 個陣列，則回傳值**大於 0**，如 +1。

試題 80

Given:

```
01  public class Exam {
02      private static void method1() {
03          System.out.print("a");
04          if (false) {
05              throw new IndexOutOfBoundsException();
06          }
07      }
08      private static void method2() throws FileNotFoundException {
09          System.out.print("b");
10          if (true) {
```

```
11                  throw new FileNotFoundException();
12              }
13          }
14          public static void main(String[] args) {
15              try {
16                  method1();
17                  method2();
18              } catch (IOException e) {
19                  System.out.print("c");
20                  return;
21              } finally {
22                  System.out.print("d");
23              }
24              System.out.print("f");
25          }
26      }
```

What is the result?

A. The compilation fails

B. abdf

C. abd

D. adf

E. abcd

參考答案 E

說　明 行 20 會中斷程式，不會進到行 24。

試題 81

Which set of commands is necessary to create and run a custom runtime image from Java source files?

A. java, jdeps

B. javac, jlink

C. jar, jlink

D. javac, jar

參考答案 B

說　明

參考「13.1.2 模組化的效益」與「https://www.baeldung.com/jlink」。製作 custom runtime image 時須先以 javac 編譯程式，再以 jlink 製作。

試題 82

Which of the following pairs of methods satisfy overloading rules?

```
01 // Option A.
02 public void methodA (Throwable t) {
03 }
04 public int methodA (Exception e) {
05     return 0;
06 }
07 // Option B.
08 public void methodB (String[] s1) {
09 }
10 public void methodB (String s2) {
11 }
12 // Option C.
13 public var methodC (List<String> l) {
14 }
15 public var methodC (Double s) {
16 }
17 // Option D.
18 public boolean methodD (Float f1) {
19 }
20 public void methodD (Float f2) {
21 }
22 // Option E.
23 public void methodE (List<Boolean> b) {
24 }
25 public void methodE (List<Character> c) {
```

```
26    }
27    // Option F.
28    public void methodF (int[] i1) {
29    }
30    public void methodF (Integer[] i2) {
31    }
```

參考答案 ABF

說　明

多載（overloading）的基本規則是方法名稱相同、參數不同、回傳型態不計，因此：

1. 選項 C 編譯錯誤，var 只能用於區域變數。
2. 選項 D 編譯錯誤，因為方法名稱相同、參數相同。
3. 選項 E 錯誤並顯示訊息「Erasure of method methodE(List<Boolean>) is the same as another method in type XXX」。泛型在編譯時期會先強制型態安全約束，然後進行「型態抹除（type erasure）」，所以泛型型態不會被儲存在編譯後的位元組碼內，導致執行時期無法區分，所以編譯失敗。

試題 83

Which of the following are advantages of Java Platform Module System?

A. Platform Independence

B. Better Performance

C. Package Encapsulation

D. Object Encapsulation

E. None of these

F. All of these

參考答案 BC

說　明 參考「13.1.2 模組化的效益」。

試題 84

Given:

```
01  private static void bar(Object next) {
02  }
03  private static void foo(Object next) {
04  }
```

And:

```
00  public static void main(String[] args) {
01      {
02          Iterator it = List.of(4, 5, 6).iterator();
03          while (it.hasNext()) {
04              foo(it.next());
05          }
06          Iterator it2 = List.of(4, 5, 6).iterator();
07          while (it.hasNext()) {
08              bar(it2.next());
09          }
10      }
11      for (Iterator it = List.of(4, 5, 6).iterator(); it.hasNext();) {
12          foo(it.next());
13      }
14      for (Iterator it2 = List.of(4, 5, 6).iterator(); it.hasNext();) {
15          foo(it2.next());
16      }
17  }
```

Which loop incurs a compile time error?

A. the loop starting line 11

B. the loop starting line 7

C. the loop starting line 14

D. the loop starting line 3

參考答案 C

說　明

本題主要檢驗區域變數的有效範圍，可以分行 1-10，行 11-13、行 14-16 等 3 個區塊，彼此不能越界。行 14 使用變數 it，卻未在自家區塊內宣告，故編譯失敗。

試題 85

Which two statements are true about Java modules? (Choose two.)

A. Modular jars loaded from --module-path are automatic modules.

B. Any named module can directly access all classes in an automatic module.

C. Classes found in classpath are part of an unnamed module.

D. Modular jars loaded from classpath are automatic modules.

E. If a package is defined in both the named module and the unnamed module, then the package in the unnamed module is ignored.

參考答案 CE

說　明 參考「14.2.4. 比較模組類型」的內容：

1. 在模組路徑上的可以是自動模組或命名模組，因此選項 A 錯誤。
2. 選項 B 語意不是很清楚，因為自動模組匯出所有套件，因此命名模組可以存取所有套件；但這些套件還是必須以 requires 指令記錄在模組資訊檔中，所以題目以「directly」描述可能不是非常貼切。如果將 named module 改為 unnamed module 就沒有疑義。
3. 未命名模組出現在類別路徑（classpath），因此選項 C 正確。
4. 在模組路徑上的可以是自動模組或命名模組，因此選項 D 錯誤。
5. 選項 E 正確，會以命名模組為準。

試題 86

Given:

```
01  public static void main(String[] args) {
02      Path p1 = Path.of("mango");
03      p1.resolve("grape");
04      Path p2 = p1.resolve("guava");
05      System.out.println(p2 + " " + p1);
06  }
```

What is the result of compiling and running this code?

A. Compiler error

B. mango/guava mango/grape

C. mango/guava grape

D. mango/guava mango

E. None of these

參考答案 D

說　明

Path 型別是「不可改變（immutable）」的，因此程式碼行 3 無法改變 p1 指向的物件，而是複製產生一個新物件；若未將 p1 再指向該新物件，如程式碼行 4，則 p1 依然指向最初的不可改變物件，所以行 3 可以直接忽略，不影響行 5 的結果。

試題 87

```
01  public static void main(String[] args) throws SQLException {
02      var sql = "SELECT * FROM Users";
03      try (var conn = DriverManager.getConnection(args[0]);
04              var ps = conn.prepareStatement(sql)) {
05          ResultSet rs = ps.______();
06          boolean b = ps.______();
07          int i = ps.______();
```

```
08          }
09      }
```

Which of the combinations can be filled in the blanks in order to make the code compile?

A. execute, executeUpdate, executeQuery

B. executeUpdate, executeQuery, execute

C. executeQuery, execute, executeUpdate

D. executeUpdate, execute, executeQuery

E. execute, executeQuery, executeUpdate

F. executeQuery, executeUpdate, execute

參考答案 C

說　明 介面 PreparedStatement 的相關原始碼如下：

範例：java.sql.PreparedStatement

```
01  public interface PreparedStatement extends Statement {
02      ResultSet executeQuery() throws SQLException;
03      int executeUpdate() throws SQLException;
04      boolean execute() throws SQLException;
05      // ...
06  }
```

1. 方法 executeQuery() 回傳查詢（query）結果，型別為 ResultSet。
2. 方法 executeUpdate() 回傳 DML 執行後的資料影響筆數，型別為 int。
3. 方法 execute() 回傳 SQL 執行的 boolean 結果。若為 true，表示 SQL 為查詢，可再取回 ResultSet；若為 false，表示 SQL 為 DML，可再取得資料異動筆數，或沒有結果。

試題 88

Which of the following are true about annotations?

A. Annotation names are not case sensitive.

B. Annotations always contain elements

C. Annotations can be applied to classes, methods, expressions, and annotations

D. When using a marker annotation, parentheses are optional

E. None of these

F. All of these

參考答案 CD

說　明

參考「12.1.2 標註型別的目的」。標記標註型別（marker annotation）不包含任何元素，因此使用時可以不用括號（parentheses），所以選項 D 正確，可以參考範例類別 ExerciseUsage.java。

試題 89

Which two statements are correct about try blocks? (Choose two.)

A. A try block can have more than one catch block.

B. A finally block in a try-with-resources statement executes before the resources declared are closed.

C. A finally block must be immediately placed after the try or catch blocks.

D. A try block must have a catch block and a finally block.

E. catch blocks must be ordered from generic to specific exception types.

參考答案 AC

說　明

1. 選項 B 錯誤，依據原廠文件說明：「In a try-with-resources statement, any catch or finally block is run after the resources declared have been closed」。
2. 選項 D 錯誤，不一定要有。
3. 選項 E 錯誤，捕捉 Exception 的順序應該由 specific 到 generic，先捕捉特定例外，以對症下藥處理各種異常；再捕捉一般例外，以免漏網的例外影響程式執行。

試題 90

Given

1. Stuff.properties：

```
name=Nick
age=30
salary=9999
```

2. Stuff_CA.properties

```
name=Jim
age=27
```

3. Stuff_en.properties

```
age=44
```

4. Stuff_en_CA.properties

```
name=Alice
```

And:

```
01    public static void main(String[] args) {
02        var CA = new Locale("en", "CA");
```

```
03        Locale.setDefault(new Locale("en", "US"));
04        var b = ResourceBundle.getBundle("Stuff", CA);
05        System.out.print(b.getString("name") + " ");
06        System.out.print(b.getString("age") + " ");
07        System.out.print(b.getString("salary"));
08    }
```

What is the result of running this code if these three property files are available?

A. Throws MissingResourceException

B. Alice 44 9999

C. Jim 27 9999

D. Alice 30 9999

E. Something else

F. Does not compile

參考答案 B

說　明 每次輸出時，尋找語系檔的順序是：

1. 找「指定」的語系檔，本例是 Stuff_en_CA.properties。
2. 找「預設語系」對應的語系檔，本例是 Stuff_en.properties。
3. 找「語系預設檔」，該檔案不帶語系，本例是 Stuff.properties。
4. 拋出例外 java.util.MissingResourceException。

因此 name 的值是 Alice，age 的值是 44，salary 的值是 9999。

此外，語系檔命名至關重要，比較特別的是：

1. 使用 Locale("en", "US") 或 Locale("en")，都可以找到 Stuff_en.properties。
2. 使用 Locale("en", "US") 或 Locale("en")，都找不到 Stuff_en_US.properties。

給讀者參考。

試題 91

Given:

```
01  enum WeatherType {
02      WET, DRY
03  }
```

And:

```
01  @Documented
02  public @interface Weather {                              // line 1
03      String description() default "";                    // line 2
04      boolean sunny() = "true";                            // line 3
05      public WeatherType weatherType();                    // line 4
06      private static final int temperature = 25;           // line 5
07  }
```

Which of the following lines in this code do **not** compile? (Choose all that apply.)

A. line 1

B. line 2

C. line 3

D. line 4

E. line 5

F. No errors

參考答案 CE

說　明 參考「12.2. 建立自定義標註型別」：

1. 選項 C 改爲以下後可編譯：

```
04      boolean sunny() default "true";     // line 3
```

2. 標註型別的「屬性元素」修飾詞只能是public和abstract，標註型別的「欄位」修飾詞只能是public、static與final，故選項E必須移除private修飾詞或改為public：

```
06        static final int temperature = 25;     // line 5
```

試題 92

Given:

```
01   public static void main(String[] args) {
02       List<Integer> list = List.of();
03       list.add(0, -1);
04       list.add(0, -2);
05       list.add(0, -3);
06       System.out.println(list);
07   }
```

What is the output?

A. The compilation fails.

B. [-1, -2, -3]

C. [-3, -2, -1]

D. A runtime exception is thrown.

參考答案 D

說　明

行2使用List.of()將建立無法修改（immutable）的List，執行時期異動成員將拋出java.lang.UnsupportedOperationException。改使用以下則無此限制，且答案變成C：

```
02       List<Integer> list = new ArrayList<>();
```

試題 93

Which command line runs the main class com.exam.Main from the module com.example?

A. java --module-path mods com.example/com.exam.Main

B. java -classpath com.example.jar com.exam.Main

C. java --module-path mods -m com.example/com.exam.Main

D. java -classpath com.example.jar m com.example/com.exam.Main

參考答案 C

說　明 參考「13.2.3 執行模組專案」與「13.5.5 指令彙整」：

1. 使用選項「--module-path」指定模組路徑。

2. 使用選項「--module」或「-m」指定執行的「模組名稱 / 類別名稱」。

試題 94

Given:

```
01  public class Test {
02      static Map<String, String> map = new HashMap<>();
03      static List<String> keys = new ArrayList<>(List.of("1", "2", "3",
                                                                  "4"));
04      static String[] values = { "alpha", "beta", "gamma", "delta" };
05      static {
06          for (var i = 0; i < keys.size(); i++) {
07              map.put(keys.get(i), values[i]);
08          }
09      }
10      public static void main(String[] args) {
11          keys.clear();
12          values = new String[0];
13          System.out.println("Map: " + map.size() +
14                  " Keys: " + keys.size() + " Values: " + values.
                                                                length);
15      }
16  }
```

What is the result?

A. Map: 0 Keys: 0 Values: 0

B. The compilation fails.

C. Map: 4 Keys: 4 Values: 4

D. Map: 4 Keys: 0 Values: 0

E. Map: 0 Keys: 4 Values: 4

參考答案 D

說　明 行 11 清空 List<String> keys 內容，行 12 將 String[] values 指向空白陣列。

試題 95

Given:

```
01  class Super {
02      private Collection collection;
03      public void set(Collection collection) {
04          this.collection = collection;
05      }
06  }
07  class Sub extends Super {
08      public void set(Map<String, String> map) {
09          super.set(map); // line 1
10      }
11  }
```

Which two lines can replace line 1 so that the Sub class compiles? (Choose two.)

A. map.forEach((k, v) -> set(v)));

B. set(map.values());

C. super.set(List<String> map);

D. super.set(map.values());

E. set(map);

參考答案 BD

說　明

1. 父類別的 set(Collection) 方法與子類別的 set(Map) 方法不是覆寫關係，因為 Map 不屬於 Collection。
2. 介面 Map<K, V> 的 values() 方法可以將所有鍵值對（key-value pairs）的值（value）單取出成為 Collection<V>，因此 B 與 D 可以通過編譯。
3. 選項 E 也可以通過編譯，但執行時會造成無窮迴圈，是比較不好的選項；而且題目只要求 2 個作答選項，因此予以排除。

試題 96

Given:

```
01  public class Exam {
02      public static void main(String[] args) {
03          try {
04              mod();
05          } // line 1
06      }
07      static void mod() throws IOException, ArrayIndexOutOfBoundsException {
08          if (false) {
09              throw new FileNotFoundException();
10          } else {
11              throw new ArrayIndexOutOfBoundsException();
12          }
13      }
14  }
```

What must be added in line 1 to compile this class?

A. catch(IOException e) { }

B. catch(FileNotFoundException | ArrayIndexOutOfBoundsException e) { }

C. catch(FileNotFoundException | IOException e) { }

D. catch(ArrayIndexOutOfBoundsException e) { } catch(FileNotFoundException e) { }

E. catch(FileNotFoundException e) { } catch(IndexOutOfBoundsException e) { }

參考答案 A

說　明

行 7 拋出 IOException 與 ArrayIndexOutOfBoundsException，因為後者是 unchecked Exception，line 1 只要捕捉 IOException 即可，而且不能是其子類別。

試題 97

Given:

```
01  public class Both<T> {
02      final BiFunction<T, T, Boolean> validator;
03      T one = null;
04      T other = null;
05      private Both() {
06          validator = null;
07      }
08      Both(BiFunction<T, T, Boolean> v, T x, T y) {
09          validator = v;
10          set(x, y);
11      }
12      void set(T x, T y) {
13          if (!validator.apply(x, y))
14              throw new IllegalArgumentException();
15          setOne(x);
16          setOther(y);
17      }
18      void setOne(T x) {
19          one = x;
20      }
21      void setOther(T y) {
22          other = y;
23      }
24      final boolean isValid() {
25          return validator.apply(one, other);
```

```
26          }
27      }
```

It is required that if b instanceof Both then b.isValid() returns true.

Which is the smallest set of visibility changes to ensure this requirement is met?

A. setOne() and setOther() must be protected.

B. one and other must be private.

C. isValid() must be public.

D. one, other, setOne(), and setOther() must be private.

參考答案 D

說　明

題目的敘述「if b instanceof Both then b.isValid() returns true」字面上意思是如果物件參考 b 是類別 Both 的物件實例，則呼叫 b.isValid() 會得到 true 的結果；其實也暗示一旦建立物件實例，必須阻止其**物件成員被異動**，所以 b.isValid() 才能保證 true 的結果。

建立 Both 物件時必須同時提供 validator、one、other 等 3 個物件參考。呼叫 isValid() 方法時，將使用 validator 驗證物件欄位 one 和 other 的正確性。

為避免 Both 物件建立之後，物件欄位 one 與 other 再被修改而影響 isValid() 結果，應該要把物件欄位 one 與 other，以及方法 setOne() 與 setOther()，都設為 private。

試題 98

Given:

```
01  class Super {
02      public <T> Collection<T> run(Collection<T> arg) {
03          return null;
04      }
05  }
```

And:

```
01  class Sub extends Super {
02      ....
03  }
```

Which two statements are true if the method is added to Sub? (Choose two.)

A. public Collection<String> run(Collection<String> arg) { ... } overrides Super.run().

B. public <T> Collection<T> run(Stream<T> arg) { ... } overloads Super.run().

C. public <T> List<T> run(Collection<T> arg) { ... } overrides Super.run().

D. public <T> Collection<T> run(Collection<T> arg) { ... } overloads Super.run().

E. public <T> Collection<T> walk(Collection<T> arg) { . } overloads Super.run().

F. public <T> Iterable<T> run(Collection<T> arg) { . . } overrides Super.run().

參考答案 BC

說　明

1. 選項 B 正確。方法名稱相同且參數不同是 overload。
2. 選項 C 正確。方法簽名相同且回傳是子類別是 override。
3. 選項 D 錯誤。方法簽名相同是 overrides，不是 overload。
4. 選項 E 錯誤。方法名稱不同，不是 override 也不是 overload。
5. 選項 E 編譯失敗。方法簽名相同但回傳 Iterable 和 Collection 無關，不是 override。
6. 選項 A 編譯失敗，錯誤訊息是「Name clash: The method run(Collection<String>) of type Sub has the same erasure as run(Collection<T>) of type Super but does not override it」。若眞要覆寫，參考以下作法：

```
01  class Super<T> {
02      public Collection<T> run(Collection<T> arg) {
03          return null;
04      }
05  }
06  class Sub extends Super<String> {
```

```
07      @Override
08      public Collection<String> run(Collection<String> arg) {
09          return null;
10      }
11  }
```

試題 99

Given:

```
01  public static void main(String[] args) {
02      String[] fruitArr = { "Banana", "Orange", "Grape",
03                          "Lemon", "Blackberries", "Watermelon" };
04      var fruitList = new ArrayList<>(Arrays.asList(fruitArr));
05      fruitList.sort((var a, var b) -> -a.compareTo(b));
06      fruitList.forEach(System.out::print);
07  }
```

What is the result?

A. WatermelonOrangeLemonGrapeBlackberriesBanana

B. nothing

C. BananaBlackberriesGrapeLemonOrangeWatermelon

D. BlackberriesBananaGrapeLemonOrangeWatermelon

參考答案 A

說　明

行 6 的 compareTo() 方法執行結果加上負 (-) 號，因此以降冪排列；反之，升冪。

試題 100

Given:

```
01    for (int i = 1; i < 5; ++i) {
02        System.out.print(i);
03    }
```

And:

```
01    public static void main(String[] args) {
02        // Option A.
03        Stream<Integer> streamA = Stream.iterate(1, n -> n <= 5, n -> n +
                                                                        2);
04        streamA.forEach(System.out::print);
05        // Option B.
06        Stream<Integer> streamB = Stream.iterate(1, n -> n < 5, n -> n + 1);
07        streamB.forEach(System.out::print);
08        // Option C.
09        Stream<Integer> streamC = Stream.iterate(1; n -> n < 5; n -> n + 1);
10        streamC.forEach(System.out::print);
11        // Option D.
12        Stream.iterate(1, n -> n <= 5, n -> n + 1).forEach(System.
                                                                out::print);
13        // Option E.
14        Stream.iterate(1; n -> n <= 5; n -> n + 1).forEach(System.
                                                                out::print);
15    }
```

Which of the preceding produces the same result as the given for loop?

A. Option A

B. Option B

C. Option C

D. Option D

E. Option E

參考答案 B

說　明　Stream.iterate() 的方法是：

範例：java.util.stream.Stream

```
01  public static<T>
    Stream<T> iterate(T seed, Predicate<? super T> hasNext, UnaryOperator<T>
                                                                       next)
```

因爲 for loop 輸出 123456789：

1. 選項 A 輸出 13579。
2. 選項 B 輸出 123456789。
3. 選項 C 編譯失敗，不能使用分號。
4. 選項 D 輸出 12345678910。
5. 選項 E 編譯失敗，不能使用分號。

試題 101

Which of the following are true about the shutting down of an ExecutorService?

A. The shutdown() method is automatically called when all the tasks submitted to the thread executor are complete.

B. If a new task is submitted to an ExecuterService while it is shutting down, an exception is thrown.

C. The isShutDown() method returns true once the shutdown() method is called.

D. The shutdown() method stops all the tasks submitted to the thread executor.

E. All of these.

F. None of these.

參考答案　BC

說　明

當方法 ExecuterService.shutdown() 方法被呼叫時，ExecutorService 將停止接收新的任務，並且等待已經提交的任務（包含提交正在執行和提交未執行）執行完成。當所有提交任務執行完畢，執行緒池即被關閉：

1. 選項 A 錯誤，必須自己呼叫 shutdown() 方法。
2. 選項 B 正確，將拋出例外 java.util.concurrent.RejectedExecutionException。
3. 選項 C 正確，當 shutdown() 方法被呼叫後，isShutdown() 方法會回傳 true。
4. 選項 D 錯誤，會等待任務執行完畢，才關閉執行緒池。

試題 102

Given:

```
01  public final class SecureClass {
02      private String secret;
03      public SecureClass(String secret) {
04          this.secret = secret;
05      }
06      public String getSecret() {
07          return secret;
08      }
09      public void setSecret(String secret) {
10          this.secret = secret;
11      }
12  }
```

Which security best practice is taken care of in this class?

A. Immutability

B. Limiting Object Creation

C. Restricting extensibility

D. None of these

參考答案 C

說　明 使用 final 宣告類別，可以避免被繼承而修改。

試題 103

Which two commands are used to identify class and module dependencies? (Choose two.)

A. jmod describe

B. java Hello.java

C. jdeps --list-deps

D. jar --show-module-resolution

E. java --show-module-resolution

參考答案 CE

說　明

參考「13.5.5 指令彙整」與「13.5.4 使用 jmod 指令」，指令 jmod 僅用於處理 JMOD 檔案。

試題 104

Given:

```
01  public static void main(String[] args) {
02      var someDay = LocalDate.now()
03              .with(WEDNESDAY)
04              .getDayOfWeek();
05      switch (someDay) {
06      case SUNDAY:
07      case SATURDAY:
08          System.out.print("Weekend");
09          break;
10      case MONDAY:
```

```
11        case FRIDAY:
12            System.out.print("Working");
13        default:
14            System.out.print("Unexpected");
15        }
16    }
```

What is the result?

A. WorkingUnexpected

B. Unexpected

C. TuesdayUnexpected

D. The compilation fails.

E. WEDNESDAY

F. Working

參考答案 B

說　明

1. 考題行4回傳列舉型別DayOfWeek，其含列舉項目MONDAY、TUESDAY、WEDNESDAY、THURSDAY、FRIDAY、SATURDAY、SUNDAY。
2. 選擇結構switch支援列舉型別（enum）變數，故結果為B。

試題 105

Given:

```
01    public static void main(String[] args) {
02        int i = 10;
03        Supplier<Integer> myLambda = () -> i;
04        i++;
05        System.out.println(myLambda.get());
06    }
```

Which is true?

A. The code compiles but does not print any result.

B. The code prints 10.

C. The code does not compile.

D. The code throws an exception at runtime.

參考答案 C

說　明

1. 程式碼行 3 編譯失敗，錯誤訊息是「Local variable i defined in an enclosing scope must be final or effectively final」。Lambda 表示式若使用區域變數，則該區域變數必須是 final 宣告，或未宣告 final 但值未改變的實質 final。
2. 若把行 2 區域變數加上 final 宣告，或是移除行 4 讓區域變數未改變值，則可通過編譯。

試題 106

Which two statements are correct about modules in Java? (Choose two.)

A. java.base exports all of the Java platforms core packages.

B. module-info.java can be placed in any folder inside module-path.

C. A module must be declared in module-info.java file.

D. module-info.java cannot be empty.

E. By default, modules can access each other as long as they run in the same folder.

參考答案 AC

說　明

1. 選項 A 正確，依據「URL https://openjdk.java.net/projects/jigsaw/spec/sotms/」的說明「The only module known specifically to the module system, in any case, is the base

module, which is named java.base. The base module defines and exports all of the platform's core packages, including the module system itself.」

2. 選項B錯誤，檔案module-info.java要在module的根（root）目錄下。
3. 選項C正確，模組必須宣告在module-info.java裡。
4. 選項D題意不甚清楚。依據Oracle文件「URL https://www.oracle.com/corporate/features/understanding-java-9-modules.html」的說明：「The module declaration's body can be empty」，不確定題目「module-info.java」是否是指module declaration's body，還是整個檔案？但即便是整個檔案內容均爲空專案也能編譯。
5. 選項E：不可以。命名模組必須藉由exports、requires等指令存取。

試題 107

Which two describe reasons to modularize the JDK? (Choose two.)

A. easier to understand the Java language

B. improves security and maintainability

C. easier to expose implementation details

D. improves application robustness

E. easier to build a custom runtime linking application modules and JDK modules

參考答案 BE

說　明

1. 選項C：實施模組化前封裝性較差，更容易暴露實作細節。
2. 選項D：和程式的穩固性（robustness）比較無關。

試題 108

Given:

```
01  public class Employee {
02      private String name;
03      private String neighborhood;
04      private LocalDate birthday;
05      private int salary;
06      // constructor, getters, setters
07  }
```

And:

```
01  public static void main(String[] args) {
02    Employee e1 = new Employee("A", 1000);
03    Employee e2 = new Employee("A", 500);
04    Employee e3 = new Employee("B", 2000);
05    Employee e4 = new Employee("B", 700);
06    List<Employee> emps = Arrays.asList(e1, e2, e3, e4);
07    // Option A:
08    Map<String, Optional<Employee>> mA = emps.stream()
09     .collect(Collectors.maxBy(Employee::getSalary,
10       Collectors.groupingBy( Comparator.comparing(e ->
                                          e.getNeighborhood())))) );
11    // Option B:
12    Map<String, Optional<Employee>> mB = emps.stream()
13       .collect( Collectors.groupingBy(Employee::getNeighborhood,
14           Collectors.maxBy( Comparator.comparing(Employee::getSalary)
                                                                 ))  );
15    // Option C:
16    Map<String, Optional<Employee>> mC = emps.stream()
17        .collect( Collectors.groupingBy(e -> e.getNeighborhood(),
18                    Collectors.maxBy( (x, y) -> y.getSalary() -
                                               x.getSalary() ))  );
19    // Option D:
20    Map<String, Optional<Employee>> mD = emps.stream()
21        .collect(Collectors.maxBy( (x, y) -> y.getSalary() -
                                                     x.getSalary(),
22               Collectors.groupingBy(Employee::getNeighborhood)));
23  }
```

Which code fragment makes a map contain the employee with the highest salary for each neighborhood?

A. Option A

B. Option B

C. Option C

D. Option D

參考答案 B

說　明

本題要先以 Employee.neighborhood 分組，再由各組找出 Employee.salary 最高的員工，需要使用 Collectors.groupingBy() 與 Collectors.max()：

1. 選項 B、C 均可通過編譯，選項 B 答案正確。

2. 選項 C 得到最低 salary，若行 18 改爲如下則結果正確：

```
18                          Collectors.maxBy( (x, y) -> x.getSalary() -
                                                          y.getSalary() ))  );
```

試題 109

Given:

```
01  import java.util.function.Function;
02  public class LambdaLab {
03      public static void main(String[] args) {
04          Function myFun = x -> {return (Integer) x * 3; };
05          LambdaLab.printValue(myFun, 4);
06      }
07      public static <T> void printValue(Function f, T num) {
08          System.out.println(f.apply(num));
09      }
10  }
```

Compiling LambdaLab.java gives this compiler warning:

Note: LambdaLab.java uses unchecked or unsafe operations.

Which two replacements done together remove this compiler warning?

A. line 4 with Function<Integer> myFun = x -> { return (Integer) x * 3; };

B. line 7 with public static void printValue(Function<Integer> f, int num) {

C. line 7 with public static int printValue(Function<Integer, Integer> f, T num) {

D. line 7 with public static <T> void printValue(Function<T, T> f, T num) {

E. line 4 with Function<Integer, Integer> myFun = x -> {return (Integer) x * 3; };

參考答案 DE

說　明

功能性介面 Function 支援泛型，要滿足型態安全，必須敘明方法的輸入（T）與輸出（R）型態，故選 D、E：

範例：java.util.function.Function

```
01  @FunctionalInterface
02  public interface Function<T, R> {
03      R apply(T t);
04      // others
05  }
```

試題 110

Given below files and its contents：

1. MessageBundle.properties:

   account = account

   password = password

2. MessageBundle_ru.properties:

   account = учетная запись

   password = пароль

3. MessageBundle_fr_FR.properties:

   account = Compte

   password = le mot de passe

And;

```
01  public static void main(String[] args) {
02      Locale.setDefault(Locale.FRANCE);
03      var rb = ResourceBundle.getBundle("MessageBundle", new Locale
                                                               ("ru"));
04      System.out.println("Account = " + rb.getString("account"));
05      System.out.println("Password = " + rb.getString("password"));
06  }
```

What is the result?

A. Account=учетная запись, Password=пароль

B. Account=Compte, Password=le mot de passe

C. Account=account, Password=password

D. The compilation fails.

E. A MissingResourceException is thrown.

參考答案 A

說　明 翻譯檔的搜尋順序如下，都不存在則抛出 MissingResourceException：

1. MessageBundle_ru.properties

2. MessageBundle_fr_FR.properties

3. MessageBundle.properties

試題 111

Given:

```
01  public static void main(String... args) {
02      List<String> list1 = new ArrayList<>(List.of("Tiger", "Lion",
                                                              "Human"));
03      List<String> list2 = new ArrayList<>(List.copyOf(list1));
04      list1.sort((String item1, String item2) -> item1.compareTo(item2));
05      list2.sort((String item1, String item2) -> item1.compareTo(item2));
06      System.out.println(list1.equals(list2));
07  }
```

What is the result?

A. A java.lang.UnsupportedOperationException is thrown.

B. true

C. false

D. A java.lang.NullPointerException is thrown.

參考答案 B

說　明

1. 直接使用 List.copyOf() 與 List.of() 都會產生不可更改（immutable）的集合物件，再以 ArrayList(Collection) 包裹則無此限制。
2. 依據 API 文件 List.equals() 為 true 的條件是「two lists are defined to be equal if they contain the same elements in the same order」。
3. 若將行 3 改如下，將拋出 UnsupportedOperationException：

```
03      List<String> list2 = List.copyOf(list1);
```

試題 112

Given:

```
01  class Product {
02      double price;
03      public Product(double price) {
04          this.price = price;
05      }
06      public double getPrice() {
07          return this.price;
08      }
09  }
10  class NoteBook extends Product {
11      public NoteBook (double price) {
12          super(price);
13      }
14  }
15  class SmartPhone extends Product {
16      public SmartPhone (double price) {
17          super(price);
18      }
19  }
```

And:

```
01  public class PriceChecker<T extends Product> {
02    private T product;
03    public PriceChecker(T product) {
04      this.product = product;
05    }
06    public boolean isPriceEqual(/* line 1 */ prod) {
07      return this.product.getPrice() == prod.product.getPrice();
08    }
09    public static void main(String[] args) {
10      PriceChecker<NoteBook> a = new PriceChecker<>(new NoteBook(10.0));
11      PriceChecker<SmartPhone> b = new PriceChecker<>(new SmartPhone(9.0));
12      System.out.println(a.isPriceEqual(b));
13    }
14  }
```

What change will cause the code to compile successfully?

A. Insert PriceChecker<?> on line 1.

B. Insert PriceChecker<T> on line 1.

C. Insert PriceChecker<> on line 1.

D. Insert PriceChecker<NoteBook> on line 1.

E. Insert PriceChecker<SmartPhone extends Product> on line 1.

參考答案 A

說　明

由行 10-12，類別 PriceChecker<T extends Product> 的 isPriceEqual() 方法是爲了比較「不同產品」的價格：

1. 如果方法簽名是 isPriceEqual(PriceChecker<T> prod)，將導致類別 PriceChecker<NoteBook> 必須搭配方法 isPriceEqual(PriceChecker<NoteBook> prod)，因此只能比較相同產品價格。
2. 只有方法簽名是 isPriceEqual(PriceChecker<?> prod)，才能不限產品種類，故選項 A 正確。

其他各選項答案：

1. 選項 B 要通過編譯，需要修改行 6 與 11 如下，但只能和自己同種商品比價，沒有意義：

```
06    public boolean isPriceEqual(PriceChecker<T> prod) {
11      PriceChecker<NoteBook> b = new PriceChecker<>(new NoteBook(9.0));
```

2. 選項 C 使用泛型語法錯誤。若未指定泛型參數如 T，就必須移除 <>，因此要改爲：

```
06    public boolean isPriceEqual(PriceChecker prod) {
```

3. 選項 D 要通過編譯，需要修改行 6 與 11 如下，但只能和 NoteBook 比價，沒有意義：

```
06    public boolean isPriceEqual(PriceChecker<NoteBook> prod) {
11      PriceChecker<NoteBook> b = new PriceChecker<>(new NoteBook(9.0));
```

4. 選項E語法錯誤。相似的寫法可以改為以下，則類別 PriceChecker 通過編譯：

```
06    public <U extends Product> boolean isPriceEqual(PriceChecker<U> prod) {
```

試題 113

Given:

```
01  public class Exam {
02      public void writeTo(String filename) {
03          String[] arr = { "ABC", "abc", "123" };
04              // line 1
05              for (String str : arr) {
06                  ByteBuffer buffer = ByteBuffer.wrap(str.getBytes());
07                  fc.write(buffer);
08              }
09          } catch (IOException e) {
10              e.printStackTrace();
11          }
12      }
13      public static void main(String[] args) {
14          new Exam().write("file_to_path");
15      }
16  }
```

You want to obtain the FileChannel fc on line 1. Which code fragment will accomplish this?

A. try (FileChannel fc = Channels.newChannel(new FileOutputStream(filename));) {

B. try (FileChannel fc = new FileOutputStream(filename).getChannel();) {

C. try (FileChannel fc = new FileOutputStream(new FileChannel(filename));) {

D. try (FileChannel fc = new FileChannel(new FileOutputStream(filename));) {

參考答案 B

說　明 參考「3.3 Channel I/O」。

試題 114

Given:

```
01  class Super {
02      protected void write(Object obj) {
03          System.out.println(obj);
04      }
05      public final void write(Object... objects) {
06          for (Object object : objects) {
07              write(object);
08          }
09      }
10      public void write(Collection collection) {
11          collection.forEach(System.out::println);
12      }
13  }
14  class Sub extends Super {
15      public void write(Object obj) {
16          System.out.println("[" + obj + "]");
17      }
18      public void write(Object... objects) {
19          for (Object object : objects) {
20              System.out.println("[" + object + "]");
21          }
22      }
23      public void write(Collection collection) {
24          write(collection.toArray());
25      }
26  }
```

Why does this compilation fail?

A. The method Sub.write(Object) does not call the method Super.write(object).

B. The method Super.write(Object) is not accessible to Sub.

C. In method Super.write(Collection), System.out::println is an invalid Java identifier.

D. The method write(Object) and the method write(Object...) are duplicates of each other.

E. The method Sub.write(Object...) cannot override the final method Super.write(Object...).

參考答案 E

說　明

1. 選項 A 錯誤，和編譯失敗無關。
2. 選項 B 錯誤，Sub 可以呼叫 Super.write(Object)。
3. 選項 C 錯誤，System.out::println 有效。
4. 選項 D 錯誤，此為 overloading，不會造成編譯失敗。
5. 選項 E 正確，因為無法 override 父類別的 final 方法。

試題 115

Given:

```
01  // Option A.
02  float checkFloatA(String s) throws IllegalArgumentException {
03      return Float.parseFloat(s);
04  }
05  // Option B.
06  float checkFloatB(String s, float min, float max) throws
                                          IllegalArgumentException {
07      float f = Float.parseFloat(s);
08      if (!Float.isFinite(f) || f < min || f > max) {
09          throw new IllegalArgumentException();
10      }
11      return f;
12  }
13  // Option C.
14  float checkFloatC(String s, float min, float max) throws
                                          IllegalArgumentException {
15      float f = Float.parseFloat(s);
16      if (f < min || f > max) {
17          throw new IllegalArgumentException();
18      }
19      return f;
20  }
```

```
21    // Option D.
22    float checkFloatD(String s, float min, float max) throws
                                                IllegalArgumentException {
23        float f = Float.parseFloat(s);
24        if (Float.isFinite(f) && f < min && f > max) {
25            throw new IllegalArgumentException();
26        }
27        return f;
28    }
```

Which method throws an exception for not-a-number and infinite input values?

A. Option A

B. Option B

C. Option C

D. Option D

參考答案 B

說　明 必須使用 Float.isFinite(float) 驗證輸入浮點數：

範例：java.lang.Float

```
01    public static boolean isFinite(float f) {…}
```

該方法：

1. 輸入的 float 是有限（finite）的浮點數時，回傳 true。

2. 輸入的是 NaN (not-a-number) 或無限（infinite）的浮點數時，回傳 false。

最後比較行 8 與行 24 的條件，當「!Float.isFinite(f)」或「f < min」或「f > max」應該拋出 IllegalArgumentException 例外。

試題 116

There is a CopyServiceAPI module that has the org.copyservice.spi.Copy interface. To use this service in a module, which module-info.java would be correct?

```
01  // Option A:
02  module CopyConsumer {
03      requires CopyServiceAPI;
04      uses org.copyservice.spi.Copy;
05  }
06  // Option B:
07  module CopyConsumer {
08       requires transitive org.copyservice.spi.Copy;
09  }
10  // Option C:
11  module CopyConsumer {
12      requires org.copyservice.spi.Copy;
13  }
14  // Option D:
15  module CopyConsumer {
16      uses CopyServiceAPI;
17  }
```

參考答案 A

說　明 參考「14.5.2 建立服務定位器模組」。

試題 117

Given:

```
01  public static void main(String[] args) {
02      List<Integer> integers = List.of(11, 12, 13, 14, 15);
03      int sum = integers.stream().reduce(0, (n, m) -> n + m); // line 1
04  }
```

You want to make the reduction operation parallelized. Which two modifications will accomplish this by replace line 1?

A. int sumA = integers.stream().iterate(0, a -> a.reduce(0, (n m) -> n + m));

B. int sumB = integers.parallelStream().reduce(0, (n, m) -> n + m);

C. int sumC = integers.parallel().stream().reduce(0, (n, m) -> n + m);

D. int sumD = integers.stream().flatMap(a -> a.reduce(0, (n, m) -> n + m));

E. int sumE = integers.stream().parallel().reduce(0, (n, m) -> n + m);

參考答案 BE

說　明 參考「10.6.2 平行化的作法」：

1. 由 Collection（集合物件）發動，使用 parallelStream() 方法。
2. 由 Stream（串流物件）發動平行化處理時，若要各段管線操作都可以平行化，必須在「尾端」呼叫。

試題 118

A company has an existing Java app that includes two Java 8 jar files, sales-3.10.jar and clients-10.2.jar.

The jar file sales-3.10.jar reference packages in clients-10.2 jar, but clients-10.2 jar does not reference packages in sales-3.10.jar.

They have decided to modularize clients-10.2.jar. Which module-info.Java file would work for the new library version clients-10.3 jar?

A.

```
module com.company.clients {
   uses com.company.clients;
}
```

B.

```
module com.company.clients {
   requires com.company.clients;
}
```

C.

```
module com.company.clients {
   exports com.company.clients.Client;
}
```

D.

module com.company.clients {

  exports com.company.clients;

}

參考答案 D

說　明

1. 因為 sales-3.10.jar 使用 / 參照 clients 10.2 jar 的套件，故建立模組化 clients-10.3 jar 時，應該要匯出（exports）套件，故選 D。且選項 A 與 B 皆錯誤。
2. 選項 C 匯出 com.company.clients.Client，由 Java 命名習慣來看，Client 應該是類別或介面，非套件。

試題 119

Given:

```
01  CREATE TABLE Employee (
02      ID INTEGER NOT NULL,
03      NAME VARCHAR(40),
04      PRIMARY KEY (ID)
05  );
```

And:

```
01  public static void main(String[] args) throws SQLException {
02    String url = "jdbc:derby://localhost:1527/...";
03    String username = "..";
04    String password = "..";
05    try (Connection conn = DriverManager.getConnection(url, username,
                                                          password);
06         PreparedStatement stmt =
07         conn.prepareStatement("insert into Employee values (?, ?)");) {
08      stmt.setInt(1, 101);
09      /* line 1 */
10      stmt.executeUpdate();
```

```
11        }
12    }
```

Which statement inserted on line 1 sets NAME column to a NULL value?

A. stmt.setNull(2, java.sql.Types.VARCHAR);

B. stmt.setNull(2, String.class);

C. stmt.setNull(2, null);

D. stmt.setNull(2, java.lang.String);

參考答案 A

說　明

1. PreparedStatement.setNull(int, int) 的原始碼如下，第 2 個參數是 int：

範例：java.sql.PreparedStatement

```
01  public interface PreparedStatement extends Statement {
02      void setNull(int parameterIndex, int sqlType) throws SQLException;
03       // others
04  }
```

2. 類別 Types 提供各式代表 SQL 資料型態的常數，如 java.sql.Types.VARCHAR：

範例：java.sql.Types

```
01  public class Types {
02      public final static int VARCHAR          =  12;
03      // others
04  }
```

試題 120

You want to implement the java.io.Externalizable interface to the SerializableData class. Which method should be overridden?

A. The readExternal and writeExternal method

B. The readExternal method

C. The writeExternal method

D. Nothing

參考答案 A

說　明

一般來說，實作介面 java.io.Serializable 可以讓類別產生的物件有「自動」序列化與反序列化資料欄位的能力，這過程由 JVM 主動操控；對於不參與序列化的資料欄位，我們使用 transient 宣告。

介面 java.io.Externalizable 繼承了 java.io.Serializable，改由開發者自己實作方法 writeExternal() 和 readExternal()，以決定要參與序列化與反序列化的資料欄位，如以下範例，故答案選 A：

```
01  import java.io.Externalizable;
02  import java.io.IOException;
03  import java.io.ObjectInput;
04  import java.io.ObjectOutput;
05  public class SerializableData implements Externalizable {
06      // fields and methods
07      @Override
08      public void writeExternal(ObjectOutput out) throws IOException {
09          // ...
10      }
11      @Override
12      public void readExternal(ObjectInput in) throws IOException,
                                                 ClassNotFoundException {
13          // ...
14      }
15  }
```

試題 121

Given:

```
01  class Item {
02      public String label;
03      public int num;
04      public Item(String name, int num) {
05          this.label = name;
06          this.num = num;
07      }
08  }
```

And:

```
01  public static void main(String[] args) {
02      var items = List.of(new Item("iA", 10), new Item("iB", -2), new
                                                    Item("iC", 6));
03      // line 1
04          System.out.println("There is item for which the variable num
                                                              < 0.");
05      }
06  }
```

You want to examine the items list it contains an item for which the variable num < 0.

Which code fragment at line 1 accomplish this?

A. if (items.stream().filter(i -> i.num < 0).findFirst().isPresent()) {

B. if (items.stream().filter(i -> i.num < 0).findAny()) {

C. if ((items.stream().allMatch(i -> i.num > 0) < 0) {

D. if (items.stream().anyMatch(i -> i.num < 0) < 0) {

參考答案 A

說　明

line 1 必須是 if 表示式，因此所有選項的結果必須是 boolean，因此答案選 A。其他選項：

1. 選項 B 的 findAny() 回傳 Optional<Item>，必須再呼叫 isPresent()：

```
03        if (items.stream().filter(i -> i.num < 0).findAny().isPresent()) {
```

2. 選項 C 的 allMatch() 已經回傳 boolean，不需要再加上 < 0，需改爲如下：

```
03        if (!(items.stream().allMatch(i -> i.num >= 0))) {
```

3. 選項 D 的 anyMatch() 已經回傳 boolean，不需要再加上 < 0，需改爲如下：

```
03        if (items.stream().anyMatch(i -> i.num < 0)) {
```

試題 122

Given:

```
01  public static void main(String[] args) {
02      String[] fruits = { "banana", "pomelo", "blueberry", "orange" };
03      Comparator<String> comp = (a, b) -> b.compareTo(a);
04      Arrays.sort(fruits, comp);
05      System.out.println(Arrays.binarySearch(fruits, "orange", comp));
06  }
```

What is the result?

A. 2

B. -1

C. 1

D. -3

參考答案 C

說　明 行 2 的排序爲降冪，因此排序後爲「pomelo, orange, blueberry, banana」。

Arrays.binarySearch() 方法使用二進位搜索演算法在指定資料型態的陣列中搜尋指定值，並回傳其 index，由 0 起算，本例爲 1。

根據 API 文件說明「Searches the specified array for the specified object using the binary search algorithm. The array must be sorted into ascending order according to the specified comparator (as by the sort(T[], Comparator) method) prior to making this call. **If it is not sorted, the results are undefined.** If the array contains multiple elements equal to the specified object, there is no guarantee which one will be found.」。

在進行搜尋之前，必須先執行 Arrays.sort() 方法對陣列進行排序；如果陣列包含多個相同元素，將不保證回傳結果是相同的哪一個。

試題 123

Given:

```
01  public static void main(String[] args) {
02      Consumer<String> cs1 = s -> System.out.println(s);
03      cs1.accept("cs1 accept");
04      Consumer<String> cs2 = s -> System.out.println(s);
05      cs2.accept("cs2 accept");
06      cs2.andThen(cs1).accept("after accept");
07      cs2.accept("cs2 accept again");
08  }
```

What is the result?

A.

cs1 accept

cs2 accept

and followed by an exception

B.

cs1 accept

cs2 accept

after accept

cs1 accept

cs2 accept again

C.

cs1 accept

cs2 accept

after accept

cs2 accept again

D.

cs1 accept

cs2 accept

after accept

after accept

cs2 accept again

參考答案 D

說　明 功能性介面 Consumer 的開源碼如下：

範例：java.util.function.Consumer

```
01  @FunctionalInterface
02  public interface Consumer<T> {
03      void accept(T t);
04      default Consumer<T> andThen(Consumer<? super T> after) {
05          Objects.requireNonNull(after);
06          return (T t) -> {
07              accept(t);
08              after.accept(t);
09          };
10      }
11  }
```

當程式碼如下時：

```
02      Consumer<String> cs1 = s -> System.out.println(s);
03      cs1.accept("cs1 accept");
```

考題行 2 定義了 Consumer<String> 介面的 abstract 方法 accept(String) 實作內容為印出輸入字串值；行 3 則是呼叫 accept() 方法，並輸入 "cs1 accept"，因此結果印出「cs1 accept」。

同理，考題行 5 印出「cs2 accept」。

考題行 6 呼叫 Consumer 介面的 default 方法 andThen()：

```
06        cs2.andThen(cs1).accept("after accept");
```

等同先後呼叫 cs2.accept("after accept") 與 cs1.accept("after accept") 方法，因此印出「after accept」與「after accept」。

考題行 7 印出「cs2 accept again」。

試題 124

Given:

```
01  public class Exam {
02      static Map<String, String> map = new HashMap<>();
03      static List<String> list = new ArrayList<>(List.of("Y", "A", "T",
                                                                    "B"));
04      static String[] arr = { "you", "are", "the", "best" };
05      static {
06          for (var i = 0; i < list.size(); i++) {
07              map.put(list.get(i), arr[i]);
08          }
09      }
10      public static void main(String[] args) {
11          list.clear();
12          arr = new String[0];
13          System.out.println("Keys:" + list.size() + ", Values:" + arr.
                                                                   length
14                              + ", Map:" + map.size());
15      }
16  }
```

What is the result?

A. Keys:4, Values:4, Map:0

B. Keys:4, Values:4, Map:4

C. The compilation fails.

D. Keys:0, Values:0, Map:4

E. Keys:0, Values:0, Map:0

參考答案 D

說　明

考題行 11 將 list 成員清空，行 12 將 arr 指向另一長度爲 0 的字串陣列，但皆不影響 map。

試題 125

Given:

```
01  class Worker {
02      private boolean done = false;
03      public void consumeResource(Resource resource) {
04          while (!resource.isReady()) {
05              System.out.println("waiting for a resource");
06              try {
07                  Thread.sleep(1000);
08              } catch (InterruptedException e) {
09                  e.printStackTrace();
10              }
11          }
12          setDone(true);
13      }
14      public boolean isDone() {
15          return done;
16      }
17      public void setDone(boolean done) {
18          this.done = done;
19      }
20  }
```

And:

```
01  class Resource {
02      boolean ready;
03      public boolean isReady() {
04          return ready;
05      }
06      public void setReady(boolean ready) {
07          this.ready = ready;
08      }
09      public void processWork(Worker worker) {
10          System.out.println("occupied by a worker");
11      }
12  }
```

And:

```
01  public static void main(String[] args) {
02      Resource resource = new Resource();
03      Worker worker = new Worker();
04      Thread t1 = new Thread(() -> resource.processWork(worker));
05      Thread t2 = new Thread(() -> worker.consumeResource(resource));
06      t1.start();
07      t2.start();
08  }
```

Which situation will occur on code fragment execution?

A. Livelock

B. Deadlock

C. Race Condition

D. Starvation

參考答案 D

說　明

Starvation 描述執行緒無法經常存取共享資源並且取得進展的情況，當共享資源長時間無法取得就會發生。參考原廠文件對 Starvation 的說明（URL https://docs.oracle.

com/javase/tutorial/essential/concurrency/starvelive.html）。本題因爲 Resource 未設定 ready = true，導致 Worker 一直等待。

試題 126

Given:

```
01  public class Exam {
02      class E extends Exception {}
03      class EE extends E {}
04      class R extends RuntimeException {}
05      public void m1() throws E {
06          throw new EE();
07      }
08      public void m2() throws R {
09          throw new R();
10      }
11      public static void main(String[] args) {
12          try {
13              Exam t = new Exam();
14              t.m1();
15              t.m2();
16          } catch /* replaced */ {
17              System.out.println("error!");
18          }
19      }
20  }
```

What change on /* replaced */ will make this code compile?

A. (E | R e).

B. (E | EE R e).

C. (E e).

D. (R | E | EE e).

E. (EE | E e).

參考答案 AC

說　明 作答的 3 個關鍵：

1. E 爲 Exception，屬於 Checked Exception，一定要捕捉（catch）。
2. R 爲 RuntimeException，屬於 Unchecked Exception，捕捉或不捕捉都可以。
3. EE 與 E 有繼承關係，不能同時出現在 multiple catch 敘述。

所以：

1. 選項 B 語法錯誤。
2. 選項 D 編譯失敗，捕捉的例外 EE 與 E 有繼承關係。
3. 選項 E 編譯失敗，捕捉的例外 EE 與 E 有繼承關係。

試題 127

Given:

```
01  public static void main(String[] args) {
02    try {
03      Path path = Paths.get("C:\\java11");
04      // Option A.
05      BasicFileAttributes attributesA = Files.isDirectory(path);
06      // Option B.
07      BasicFileAttributes attributesB = Files.getAttribute(path,
                                                      "isDirectory");
08      // Option C.
09      BasicFileAttributes attributesC = Files.readAttributes(path,
                                               BasicFileAttributes.class);
10      // Option D.
11      BasicFileAttributes attributesD = Files.readAttributes(path,
                                                    FileAttributes.class);
12    } catch (IOException e) {
13       e.printStackTrace();
14    }
15  }
```

You want to examine whether path is a directory. Which option will accomplish this?

A. Option A

B. Option B

C. Option C

D. Option D

參考答案 C

說　明

1. 選項 A 可以改成以下：

```
05        boolean attributesA = Files.isDirectory(path);
```

2. 選項 B 可以改成以下：

```
07        boolean attributesB = (Boolean) Files.getAttribute(path,
                                                        "isDirectory");
```

3. 選項 D 編譯失敗，因爲不存在介面 FileAttributes。

試題 128

Given:

```
01  public static void main(String[] args) {
02      Integer[] arr = { 1, 2, 3};
03      var list = Arrays.asList(arr);
04      UnaryOperator<Integer> uo = x -> x * 4;
05      list.replaceAll(uo);
06      System.out.println(list);
07  }
```

Which can replace line 4?

A. UnaryOperator<Integer> uo = (var x) -> (x * 4);

B. UnaryOperator<Integer> uo = var x -> {return x * 4;};

C. UnaryOperator<Integer> uo = x -> { return x * 4; };

D. UnaryOperator<Integer> uo = (int x) -> x * 4;

參考答案 AC

說　明

功能性介面 UnaryOperator<T> 是 Function<T, T> 的變形，讓待實作的 apply() 方法其輸入與輸出型態相同：

1. 選項 A、C 可以通過編譯。
2. 選項 B 改為 UnaryOperator<Integer> uo = (var x) -> {return x * 4;};
3. 選項 D 改為 UnaryOperator<Integer> uo = (Integer x) -> x * 4;

試題 129

Given:

```
01  public class Exam {
02      @MyField(type = MyField.Type.STRING, name = "name")
03      private String z;
04      @MyField(type = MyField.Type.NUMBER)
05      private int x;
06      @MyField(type = MyField.Type.NUMBER)
07      private int y;
08  }
```

And:

```
01  // Option A.
02  @Target(ElementType.FIELD)
03  @interface MyField {
04      String name() default "";
05      enum Type {
06          NUMBER, STRING, BOOLEAN;
07      }
08      Type type();
09  }
10  // Option B.
11  @interface MyField {
12      String name();
13      enum Type {
```

```
14            NUMBER, STRING, BOOLEAN;
15        }
16        Type type();
17    }
18    // Option C.
19    @Retention(RetentionPolicy.RUNTIME)
20    @Target(ElementType.METHOD)
21    @interface MyField {
22        String name() default "";
23        enum Type {
24            NUMBER, STRING, BOOLEAN;
25        }
26        Type type();
27    }
```

What is the correct definition of the MyField annotation that makes the Exam class compile?

A. Option A

B. Option B

C. Option C

參考答案 A

說　明

1. 由類別 Exam 的行 2 可知，標註型別 @MyField 用於標註欄位；比較行 2 與行 4，可知元素 name 有預設値。因此選項 A 正確。

2. 選項 B 的行 12 要改爲：

```
12        String name() default "";
```

3. 選項 C 的行 20 要改爲：

```
20    @Target(ElementType.FIELD)
```

試題 130

Some organization makes funlib.jar available to your cloud customers. While working on a code clean up project for funlib.jar, you see this method by customers:

```
01  public void myService(String hostName, String portNumber) throws
                                                          IOException {
02      this.transportSocket = new Socket(hostName, portNumber);
03  }
```

What security measures should be added to this method so that it meets the requirements for a customer accessible method?

A. Insert this code before the call to new Socket:

hostName = new String(hostName);

portNumber = new String(portNumber);

B. Create a method that validates the hostName and portNumber parameters before opening the socket.

C. Make myService private.

D. Enclose the call to new Socket in an AccessController.doPrivileged block.

參考答案 D

說　明

考題要求是「customer accessible method」，要確保客戶能存取（accessible），需要做存取控管，程式碼示意如下：

```
01  public void myService(String hostName, String portNumber) throws
                                                          IOException {
02    hostName = new String(hostName);
03    portNumber = new String(portNumber);
04    this.transportSocket =
05          new AccessController().doPrivileged(hostName, portNumber);
06  }
07  class AccessController {
```

```
08      Socket doPrivileged(String hostName, String portNumber) throws
                                                      IOException {
09        // do access check
10        return new Socket(hostName, portNumber);
11      }
12    }
```

試題 131

Given:

```
01  public class Exam {
02      public static String convert(int x) {
03          if (x % 15 == 0) return "Exam";
04          else if (x % 3 == 0) return "Exam";
05          else if (x % 5 == 0) return "Exam";
06          else return Integer.toString(x);
07      }
08      public static void main(String[] args) {
09          for (int i = 1; i < 16; i++) {
10              System.out.println(convert(i));
11          }
12      }
13  }
```

Which code fragment replaces the for statement?

A. IntStream.rangeClosed(1, 15).map(Exam::convert).forEach(System.out::println);

B. IntStream.range(1, 15).map(Exam::convert).forEach(System.out::println);

C. IntStream.rangeClosed(1, 15).mapToObj(Exam::convert).forEach(System.out::println);

D. IntStream.range(1, 15).mapToObj(Exam::convert).forEach(System.out::println);

參考答案 C

說　明 作答的 2 個關鍵如下：

1. 理解 IntStream 的方法 map() 與 mapToObject() 的差異

IntStream.map() 的方法簽名為：

 **範例：java.util.stream.IntStream**

```
01  IntStream map(IntUnaryOperator mapper);
```

方法參數是功能型介面 IntUnaryOperator 的實作，唯一的方法輸入和輸出都必須是 int 基本型別：

範例：java.util.function.IntUnaryOperator

```
01  @FunctionalInterface
02  public interface IntUnaryOperator {
03      int applyAsInt (int operand);
04      // others…
05  }
```

所以選項 A 與 B 編譯失敗，因為 Exam.convert() 方法輸出是 String。

必須以 mapToObject() 取代 map()：

範例：java.util.stream.IntStream

```
01  <U> Stream<U> mapToObj(IntFunction<? extends U> mapper);
```

方法參數是功能型介面 IntFunction 的實作，唯一的方法輸入是 int，輸出可以是其他物件型態，本例是字串：

範例：java.util.function.IntFunction

```
01  @FunctionalInterface
02  public interface IntFunction<R> {
03      R apply(int value);
04      // others…
05  }
```

因此選項 C 與 D 可以通過編譯。

比較 IntStream 使用 map() 與 mapToObj() 方法的差異：

```
01    IntStream.rangeClosed(1, 15)     // return IntStream
02        .map(...)                    // return IntStream
03        .forEach(System.out::println);
04    IntStream.rangeClosed(1, 15)     // return IntStream
05        .mapToObj(...)               // return Stream<String>
06        .forEach(System.out::println);
```

2. 理解 IntStream 的方法 range() 與 rangeClosed() 的差異

比較 IntStream 的 range() 與 rangeClosed() 方法參數：

範例：java.util.stream.IntStream

```
01    public static IntStream range(int startInclusive, int endExclusive)
                                                                   {...}
02    public static IntStream rangeClosed(int startInclusive, int
                                                  endInclusive) {...}
```

使用 rangeClosed(1, 15) 會包含 1-15，滿足考題行 9 的情境：

```
09            for (int i = 1; i < 16; i++) {
```

故選 C。

試題 132

Given:

```
01    // Option A
02    new Comparator<String>() {
03        public int compare(String str1, String str2) {
04            return str1.compareTo(str2);
05        }
06    };
07    //Option B
08    class ComparatorB implements Comparator {
09        public boolean compare(Object o1, Object o2) {
10            // TODO Auto-generated method stub
```

```
11            return o1.equals(o2);
12        }
13    };
14    //Option C
15    class ComparatorC implements Comparator {
16        @Override
17        public int compare(String str1, String str2) {
18            return str1.length() - str2.length();
19        }
20    };
21    // Option D
22    new Comparator<String>() {
23        public int compareTo(String str1, String str2) {
24            return str1.compareTo(str2);
25        }
26    };
```

Which code fragment represents a valid Comparator implementation?

A. Option A

B. Option B

C. Option C

D. Option D

參考答案 A

說　明

1. 選項 A 與 D 採用匿名巢狀類別的寫法，語法參照本書上冊的「15.6.2 匿名巢狀類別」。

2. 介面 Comparator 的抽象方法 compare() 定義如下：

範例：java.util.Comparator

```
01    @FunctionalInterface
02    public interface Comparator<T> {
03        int compare(T o1, T o2);
04        // others...
05    }
```

試題 133

Given:

```
01    public static void main(String[] args) {
02        List<String> fruits = List.of("grape", "orange", "banana", "lemon");
03        Stream<String> s1 = fruits.stream();
04        Stream<String> s2 = s1.peek(i -> System.out.print(i + " "));
05        System.out.println("------");
06        Stream<String> s3 = s2.sorted();
07        Stream<String> s4 = s3.peek(i -> System.out.print(i + " "));
08        System.out.println("------");
09        String sf = s4.collect(Collectors.joining(","));
10    }
```

What is the output?

A.

grape orange banana lemon

------

banana grape lemon orange

B.

------

grape orange banana lemon

------

banana grape lemon orange

C.

D.

------

grape orange banana lemon banana grape lemon orange

E.

grape orange banana lemon banana grape lemon orange

參考答案 D

說　明 參考「10.4.1 中間作業」對 peek() 方法的說明。

1. 本題的管線雖然被分拆為多段，但只有執行行 9 的終端作業 collect() 方法，才會觸發中間作業 peek() 方法的執行；行 6 的 sorted() 方法是「中間作業」，不會觸發 peek() 方法。
2. 所以會先輸出行 5 與行 8，行 9 前才會觸發行 4 與行 7 的 peek() 方法；且行 4 會輸出排序前的成員，行 7 輸出排序後的成員。

試題 134

Given:

```
01  public static void main(String[] args) {
02      String[] fruitName = { "apple", "grape", "orange", "banana",
                                                          "lemon" };
03      var fruits = new ArrayList<>(Arrays.asList(fruitName));
04      fruits.sort((var a, var b) -> a.compareTo(b));
05      fruits.forEach(System.out::println);
06  }
```

What is the result?

A.

orange

lemon

grape

banana

apple

B.

apple

banana

grape

lemon

orange

C.

nothing

D.

apple

lemon

grape

banana

orange

參考答案 B

說　明 由行 4，將依升冪排序。

試題 135

Given:

```
01  public static void main(String[] args) {
02      var fruits = List.of("grape", "orange", "banana", "lemon");
03      // line 1
04      fruits.forEach(function);
05  }
```

Which statement on line 1 enables this code to compile?

A. Function<String, String> function = x -> x.substring(0, 2);

B. Supplier<String> function = () -> fruits.get(0);

C. Predicate<String> function = a -> a.equals("banana");

D. Consumer<String> function = (String f) -> {System.out.println(f);};

參考答案 D

說　明 行 4 的 forEach() 方法定義如下，接受 Consumer 型態的參數：

```
01  default void forEach(Consumer<? super T> action) {
02      Objects.requireNonNull(action);
03      for (T t : this) {
04          action.accept(t);
05      }
06  }
```

試題 136

Given:

```
01  public class Test {
02      public static void main(String[] args) {
03          System.out.println("Result: " + convert("p").get());
04      }
```

```
05      private static Optional<Integer> convert(String s) {
06          try {
07              return Optional.of(Integer.parseInt(s));
08          } catch (Exception e) {
09              return Optional.empty();
10          }
11      }
12  }
```

what is the result?

A. Result:

B. A java.util.NoSuchElementException is thrown at run time.

C. The compilation fails.

D. Result: p

參考答案 B

說　明

呼叫 convert() 時，因爲傳入不是數字型態的字串，程式碼進入行 9；對空的 Optional 物件呼叫 get() 方法，將拋出 java.util.NoSuchElementException。

試題 137

Given:

```
01  public static void main(String[] args) {
02      char[] charArray = new char[128];
03      try (FileReader reader = new FileReader("file_with_path")) {
04          // line 1
05          System.out.println(String.valueOf(charArray));
06      } catch (IOException e) {
07          e.printStackTrace();
08      }
09  }
```

You want to read data through the reader object.

Which statement inserted on line 1 will achieve this?

A. reader.read(charArray);

B. reader.readLine();

C. charArray = reader.read();

D. charArray.read();

參考答案 A

說　明 參考「3.1.2 處理串流的類別」的範例 CopyCharStream.java。

試題 138

Given:

```
01  public static void main(String[] args) {
02    var fruits = List.of("grape", "orange", "banana", "lemon");
03    Optional<String> fru = fruits.stream().filter(f -> f.contains("n")).
                                                        findAny(); //line1
04    System.out.println(fru.get());
05  }
```

You replace the code on line 1 to use ParallelStream. Which one is correct?

A. The compilation fails.

B. The code will produce the same result.

C. A java.util.NoSuchElementException is thrown at run time.

D. The code may produce a different result.

參考答案 D

說　明 以多執行緒平行化處理，可能讓結果不同。

試題 139

Given:

```
01  public class Exam {
02      public static String alpha = "alpha";
03      protected String beta = "beta";
04      private final String delta;
05      public Exam(String s) {
06          delta = alpha + s;
07      }
08      public String mod() {
09          return beta += delta;
10      }
11  }
```

Which change would make Foo more secure?

A. public String beta = "beta";

B. protected final String beta = "beta";

C. public static final String alpha = "alpha";

D. private String delta;

參考答案 C

說　明

1. 選項 A 將欄位 beta 的存取層級由 protected 放寬為 public，不會讓程式更安全。

2. 選項 B 將欄位 beta 改為 final，又在行 9 修改 beta 值，導致編譯失敗。

3. 選項 D 將欄位 delta 移除 final，將導致欄位被竄改的風險。

4. 選項 C 將欄位 alpha 新增 final，且通過編譯，可避免欄位被竄改的風險。

試題 140

Given:

```
01    @interface Resource {
02        String[] value();
03    }
```

Examine this code fragment:

/* Loc1 */ class Test {.....}

Which 2 annotations may be applied at Loc1 in the code fragment?

A. @Resource()

B. @Resource("s1")

C. @Resource({ "s1", "s2" })

D. @Resource

E. @Resource(value = { {} })

參考答案 BC

說　明 參考「12.2 建立自定義標註型別」：

1. 本題 value 爲必要元素，選項 AD 編譯失敗。
2. 標註型別的屬性不允許 2 維陣列，選項 E 編譯失敗。
3. 節錄 URL https://docs.oracle.com/javase/specs/jls/se16/html/jls-9.html 說明：「If the element type is an array type, then it is not required to use curly braces to specify the element value of the element-value pair. If the element value is not an ElementValueArrayInitializer, then an array value whose sole element is the element value is associated with the element. If the element value is an ElementValueArrayInitializer, then the array value represented by the ElementValueArrayInitializer is associated with the element.」。著作《The Java Language Specification, Java SE 7 Edition: Java Lang Spec Java SE 7 _4》的解讀是「In other words, it is permissible to omit the curly braces when a single-element array is to be associated with an array-valued annotation type element.」。因此，若陣列

只有單一元素可以省略大括號 { }，含 2 個以上的元素則必須使用大括號 { }，故選項 B 與 C 正確。

試題 141

Given:

```
01  public static void main(String[] args) {
02      Locale locale = Locale.US;
03      // line 1
04      double currency = 9_00.00;
05      System.out.println(nf.format(currency));
06  }
```

You want to display the value of currency as $900.00.

Which code inserted on line 1 will achieve this?

A. NumberFormat nf = NumberFormat.getInstance(locale).getCurrency();

B. NumberFormat nf = NumberFormat.getCurrency(locale);

C. NumberFormat nf = NumberFormat.getCurrencyInstance(locale);

D. NumberFormat nf = NumberFormat.getInstance(locale);

參考答案 C

說　明

1. 選項 A 與 B 編譯失敗。
2. 選項 D 編譯成功，但輸出「900」。
3. 選項 C 正確，輸出「$900.00」。

試題 142

Given:

```
01  interface Worker {
02      public void doProcess();
03  }
04  class HardWorker implements Worker {
05      public void doProcess() {
06          System.out.println("working");
07      }
08  }
09  class LazyWorker implements Worker {
10      public void doProcess() {
11          System.out.println("sleeping");
12      }
13  }
14  public class Main<T extends Worker> extends Thread {    // Line 1
15      private List<T> list = new ArrayList<>();           // Line 2
16      public void addProcess(HardWorker w) {              // Line 3
17          list.add(w);
18      }
19      public void run() {
20          list.forEach((p) -> p.doProcess());
21      }
22  }
```

What needs to change to make these classes compile and still handle all types of interface Worker?

A. Replace Line 3 with public void addProcess(T w) {

B. Replace Line 1 with public class Main<T extends HardWorker> extends Thread {

C. Replace Line 3 with public void addProcess(Worker w) {

D. Replace Line 2 with private List<HardWorker> list = new ArrayList<>();

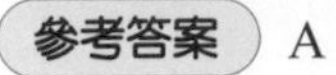

A

說　明

1. 因為行 15 變數 list 型態為「List<T>」，行 17 使用「list.add(w);」，則參數 w 型態只能是 T，兩者必須配合，因此選項 A 正確。

2. 相似的情況，也可以因為行 17 的方法參數 w 型態是 HardWorker，而把行 15 的變數 list 的型態修正為 List<HardWorker>，但如此就失去泛型意義。

3. 依選項 A 修正後，可以使用以下範例發動程式：

```
01  public static void main(String args[]) {
02      Main<HardWorker> m1 = new Main<>();
03      m1.addProcess(new HardWorker());
04      m1.run();
05      Main<LazyWorker> m2 = new Main<>();
06      m2.addProcess(new LazyWorker());
07      m2.run();
08  }
```

試題 143

Given:

```
01  public class Test {
02      int a = 0;
03      int b = 0;
04      int c = 0;
05      public void setAC(int i) {
06          a += b * i;
07          c -= b * i;
08      }
09      public void setB(int i) {
10          b = i;
11      }
12  }
```

Which makes class Test thread safe?

A. Make setB synchronized.

B. Make Test synchronized.

C. Make setAC and setB synchronized.

D. Make setAC synchronized.

E. Class Test is thread safe.

參考答案 C

說　明

爲了避免多執行緒同時修改欄位 a、b、c，方法 setAC() 與 setB() 都必須使用 synchronized 修飾。

試題 144

Given codes and four options:

```
01  public class Staff {
02    private String area;
03    private int salary;
04    public Staff(String area, int salary) {
05        super();
06        this.area = area;
07        this.salary = salary;
08    }
09    // getter & setter for area & salary
10
11    public static void main(String[] args) {
12      Staff e1 = new Staff("A", 1000);
13      Staff e2 = new Staff("A", 500);
14      Staff e3 = new Staff("B", 2000);
15      Staff e4 = new Staff("B", 700);
16      List<Staff> roster = Arrays.asList(e1, e2, e3, e4);
17      Predicate<Staff> pred = e -> e.getSalary() > 900;
18      Function<Staff, Optional<String>> fun = e -> Optional.
                                                   ofNullable(e.getArea());
19      // Option A:
20      Map<Optional<String>, List<Staff>> ma = roster.stream()
21          .filter(pred).collect(Collectors.groupingBy(pred));
```

```
22        // Option B:
23        Map<String, List<Staff>> mb = roster.stream()
24            .filter(pred).collect(Collectors.groupingBy(fun,
                                                   Staff::getArea));
25        // Option C:
26        Map<Optional<String>, List<Staff>> mc = roster.stream()
27          .collect(
28           Collectors.groupingBy(fun, Collectors.filtering(pred,
                                            Collectors.toList())) );
29        // Option D:
30        Map<Optional<String>, List<Staff>> md = roster.stream()
31          .collect(
32            Collectors.groupingBy(Staff::getArea,
33                                Collectors.filtering(pred, Collectors.
                                                      toList()) ));
34        // Option E:
35        Map<String, List<Staff>> me = roster.stream()
36          .collect(
37            Collectors.groupingBy(Staff::getArea,
38                                Collectors.filtering(pred, Collectors.
                                                      toList()) ));
39      }
40    }
```

Which 2 Maps objects group all employees with a salary greater than 900 by area?

A. Option A

B. Option B

C. Option C

D. Option D

E. Option E

參考答案 CE

說　明

題目要求分組（by area）和過濾（salary greater than 900）。分組的方式有 2：

1. Function<Staff, Optional<String>> fun

2. Staff::getArea

過濾的方式只有 1 種：

1. Predicate<Staff> pred

因此作法可以是：

1. 先過濾，再分組，且分組條件爲 Function<Staff, Optional<String>> fun，此時得到的 Map 的 key 型態是 Optional<String>：

```
01    Map<Optional<String>, List<Staff>> mab = roster.stream()
02            .filter(pred).collect(Collectors.groupingBy(fun, Collectors.
                                                              toList() ));
```

2. 先分組，再過濾，且分組條件爲 Function<Staff, Optional<String>> fun，此時得到的 Map 的 key 型態是 Optional<String>，故選項 C 正確：

```
01    Map<Optional<String>, List<Staff>> mc = roster.stream()
02      .collect(
03        Collectors.groupingBy(fun,
04                        Collectors.filtering(pred, Collectors.toList()) ));
```

3. 先分組，再過濾，且分組條件爲 Staff::getArea，此時得到的 Map 的 key 型態是 String，故選項 E 正確：

```
01    Map<String, List<Staff>> me = roster.stream()
02      .collect(
03        Collectors.groupingBy(Staff::getArea,
04                        Collectors.filtering(pred, Collectors.toList()) ));
```

選項 AB 編譯失敗，原因爲 Collectors.groupingBy() 的參數錯誤。

選項 D 和選項 C 是對照組，C 正確，故 D 錯誤。

試題 145

Which module defines the foundation APIs of the Java SE Platform?

A. java.lang

B. java.base

C. java.se

D. java.object

參考答案 B

試題 146

Given the content of data.txt:

C

C++

Java

Js

Python

And:

```
01  public static void main(String[] args) {
02      String f = "data.txt";
03      List<String> content = new ArrayList<>();
04      try (Stream<String> stream = Files.lines(Paths.get(f))) {
05          content = stream
06                  .filter(line -> !line.equalsIgnoreCase("JAVA"))
07                  .map(String::toUpperCase)
08                  .collect(Collectors.toList());
09      } catch (IOException e) {
10      }
11      content.forEach(System.out::println);
12  }
```

What is the result?

A.

C

C++

JS

PYTHON

B.

JAVA

C.

C

C++

Js

Python

D.

C

C++

JAVA

JS

PYTHON

參考答案 A

說　明

1. 由行 6：與字串 JAVA 比較且不分大小寫，不相同的留下。

2. 由行 7：每行都轉大寫。

試題 147

Given:

```
01  public static void main(String[] args) {
02      List.of().stream()
03          .peek(System.out::println)
```

```
04            .collect(Collectors.toList());
05    }
```

Why would you choose to use a peek operation instead of a forEach operation on a Stream?

A. to remove an item from the beginning of the stream.

B. to process the current item and return void.

C. to process the current item and return a stream.

D. to remove an item from the end of the stream.

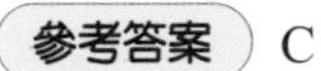
參考答案 C

說　明 參考「10.4.1 中間作業」對方法 peek() 的基本說明。

試題 148

Your organization provides a cloud server to your customer to run their java code.

You are reviewing the changes for the next release and you see this change in one of the config files:

Before: JAVA_OPTS="$JAVA_OPTS -Xms8g -Xmx8g"

After: JAVA_OPTS="$JAVA_OPTS -Xms8g -Xmx8g -noverify"

Which is correct?

A. You accept the change because -noverify is a standard option that has been supported since Java 1.0.

B. You reject the change because -Xms8g -Xmx8g use too much system memory.

C. You accept the change because -noverify is necessary for your code to run with the latest version of Java.

D. You reject the change because -noverify is a critical security risk.

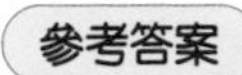
參考答案 D

說　明

JAVA_OPTS 用來設定 JVM 執行時的參數選項。以本題來說，選項「-Xms8g」決定記憶體 Heap 區塊最小值為 8g，選項「-Xmx8g」決定記憶體 Heap 區塊最大值為 8g。

至於選項「-noverify」，表示關閉對 Java 位元組碼（bytecode）的驗證，這是一個危險的選項，可能在程式已經拋出 VerifyError 的時候，導致整個 JVM 的崩潰（crash）。

試題 149

Given below code fragment and possible options:

```
01  public static void main(String[] args) {
02      Integer i = 9;
03  // Option A:
04      Double a = i;
05  // Option B:
06      Double b = Double.valueOf(i);
07  // Option C:
08      double c = Double.parseDouble(i);
09  // Option D:
10      Double d = (Double) i;
11  // Option E:
12      double e = i;
13  }
```

Which two options compiled?

A. Option A

B. Option B

C. Option C

D. Option D

E. Option E

參考答案 BE

說 明

1. 選項 A 與 D 編譯失敗，型態 Double 與 Integer 沒有繼承關係，不可以轉型。
2. 選項 C 編譯失敗，方法 parseDouble(String) 的參數只能是 String。
3. Double 具備多載的 2 個方法 valueOf(String) 與 valueOf(double)。選項 B 與 E 可以通過編譯，都是因為參考型別 Integer 自動拆箱（auto-unboxing）為基本型別 int，而 int 在計算式不對等的情況下，可以自動升等（auto-promotion）為 double。

試題 150

Given:

```
01  public static void main(String[] args) {
02      ArrayList<Integer> list = new ArrayList<>();
03      list.add(1);
04      list.add(2);
05      list.add(3);
06      list.add(4);
07      Iterator<Integer> iterator = list.iterator();
08      while (iterator.hasNext()) {
09          if (iterator.next() == 3) {
10              list.remove(3);
11              System.out.println(iterator.next());
12          }
13      }
14  }
```

What is the result?

A. 1 2 3 4

B. A java.util.ConcurrentModificationException is thrown at run time.

C. 1 2 followed by an exception.

D. 1 2 3 followed by an exception.

參考答案 B

說　明　程式步驟為：

1. 由程式碼行 3-6 可知，成員 3 的 index 為 2。
2. 當執行程式碼通過行 9 進入行 10 時，此時 list 的成員為 3 且 index = 2。
3. 在行 10 使用 remove() 方法移除 index = 3 的成員。
4. 在行 11 呼叫 iterator.next()，等同要取出 index = 3 的成員。
5. 可知步驟 3 與步驟 4 衝突，將會刪除與取出相同成員，故拋出例外物件 ConcurrentModificationException，且不會輸出任何成員。

試題 151

Given:

```
01  public static void main(String[] args) throws InterruptedException {
02      var list = new CopyOnWriteArrayList<>(List.of("1", "2", "3", "4"));
03      Runnable r = () -> {
04          try {
05              Thread.sleep(150);
06          } catch (InterruptedException e) {
07              e.printStackTrace();
08          }
09          list.set(3, "four");
10          System.out.print(list + " ");
11      };
12      Thread t = new Thread(r);
13      t.start();
14      list.forEach(s -> {
15          System.out.print(s + " ");
16          try {
17              Thread.sleep(100);
18          } catch (InterruptedException e) {
19              e.printStackTrace();
20          }
21      });
22  }
```

What is the output?

A. 1 2 [1, 2, 3, 4] 3 four

B. 1 2 [1, 2, 3, four] 3 4

C. 1 2 [1, 2, 3, four] 3 four

D. 1 2 [1, 2, 3, 4] 3 4

參考答案 B

說　明

1. 本題使用 CopyOnWriteArrayList 物件，可以讀寫分離；搭配程式執行過程中的執行緒 main 與執行緒 t，恰好互不影響：
   - 執行緒 main 只讀取原始 CopyOnWriteArrayList 物件，每隔 100 毫秒輸出一個成員，由 0 秒開始，依序輸出 1、2、3、4。
   - 執行緒 t 啓動後的 150 毫秒在行 9 要將 CopyOnWriteArrayList 物件的最後一個成員修改爲 "four"。因爲此時執行緒 main 已經開始讀取物件成員，執行緒 t 會複製一份新的 CopyOnWriteArrayList 物件才修改成員，並在行 10 一次輸出修改後的全部物件成員，結果爲 [1, 2, 3, four]。等前項執行緒 main 完成讀取之後，Java 會將原物件參考 list 指向被修改的新物件，可以在行 21 之後加上程式行 list.forEach(System.out::print); 進行驗證。
2. 依時間序的輸出爲：
   - 0 秒時，執行緒 main 輸出 1。
   - 100 秒時，執行緒 main 輸出 2。
   - 150 秒時，執行緒 t 輸出 [1, 2, 3, four]。
   - 200 秒時，執行緒 main 輸出 3。
   - 300 秒時，執行緒 main 輸出 4。

博碩文化

博碩文化